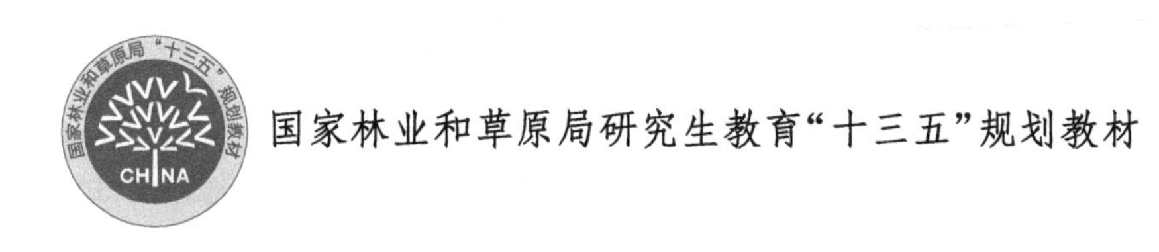

森林经营理论与方法

胥 辉 主编

中国林业出版社

内容简介

本教材立足森林经理学专业研究生理论学习与实践，结合森林经营理论与方法研究实际，系统介绍了森林经营理论及各种方法。第1章为绪论，介绍了森林经营的定义、森林经营发展历程、森林经营的主要思想，以及我国森林经营发展的概况，并分析了我国森林经营发展的趋势。之后分上下两篇，系统阐述了森林经营的理论和方法。上篇为森林经营理论，包含第2章至第7章，其中第2章和第3章分别介绍了森林经营的生态学基础、经济学基础，第4章至第7章分别从立地分类与立地质量评价、林分结构动态、森林生长与收获预估、森林多功能监测与评价等方面系统阐述了森林结构和功能的相关理论，以及森林经营的林学基础。下篇为森林经营方法，包含第8章至第14章，分别从森林经营区划和调查、组织经营单位、森林经营方案编制、森林经营作业、森林经营决策与优化、森林经营的典型模式，以及森林经营效果监测与评价方面系统阐述了森林经营的主要方法。

本教材可作为森林经理学研究生的教材及教学参考书，也可作为森林经理、森林培育、森林生态等相关学科科研人员的参考书。

图书在版编目(CIP)数据

森林经营理论与方法／胥辉主编. —北京：中国林业出版社，2022.5
国家林业和草原局研究生教育“十三五”规划教材
ISBN 978-7-5219-1595-2

Ⅰ.①森… Ⅱ.①胥… Ⅲ.①森林经营-研究生-教材 Ⅳ.①S75

中国版本图书馆CIP数据核字(2022)第040039号

中国林业出版社教育分社

责任编辑：范立鹏　　**责任校对：**苏　梅
电　　话：(010)83143626　　**传　　真：**(010)83143516

出版发行　中国林业出版社(100009　北京市西城区刘海胡同7号)
E-mail:jiaocaipublic@163.com
http://www.forestry.gov.cn/lycb.html
印　　刷　北京中科印刷有限公司
版　　次　2022年5月第1版
印　　次　2022年5月第1次印刷
开　　本　850mm×1168mm　1/16
印　　张　22.625
字　　数　536千字
定　　价　65.00元

《森林经营理论与方法》
编写人员

主　　编　胥　辉

副 主 编　张会儒　李凤日　欧光龙

编写人员　(按姓氏笔画排序)

王卫霞(新疆农业大学)
刘　畅(西南林业大学)
汤孟平(浙江农林大学)
李卫忠(西北农林科技大学)
李凤日(东北林业大学)
李际平(中南林业科技大学)
李明阳(南京林业大学)
杨　华(北京林业大学)
张会儒(中国林业科学研究院)
张秋良(内蒙古农业大学)
欧光龙(西南林业大学)
胥　辉(西南林业大学)
郭晋平(山西农业大学)
郭跃东(山西农业大学)
黄选瑞(河北农业大学)
董利虎(东北林业大学)
雷相东(中国林业科学研究院)
潘存德(新疆农业大学)
戴　芳(河北农业大学)
臧　卓(中南林业科技大学)

主　　审　唐守正　中国科学院院士

前　言

自20世纪末以来，随着可持续发展理念不断深化，我国提出了“严格保护，积极发展，科学经营，持续利用”方针，陆续启动实施了天然林资源保护工程、退耕还林工程、京津风沙源治理工程、三北和长江中上游地区等重点防护林工程、野生动植物保护工程、自然保护区建设工程及重点地区速生丰产用材林基地建设工程，森林经营重点逐步向森林管护、森林培育为主转移，森林资源总量持续增加。特别是党的十八大以来，将生态文明建设纳入中国特色社会主义事业的总体布局，标志着我国林业发展全面进入以生态建设为主的新阶段。但森林经营仍是林业建设的短板，林地生产潜力远未得到发挥，林地生产力和产出率低、效益不高的问题依然突出，尚不能完全满足新时代生态文明建设的总体要求。提升森林质量已成为今后相当长一个时期林业发展的主要目标和任务，加强森林经营是林业发展的当务之急。

自2010年开始，西南林业大学就为研究生开设了“森林可持续经营专题”课程，教学采用教研室自编讲义，经过近10年的教学实践，亟须进一步充实和完善；国内涉林高校及科研院所在森林经理学研究生培养中对森林经营理论和方法方面的课程需求也在不断增长。因此，迫切需要编写一本系统性、通用性强的森林经营理论与方法教材。2018年年初，西南林业大学与中国林业出版社合作，计划围绕林学一级学科出版研究生教育系列教材，本教材获得了首批支持；2018年11月，西南林业大学联合北京林业大学、东北林业大学、南京林业大学、中南林业科技大学、西北农林科技大学、浙江农林大学、河北农业大学、山西农业大学、内蒙古农业大学、新疆农业大学、中国林业科学研究院等单位开展森林经营研究及森林经理学科研究生培养的相关专家学者，召开首次教材编写工作会议，拟定了教材编写大纲，确定了编写分工。2020年5月，经过一年半的努力完成了初稿撰写，并邀请了国家林业和草原局森林资源管理司、中国林业出版社的相关专家学者举行了教材初稿讨论会，对初稿的框架结构及内容等进行了充分讨论；2020年12月，在充分吸纳来自行业主管部门及出版单位的专家学者意见的基础上，经过充实和完善，完成了这本教材的编写。

本教材充分结合森林经营理论与方法研究实际，系统介绍了森林经营理论及各种方法技术。第1章为绪论，阐述了森林经营的定义及主要思想，森林经营发展历程及我国森林经营发展的概况，分析了我国森林经营发展的趋势。之后分上下两篇，系统阐述了森林经营的理论和方法。上篇为森林经营理论，包含第2章至第7章，其中第2章和第3章分别介绍了森林经营的生态学基础、经济学基础，第4章至第7章分别从立地分类与立地质量评价、林分结构动态、森林生长与收获预估、森林多功能监测与评价等方面系统阐述了森林结构和功能的相关理论，以及森林经营的林学基础。下篇为森林经营方法，包含第8章至第14章，分别从森林经营区划和调查、组织经营单位、森林经营方案编制、森林经营作业、森林经营决策与优化、森林经营的典型模式，以及森林经营效果监测与评价方面系统阐述了森林经营的主要方法。

本教材编写人员皆来自以上科研单位和农林高校森林经理学科的学者和教授，胥辉担任主编，张会儒、李凤日、欧光龙担任副主编。各章节编写分工如下：第 1 章由胥辉、张会儒、欧光龙编写；第 2 章由李明阳编写；第 3 章由潘存德、王卫霞编写；第 4 章由雷相东编写；第 5 章由汤孟平编写；第 6 章由李凤日、董利虎编写；第 7 章由张秋良编写；第 8 章由李卫忠编写；第 9 章和第 10 章由杨华编写；第 11 章由欧光龙、刘畅编写；第 12 章由李际平、臧卓编写；第 13 章由郭晋平、郭跃东编写；第 14 章由黄选瑞、戴芳编写。

本教材可作为森林经理学研究生的教材及教学参考书，也可作为森林经理、森林培育、森林生态等相关学科科研人员的参考书。

由于编者知识水平有限，尽管在编著过程中努力追求完美，还是难免出现不当和疏漏之处，欢迎广大读者提出批评和改进意见。

编 者

2021 年 10 月

目　录

下篇 森林经营方法篇

第 1 章

绪　论

1.1　森林经营的定义

1.1.1　森林经营的概念

森林经营的概念有狭义和广义之分。

关于狭义的森林经营概念，我国早在 1985 年《中华人民共和国森林法》(以下简称《森林法》)颁布实施时，在由林业部编写的《森林法讲座》中就给森林经营以科学的界定：围绕培育与管护这一基本点所采取的一系列科学经营森林的措施，称之为森林经营，也就是说森林经营是森林培育以及管护现有森林所进行的各种生产经营活动的总称。

关于广义的森林经营概念，在第十一届世界林业大会上，联合国粮食及农业组织(The Food and Agriculture Organization，FAO)把森林经营定义为一种包括经济、社会、行政、法律、技术以及科技等手段的行为，是有计划的各种人为干预措施，目的是保护和维持森林生态系统各种功能，同时通过发展具有社会、环境和经济价值的物种，来长期满足人类日益增长的物质和环境的需要(联合国粮食及农业组织，1997)。2016 年，国家林业局(现国家林业和草原局)在编制的《全国森林经营规划(2016—2050)》中提出，森林经营(forest management)是以森林和林地为对象，以提高森林质量，建立健康稳定、优质高效的森林生态系统为目标，为修复和增强森林的供给、调节、服务、支持等多种功能，持续获取森林生态产品和木材等林产品而开展的一系列贯穿于整个森林生长周期的保护、培育和利用森林的活动(国家林业局，2016)。从这些定义中可以看出：森林经营不只是技术问题，还与行政、经济、法律、社会密切相关，是人类综合行为的体现；森林经营的对象不只是人工林，还包括天然林；森林经营是有计划的各种人为干预措施；森林经营的目的是保护和维持森林生态系统各种功能(张会儒，2019)。

但是，不论是广义的还是狭义的森林经营，都要遵循森林经营的一般原理。关于森林经营的一般原理，我国著名森林经理学家——唐守正院士从森林经营的目的、基本方法、经营周期和计划编制 4 个方面做了深刻的论述(唐守正，2016；张会儒，2018；张会儒，2019)：

(1)森林经营的目的是培育稳定健康的森林生态系统

稳定健康的森林生态系统有一个合理的结构，一个现实林分可能没有达到这样的结构，就需要辅助一些人为措施，促进森林尽快达到理想状态，这就是森林经营。

(2)近代森林经营的准则是模拟林分的自然过程

森林生长发育的基本规律是连续覆盖(永远保持森林环境)、优胜劣汰、自然更新。森林经营应该模拟这个过程。但是，模拟不是照搬，要根据林分现实情况，以地带性顶极群落的发展过程为参照，以比较小的干扰，或补充目的树、清除干扰树，把更多的资源用在目标树的培育上。

(3)森林经营贯穿于整个森林生命周期

关于森林的全生命周期的划分，传统做法是划分为 5 个龄组：幼龄林、中龄林、近熟林、成熟林和过熟林，这种划分对于同龄林是适用的，但对于异龄林，由于林分年龄很难确定，就不太适用。因此，就有了按林分演替发育的阶段进行的划分，比较有代表性的就是近自然经营的划分，将森林的全生命周期划分为建群阶段、竞争生长阶段、质量选择阶段、近自然森林阶段、天然恒续林阶段 5 个阶段。针对 5 个阶段采取不同的经营措施，就构成了森林经营周期。

(4)按照森林经营计划(规划或方案)实施

森林生命周期的长期性和森林类型的多样性，决定了森林经营活动的系统性和复杂性，必须进行统筹规划和预先决策部署，因此，要编制森林经营规划(方案)，按照可持续经营的原理与要求，对区域、经营单位在一定时期内经营活动的对象、地点、时间、原因、完成者等要素做出统筹优化安排。

1.1.2 森林经营与森林经理的异同

森林经营与森林经理两词在英语中的表达都是“forest management”，这样易把实际存在很大内涵差异的二者等同起来，进而使各自的工作、研究方向变得扑朔迷离，不利于它们的发展。但是，除了差别外，二者间同样存在千丝万缕的联系，再加上都又处在不断的发展之中，所以长期以来，二者的模糊叠加性一直困惑着许多人，因此，有必要对二者进行分析界定。

(1)森林经营与森林经理的区别

①概念不同。森林经理指根据森林永续利用的原则，对森林资源进行详细调查和规划设计，制定森林经营方案，是林业生产的全面调查和规划设计工作，内容包括林业生产条件的调查研究、检查和分析森林经营活动，清查森林资源，组织和划分森林经营单位、设计森林权所有者副产品利用及各种森林经营措施，最后编成森林施业案(即森林经营利用规划方案)，以指导林业生产工作。森林经营是各种森林培育措施的总称，通常指为获得林木和其他林产品或森林生态效益而进行的营林活动，包括更新造林、森林抚育、林分改造、护林防火、林业有害生物防治、伐区管理等。广义的森林经营则是指以森林为经营对象的全部管理工作，除营林活动外，还包括森林调查和规划设计、林地利用、木材采伐利用、林区动植物利用、林产品销售、林业资金运用、林区建设和劳动安排、林业企业经营管理以及森林生态效益评价等。

②范围不同。森林经理是根据林业部门的四大特点，即林业任务的多样性、林业

生产周期的长期性、经营面积的辽阔性和森林永续再生性，对某一现实森林进行科学的经营，以便发挥森林的不断再生产和森林的多种效益，所进行一系列的专门工作，森林经营应该是在森林经理的指导思想下的森林经理工作的延伸和深入，也就是对某一现实森林进行调查分析，然后确定合理的经营原则以及合理经营和合理采伐技术进行规划设计，提出经营利用方案，最后才进行森林经营，分别不同的林种、不同的树种，不同的小班或不同的经营类型，把相应的经营技术落实到各个山头地块，采取不同的作业式。所以，不管是从时间尺度还是从地域范围上，森林经理工作都超越森林经营。地域上，森林经理的工作对象可以是一个林业局、一个林场或一大片森林；而森林经营的范围往往小得多，一般针对林分、一个小班，大致一个经营类型。时间上，森林经理必须考虑林业生产的全过程，保持时间上的连续性，周而复始，永续利用；森林经营仅是在造林抚育以后对森林采取的全部活动。

③任务不同。伴随着社会和科学的发展，特别是国际环发大会以来，林业发生了巨大的变化，同森林经理密切相关的是可持续发展林业思想的确定。持续林业肩负着优化环境与促进发展的双重使命，是林业发展的新阶段，在这个阶段森林经理的任务要有相应的转变和丰富，具体包括：森林调查及森林区划，编制森林经营方案，方案执行后的检查、修订和监督，森林资源管理。森林经营是一整套经营技术的综合，是以现有的单个林分为出发点，所以，相比之下任务差异很大，同时显得更为具体。一是培育有生长潜力符合经营要求的中幼龄林；二是改造低质劣林；三是提高林地利用率；四是合理利用森林资源；五是提高林地生产力；六是开展综合利用，多种经营。

④学科性质不同。森林经理从学科性质上讲，即森林经理学，是一门兼理论与实践于一体，涉及生物、技术、管理的综合性同时在林学中已属于开拓性的学科。既有经营性质，又有管理性质，但是又不是二者的简单相加，从历史和现状考察，以及从这门学科的问世及其发展历程来分析，森林经理学是一门偏重于技术性具有硬科学和软科学的综合体。森林经营学和森林经理学相比，不管是研究范围还是研究内容都要简单得多，特别是在软科学性质方面，也就是在组织、管理、协调等工作方面，它是一门较为单纯的技术性学科。

(2)森林经营与森林经理的相同点

①主体一致。森林不仅是个复杂的森林生态系统，并且是一个错综的生态经济系统。实践证明，自然状态下的森林发挥不了其最大潜力和功能，也就满足不了人们日益高涨的各种效益的需求。森林经理和森林经营学科以研究森林为中心，十分强调人在其中的参与作用，强调以人为本，注重人的主观能动性的发挥，因此它们的主体是一致的，就是人，林业工作者。特别是当前森林可持续经营的概念已拓宽到包括运用行政的、经济的、法律的、社会的以及科学技术等手段的综合行为，同时还是一种有计划的人为干预措施。所以把森林经营有关的组成要素、目标、结构组成，以及在特定环境下结构功能转换的过程有机地结合起来，把过去的森林经理中"以物为中心"转换到"物理、人理、事理"有机结合的"以过程为中心"的轨道上来，形成一种开放的、动态的功能耦合过程。那么森林经营管理工作者正是这种功能的组织者。

②根本目的一致。森林经营的思想是合理的多向森林利用，其目的是提高森林质量和有林地单位面积的产量，充分利用发挥林地的生产潜力，提高林地的占有率，从

而提高林地的生产力；保护和扩大森林资源；提高森林的生态功能和社会效益作用。核心是提高单位面积的生长量，提高林地的占有率，只要森林多了，质量也就提高了，就能实现越经营越好，青山常在，永续利用的总目的。森林经理的目的是研究如何在时间和空间上保证森林永续利用的实现，因此，必须研究森林经理对象的结构，各森林类型的空间布局及相互关系、作用，从时间、空间上安排林业生产措施后对经理对象产生的变化，也就是把现有森林经过科学经营管理，特别是调整之后达到永续利用以及最大限度地发挥经济效益和生态效益的状态为目的。从上述可知，二者虽然身处不同层次其目的存在着合作又分工的差异，但在更高层次、更远的方位来分析，它们的根本目的是一致的，就是实现森林资源的永续利用，以及森林资源和人类社会的可持续发展，青山不老，细水长流。

1.1.3 森林经营、保护与利用的关系

(1)森林经营是积极的保护，是森林利用的基础

森林经营的作用主要体现在调整森林结构、促进生长、促进更新、增加林分的稳定性和缩短林木培育周期等方面，这是已被科学研究证明的结论。但是在社会上却得到了质疑，认为森林经营就是采伐，采伐就是破坏，因此提出了“以自然恢复为主、人工修复为辅”的生态恢复策略。但这个策略，既不符合科学的森林经营原理，也不符合我国的生态恢复的实际情况。张新时院士对此进行了深刻阐述：东北的阔叶红松林在不采取人为干预措施的情况下恢复到顶极群落大约需要1000年；北京香山的侧柏林、油松林完全自然恢复需要两三千年；新疆天山40多年的人工更新云杉林，还需要200多年才能完全恢复；我们要可持续发展，我们要建设人与自然的和谐社会，我们能不能等待这个自然恢复。在这种情况下，既然人破坏了它、利用了它，就应该补偿它、赔偿它，投入物质、能量、资金、劳力、智力等来加速它的恢复，而不是坐等大自然自己去慢慢恢复(张新时，2009)。因此，这就需要加强森林经营，提高森林质量，加速森林资源的恢复和增长，绝对不是坐等森林慢慢恢复，把森林经营视为辅助任务。天然林保护、退耕还林等重大生态工程，成效显著，但“绿起来、长起来”并不等于长成高质量的森林，急需通过森林经营提高森林质量，增强森林的生产和生态服务功能。

(2)森林保护是经营的保障和利用的前提

森林资源保护包括林地保护和地上资源保护两个方面。对于这两个方面资源的保护策略是不同的。林地保护主要是保护不被破坏和不退化，在英文中是protection。而对于地上资源的保护除保护不被破坏和不退化外，更重要的是经营培育，即通过科学的培育措施，促进资源的增长，缩短培育周期，在英文中是conservation，即保育。所以，保育是一种积极的保护，禁止一切人为干预的“保护”只是一种被动手段，当然这个干预必须是科学的、适度的。要变被动地保护为主动的经营保育，提高森林质量、培育森林资源，才能在更高的层次上保护森林。

(3)利用是经营和保护的目的

适度利用符合再生资源的特性森林具有供给、调节、文化和支持功能，所有森林都有利用价值，利用包括各种形式的利用，包括物质(木质和非木质林产品)、精神、文化等方面，保护和经营森林，是为了人类更好地利用这些功能。因此，本质上讲森

林利用与保护和经营并不矛盾，正是由于我们没有协调处理好他们之间的关系，造成森林资源的严重匮乏，使得三者之间失去了平衡，产生了所谓的矛盾。同时，在森林经营的过程中产生的一些中间林产品，是人类生存和生活需求的重要来源和补充；适度利用符合森林资源是再生资源的本质特征。

1.2 森林经营的发展历程

在人类森林经营实践探索的历程中，大致可以划分为朴素的森林经营、森林永续利用经营、森林多功能经营、森林可持续经营等。

1.2.1 朴素的森林经营

人类很早就自觉和不自觉地进行着森林经营的思考和实践。早在春秋时期，管仲就提出过"山泽虽广，草木毋禁，壤地虽肥。桑麻毋数，荐草虽多，六畜有征，闭货之门也"的观点；孟子认为："斧斤以时入山林，材木不可胜用也"，其思想非常接近关于森林经营中"采伐量不能超过生长量"的经营指导思想。荀况的著作中提出"草木荣华滋硕之时，则斧斤不入山林，不夭其生，不绝其长也"，这种"不灭其生，不绝其长"的朴素思想，是古人在保护生物资源与合理开发利用方面的初步思考和实践(王梅桐，1989)。公元6世纪，北魏贾思勰在其所著的《齐民要术》中写道："岁种三十亩，三年种九十亩；岁卖三十亩，终岁无穷。"这种思想就涉及杨树生产的持续利用(王评等，2019)。而在国外，森林经营思想萌芽的出现是在欧洲11世纪中叶，但都没有大规模地应用于森林经营实践中。直到17世纪，欧洲工业革命以后，市场对木材的需求量急剧增加，木材成为主要的工业原料，林木经营者为在木材生产过程中能有较为稳定的收入，才开始了森林资源利用的研究(王评等，2019)。可见，这些思想多是对森林生长发育现象的观察与总结，体现了朴素的森林资源永续利用的思想，但未形成独立的思想理论。

1.2.2 森林永续利用经营

一般认为，现代意义上的森林经营起始于18世纪的德国。17世纪中期，德国因制盐、矿冶、玻璃、造船业等工业的发展，对木材的需求量猛增，开始大规模采伐森林。德国虽有严厉的森林条例，但是工业发展对森林的破坏远远超过了数千年农业文明对森林的破坏程度，不论是君主林还是私有林、公有林都出现了过伐。任何森林法规都不能遏制这场破坏，这一时期就是森林利用史上所谓的"采运阶段"。这种对经济利益的追求，给森林带来了前所未有的灾难性破坏，从而导致了18世纪初震惊全国的"木材危机"(陈世清，2010)。甚至法国在1669年就率先颁布了《森林与水法令》，明确规定森林经营的原则是既要满足木材生产，又不得影响自然更新。

1713年，德国林学家汉里希·冯·卡洛维茨(Carlowitz)首先提出了森林永续利用原则和人工造林思想，卡洛维茨也因此被认为是森林永续利用理论的创立者。所谓森林永续利用原则，就是森林经营管理应该这样调节森林采伐，通过这种方式使木材收获不断持续，以致世世代代从森林中得到的好处至少有我们这一代这样多。森林永续利用理论的主要贡献就是在当时森林资源还十分丰富的时候提醒人们森林资源并非用之不竭，提出了人工造林的政策主张(于政中，1995；施昆山，2004)。森林永续经营(sustained forest management)成为近200年来开展森林经营的主导思想(施昆山，2004)。

为实现森林永续利用的目标，1826年，德国林学家洪德斯哈根(J. C. Hundeshagen)在总结前人经验的基础上创立了法正林(normal forest)理论。法正林的基本要求是：在一个作业级或一个作业单位内的森林，必须具备幼龄林、中龄林、成熟林3种，并且3种林的面积应该相等，地域配置要合理，具备最高的生长量，从而实现森林的永续经营利用。虽然法正林理论自问世以来即遭到批判，法正林理论的贡献之一是从理论上论证了年采伐量等于或小于年生长量的政策主张，至今该理论仍是森林经营的基础理论。当然，林学家们也提出了一系列的改进，例如，1954年，美国著名林学家戴维斯(K. P. Davis)提出完全调整林理论，为林龄结构不变下定期收获质量、数量大体一致的木材提供了模型，以期更接近现实；1961年，日本学者铃木太七论证并提出了广义法正林理论，针对大片森林提出按"减反率"采伐。

因此，这一阶段森林经营主要聚焦在木材永续利用上，森林经营的目的还没有脱离木材生产，而是在于通过森林经营确保森林可以源源不断地生产木材。

1.2.3 森林多功能经营

由于森林永续利用理论只关注木材生产，在该理论指导下大面积种植人工纯林带来了诸如土壤退化、病虫害频发、二代林产出很低等生态问题，这些现象引起了林学家们的关注和反思(江腾宇等，2017)。1867年，德国林学家冯·哈根(V. Hargen)认识到木材不是森林经营目标的全部，首次提出了森林多效益永续经营理论，认为林业经营应兼顾持久满足木材和其他林产品的需求，以及森林在其他方面的服务目标。1933年，德国在计划实施的《帝国森林法》中明确规定："永续地、有计划地经营森林，既要最大量地生产木材，又必须保持和提高森林的生产能力；经营森林应尽可能地考虑森林的美观、景观特点和保护野生动物；必须划定休憩林和防护林。"森林多效益经营或多功能经营理论是林学家们对林业认识上的第二次突破(陆元昌，2006)。

林业分工论实质上也是森林多功能理论的一种实现形式。该理论是在20世纪70年代由美国林学家M·克劳森、R·塞乔和W·海蒂等提出的。它的中心思想是：全球森林是朝着各种功能不同的专用森林方向发展，而不是走向森林三大效益一体化。按照林业分工论的说法，森林不仅从微观上被划分为不同功能的地段，而且从宏观上也会出现国际分工(江腾宇等，2017)。基于林业分工论产生了森林分类经营思想，法国把国有林划分三大模块，即木材培育林、公益森林和多功能森林；澳大利亚和新西兰模式(简称澳新模式)把天然林与人工林实行分类管理，即天然林主要发挥生态环境保护方面的作用，而人工林主要实现其经济效益(陈柳钦，2007)；北美地区则采用三类林模式，即将林地区划为保护区、生态系统经营区和木材生产区3个区域(Seymour et al., 1992；Messier et al., 2009；代力民等，2012)。我国林区也实行森林分类经营，将森林划分为公益林和商品林两类(张会儒，2018)；在国家林业局编制的《全国森林经营规划

(2016—2050)》中明确规定我国森林实行分类经营，并将原有的两类调整为严格保育的公益林、多功能经营的兼用林和集约经营的商品林3类(国家林业局，2016)。

可见，这一阶段森林经营除了强调森林的木材生产功能上，进一步突出了森林生态功能等其他功能的发挥。

1.2.4 森林可持续经营

自20世纪50年代以来，随着人们对森林多功能的认识深入，加之自然保护意识开始觉醒，“保护森林即保护人类赖以生存的环境”的理念逐渐由科学家的呼吁变为国际社会和各国政府的行动。尤其是1987年，世界环境与发展委员会(又称布伦特兰委员会)在《我们共同的未来》报告中提出“可持续发展”概念；1990年，国际热带木材组织(International Tropical Timber Organization，ITTO)率先制定了《热带森林可持续经营指南》，把可持续发展的概念转化为行动；1992年，在巴西里约热内卢召开的联合国环境与发展大会上签署的《关于森林问题的原则声明》，又一次明确地提出了森林的可持续经营，从而正式确立了森林可持续经营思想在森林经营中的主导地位(施昆山，2004)。各国林学家们对如何实现这一战略提出了不同的思路和措施，其中比较有影响的包括新林业(new forestry)理论、近自然林业(close to nature forestry)理论和现代森林可持续经营(sustainable forest management，SFM)理论。

新林业理论是1985年由美国林学家富兰克林(J. F. Franklin)提出的。该理论有两点新意值得注意：第一，森林经营的作业单元不是一块或一片森林，而应是一个或一群以森林为主的景观；第二，森林经营的目标不是木材，也不是多功能综合效益，而是森林生态系统的持续维持和生物多样性的持续保存。与林业分工论相比，该理论打破了把生产与保护对立起来进行分而治之的林业发展战略，主张森林经营的目标是“实现森林的经济价值、生态价值和社会价值相互统一，建成不但能永续生产木材和其他林产品，而且也能持续发挥保护生物多样性及改善生态环境等多种效益的林业。”维持森林的复杂性、整体性和健康状态，是新林业思想的核心，突出“生态优先”的森林经营理念。基于此，1992年，美国农业部林务局基于类似的考虑，提出了对于美国的国有林实行生态系统经营(forest ecosystem management)的新提法。

近自然林业理论虽然早在1898年就由德国林学家盖耶尔(K. Gayer)提出，并在德国一直得到执行，但直到20世纪90年代后才在世界范围内引起重视。该理论认为：森林经营应回归自然、遵从自然法则，充分利用自然的综合生产力，即应尽可能地按照森林的自然规律来从事林业生产活动，使林分的发生和发展与该地区天然森林植被演替方向尽可能一致。通过对近自然林业的长时间、大范围研究可以发现，即使仅就经济效益而言，从短期看，人工林可能高于天然林；但从长期看，近自然森林的效益则更高(江腾宇等，2017)。就基本思想而言，它非常符合可持续发展的观点。近自然森林经营体系与传统法正林经营不一样的地方在于，前者主要强调从培育健康森林的角度上来经营森林，后者则更注重森林的木材利用，二者的出发点和着眼点不同。由于近自然森林经营起源于欧洲，与起源美国的森林生态系统管理思想相比较，近自然森林经营更适合于人工林，因而近自然经营在欧洲的商用人工林经营方面具有较大的影响。

森林可持续经营思想的提出和可持续发展的思想形成是紧密相关的。森林可持续经营是各种森林经营方案的编制和实施，从而调控森林目的产品的收获和永续利用，并且维持和提高森林的各种环境功能（张会儒，2018）。尤其是国际热带木材组织（ITTO，1992）的定义中集中体现了现代森林可持续经营的思想，即森林可持续经营是为达到一个或多个明确的特定目标的经营过程，这种经营应考虑在不过度减少其内在价值及未来生产力，和对自然环境和社会环境不产生过度的负面影响的前提下，使期望的林产品和服务得以持续的产出。

综上所述，通过总结森林经营思想和实践的发展，森林经营思想和技术经历了从以木材生产为中心到以生态建设为中心的转变，传统的森林经营以木材生产为核心，现代森林经营注重可持续为主线的生态建设，其思想观念已发生了很大的变化（王评等，2019）。现代森林经营的思想和技术已将森林保护生态环境的多功能效益与获得木材等其他林副产品的生产同等对待，甚至更重视森林的生态效益。

1.3 森林经营的主要思想

森林经营思想形成于18世纪后半叶，最早在西欧一些国家中形成。德国是森林经营思想的发源地，至今已有200多年历史。在过去的200多年里，森林经营思想一直在不断发展和完善，以适应经济社会发展及生态环境保护对林业发展的要求。在发展过程中，产生较大影响思想的主要有森林永续利用、森林多效益永续利用、森林近自然经营、新林业与森林生态系统经营、森林可持续经营、森林分类经营和森林多功能经营。

1.3.1 森林永续利用

17世纪中期，德国因制盐、矿冶、玻璃、造船等工业的发展，对木材的需求量猛增，开始大规模采伐森林。德国虽有严厉的森林条例，但是工业发展对森林的破坏远远超过了数千年农业文明对森林的破坏程度，不论是君主林还是私有林、公有林都出现了过伐。任何森林法规都未能遏制这场破坏。这一时期就是森林利用史上所谓的“采运阶段”。这种对经济利益的过度追求，给森林带来了前所未有的灾难性破坏，从而导致了18世纪初的震动整个德国的“木材危机”（陈世清，2010）。

1713年，德国森林永续利用思想创始人卡洛维茨首先提出了森林永续利用原则，提出了人工造林思想。他指出：“……努力组织营造和保持能被持续地、不断地、永续地利用的森林，是一项必不可少的事业，没有它，国家不能维持国计民生，因为忽视了这项工作就会带来危害，使人类陷入贫困和匮乏。”他还强调了“顺应自然”的思想，指出了造林树种的立地要求（陈世清，2010）。

1795年，德国林学家哈尔蒂希（G. L. Hartig）提出：“每个明智的林业领导人必须不失时机地对森林进行估价，尽可能合理地经营森林，使后人至少也能得到像当代人所得到的同样多的利益。从国家森林所采伐的木材，不能多于也不能少于良好经营条件下永续经营所能提供的数量。”“森林经理应该有这样调节的森林采伐量，以致世世代代从森林得到的好处，至少有我们这一代这么多。”1811年，他在担任德国国家林业局局长期间，提出了“木材培育”的概念，主张大力营造人工针叶纯林。到19世纪中叶，德国许多天然阔叶林都变为了人工针叶纯林(亢新刚等，2011)。

1826年，洪德斯哈根在其《森林调查》中首次提出了法正林理论：基本要求在一个作业级内，每一林分都符合标准林分要求，要有最高的木材生长量，同时不同年龄的林分，应各占相等的面积和一定的排列顺序，要求永远不断地从森林取得等量的木材。洪德斯哈根主张应以此作为衡量森林经营水平的标准尺度(亢新刚等，2011)。

1.3.2 森林多效益永续利用

在德国学者福斯特曼(M. Faustmann)(1849)土地纯收益理论的引导下，1867年，时任德国林学家冯·哈根提出了森林多效益永续利用理论，认为林业经营应兼顾持久满足木材和其他林产品的需求，以及森林在其他方面的服务目标。他指出：“不主张国有林在计算利息的情况下获得最高的土地纯收益，国有林不能逃避对公众利益应尽的义务，而且必须兼顾持久地满足对木材和其他产品的需要以及森林在其他方面的服务目标……管理局有义务把国有临作为一项全民族的世袭财产来对待，使其能为当代人提供尽可能多的成果，以满足林产品和森林防护效益的需要，同时又足以保证将来也能提供至少是相同的甚至更多的成果。”(陈世清，2010)

1886年，德国林学家盖耶尔针对大面积同龄纯林的病虫危害加剧、地力衰退、生长力下降等其他危害，提出了评价异龄林持续性的法正异龄林-纯粹自然主义的恒续林经营思想。1890年，法国林学家顾尔诺(A. Gurnand)和瑞士林学家毕奥莱(H. Biolley)提出了异龄林经营的检查法(control method)经营技术体系(亢新刚等，2011)。

1905年，恩德雷斯(M. Endres)在《林业政策》中提出，森林生产不仅仅是经济利益，对森林的福利效应可理解森林对气候、水和土壤，对防止自然灾害以及在卫生、伦理等方面对人类健康所施加的影响，进一步发展了森林多效益永续经营理论。1933年，在德国计划实施的《帝国森林法》中明确规定：永续地、有计划地经营森林，既以生产最大量的用材为目的，又必须保持和提高森林的生产能力；经营森林尽可能地考虑森林的美观、景观特点和保护野生动物；必须划定休憩林和防护林。从而为木材生产、自然保护和游憩三大效益一体化经营奠定基础。后来因第二次世界大战爆发，此法案未能颁布实施，但对以后的影响是深远的(王红春等，2000)。

20世纪60年代以后，德国开始推行“森林多效益永续理论”，这一理论逐渐被美国、瑞典、奥地利、日本、印度等许多国家接受推行，在全球掀起一个“森林多效益利用”浪潮。1960年，美国颁布了《森林多种利用及永续生产条例》，利用森林多效益理论和森林永续利用原则实行森林多效益综合经营，标志着美国的森林经营思想由生产木材为主的传统森林经营走向经济、生态、社会多效益利用的现代林业。1975年，德国公布了《联邦森林法》确立了森林多效益永续利用的原则，正式制定了森林经济、生态和社会三大效益一体化的林业发展战略(亢新刚等，2011)。

1.3.3 森林近自然经营

近自然经营是近自然林业的核心思想，是基于欧洲恒续林思想发展起来的。恒续林思想由德国林学家盖耶尔于1882年率先提出，它强调择伐，禁止皆伐作业方式。

1922 年 Moeller 进一步发展了盖耶尔的恒续林思想，形成了自己的恒续林理论，提出了恒续林经营。1924 年 Krutzsch 针对用材林的经营方式，提出接近自然的用材林；1950 年又与 Weike 一起，结合恒续林理论，提出了接近自然的森林经营思想。至此，近自然的森林经营理论雏形与框架已基本形成(邵青还，1991)。

近自然经营的方法是尽量利用和促进森林的天然更新，其经营采用单株采伐与目标树相结合的方式，即从幼林开始就确定培育目的树种，再确定目标树(培育对象)与目标直径，整个经营过程只对选定的目标树进行单株抚育。抚育内容包括目的树种周围的除草、割灌、疏伐和对目标树的整(修)枝。对目标树个体周围的抚育范围以不压抑目标树个体生长并能形成优良材为原则，其余乔灌草均任其自然竞争，天然淘汰。单株择伐的原则是，对达到目标直径的目标树，依据事先确定的规则实施单株采伐或暂时保留，未达到目标直径的目标树则不能采伐；对于非目的树种则视对目的树种生长影响的程度确定保留或采伐。一般不能将相邻大径木同时采伐，而是按树高一倍的原则确定下一个最近的应伐木。

近自然经营法的核心是，在充分进行自然选择的基础上进行人工选择，保证经营对象始终是遗传品质最好的立木个体。其他个体的存在有利于提高森林的稳定性，保持水土，维护地力，并有利于改善林分结构及对保留目标树的天然整枝。由于应用近自然林业经营方法时，充分利用了适应当地生态环境的乡土植物，因此，群落的稳定性好，并在最大程度上保持了水土，维护了地力，提高了生物物种的多样性(邵青还，1994)。

目标树单株经营技术把所有林木分类为目标树、干扰树、特殊目标树和其他林木 4 种类型。

①目标树。能够满足经营目的，对林分的稳定性和生产性发挥重要作用的寿命长、经济价值高的林木。目标树在完成下种更新并达到目标直径后才能采伐利用。

②干扰树。是直接影响目标树生长的、需要在本次经理期或在下一期采伐利用的林木。是采伐利用的对象。

③特殊目标树。也称为生态保护树。为增加混交树种、保持林分结构或生物多样性等要求的林木。

④其他林木。林分中的既非目标树，也不是采伐木，根据需要可以采伐或保留的林木。

目标树单株经营技术的技术特点包括：单株树作业；不分主伐和抚育间伐，采伐对象包括达到目标直径的目标树、干扰树、其他林木；将采伐利用和后续资源培育有机结合，从森林郁闭阶段开始，实现林地的连续覆盖，有利于形成异龄混交林；动态调整，随着林分生长发育过程，不断调整目标树、干扰树、其他林木的选择。

近自然经营并不是回归到天然的森林演替过程，而是尽可能从林分的建立，经过抚育以及采伐等方式接近并加速潜在的天然森林植被正向演替过程。达到森林生物群落的动态平衡，并在人工辅助下使天然物种得到复苏，最大限度地维护地球上最大的生物基因库——森林生物物种的多样性。

1.3.4 新林业与森林生态系统经营

由于受到林业分工论的影响，19 世纪 80 年代之前，美国农业部林务局一般将森林划分为林业用地和保护区两类进行管理。林业用地以木材生产为中心，以获取最大的经济效益为目标，采取高度集约化的经营管理方式，而很少考虑森林的生态效益和社会效益。而自然保护区的经营纯粹是以保护基因、物种和生态系统的多样性为目的。绝对排斥各种生产活动。实质上，它是一种“分而治之”森林经营战略。美国林学家富兰克林认为，这是一种把生产和保护对立起来的林业发展战略，不仅不能实现其各自的目标，而且也不能满足社会对林业的要求，使森林资源永续利用成了一句空话(徐化成，2004)。基于此，1985年富兰克林提出了一种新林业理论：以森林生态学和景观生态学的原理为基础，以实现森林的经济价值、生态价值和社会价值相统一为经营目标，建成不但能永续生产木材和其他林产品，而且也能持久发挥保护生物多样性及改善生态环境等多种效益的林业。新林业理论提出后曾震撼美国林业界、新闻界和政界，对美国国有林的改革和实践起到了重要作用(赵秀海等，1994)。

新林业理论的基本特点包括：森林是多功能的统一体；森林经营单元是景观和景观的集合；森林资源管理建立在森林生态系统的持续维持和生物多样性的持续保存上。新林业理论的最大特点是把森林生产和保护融为一体，保持和改善林分和景观结构的多样性。

新林业理论的主要框架为：林分层次的经营目标是保护和重建不仅能够永续生产各种林产品，而且也能够持续发挥森林生态系统多种效益的森林生态系统。景观层次的经营目标是创造森林镶嵌体数量多、分布合理并能永续提供多种林产品和其他各种价值的森林景观。

新林业理论的核心是：维持森林的复杂性、整体性和健康状态。

1992年，美国农业部林务局基于类似考虑，提出了对于美国的国有林实行生态系统经营(forest ecosystem management)的新提法，其含义与新林业类似。

美国林务局对森林生态系统经营的定义是：在不同等级生态水平上巧妙、综合地应用生态知识，以产生期望的资源价值、产品、服务和状况，并维持生态系统的多样性和生产力。它意味着我们必须把国家森林和牧地建设为多样的、健康的、有生产力的和可持续的生态系统，以协调人们的需要和环境价值。美国林纸协会(AF & PA)对森林生态系统经营的定义是：在可接受的社会、生物和经济上的风险范围内，维持或加强生态系统的健康和生产力，同时生产基本的商品及其他方面的价值，以满足人类需要和期望的一种资源经营制度。美国林学会对森林生态系统经营的定义是：森林资源经营的一条生态途径。它试图维持森林生态系统复杂的过程、路径及相互依赖关系，并长期地保持它们的功能良好，从而为短期压力提供恢复能力，为长期变化提供适应性。简而言之，它是在景观水平上维持森林全部价值和功能的战略。美国生态学会对森林生态系统经营的定义是：由明确目标驱动，通过政策、模型及实践，由监控和研究使之可适应的经营。并依据对生态系统相互作用及生态过程的了解，维持生态系统的结构和功能(邓华锋，1998)。显然，这些定义反映了各自的立场和观点，但仍有一些共同点，即人与自然的和谐发展、利用生态学原理、尊重人对生态系统的作用和意义、重视森林的全部价值。

生态系统经营的主要特征：森林经营从生态系统相关因子去考虑，包括种群、物种、基因、生态系统及景观，确保森林生态系统的完整性，保护生物多样性；注重生态系统的可持续性，人类是生态系统中的组成部分，但人类生产、生活以及价值观念可对生态系统产生强烈的影响，最终导致影响人类自己；效仿自然干扰机制的经营方式，森林生态系统中的动植物在长期自然干扰过程中已经具有适应和平衡机制，包括竞争、死亡、灭绝现象，森林经营应在其强度、频度等方面类似于自然干扰因子的影响，选择合适的技术；森林经营注意交叉科学与技术体系；放宽森林生态系统经营的空间与时间。传统森林经理期是5~10年，而生态系统经营的期限应在100年以上，从而保生态系统的稳定性和可持续性。

1.3.5 森林可持续经营

森林可持续经营思想的提出和可持续发展的思想形成是紧密相关的。20世纪70年代，由于人类对自然资源的过度利用，土地荒漠化、生物多样性减少、气候变暖、大气污染等各种环境问题接踵而来。全球生命支持系统的持续性受到严重威胁。正如国际生态学会在《一个持续的生物圈：全球性号令》中所说：当前的时代是人类历史上第一次拥有毁灭整个地球生命能力的时代，同时也具有把环境退化的趋势扭转，并使把全球改变为健康持续状态能力的时代。于是，可持续发展问题作为人类社会发展的模式问题而备受人们关注。1972年，联合国在瑞典召开了有100多个国家代表参加的人类环境会议，标志着环境时代的来临，罗马俱乐部(是一个关于未来学研究的国际性民间学术团体，也是一个研讨全球问题的全球智囊组织)成员也在1972年出版了《增长极限》一书，提出人类有可能改变这种增长趋势，并在基于长远未来生态和经济是持续稳定的条件下，设计出全球平衡的状态，使得地球上每个人的基本物质需求得到满足，并且每个人有平等的机会实现其个人潜力。真正把可持续发展概念化、国际化，是1987年联合国环境与发展世界委员会出版的《我们共同的未来》一书，书中给可持续发展的定义是：可持续发展是这样的发展，它既满足当代人的需要，又不对后代人满足其需要的能力构成危害的发展。这个定义基本得到了全社会的承认与共识，从此，可持续发展由一个名词变为一个较为严谨的概念，这标志可持续发展进入了一个崭新时期。1992年6月在巴西里约热内卢举行的联合国环境与发展大会，才真正把可持续发展提上国际议事日程，会议通过了《21世纪议程》《关于森林问题的原则声明》等5个重要文件，明确提出了人类社会必须走可持续发展之路，森林可持续经营是实现林业乃至全社会可持续发展的前提条件(张守攻等，2001)。

对于森林可持续经营的概念，由于人们对森林的功能、作用的认识要受到特定社会经济发展水平、森林价值观的影响，可能会有不同的解释。国内外学者和一些国际组织先后提出了各自的看法。国际上几个重要文本的解释如下：

联合国粮食及农业组织的定义是：森林可持续经营是一种包括行政、经济、法律、社会、技术以及科技等手段的行为，涉及天然林和人工林。它是有计划的各种人为干预措施，目的是保护和维持森林生态系统及其各种功能。1992年联合国环境与发展大会通过的《关于森林问题的原则声明》文件中，把森林可持续经营定义为：森林可持续经营意味着在对森林、林地进行经营和利用时，以某种方式，一定的速度，在现在和将来保持生物多样性、生产力、更新能力、活力，实现自我恢复的能力，在地区、国家和全球水平上保持森林的生态、经济、社会功能，同时又不损害其他生态系统。

国际热带木材组织(ITTO)的定义是：森林可持续经营是经营永久性的林地过程，以达到一个或更多的明确的专门经营目标，考虑期望的森林产品和服务的持续“流”，而无过度地减少其固有价值和未来的生产力，无过度地对物理和社会环境的影响。

《赫尔辛基进程》的定义是：可持续经营表示森林和林地的管理和利用处于以下途径和方式：即保持它们的生物多样性、生产力、更新能力、活力和现在，以及将来在地方、国际和全球水平上潜在地实现有关生态、经济和社会的功能，而且不产生对其他生态系统的危害。

《蒙特利尔进程》的定义是：当森林为当代和下一代的利益提供环境、经济、社会和文化机会时，保持和增进森林生态系统健康的补偿性目标。

不管哪种定义，从技术上讲，森林可持续经营是各种森林经营方案的编制和实施，从而调控森林目的产品的收获和永续利用，并且维持和提高森林的各种环境功能。

从技术层面来看，森林可持续经营的内涵包括以下4个方面(唐守正，2013)：

(1)森林经营的目的是培育稳定健康的森林生态系统

森林是一个生态系统，好的生态系统才能发挥完整的生态、经济和社会功能。一个稳定健康的森林生态系统能够天然更新，必须有一个合理的结构，它包括树种组成、林分密度、直径和树高结构、下木和草本层结构、土壤结构等。一个现实林分可能没有达到这样的结构，需要辅助一些人为措施，促进森林尽快达到理想状态，这就是森林经营措施。森林状况不同，需要采用不同的经营措施。例如，对于缺少目的树种的林分需要补植目的树，对于一个过密或结构不合理的中幼龄林，必须清除一些干扰树促进目标树生长，保证林分整体的健康。

(2)近代森林经营的准则是模拟林分的自然过程

森林自然生长发育的基本规律是天然更新、优胜劣汰、连续覆盖，这个过程需要很长的时间。森林经营应该模拟这个过程，永远保持森林环境。根据现实林分情况，以比较小的干扰，或补充目的树种、清除干扰树，把更多的资源用在目的树的培育上，加快群体的生长发育过程和促进森林健康。

森林自然发育过程中，森林从建群开始到最后形成稳定的顶极群落，经过不同的发育阶段，不同发育阶段林分结构不同，对于现实林分，需要根据发育阶段调整林分结构(树种、径阶、树高、密度)，使林分保持群体的健康和活力，以此确定相应的经营措施和指标。

土壤是森林生态系统的重要组成部分，是当地气候、母岩和植被长期作用的结果，原生植被提供了“适地适树”的参考，森林植被的发育促进了土壤发育并且是提高土壤肥力的基础。

生物多样性包括物种多样性、生态系统(森林类型)多样性、遗传多样性。生物多样性是森林健康稳定的物质基础。保护生物多样性是森林经营的重要任务。生物多样性保护有两项主要内容：保护栖息地和保护稀有物种，目的是维持生态系统平衡。保护稀有物种的两种主要方式：原地保护和迁地保护，其本身就是一种森林经营活动。

(3)森林经营包括林业生产的全过程

森林经营贯穿整个森林生命过程，主要包括3个阶段(成分)：收获、更新、田间管理。广义的田间管理包括所有管理森林的技术措施：中幼林抚育、有害生物防治、防火、野生生物保护、土壤管理、林道、水源和河溪、机械使用等。中幼林抚育是田间管理的一个内容。不要把森林经营仅仅理解为抚育采伐。收获是森林经营的产出，没有收获的森林经营是没有意义的，是不可持续的森林经营。森林更新有多种方式，在目标树经营系统中，更强调人工促进更新。

(4)重视森林经营计划(规划或方案)的作用

森林生命周期的长期性和森林类型的多样性，决定了森林经营措施的多样性。但是知道什么样的林分应当采用什么经营措施，既需要科学知识也需要实际经验。所谓科学知识就是要根据不同林分发展阶段，依据森林的林学和生物学特性确定采取什么经营措施(方法、指标和标准)。安排林业活动的全过程，即安排在什么时间、什么地点、对什么林分采用什么措施就是“森林经营规划或方案”。规划是政府职责，用来规范政府行为。经营方案是经营主体行为，是进行经营活动的依据。

1.3.6 森林分类经营

森林分类经营从本质上来看，是来源于林业分工论的思想。20世纪70年代，美国林业学家M·克劳森、R·塞乔和W·海蒂等分析了森林多效益永续经营理论的弊端后，提出了森林多效益主导利用的经营指导思想。他们认为：永续利用思想是发挥森林最佳经济效益的枷锁，大大限制了森林生物学的潜力，若不摆脱这种限制，就不可能使林地和森林资源发挥出最佳经济效益，未来世界森林经营是朝各种功能不同的专用森林方向发展，而不是走向森林三大效益一体化，这就是林业分工论的雏形。后来，他们又进一步提出，不能不加区分地对所有林地进行相同的集约经营，而应该选择在优质林地上进行集约化经营，同时使优质林地的集约经营趋向单一化，实现经营目标的分工。到了20世纪70年代后期，这种分工论的思想明确形成，即在国土中首先划出少量土地发展工业人工林，承担生产全国所需的大部分商品材的任务，称为商品林；其次划出一块公益林，包括城市森林、风景林、自然保护区、水土保持林等，用以改善生态环境；最后，再划出一块多功能林。

林业分工论通过专业化分工途径，分类经营森林资源：使一部分森林与加工业有机结合，形成现代化林业产业体系；另一部分森林主要用于保护生态环境，形成林业生态体系。同时建立与之相适应的经济管理体制和经营机制。林业分工论通过局部的分而治之，实现整体上的合而为一，体现了森林多功能主导利用的经营指导思想，使林地资源处于合理配置的状态，发挥最符合人类需求的功效，达到整体效益最优。基于林业分工论，衍生出两种林业发展模式：法国模式和澳新模式。法国把国有林划分三大模块，即木材培育、公益森林和多功能森林；澳新模式把天然林与人工林实行分类管理，即天然林主要是发挥生态、环境方面的作用，而人工林主要是发挥经济效益(陈柳钦，2007)。

在北美，采用三类林模式(Seymour et al.，1992；Messier et al.，2009；代力民等，2012)。该模式将林地区划为3个区域：保护区、生态系统经营区和木材生产区。每个区域都被赋予特殊的管理和经营目的。在保护区中，任何采伐行为和工业化经营措施都是被禁止的，森林经营活动仅可以围绕以保护为目的开展，但频度和强度等均被严格限制，目的是减少人为干扰对森林生态系统的影响，重点保护整个林区的稀有物种、濒危物种、特有物种及生态关键种。由于保护区中几乎没有人为干扰，这样原始的森林生态系统，也将为其他两个区域的经营和管理提供参照。在生态系统经营区中，生态保护与森林资源的持续经营利用同等重要，鼓励以促进林木生长及提高林分质量为前提的经营活动，如采伐与更新、森林抚育、林分改造等。但是无论采取何种森林经营方式，必须最大程度地维持森林生态系统的生产力、物种和遗传多样性的原始状态，即在保证木材产量和服务价值的过程中最大化资源使用和最小化环境影响。在木材生产区中，通常采用集约化的经营方式，即以较少的土地和较短的周期，通过采用先进的经营技术措施，获得较高的木材产量。因此，因地制宜地采取任何森林经营方式均被允许，从而可以以最短的周期提供市场所需的林产品，实现森林资源接续，增加木材供给，弥补其他两个区域因禁伐等措施带来的采伐减量造成的影响。

林业分工论对我国林业经营政策产生了深远影响。基于此思想，我国国有林区实行森林分类经营，将森林划分为公益林和商品林两类。公益林是以满足保护和改善人类生存环境、维持生态平衡、保存物种资源、科学实验、森林旅游、国土保安等需要为主要经营目的的森林，包括防护林和特种用途林。商品林是以生产木材、竹材、薪材、干鲜果品和其他工业原料等为主要经营目的的森林，包括用材林、薪炭林和经济林。

1999年，我国在原有五大林种的基础上，开始实行新的分类经营体系，即将森林分为公益林和商品林。公益林是指以发挥森林生态效益等生态功能为主要目的的森林，包括防护林和特种用途林。商品林是指以生产木材及其他林产品为主要目的的森林，包括用材林、经济林和能源林。由于这种分类是根据林业资金的管理方式分类的，实际上是分类管理而非分类经营，因此，各地在分类区划界定时，往往以多争取国家投资和保留可采资源为出发点，没有严格按照要求进行，造成了区划不合理和公益林区划面积过大等问题(张会儒，2019)。

在许多学者的研究和呼吁下，2016年，国家林业局发布的《全国森林经营规划(2016—2050)》，对我国森林分类经营体系进行了修改完善，划分成以下3类，即严格保育的公益林、多功能经营的兼用林和集约经营的商品林。

①严格保育的公益林。主要是指国家Ⅰ级公益林，是分布于国家重要生态功能区内，对国土生态安全、生物多样性保护和经济社会可持续发展具有重要的生态保障作用，发挥森林的生态保护调节、生态文化服务或生态系统支持功能等主导功能的森林。这类森林应予以特殊保护，突出自然修复和抚育经营，严格控制生产性经营活动。

②多功能经营的兼用林。包括生态服务为主导功能的兼用林和林产品生产为主导功能的兼用林。生态服务为主导功能的兼用林包括国家Ⅱ、Ⅲ级公益林和地方公益林，是分布于生态区位重要、生态环境脆弱地区，发挥生态保护调节、生态文化服务或生态系统支持等主导功能，兼顾林产品生产。这类森林应以修复生态环境、构建生态屏障为主要经营目的，严控林地流失，强化森林管护，加强抚育经营，围绕增强森林生态功能开展经营活动。林产品生产为主导功能的兼用林包括一般用材林和部分经济林，以及国家和地方规划发展的木材战略储备基地，是分布于水热条件较好区域，以保护和培育珍贵树种、大径级用材林和特色经济林资源，兼顾生态保护调节、生态文化服务或生态系统支持功能。这类森林应以挖掘林地生产潜力，培育高品质、高价值木材，提供优质林产品为主要经营目的，同时要维护森林生态服务功能，围绕森林提质增效开展经营活动。

③集约经营的商品林。包括速生丰产用材林、短轮伐期用材林、生物质能源林和部分优势特色经济林等，是分布于自然条件优越、立地质量好、地势平缓、交通便利的区域，以培育短周期纸浆材、人造板材以及生物质能源和优势特色经济林果等，保障木(竹)材、木本粮油、木本药材、干鲜果品等林产品供给为主要经营目的。这类森林应充分发挥林地生产潜力，提高林地产出率，同时考虑生态环境约束，开展集约经营活动。

1.3.7 森林多功能经营

森林具有生态、经济、社会、文化等多种功能。根据联合国《千年生态系统评估报告》(Millennium Ecosystem Assessment，MA)，森林的功能可以分为供给、调节、文化和支持等四大类。

①供给功能。供给功能指森林生态系统通过初级和次级生产提供给人类直接利用的各种产品，如木材、食物、薪材、生物能源、纤维、饮用水、药材、生物化学产品、药用资源和生物遗传资源等。

②调节功能。调节功能指森林生态系统通过生物化学循环和其他生物圈过程调节生态过程和生命支持系统的能力。除森林生态系统本身的健康外，还提供许多人类可直接或间接利用的服务，如净化空气、调节气候、保持水土、净化水质、减缓自然灾害、控制病虫害、控制植被分布和传粉等。

③服务功能。服务功能指通过丰富人们的精神生活、发展认知、大脑思考、生态教育、休闲游憩、消遣娱乐、美学欣赏、宗教文化等，使人类从森林生态系统中获得精神财富。

④支持功能。支持功能指森林生态系统为野生动植物提供生境，保护其生物多样性和进化过程的功能，这些物种可以维持其他的生态系统功能。

理论上，每一片森林都是多功能的，但从人类利用的角度，森林的多个功能的重要性是不同的，即存在一个或多个主导功能(中国林业科学研究院"多功能林业"编写组，2010)。森林的多种功能之间并非一直一致，是一种对立统一的关系。

森林多功能经营是在充分发挥森林主导功能的前提下，通过科学规划和合理经营，同时发挥森林的其他功能，使森林的整体效益得到优化，其主要对象是"多功能森林"。它既不同于现在的分类经营，也不同于以往的多种经营，而是追求森林整体效益持续最佳的多种功能的管理。多功能经营原则是实行长伐期(让森林长大)；择伐作业、及时更新(多次收获利用，连续覆盖)；人工林天然化经营(近自然)(张会儒，2019)。

多功能森林经营起源于欧洲多功能林业的思想。18世纪初，德国学者提出了森林永续收获原则并广泛应用于木材收获和森林经营实践。18世纪中期，人们认识到大面积人工针叶纯林的弊端，德国林学家提出了著名的森林多效益永续经营理论。18世纪末，德国林学家提出恒续林经营思想，瑞士林学家在实践中创造了森林经理检查法，进一步发展为近自然经营。从20世纪50年代起，人们对森林的结构和功能有了新的认识，强调森林是一种多资源、多功能效益的综合体，在生产木材和林副产品的同时还要考虑森林生态功能和服务价值。20世纪60年代以后，德国开始推行森林多功能理论，之后这一理论逐渐被美国、瑞典、奥地利、日本等许多国家所接受并推行。1960

年，美国颁布了《森林多种利用及永续生产条例》，标志着美国的森林经营思想由以生产木材为主的传统森林经营转向发展经济、生态、社会多功能经营的现代林业。1975年，德国颁布了《联邦保护和发展森林法》，确立了森林多效益永续利用的原则，正式制定了森林经济、生态和社会三大效益一体化的林业发展战略(张会儒，2018)。

欧洲近自然森林经营是尽可能有效地运用生态系统的规律和自然力造就森林，把生态与经济要求结合起来，实现合理经营森林的一种贴近自然的森林经营模式；生态系统经营则强调把森林作为生物有机体和非生物环境组成的等级组织和复杂系统，用开放的、复杂的大系统来经营森林资源；欧盟和日本等通过林业立法倡导多功能林业，并取得了一些实质性科技进展。无论是近自然林还是生态系统管理，其实质都是为了维护和恢复森林生态系统的健康，发挥森林的多种功能和自我调控能力。近自然森林经营仅是在特定条件下实现多功能经营的一种途径，二者不能等同起来(张会儒，2018)。

充分利用森林的多种功能已被国际社会广泛认同，但由于缺乏对多种功能间复杂关系的全面深入认识，因而对森林功能的评价经常是各单项功能的简单叠加，即使联合国千年生态系统评估也是如此。随着对森林多功能利用呼声的不断增强，相关研究正从单项测评、简单求和式的功能评价转向对森林多功能关系的全面认识和定量评价。

总之，各种森林经营思想均是历史与社会发展的产物，与当时社会的经济、科学以及认识水平密切相关，在当时都是适应社会发展情况的。我国森林经营思想和理论的形成和发展，学习和借鉴了苏联、美国以及欧洲的经验，但尚未形成适合我国国情的理论体系和技术。目前，我国林业正处于提高森林资源质量和转变发展方式的关键阶段，通过加强森林经营来提高林地生产力和生态服务功能，已经成为建设生态文明，发展现代林业以及推动科学发展的时代要求。

未来随着人类社会发展对森林生态服务功能要求的不断提高，探索发挥森林多种功能的森林经营思想和技术模式将成为森林经营研究的重要任务，我国已经提出了基于森林分类经营的多功能经营框架，但与之相配套的技术体系还需要深入研究和实践验证。可以预期的是，随着科学实验的开展，林业从业人员知识水平的提高以及社会公众整体、政府和职能部门对林业和森林经营工作正确与科学的认识，我们也必将探索出适合我国国情的森林多功能经营模式和理论体系来指导林业建设。

1.4 我国森林经营发展概况

长期以来，我国林业建设取得了辉煌的成就，为经济社会发展做出了重大贡献。新中国成立以来，我国林业建设的发展大致经历木材生产阶段、木材和生态建设兼顾以及以生态建设为主的3个阶段(肖玲，2003)。

从新中国初期到20世纪80年代初期，由于我国处于新中国建设阶段，国家建设的重点在于发展工业，林业发展要为工业发展服务，林业为新中国建设做出了重大贡献，但这一时期也是我国林业发展较为粗放的一个时期。20世纪50年代，我国提出了“普遍护林护山，大力造林育林，合理采伐利用木材”的林业建设方针；60年代初，进一步提出“以营林为基础，采育结合，造管并举，综合利用，多种经营”的林业建设方针，森林经营开始步入正轨。但是在六七十年代，林业建设方针却被丢弃，出现违背林木自然生长规律，大规模毁林种粮、炼钢，采育比例严重失调；80 年代初期集体林区发生的严重乱砍滥伐，造成森林资源严重损失，进一步加剧了森林质量的下降趋势。在这一阶段，我国提出了北方次生林综合培育体系(钟万全，1983；袁士云，2014)、南方人工林的“5 控 1 提高”(盛炜彤，2014)和人工林优化栽培模式体系(盛炜彤等，2004)，同时也引入国外先进的理念和技术指导森林经营，如吉林汪清林业局借鉴法国的“检查法”开展了长期的经营实践和监测(李法胜等，1994；于政中等，1996)。

从 20 世纪 70 年代末到 20 世纪末，我国林业发展进入以木材生产和生态建设兼顾为主的阶段，在这一时期，国家先后启动了三北防护林体系建设等林业重点工程，开展大规模造林灭荒和绿化达标活动，大力发展速生丰产用材林基地；建立林木采伐限额管理制度，加强森林资源利用监管，实现了森林面积、蓄积量双增长。但由于忽视森林经营，森林质量不高、功能低下的状况尚未得到根本改观。

自 20 世纪末以来，随着可持续发展理念不断深化，“可持续发展”成为我国现代林业发展的指导思想，我国陆续启动了六大林业重点工程，提出了“严格保护，积极发展，科学经营，持续利用”方针，先后启动实施了天然林资源保护工程、退耕还林工程、京津风沙源治理工程、三北和长江中上游地区等重点防护林工程、野生动植物保护工程、自然保护区建设工程及重点地区速生丰产用材林基地建设工程共六大林业重点工程，中央财政先后建立了森林生态效益补偿、林木良种、造林、森林抚育等补贴制度，森林经营重点逐步向森林管护、森林培育为主转移，森林资源总量持续增加。但森林经营仍是林业建设的短板，林地生产潜力远未发挥出来，林地生产力和产出率低、效益不高的问题依然突出。特别是党的十八大以来，将生态文明建设纳入中国特色社会主义事业的总体布局，标志着我国林业发展全面进入了以生态建设为主的新阶段。在这一阶段，我国先后引进了欧洲的近自然森林经营模式和目标树经营体系，在我国不同类型森林中开展了经营实践(陆元昌等，2010；王懿祥，2012)，并不断改良发展。进入 21 世纪以来，我国的森林经营方法在引进、消化与吸收世界先进经营理念的过程中，也结合我国的林情开展了理论与技术创新，先后提出了“森林生态采伐更新技术体系”(张会儒等，2007、2008)、“天然林保育与生态恢复技术体系”(刘世荣等，2015)、“结构化森林经营”(惠刚盈等，2007、2010)等，并在我国不同类型森林中开展了经营实践。

然而，我国林业的发展水平还比较落后，与经济社会的发展需求还不适应，突出问题表现在森林生产低下，结构单一，生态功能脆弱，生态系统稳定性差等方面(张会儒等，2017)，尚不能完全满足新时代生态文明建设的总体要求。提升森林质量已成为今后相当长一个时期内林业发展的主要目标和任务，加强森林经营是林业发展的当务之急。

1.5 森林经营发展趋势

(1)科学合理可操作的森林经营计划(规划或方案)**编制**

森林经营方案是森林经营主体为了科学、合理、有序地经营森林，充分发挥森林的生态、经济和社会效益，根据国民经济和社会发展要求、林业法律法规政策、森林资源状况及其社会、经济、自然条件编制的森林资源培育、保护和利用的中长期规划，以及对生产顺序和经营利用措施的规划设计(张会儒，2018)。因此，编制科学合理、具有可操作性的森林经营方案至关重要。在国家层面，2016年3月国家林业局已经编制了《全国森林经营规划(2016—2050)》，成为编制省级、县级森林经营规划，规范和引导全国森林经营工作的指导性文件。但是县级、国有林场等经营单位主体的森林经营方案编制目前尚未完成，森林生命周期的长期性和森林类型的多样性，决定了森林经营活动的系统性和复杂性，必须进行统筹规划和预先决策部署，因此，要编制森林经营规划(方案)，按照可持续经营的原理与要求，对区域、经营单位在一定时期内经营活动的对象、地点、时间、原因、完成者等要素做出统筹优化安排。

(2)林分生长发育过程的精确模拟

林分生长发育过程的精确模拟是森林经营的关键，以地带性顶极群落的发展过程为参照，建立从立地质量评价、林分结构模拟、森林生长与收获预估的一整套技术，尤其是针对混交异龄林的评价方法、结合遥感等技术手段的大尺度高分辨率立地质量评价技术，基于空间结构的林分结构模拟，除木材外的其他森林属性的森林生长与收获预估模型等，充分掌握林分生长发育规律。同时开展不同森林经营技术下林分生长变化及影响的研究，直接服务于森林经营实践活动也是今后森林经营研究的重点。

(3)贯穿全周期的森林经营技术措施

森林经营是以森林和林地为对象，以提高森林质量，建立健康稳定、优质高效的森林生态系统为目标，为修复和增强森林的供给、调节、服务、支持等多种功能，持续获取森林生态产品和木材等林产品而开展的一系列贯穿于整个森林生长周期的保护和培育森林的活动。因此，针对以往重视造林和采伐技术研究的基础上，进一步探索不同经营目的下不同林分的森林抚育技术，进而集成林地管理、造林、抚育、采伐、更新，甚至病虫害防治、林火管理等技术，形成不同区域、不同经营目的、不同森林的贯穿全周期的森林经营技术体系，尤其是除传统乔木林外的其他森林类型的森林经营技术。同时，开展森林经营思想及方法技术创新，在消化引进吸收国内外先进森林经营思想和技术的基础上，结合中国林情，探索形成具有中国特色的森林经营思想和技术体系。

(4)森林生态系统调查监测评价技术体系构建

充分利用信息科学、生态学、地学等学科的新成果，重视交叉融合，从森林经营区划技术、森林资源调查技术、森林生态系统多功能评估等方面开展森林生态系统调查监测，构建森林生态系统调查监测评价技术体系，精确分析和研判森林经营活动对森林生态系统带来的影响，从而为森林经营决策提供依据和支撑。

1.6 “森林经营理论与技术”课程概要

森林经营是林业工作的重要组成部分，“森林经营理论与技术”课程由3部分内容组成，系统阐述森林经营的重要理论和技术，课程概要如下：

第1部分阐述森林经营的基础理论，从森林经营的生态学基础、经济学基础系统阐述了森林经营的理论基础，并梳理总结了当前主要的森林经营思想。

第 2 部分阐述森林结构和功能，着重从森林经营林业基础理论出发，分别从立地分类与立地质量评价、林分结构动态、森林生长与收获预估、森林多功能监测与评价等方面系统阐述了森林结构和功能的相关理论。

第 3 部分阐述森林经营技术与模式，立足于技术层面，分别从森林经营区划和调查、森林经营规划技术、森林经营作业技术、森林经营决策与优化、不同森林类型典型经营模式等方面进行阐述，并阐述了森林经营效果监测与评价技术。

本章小结

本章主要介绍森林经营的定义、森林经营的主要思想，以及森林经营发展历程及我国森林经营发展的概况，并分析了我国森林经营发展的趋势。

在林业生产中，森林经营工作范围广、持续时间长，要求在生态学范畴内妥善解决森林中的种种矛盾，及时恢复森林，扩大森林资源，保护森林环境，促进森林生长，提高森林质量和各种有益效能，缩短培育林木时间，合理控制采伐量，逐步实现越采越多，越采越好，青山常在，永续利用。

思考题

1. 简述广义和狭义的森林经营概念。
2. 简述森林经营、保护与利用的关系。
3. 森林可持续经营与森林的永续利用有哪些异同？
4. 什么是新林业？
5. 谈谈你对森林经营未来发展的看法。

上篇

森林经营理论篇

第 2 章

森林经营的生态学基础

生态学是研究生物与环境、生物与生物之间相互关系的科学。从长期经济发展与环境的关系上来讲，由于森林经营的目的是建立健康稳定、优质高效的森林生态系统，森林经营应该是在寻求生态合理性的基础上来追求经济效益、社会效益的合理性。因此，研究对象复杂、工作范围广、持续时间长的森林经营实践活动需要生态学的理论指导，各种森林经营措施需要建立在坚实的生态学基础之上。生态学的一般规律大致可从种群、群落、生态系统、景观、人与环境的关系等方面说明。本章在介绍自然-社会-经济复合生态系统理论、传统生态学基本理论基础上，分析了景观生态学的基本理论、原理及其在景观尺度森林经营中的应用途径，探索了生态位理论在林分尺度适地适树、森林立体种植、农林复合经营中的应用方法。最后，作为森林生态系统适应性经营的理论基础，分析了普里高津耗散结构理论在森林经营中的应用途径。

2.1 自然-社会-经济复合生态系统理论

由于森林经营对象的复杂性、森林经营的长周期性，编制区域森林经营规划，按照森林经营规划的要求制定森林经营年度计划和作业设计，是保证森林经营取得预期效果的重要因素。自然-社会-经济复合生态系统理论，为区域尺度森林经营规划目标的制定提供了理论指导。

2.1.1 复合生态系统理论的提出

我国是一个古老的农业大国，有广大的乡村，对我国乡村景观及乡村景观规划进行研究探讨，具有重要的理论和现实意义。20 世纪 80 年代以来，我国部分地区已处于传统农业景观向现代农业景观过渡的阶段：传统的农业生产方式逐渐被放弃，伴随着化肥农药的大量使用、机械化耕种的大面积推广，有机质减少、面源污染、土壤板结等资源环境问题日益显现，使农业景观和自然环境发生了很大的变化。同时，伴随着城市化进程的加速，农村各产业的蓬勃兴起，在有限的自然资源和经济资源的条件下，各业相互竞争，物质、能量和信息在各景观要素之间流动和传递，不断改变着区域内的景观格局，加剧了农业资源与环境问题。

为解决日益突出的城乡生态环境问题，1984年，我国著名生态学家马世骏提出了复合生态系统的概念：人类社会不同于生物种群，它是一类以人的行为为主导，自然环境为依托，资源流动为命脉，社会体制为经络的人工生态系统，即自然-社会-经济复合生态系统(图 2-1)。换而言之，自然-社会-经济复合系统是在地球表层的一定地域范围内的经济系统、社会系统和自然生态系统相互结合而成的具有一定结构和功能的有机整体。如农村、城市及区域，实质上是一个由人的活动的社会属性以及自然过程的相互关系构成的复合生态系统。

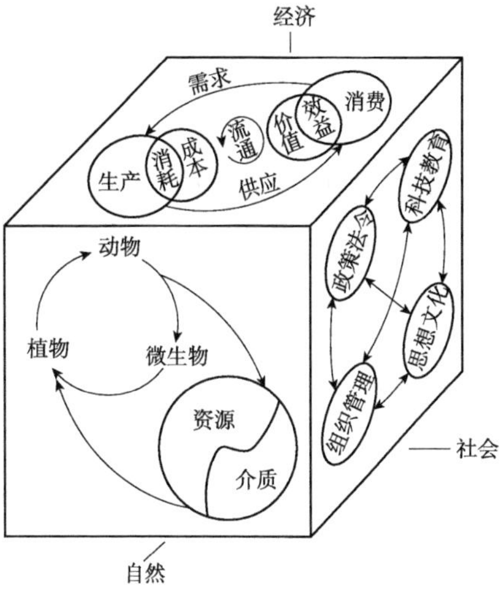

图 2-1　复合生态系统示意图
(马世骏，1984)

2.1.2　复合生态系统理论的主要观点

复合生态系统的结构，是指系统内各组成要素之间有机联系和相互作用方式及诸要素在该系统内的秩序。它包括复合生态系统的组成要素、诸要素之间的相互联结方式，以及诸要素组合的时空结构。

2.1.2.1　复合生态系统的结构

马世骏先生则把复合生态系统各分系统的结构耦合关系描述为：自然子系统由土(土壤、土地和景观)、金(矿物质和营养物)、火(能和光、大气和气候)、水(水资源和水环境)、木(植物、动物和微生物)五行相生相克的基本关系构成，为生物地球化学循环过程和以太阳能为基础的能量转换过程所主导；经济子系统由生产者、流通者、消费者、还原者和调控者五类功能实体间相辅相成的基本关系耦合而成，由商品流和价值流所主导；社会子系统由社会的知识网、体制网和文化网 3 类功能网络间错综复杂的系统关系构成，由体制网和信息流所主导；3 个子系统之间通过生态流、生态场在一定的时空尺度上耦合，形成一定的生态格局和生态秩序；复合生态系统内部各要素之间、各部分之间的相互作用是通过物流、能流、价值流和信息流的形式实现的。

2.1.2.2　复合生态系统的功能

马世骏和王如松用八面体来表示复合生态系统的功能，其 6 个顶点分别表示系统的生产加工、生活消费、资源供给、环境接纳、人工控制和自然缓冲功能，它们相生相克，构成了错综复杂的人类生态关系。人类生态关系包括人与自然之间的促进、抑制、适应、改造关系；人类对资源的开发利用、储存、扬弃关系以及人类生产、生活活动中的竞争、共生、隶属、互补关系。

复合生态系统的生产功能不仅包括物质产品和精神产品的生产，还包括人的生产；不仅包括成品的生产，还包括废物的生产。复合生态系统的消费功能不仅包括商品的消费、基础设施的占用，还包括资源与环境的消费、时间与空间的耗费、信息以及人的心灵和感情的耗费。在人类生产和生活活动后面，还有一只看不见的手，即生态服务功能在起作用，包括资源的持续供给能力、环境的持续容纳能力、自然的持续缓冲能力及人类的自组织自调节活力。正是由于这种服务功能，经济得以持续、社会得以安定、自然得以平衡。

2.1.2.3 复合生态系统的特点

与自然生态系统相比，复合生态系统具有以下特点：

(1) 复合生态系统的发展方向是反自然的

复合生态系统的发展方向与自然生态系统的演进方向相反。表现在以下 3 个方面：

①自然生态系统的演进方向是成熟化，即系统的净产量趋近于零，生物能流趋于彻底耗散，物质循环趋近于完全；而复合生态系统的发展方向是年轻化，复合生态系统的净产量趋于越来越高，生物能流在系统内的耗散不充分，物质循环不完全。

②自然生态系统的演进方向是多样化，成熟阶段也就是系统物种多样化程度最高的阶段，以此来确保系统能量流动和物质循环的完整性；而复合生态系统在人们的控制下不断向简单化方向发展，培养、种植单一且生物量庞大的动植物种群以保证更高的净产量，使大量的物种绝灭了，形成极少数物种占优势的、环境单调的生态系统。

③由于前两个原因，自然生态系统的演进方向是稳定性不断增强，而复合生态系统却朝着不稳定性增强的方向发展。

(2) 复合生态系统运行的维持需要不断增强的人工能流的投入

不同于自然生态系统的运行完全是由生物能流推动的，复合生态系统是一个能量物质流通量很大、储存与转换时间较短、流动速度很快的系统。该系统自身消耗的能量大大超过其自身捕获、转化的太阳辐射能，而靠消耗岩石圈中储存的太阳能及其他非初级生产的能量来维持。由于生产者的缺乏，大量能量和物质需要其他系统提供，使人工复合生态系统永远离不开自然生态系统而独立存在，依赖性很强。

(3) 复合生态系统具有不断发展的开放性

自然生态系统具有相对的封闭性，与自然生态系统自身蓄积的生物量相比，自然生态系统与外界进行能量与物质交换甚小。复合生态系统的开放性最初也不强，起码在人类社会发展之初是这样，后来，随着人口增长，经济活动规模扩大，商品经济和市场经济的发展，系统的开放性越来越明显，到今天已经达到前所未有的程度。复合生态系统的高产出和高消耗的性质，加剧了物质循环的不平衡性，这种不平衡不能由系统内自行补偿，人工能量和物资的投入是必需的。为此，不同层次的复合系统之间寻求开放互补，以维持系统的运行。

2.1.3 复合生态系统理论与区域森林经营规划

复合生态系统存在的模式具有多样性。复合生态系统是人类为了满足自身不断增长的物质和文化生活需要，而在通过劳动改变原来的自然生态过程中形成的。由于地球上不同地区原来的自然生态系统及其自然资源的构成很不相同，人类将其自然生态系统改造成复合生态系统的目的不同，人口的稠密度及其人力资源的分布不同等原因，使目前地球上普遍存在的复合生态系统在具体模式上千差万别。例如，在地域构成上，有城市、乡村、陆地、滨海等不同的复合生态系统；在产业构成上，有农业、畜牧业、林业、工矿等复合生态系统；此外自然复合生态系统模式还会因民族文化、宗教信仰、行政区划的不同而呈现不同的样式。

我国天然林中的原始林被采伐殆尽，已寥寥无几，现有的原始林仅见于自然保护区、森林公园、未开发的西藏林区、已实施保护的热带雨林。因此，我国绝大部分地区的森林都可以看作是一种自然-社会-经济复合生态系统。根据马世骏的复合生态系统理论，这种复合生态系统的能量和物质流通量大、储存与转换时间短、流动速度快。区域森林生态系统的运行维持，不能完全由生物能流推动。要维持区域森林生态系统的可持续运行，需要不断增强的人工物质、能量、资金等森林经营要素的投入，即区域森林生态系统是一个高产出和高消耗的复合系统。

根据马世骏的复合生态系统理论，我们可以认为区域森林是一个自然-社会-经济复合生态系统，包括自然、社会、经济 3 个子系统。森林生命周期的长期性和森林类型的多样性，决定了森林经营活动的系统性和复杂性，必须进行统筹规划和预先决策部署。因此，森林经营应该按照森林经营规划(计划或方案)实施。在编制区域森林经营规划过程中，区域森林必须同时满足生态、社会、经济三大经营目标。生态目标如森林覆盖率、森林资源消耗量；社会目标如文教卫生与社会福利、就业率、人均收入水平及其他社会效益等；经济目标如年均总产值、总成本与产品单位成本、利润与税收。

2.2 传统生态学基本理论

2.2.1 传统生态学基本规律

生态学中整体的观念、循环的观念、平衡的观念和多样性的观念，以及它们所揭示的生态规律，构成了生态自然观的重要理念和科学根据。

整体的观念是指生物(包括人在内)与其环境构成一个不可分割的整体，任何生物均不能脱离环境而单独存在；循环的观念是指作为生产者的植物、消费者的动物、分解者的微生物，它们互相耦合，形成由生产、消费和分解 3 个环节构成的无废弃物的物质循环；平衡的观念认为生物之间的食物链关系、金字塔结构和循环体系处于动态的平衡之中；多样性的观念即“多样性导致稳定性”的生态原理，它强调保护生物物种的多样性，认为生物多样性的丧失直接威胁生态系统的稳定性。

生态学家在已有研究的基础上总结出与自然保护相关的 6 条生态学一般规律，即物物相关、相生相克、能流物复、协调稳定、负载定额、时空有宜。

(1)物物相关、相生相克规律

普遍的依存与制约也称物物相关规律。有相同生理、生态特性的生物，占据与之相适宜的小生境，构成生物群落或生态系统。系统中不仅同种生物相互依存、相互制约，异种生物(系统内各部分)间也存在相互依存与制约的关系；不同群落或系统之间，也同样存在依存与制约关系，也可以说彼此影响。这种影响有些是直接的，有些是间接的；有些是立即表现出来的，有些需滞后一段时间才显现。因此，在自然开发、工程建设中必须了解自然界诸事物之间的相互关系，统筹兼顾，做出全面安排。

通过“食物”而相互联系与制约的协调关系，也称相生相克规律，其具体形式是食物链和食物网。每一种生物在食物链和食物网中，都占据一定的位置，并具有特定的作用。各生物种之间相互依赖、彼此制约、协同进化。被食者为捕食者提供生存条件，同时又为捕食者控制；反过来，捕食者又受制于被食者，彼此相生相克，使整个体系(或群落)成为协调的整体。体系中各种生物个体都建立在一定数量的基础上，它们的大小和数量都存在一定的比例关系。生物体之间的这种相生相克作用，使生物体之间在数量上保持相对稳定，这是生态平衡的一个重要方面。当人们向一个生物群落(或生态系统)引入其他群落的生物种时，往往会由于该群落缺乏能控制它的物种(天敌)存在，导致引入的物种种群爆发，进而造成灾害。

物物相关、相生相克的规律，揭示了自然事物相互联系、相互制约、共存共生的生态关系。自然界任何生物物种的存在都有其合理性，保持物种多样性，使人与生物伙伴协同进化，才能确保生态系统的稳定发展。

(2)能流物复、协调稳定规律

生态系统中，植物、动物、微生物和非生物成分，借助能量的不停流动：一方面不断地从自然界摄取物质并合成新的物质；另一方面又随时分解为简单的物质，即所谓"再生"，这些简单的物质重新被植物所吸收，由此形成不停顿的物质循环。因此，要严格防止有毒物质进入生态系统，以免有毒物质经过多次循环后富集到危及人类的程度。流经自然生态系统中的能量通常只能通过系统一次，它沿食物链转移时，每经过一个营养级，就有大部分能量转化为热散失掉，无法加以回收利用。因此，为了充分利用能量，必须设计出能量利用率高的系统。例如，在农业生产中为防止食物链过早截断、过早转入细菌分解，而使能量以热的形式散失掉，应该经过适当处理(如秸秆先作为饲料)，使系统能更有效地利用能量。

物质输入输出的平衡规律又称生态系统"协调稳定"规律，涉及系统中生物与环境两个方面。当一个自然生态系统不受人类活动干扰时，生物与环境之间的输入与输出，是相互对立的关系，生物体进行输入时，环境必然进行输出，反之亦然。

生物体一方面从周围环境摄取物质，另一方面又向环境排放物质，以补偿环境的损失。也就是说，对于一个稳定生态系统，无论对生物，对环境，还是对整个生态系统，物质的输入与输出总是平衡的。当输入不足时，会产生生态匮乏。例如，一个城市物资供应不足，必然造成生产生活紧张，效率下降；反之，当城市物资供应充足但输出不足，又会导致生态滞留，使环境恶化，生产生活同样受限。

能流物复、协调稳定规律是生态系统存在和发展的内在保证。物质循环、能量流动把生态系统进而把生物圈联成一个整体，虽然各系统、系统的各部分有它们独特的运动形式，但都遵循整体性的原则。

(3)负载定额规律

任何生态系统中作为生物赖以生存的各种环境资源，在质量、数量、空间、时间等方面都有其一定的限度，不能无限制地供给，因而其生物生产力通常都有一个大致的上限。也正因为如此，每一个生态系统对任何外来干扰都有一定的忍耐极限。当外来干扰超过此极限时，生态系统就会被损伤、破坏，以致瓦解。所以，对于草原生态系统来说，其放牧强度不应超过草场的允许承载量；对森林生态系统来说，采伐森林时不应超过确保森林资源永续利用的产量。保护某一物种时，必须要使它保有足够的生存、繁殖空间。排污时，要确保排污量不超过环境的自净能力等。

负载定额规律揭示，任何生态系统的生产力和承载能力都是有限的，它由生物物种(包括人类)自身的特点及可供它利用的资源和能量决定。人口问题、资源问题、环境问题，实际上都是由于人类的活动接近或已超过生态系统的负载定额的限度而造成的。

(4)时空有宜规律

时空有宜规律，即每一个地区，都有其特定的自然和社会经济条件组合，构成独特的区域生态系统。在开发利用某特定地区的生态系统时，必须充分考虑它的特性。例如，长江、黄河上游的森林生态系统与江苏南部的森林生态系统是不同的：前者的主要功能是水土保持，而后者主要功能是提供木材、市民休闲。时空有宜规律揭示了生态系统动态变化的特征，使人类在构建区域生态系统，规划人的生产、消费理念和行为时，既能从实际出发、实事求是，又能因时因地制宜，与时俱进。

2.2.2 生态学规律与区域森林经营

生态学基本规律实际上是我们进行区域森林经营所必须遵守的基本原则。时空有宜规律要求我们必须根据各地域的自然条件、社会经济条件和当地对林业发展的需求因地制宜地进行林业生产布局和经营方向决策，在南方集体林区林业发展的方向是培育经济林、速生丰产林、防护林，而在北方的干旱半干旱地区，就不应该植树造林。负载定额规律告诉我们，一个地区的森林采伐量不得大于生长量。物物相关规律启示林业工作者在对森林病虫害进行防治时，尽量利用生态系统的负反馈机制，采用生物措施进行防治。能流物复规律揭示，在森林经营中，可以采用农林间作、立体经营方式延长食物链，提高系统的能量利用率、综合生产力，使系统能更有效地利用能量。

2.3 景观生态学理论与原理

2.3.1 景观生态学主要理论与原理

景观生态学(Landscape Ecology)是研究景观单元的类型组成、空间配置及其与生态学过程相互作用的综合性学科。强调空间格局、生态学过程与尺度之间的相互作用是景观生态学研究的核心所在。

景观生态学起源于中欧，1937年，德国地理植物学家特罗尔(C. Troll)在《航空相片制图和生态学的土地研究》一文中首次提出“景观生态学”的概念，其试图通过对航片的判读，把景观学的区域差异对比研究与生态学的结构、功能研究结合起来。景观生态学概念的提出是地理学与生物(生态)学相结合的产物，它的核心思想由综合整体思想和生态学思想两方面所构成，但自提出后很长一段时间内这个概念未能引起人们的重视。20世纪70年代之后，人类面临着人口、资源、环境的严重挑战，景观生态学所具有的“整体观”适应了新时代科学研究发展的要求，同时由于遥感技术和计算机技术的飞速发展及生态学与景观学研究的不断深化，景观生态学获得了蓬勃的发展。一些国家相继成立了景观生态学的研究机构和教学机构，如荷兰、捷克斯洛伐克(现捷克和斯洛伐克)等。20世纪80年代，景观生态学的基本理论和实际应用在美国得到重视，

1982 年成立国际景观生态学会(International Association for Landscape Ecology, IALE)。目前，在景观生态学研究中已形成了欧洲和北美两个学派。

景观生态学理论体系包括系统论、岛屿生物地理学理论、复合种群理论、景观连接度和渗透理论、景观异质性与景观多样性理论、耗散结构与自组织理论、等级结构系统理论等基本理论，还包括结构镶嵌性原理、文化性原理、人类主导性原理、系统整体性原理、尺度性原理、生态流及其空间再分配原理和多重价值原理等基本原理。

景观生态学的基本理论和原则主要有 3 个来源：一是来自其母体学科，特别是生态学和地理学；二是来自相关学科，特别是系统科学和信息科学；三是景观生态学领域具有普遍意义的研究成果的提炼。

2.3.2 景观生态学基本理论

(1) 岛屿生物地理学理论

MacArthur et al. (1967)研究了海洋岛屿的生物多样性，系统发展了岛屿生物地理学平衡理论。他们认为，岛屿的物种丰度取决于两个过程：物种迁入(immigration)和灭绝(extinction)。因为岛屿是一种面积有限的孤立生境，其生态位有限，已定居的生物种越多，留给外来种迁入的空间就越小，而已定居种随外来种的侵入其灭绝概率增大。对于某一岛屿而言，迁入率和灭绝率将随岛屿中物种丰富度的增加而分别呈下降或上升趋势；当二者相等时，岛屿物种丰富度达到动态平衡状态，虽然种的组成可不断更新，但丰富度数值保持不变(图 2-2)。就不同的岛屿而言，种迁入率是资源群落(种迁入源)之间距离的函数，而灭绝率是岛屿面积的函数。离大陆越远岛屿的物种迁入率越小，这种现象称为距离效应。岛屿的面积越小其灭绝率越大，这种现象称为面积效应。因此，面积较大而距离较近的岛屿比面积较小距离较远的平衡物种数目要大。根据岛屿生物地理学理论，自然保护区在很大程度上可以看作是被人类栖息地包围的陆地“生境岛”。自然保护区的面积越大越好，一个大的保护区比具有相同总面积的几个小保护区更好。

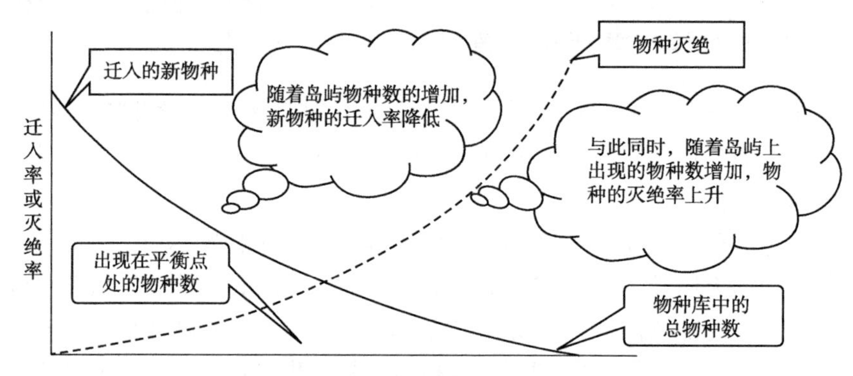

图 2-2　岛屿生物地理学平衡模型

(2) 复合种群理论

复合种群是由空间上彼此隔离，而在功能上又相互联系的两个或两个以上的亚种群或局部种群组成的种群斑块系统。根据复合种群理论，一个复合种群若要持续存在，必须要有斑块间个体(对动物而言)或繁殖体(对植物而言)的交流，以补偿不断发生的局部绝灭过程。复合种群理论对破碎化生境及物种的保护具有重要的指导意义。对于以破碎化生境或物种为保护对象的自然保护区，最好设计几个大、中、小不等的保护区，且相互距离越近越好。

(3) 景观连接度和渗透理论

对生物群落而言，当景观连接度较大时，生物群落在景观中迁徙觅食、交换、繁殖和生存较容易，受到阻力较小；相反运动阻力大，生存困难。廊道的建立是提高景观连接度的一种具体的、可行的方法，在生物群体之间的个体交换、迁徙和生存中起着重要作用。因此，在生物多样性保护中，可通过研究不同生物栖息地之间的景观连接度水平来分析生物群体之间的相互作用和联系，进而通过增减廊道的数量或改进质量来促进生物多样性保护。

(4) 景观异质性与景观多样性

景观组分和要素在景观中的不均匀分布构成了景观异质性。实验观察和模拟都显示，景观异质性为生物生存提供了多种多样的生境，有利于物种的生存、延续和整体生态系统的稳定。例如，有些物种在生活周期内需要不同的生活环境，一些物种具有迁徙、洄游等生活习性，也需要不同的栖息环境。景观异质性的存在促进了景观多样性，通过景观格局对生态过程的影响研究，可以寻找合理的景观配置，设计不同的景观结构，进而达到保护生物多样性的目的。

2.3.3　景观生态学基本原理

(1) 景观结构镶嵌性原理

景观和区域的空间异质性有两种表现形式：梯度与镶嵌。镶嵌性是研究对象聚集或分散的特征，在景观中形成明确的边界，使连续的空间实体出现中断和空间突变。因此，景观的镶嵌性是比景观梯度更加普遍的景观属性。Forman(1995)提出的斑块-廊道-本底模型就是对景观镶嵌性的一种理论表述。

景观斑块是地理、气候、生物和人文等要素构成的空间综合体，具有特定的结构形态和独特的物质、能量或信息输入与输出特征。斑块的大小、形状和边界，廊道的曲直、宽窄和连接度，本底的连通性、孔隙度、聚集度等，构成了景观镶嵌特征丰富多彩的不同景观。

景观的镶嵌格局或景观的斑块-廊道-本底组合格局，是决定景观生态流的性质、方向和速率的主要因素，同时景观的镶嵌格局本身也是景观生态流的产物，即由景观生态流所控制的景观再生产过程的产物。因此，景观的结构和功能，格局与过程之间的联系与反馈始终是景观生态学研究的重要课题。

(2) 景观的文化性原理

景观是人类活动的场所，景观的属性与人类活动密不可分，因而并不是一种单纯的自然综合体，往往由于不同的人类活动方式而带有明显不同的文化色彩。同时也对生活在景观中的人们的生活习惯、自然观、生态伦理观、土地利用方式等文化特征产生直接、显著的影响，即所谓“一方水土养一方人”。人类对景观的感知、认识和价值取向直接作用于景观，同时也受景观的影响。人类的文化背景强烈地影响着景观的空间格局和外貌，反映不同地区人们的文化价值观。例如，我国东北的三江平原、黑龙江沿河平原及嫩江流域广大地区就是汉族移民在黑土漫岗上的开发活动所创造的粗粒农业景观，而朝鲜族移民在我国东北东部山区的宽谷盆地中定居所创造的是以水田为主的细粒农业景观。

按照人类活动的影响程度可将景观划分为自然景观、管理的景观和人工景观，并常将管理的景观和人工景观等附带人类文化、文明痕迹或属性的景观称为文化景观。

文化景观实际是人类文明景观，是人类活动方式或特征给自然景观留下的文化烙印，反映景观的文化特征和景观中人类与自然的关系。大量的人工建筑物，如城市、工矿和大型水利工程等自然界原先不存在的景观要素，完全改变了景观的原始外貌，人类成为景观中主要的生态组分，是文化景观的特征。这类景观多表现为规则化的空间布局，高度特化的功能，高强度能量流和物质流维持着景观系统的基本结构和功能，因而对文化景观的生态研究不仅涉及自然科学，更需要与人文科学进行交叉和整合。

(3)景观演化的人类主导性原理

景观系统同其他自然系统一样，其宏观运动过程是不可逆的。系统通过从外界环境引入负熵而提高其有序性，从而实现系统的进化或演化。

景观演化的动力机制存在于自然干扰与人为活动两个方面，由于人类活动对景观影响的普遍性与深刻性，在作为人类生存环境的各类景观中，人类活动对景观演化的主导作用非常明显。人类通过对景观变化的方向和速率进行有目的的调控，可以实现景观的定向演化和持续发展。应用生物控制共生原理进行景观生态建设是景观演化中人类主导性的积极体现。景观生态建设是指一定地域、生态系统，适用于特定景观类型的生态工程，它以景观单元空间结构的调整和重新构建为基本手段，改善受胁迫或受损生态系统的功能，提高其基本生产力和稳定性，将人类活动对于景观演化的影响导入良性循环。

我国各地的劳动人民在长期的生产实践中创造出许多成功的景观生态建设模式，如珠江三角洲湿地景观的基塘系统、黄土高原侵蚀景观的小流域综合治理模式、北方风沙干旱区农业景观中的林-草-田镶嵌格局与复合生态系统模式等。

2.3.4 等级斑块动态范式

范式是一个科学群体所共识并运用的，由世界观、置信系统(belief system)，以及一系列概念、方法和原理组成的体系。科学家们有意无意地因循范式来定义和研究问题，并寻求答案。范式不但为科学家提供研究路线图，而且还对制作这些路线图发挥着重要的指导作用。

Wu et al. (1995)将等级斑块动态范式要点概括为以下 5 个方面：

①生态系统。是由斑块镶嵌体组成的巢式(或包容型)等级系统。例如，在森林景观中，叶片、树冠、种群、群落、区域景观常常形成一个等级斑块动态系统，并表现多尺度特征；在城市景观中，住宅小区、街道、小城镇、城市、城市带也同样形成一个等级斑块动态系统。

②系统动态。是各个尺度上斑块动态的总体反映：在具有等级结构的生态系统中，系统的动态是小尺度斑块和大尺度镶嵌体及其与环境相互作用的结果。

③格局-尺度-过程观点。过程产生格局，格局作用于过程。研究格局、过程及其相互关系，必须考虑尺度效应。

④非平衡观点。等级斑块动态理论将非平衡和随机过程作为生态系统稳定性的组成部分。一般而言，由于小尺度现象易受随机因素干扰，或由于非线性生物反馈作用强烈，因此常表现出非平衡特征。另外，若考虑特大时空尺度时，地质、气候、生物因素变化则不能忽略，这时生态系统也往往表现出非平衡特征。

⑤兼容机制(incorporation)和复合稳定性(metastability)概念。所谓兼容，是指低层次非平衡过程被整合到高层次稳定过程的现象，而系统的这种在高层次上表现的“准”平衡态特性称为复合稳定性。复合稳定性反映了一种“有序来自无序”情形。

等级斑块动态范式的意义：从结构上强调了生态系统是由具有不同性质、不同大小的斑块镶嵌体组成的巢式等级系统；从状态上强调了生态学系统是一个不断变化的动态过程，且该动态过程是各个尺度上斑块个体行为和相互作用的总体反映；从研究方法上强调了格局、生态学过程与时空尺度的关系；从内在机制上强调了生态系统的非平衡观点、非平衡与稳定之间的联系和区别，从而在一定程度上揭示了自然界中所存在的各种生态学现象。等级斑块动态范式的最重要贡献之一就在于它为生态学提供了一个新理论构架，使异质性、尺度和等级特征相结合，并使平衡态、多平衡态及非平衡态等观点相统一。

2.3.5　景观生态学理论、原理与区域森林经营

由于森林经营规划和景观生态学在研究对象、研究内容、研究方法具有高度的相似性，可以认为，森林经营规划工作是景观生态学在森林景观中的具体实践，是景观生态学在森林景观中的实现手段；而景观生态学为森林经营规划设计工作提供景观水平的理论指导，同时能从森林规划设计中吸取许多现有的信息及方法。中国林业科学研究院的黄清麟研究员总结了景观生态学在森林经营规划中的几种应用途径：

(1)在林业生产布局方面

林业生产布局关系到能否合理、充分、永续利用现有资源，挖掘生产潜力、降低生产成本、提高劳动生产率等系列全局性、战略性的问题。林业生产布局的内容包括伐区配置、造林更新配置、加工网点、机修网点、森林保护网点、运输路线分布、场址衔接点、防火线(林带)分布等。森林经营规划工作中对这些生产布局问题通常采用系统工程的观点来解决，其主要缺陷在于未从景观或区域以及更大尺度的角度考虑问题，而且未重视生物多样性的保护，这两点恰恰是景观生态学所关注的重点。因此，在进行林业生产布局时应充分利用景观生态学的基本原理及景观规划成果和原理，完善林业生产布局技术。

(2)在林业生产顺序方面

生产顺序实际上是时间秩序，林业生产周期长，必须从林业生产的全过程考虑各项问题。林业生产顺序，如开发顺序、更新造林顺序、林分改造顺序、抚育顺序等，它与林业生产布局相关联，影响整个景观的结构、功能及变化。景观生态学中对此研究较少，尚无成熟的技术，有待进一步研究。不过，通过预测景观的变化可以指导生产顺序的安排，这种预测可以通过模拟、仿真技术完成。

(3)在具体经营措施方面

在森林经营规划中，对具体经营措施，如采伐方式、抚育更新技术、林道开设、

防火路开设及防火林带营造等，对其经济效果考虑得多，对点上的生态效果考虑得少，对面上的(如景观、区域)的作用就根本没有考虑。从景观生态学角度看，林道及防火路、防火林带为景观内的廊道，人为活动可以视为干扰，明显不同于四周异质性的森林斑块可视为“岛屿”。因此，可用景观生态学中的干扰理论研究各种干扰(经营措施)对景观的影响、对生物多样性的影响，指导具体林业生产活动，如可以利用岛屿生物地理学理论指导保护小区及自然保护区设计。

(4)在景观元素类型变化研究方面

在假定景观元素的变化是个随机过程(事件)前提下，可利用马尔柯夫链(Markov chain)模型预测分析其变化。在森林景观中，常见到村落附近分布着较为孤立的“风水林”，可视为残存嵌块体(斑块)来研究；林区河流及其两岸植被的研究可借鉴美国的Swanson et al.(1982)的研究成果。Franklin 和 Forman 运用“棋盘模型”(checkerboard model)，分析森林采伐对山地北美黄杉森林景观的影响也值得借鉴。

2.4 生态位理论

2.4.1 生态位理论的基本观点

在生态位(niche)概念的形成过程中，Grinnell、Elton 和 Hutchinson 的影响较大。生态位的定义最早是由 Grinnell(1917)提出的。他认为生态位是恰好被一个种或一个亚种所占据的最后分布单位，所以也称空间生态位。Elton(1927)给生态位下的定义是：一个动物的生态位表明它在生物环境中的地位及其与食物和天敌的关系，也就是所谓的营养生态位或功能生态位。Hutchinson 对现代生态位研究的影响最大，他利用数学上的点集理论，把生态位看成是一个生物单位(个体、种群或物种)生存条件的总集合，并提出了多维超体积生态位概念。Hutchinson(1957)认为生态位是每种生物对环境变量(温度、湿度、营养等)的选择范围。因为资源和环境变量是多维的，所以 Hutchinson 的生态位概念实际上是指种群在以环境资源或环境条件梯度为坐标而建立起来的多维空间中所占据的位置，称为多维超体积生态位。

Whittaker(1975)认为，生态位是指每个物种在群落中的时间、空间位置及其机能关系，或者说群落内一个物种与其他物种的相对位置。这个定义既考虑了生态位的时空结构和功能关联，也包含了生态位的相对性，是目前被认为比较科学而广为接受的一种生态位概念。

2.4.2 生态位的生物学意义

生态位是一个既抽象，而又内涵丰富的生态学名词。它不仅已经渗透到现代生态学研究的诸多领域，而且成为生态学中最重要的基础理论研究内容之一。生态位是普遍的生态学现象，每一种生物在自然界中都有其特定的生态位，这是其生存和发展的资源与环境基础。

适应性是生命的普遍特征。生物的生存必然受到环境因素的制约，这种制约作用的外在表现为生物只能在环境空间中的一定范围内(时间、空间、营养、天敌等多个维度)生存和繁衍，这也就是生态位。同时，生物在与环境长期相互作用的过程中，形成了一系列具有适应意义的结构与机能。生物依靠这些形成的适应性特征，能够免受各种环境因素的不利影响，从而能够有效地从环境中获取生存所需要的资源，以确保个体生长、发育的正常进行。生物适应特定环境条件而形成一系列彼此关联的特征，在生态学上称为适应组合(adaptive suites)。因此，生态位是生物适应性的外在表现，而适应组合则是生物适应性的内在需要，它们是一枚硬币的两面。

通俗地讲，生态位就是生物在漫长的进化过程中形成的，在一定时间和空间拥有稳定的生存资源(食物、栖息地等)，进而获得最大生存优势的特定的生态定位。生态位的形成减轻了不同物种之间恶性的竞争，有效地利用自然资源，使不同物种都能获得比较生存优势，这是自然界各种生物欣欣向荣、共同发展的原因所在。

2.4.3　生态位理论与森林经营

家鱼共生混养的生产模式，就是生态位理论应用的典型案例。以四大家鱼混养为例，青鱼、草鱼、鳙鱼、鲢鱼分别栖居在水体的下层、中下层、中上层和上层，分别以软体动物、水草和浮游生物为食。在同一水域中它们处于水体的不同层面，采食不同种类的食物。它们之间不但不会发生生存资源的激烈竞争，而且生活在水体中上层的鳙鱼、鲢鱼没有完全利用的饲料以及排泄的粪便，又可以被草鱼利用，提高了资源(空间、食物等)利用效率和生态系统的生产力。如果将生活在水体中下层杂食性的鲤鱼和鲫鱼引入该水体，它们就会与青鱼、草鱼竞争食物资源，竞争导致更多的资源与能量用于防御和争夺，降低生态系统的生产力。

在实际的生态农业实践中，可以通过增加或创造生态位，延长食物链的方式，提高系统的资源效率和生态效益。桑基鱼塘的案例大家已经很熟悉了，再如，果-菇工程，果树为食用菌的生长提供了适宜的生态位(弱光照、高湿度和低风速等)，而栽培食用菌的废料(菌糠)以及食用菌生长过程中释放的 CO_2，又都可以作为果树生长的养料，促进了果树的生产。两者之间相互促进，提高了整个系统的生产力。又如，在我国太行山低山丘陵地带利用疏林环境，进行了多次围栏养鸡试验，每亩* 林地养鸡 450 只，使养鸡饲料用量比对照降低 20%～30%，同时使山地昆虫种群数量大减，群落郁闭度明显增加(鸡粪提高土壤肥力)，促进了森林植被向结构更加复杂的方向演替。

2.5　普里高津耗散结构理论

耗散结构(dissipative structure)理论的创始人是普里高津(Ilya Prigogine)教授，由于其对非平衡热力学尤其是建立耗散结构理论方面的贡献，荣获了 1977 年诺贝尔化学奖。普里高津的早期工作在化学热力学领域，1945 年得出了最小熵产生原理，此原理与昂萨格倒易关系一同为近平衡态线性区热力学奠定了理论基础。多年以来，普里高津试图把最小熵产生原理延拓到远离平衡的非线性区，但以失败告终。他在研究了诸

---

* 1 亩 = 1/15 hm^2，下同。

多远离平衡现象后，认识到系统在远离平衡态时，其热力学性质可能与平衡态、近平衡态有重大原则差别。以普里高津为首的布鲁塞尔学派又经过多年的努力，终于建立起一种新的关于非平衡系统自组织的理论——耗散结构理论。这一理论于 1969 年由普里高津在一次"理论物理学和生物学"的国际会议上正式提出。

2.5.1 耗散结构理论的基本观点

普里高津从研究偏离平衡态热力学系统的输送过程入手，深入讨论离开平衡态不远的非平衡状态的热力学系统的物质、能量输送过程(即流动的过程)，以及驱动此过程的热力学力，并对这些流和力的线性关系做出了定量描述，指出非平衡系统(线性区)演化的基本特征是趋向平衡状态，即熵增最小的定态。这就是关于线性非平衡系统的最小熵产生原理，它否定了线性区存在突变的可能性。

普里高津在非平衡热力学系统的线性区的研究的基础上，又开始探索非平衡热力学系统在非线性区的演化特征。在研究偏离平衡态热力学系统时发现，当系统离开平衡态的参数达到一定阈值时，系统将会出现"行为临界点"，在越过这种临界点后系统将离开原来的热力学无序分支，发生突变进入到一个全新的稳定有序状态；若将系统推向离平衡态更远的地方，系统可能演化出更多新的稳定有序结构。普里高津将这类稳定的有序结构称为耗散结构。

耗散结构理论可概括为：一个远离平衡态的非线性的开放系统(不管是物理的、化学的、生物的乃至社会的、经济的系统)通过不断地与外界交换物质和能量，在系统内部某个参数的变化达到一定的阈值时，通过涨落，系统可能发生突变即非平衡相变，由原来的混沌无序状态转变为一种在时间上、空间上或功能上的有序状态。这种在远离平衡的非线性区形成的新的稳定的宏观有序结构，由于需要不断与外界交换物质或能量才能维持，因此称之为耗散结构。

2.5.2 耗散结构形成的条件

耗散结构理论指出，系统从无序状态过渡到这种耗散结构有几个必要条件：一是系统必须是开放的，即系统必须与外界进行物质、能量的交换；二是系统必须是远离平衡状态的，系统中物质、能量流和热力学力的关系是非线性的；三是系统内部不同元素之间存在着非线性相互作用，并且需要不断输入能量来维持。

在平衡态和近平衡态，涨落是一种破坏稳定有序的干扰；但在远离平衡态条件下，非线性作用使涨落放大而达到有序。偏离平衡态的开放系统通过涨落，在越过临界点后"自组织"成耗散结构，耗散结构由突变而涌现，其状态是稳定的。耗散结构理论指出，开放系统在远离平衡状态的情况下可以涌现出新的结构。地球上的生命体都是远离平衡状态的不平衡的开放系统，它们通过与外界不断地进行物质和能量交换，经自组织而形成一系列的有序结构。可以认为这就是解释生命过程的热力学现象和生物的进化的热力学理论基础之一。

2.5.3 耗散结构与复杂适应系统

法国哲学家埃德加·莫兰是当代系统地提出复杂性方法的第一人。他的复杂适应系统(complex adaptive systems，CAS)方法主要是用“多样性统一”的概念模式来纠正经典科学的还原论的认识方法，用关于世界基本性质是有序性和无序性统一的观念来批判机械决定论。他提出要把认识对象的背景也作为研究的部分，而不应剥离，以此来反对在封闭系统中追求完满认识，主张整体和部分共同决定系统来修正传统系统观的单纯整体性原则。

普利高津的耗散结构理论研究了物理、化学中的导致复杂过程的自组织现象，从而为复杂适应系统方法的建立提供了科学依据。复杂适应系统，也称复杂性科学(complexity science)，是 20 世纪末兴起的前沿科学。对复杂适应系统的定义也是复杂的，至今尚无统一的公认定义。但对复杂适应系统的研究越深入，则越能感受到这是对现有科学理论，甚至哲学思想的一大冲击。与复杂适应系统表现出的不确定性、不可预测性、非线性等特点相比，长期以来占统治地位的经典科学方法显得过于确定、过于简化。可以说，对复杂适应系统的研究将实现人类在了解自然和自身的过程中在认知上的飞跃。

复杂适应系统理论的基本思想可以概述如下：人们把系统中的成员称为具有适应性的主体(adaptive agent，简称主体)；所谓具有适应性，就是指它能够与环境以及其他主体进行交互作用；主体在这种持续不断的交互作用的过程中，不断地“学习”或“积累经验”，并且根据学到的经验改变自身的结构和行为方式；整个宏观系统的演变或进化，包括新层次的产生，分化和多样性的出现，新的、聚合而成的、更大的主体的出现等，都是在这个基础上逐步派生出来的。

复杂适应系统理论把系统的成员看作是具有自身目的与主动性的、积极的主体。更重要的是，复杂适应系统理论认为，正是这种主动性以及它与环境的反复的、相互的作用，才是系统发展和进化的基本动因。宏观的变化和个体分化都可以从个体的行为规律中找到根源。霍兰把个体与环境之间这种主动的、反复的交互作用采用“适应”一词加以概括。这就是复杂适应系统理论的基本思想——适应产生复杂性。

2.5.4　耗散结构理论与森林自适应经营

森林生态系统是一种耗散结构，能够在一定的条件下，利用自我的调节能力和恢复能力，再加上一定的人为影响和干预，使在其应对森林病虫害破坏、气候变化时，降低所受危害的可能性，减少经济和生态损失。森林适应性经营正是利用森林生态系统的适应性，通过科学的管理监测和调控等手段，实现森林生态系统的稳定性和生物多样性，抵御森林病虫害和不利气候变化的危害，增强森林自身抵抗各种自然灾害的能力，满足人类所期望的多目标、多价值、多用途、多产品和多服务的需要。

适应性经营是将研究与行动结合在一起的、以学习为导向的方法。准确地讲，它是计划、经营和监测的综合，经过系统测试和假设检验，最终达到适应和学习的目的。森林自适应经营的主要原因在于，人们知识的不完善及人类与森林生态系统相互作用的复杂性，在具有不确定性的环境中进行可持续管理资源的过程中，人们可以通过循环监测、改进知识基础，帮助完善经营计划，必要时通过调节经营实践以实现资源经营的目标。

森林适应性经营是一种新型的管理模式，包括了连续的调查、规划、实施、监测、评估、调控等环节，并形成一个生态系统适应循环，通过各阶段的分步实施、调整，从而达到保持生态系统可持续发展，或新的演替条件下社会、经济、生态效用最大化的目标。

适应性管理在森林经营领域得到广泛应用。目前，美国、加拿大、印度、芬兰、意大利等国都正在不同程度地推行适应性管理。在美国西北部林区，由于采伐方法不当，环境遭到破坏。1993 年，美国森林生态管理评估小组提出了人类社会-森林生物群落-自然环境-复合生态系统，要求必须坚持以开放的、复杂的大系统观来管理森林资源。在适应性管理理论的指导下，制定了四步式拯救计划，即制定计划—采取措施—监测—调整计划并开始新一轮工作循环。该计划实施以来取得了很大成功。

本章小结

第一，介绍了区域森林经营目标制定的指导理论——自然-社会-经济复合生态系统理论；第二，介绍了生态自然观，物物相关、相生相克、能流物复、协调稳定、负载定额、时空有宜等生态学基本规律及其在森林经营措施制定中的应用途径；第三，介绍了岛屿生物地理学理论、复合种群理论、景观连接度和渗透理论、景观异质性与景观多样性基本理论，以及景观结构镶嵌性原理、景观的文化性原理、景观演化的人类主导性原理、等级斑块动态范式等景观生态学理论与原理，分析了景观生态学的基本理论、原理在景观尺度森林经营中的应用途径；第四，探索了生态位理论在林分尺度上的森林立体经营、农林复合经营中的应用方法；第五，分析了普里高津耗散结构理论与森林生态系统适应性经营的关系。

思考题

1. 简述复合生态系统的结构。
2. 简述景观生态学基本理论。
3. 简述景观生态学理论在森林经营规划中的几种应用途径。
4. 在森林经营中生态位理论是怎样体现的？
5. 在耗散结构理论中，系统从无序状态过渡到耗散结构有哪些必要条件？

第 3 章

森林经营的经济学基础

自 1987 年联合国世界环境与发展委员会(World Commission on Environment and Development，WCED)《我们共同的未来》报告发布以来，世界已经认识到“树不是森林，森林远比树多”，森林既具有可再生资源的特性，又具有不可再生资源的特性(例如，人工林可以被视为一种可再生资源，因为它们可以经常收获和再生；相反，将具有独特特征和价值的老龄林或天然林视为不可再生资源更好，因为这种森林的破坏可能意味着不可补充资产的损失)，仅靠木材永续收获经营是不足以实现森林可持续性的。在林业上，“可持续”(sustainable)一词的范围已扩展到木材以外，新的、不断发展的森林经营范式，即可持续森林经营，是以森林可持续性原则为基础的。在森林可持续经营的背景下，森林的实物产品以及对生态系统功能的贡献都是有价值的。可持续森林经营的基本理念是，以这样一种方式经营森林，即在不损害后代满足自己需求的能力的情况下，满足当前的需求。联合国粮食及农业组织指出，可持续森林经营“……旨在确保来自森林的商品和服务满足当今的需求，同时确保它们的持续可用性和对长期发展的贡献……”。

在 2016 年 6 月国家林业局发布的《全国森林经营规划(2016—2050 年)》中，将森林经营定义为：森林经营是以森林和林地为对象，以提高森林质量，建立健康稳定、优质高效的森林生态系统为目标，为修复和增强森林的供给、调节、服务、支持等多种功能，持续获取森林生态产品和木材等林产品而开展的一系列贯穿于整个森林生长周期的保护和培育森林的活动。可见，这一对森林经营的定义，不仅明确了森林经营的对象——森林和林地，而且将森林经营的概念纳入人类对木材等物质产品和非木材等生态产品的偏好、对市场和非市场产品和服务的偏好以及当代和后代人的偏好，充分体现了可持续性的思想，同时还规定了森林经营的经济活动属性，即森林经营是人类以满足人的需求和发展为目的，获取森林生态产品和木材等林产品的生产活动，同时也是人类“理性化”的认知活动和实践活动。因此，作为人类经济活动的森林经营，必然以经济学作为基础，既要遵从客观的经济学规律，恪守效率原则，又要符合生态“合理性”的价值规范，在生态合理性的基础上寻求经济的高效。

“土地是财富之母，劳动是财富之父”，在古典经济学(Classical Economics)中，土地同劳动和资本一样被视为三大生产要素之一。地租是为使用土地付出的代价，作为一定生产条件下经济社会关系的体现，地租是与土地所有权联系在一起的，以土地综合期望值最大化为目标的森林经营，地租理论是其经济学基础之一。而对于森林经营而言，土地是森林的载体，森林和林地为森林经营的对象。

除了提供市场产品外，森林通过经营还提供更多的非市场产品，因此，森林使用和经营的市场失灵有几个共同特征，即外部性、公共产品、公共财产资源和隐藏信息。所有权或产权是某些市场失灵因素的关键，特别是与外部性和公共产品有关的因素。因此，以社会收益最大化为目标的森林经营，外部性理论是森林经营的另一经济学基础。

经济学中所谓资源配置优化目标就是效率原则的体现。任何生产活动都要求收益大于等于成本：成本既定时，要追求最大的收益；收益既定时，要追求最小的成本。成本与收益原则是效率原则的一个具体体现。经济活动都要追求效率的不断提高，作为生产活动的森林经营，同样要求追求效率的不断提高，因此效率理论也是森林经营的经济学基础。

3.1　地租理论

地租(land/soil rent)是土地所有权的实现形式，一切形式的地租，都是土地所有权在经济上实现自己、增值自己的形式。不同社会形态下的地租，有着不同的性质、内容和形式，体现不同的生产关系。地租理论(land rent theory)是一个历史性的范畴，也是马克思主义理论体系中的经典一隅。马克思地租理论既批判了古典政治经济学地租理论的缺陷，也继承发扬了其经典之处，马克思将亚当·斯密(Adam Smith，1723—1790年)、大卫·李嘉图(David Ricardo，1772—1823年)的地租理论进一步扬弃，并形成了自己的地租理论体系，即以劳动价值论为基础。马克思不仅揭示了资本主义私有制条件下地租的本质，在李嘉图级差地租的基础上发展完善了级差地租和绝对地租理论，而且科学定义了地租的概念并界定了地租的形式，为社会主义市场经济条件下对地租理论科学、合理地借鉴与实践提供了基本遵循。

《森林法》(2019)第十四条规定：森林资源属于国家所有，由法律规定属于集体所有的除外；第十五条进一步规定：森林、林木、林地的所有者和使用者的合法权益受法律保护，任何组织和个人不得侵犯。依照马克思地租理论，土地所有者的权益是地租，土地使用者的权益是利润，在我国不仅存在级差森林地租，而且还存在绝对森林地租。地租是土地所有权的实现形式，体现着不同的生产关系。地租理论是分析和解释作为经济活动的森林经营价值创造和利益分配问题的基础理论。

3.1.1　古典经济学地租理论

在奴隶社会和封建社会时期，土地所有权属于国王，诸侯大臣可以世代享用，人民没有土地所有权。进入资本主义社会后，土地所有权成为社会普遍存在的问题。这促使社会上掀起了研究地租理论的热潮。资产阶级古典经济学是资产阶级理论中最进步的一个学派，是资本主义上升时期资产阶级的经济学理论。当时英国的主要矛盾就是资产阶级和封建地主阶级之间的矛盾。所以这些古典经济学家代表着资产阶级的利益，主要攻击地主阶级的地租理论。这也成为古典经济学的主要组成部分。地租是在封建社会就出现了，但是资本主义社会中的地租在本质上和封建社会的地租有着严格的区别。第一个研究资本主义地租理论的是威廉·佩蒂(William Petty，1623—1687年)，他曾试图揭开地租的“面纱”，但是他忽略了利润这个概念，却把地租和剩余价值混为一体。斯密对地租理论进行了系统研究，而李嘉图是古典经济学领域研究地租理论最透彻、最充分的经济学家。

(1)威廉·佩蒂的地租理论

被马克思誉为英国政治经济学之父的威廉·佩蒂在其写于 1662 年的《关于税收与捐献的论文》(简称《赋税论》)中用了大量的笔墨来阐述地租问题。佩蒂经济学思想的核心是“劳动是财富之父，土地是财富之母”。他主要从劳动价值论和工资论这两方面来研究地租理论。

佩蒂在《赋税论》中提出了劳动决定价值的基本原理，即商品价值是由生产商品所需要的劳动量来决定的，各种商品价值衡量的基础是劳动时间，第一次把商品价值的源泉归于劳动，奠定了劳动价值理论的基础。佩蒂是经济学史上最早提出地租理论的学者，他把地租看作是剩余价值的基本形态。他认为，地租是土地生产农作物的一种剩余或净报酬，即土地总产品价值(所有的收获量)减去生产费用价值(投资和劳动者的生活资料)之后剩下的那部分余额。从这个人(工人)一年收获的全部谷物中，扣除掉他下一年种植谷物所需要的种子，再扣除掉他自己一年所需要食用的粮食以及他为了获取生活必需品所需要同他人进行交换的部分(工资)，剩下的就是这块土地这一年理所当然的正常地租。以上所说的生产费用是指种子的价钱和工资；工资是指能满足工人最低限度的生活资料(粮食、生活必需品)的价值。因此，佩蒂所说的地租就是土地上生产的农作物所得的剩余收入。此外，佩蒂还论述了地租与工资之间的密切关系。土地生产出来的总价值是一定的，满足工人最低消费量也是一定的，所以地租的多少就取决于工资的多少。在社会劳动生产率和谷物价格不变的情况下，地租与工资是成反比关系的。

佩蒂还是第一个提出“极差地租”的人。关于级差地租，佩蒂在《赋税论》中论述了其基本原理：由于土地肥沃程度、距市场的距离以及耕作技术水平的差异，造成了地租的差异。人口稠密的地方其附近的土地，或者说为了维持其居民的生活而需要很多土地的地方其附近的土地，比起远离这些地方但是土质和这些地方相同的地方的土地能够产生更多的地租，并且，相应地，土地年租也就更多。

(2)亚当·斯密的地租理论

经济学的主要创立者——亚当·斯密在其 1776 年出版的《国家财富的性质和原因的研究》(简称《国富论》)中，系统地研究了地租。他认为，地租是作为使用土地的代价，是为使用土地而支付给地主的价格，其来源是工人的无偿劳动。在斯密的研究中，地租不只是收获量减去生产费用的剩余部分。斯密引进了“利润”这个概念，这也是斯密的进步之处。

斯密认为，什么东西增加了生产食物的土地的产出力，它就不仅增加了被改良土地的价值，而且也给许多其他土地的生产物创造了新的需求，从而使这些土地的价值也增加了。由于土地的改良，许多人都有自己消费不了的剩余食物，因而对贵金属和宝石有了需求，对于衣服、住宅、家具和设备方面其他一切便利品和装饰品，也有了需求。食物不仅成为世界上财富的主要部分，而且使许多其他各种财货具有主要价值的，乃是食物的丰富。例如，斯密论述了葡萄和土壤的关系：好的土壤可以提供更加优质的葡萄，而这种葡萄的需求更大一些。因此，土壤的肥沃是表面原因。同样，我们还可以得出结论，人们对土地的改良不是因为花费了费用就应该得到报酬，而是有了市场的需求才有了改良的冲动。斯密对地租进行了分类，并指出有些生产物(如食物)总能够提供地租，而有些生产物(如衣服或者住房用的材料)有时能提供有时候不能提供地租。

①总能提供地租的土地生长物。人要生活和生存就必须要为自己所消耗的生活资料付出一定的劳动量。作为基本食物的土地生长物，在市场上一定有需求，通过交换实现它的价值，这价值除了满足自己及家人的生存发展外，一定还有剩余。这部分剩余不仅仅足够补偿雇佣劳动所垫付的资本及其利润，还留有作为地主地租的余额。所以像谷物这种基本满足人类生存的生活资料是一定总能提供地租的。不同的土地因为肥沃程度不同，产量就会有多有少，地租就会有不同。土地的位置不同，也会影响土地的租金。同样肥沃的土地，离市区近的土地会比郊区的土地提供的地租更多。因为偏远地区的产物必须运到市场，这需要较大的劳动量，剩余部分就会减少，所以雇主的利润和地主的地租都会相应减少。但是发展后良好的道路和交通使郊区物产的运费大大降低，可以说与都市附近地方接近同一水平。那么由于偏远地方的劳动力低廉，它们的谷物又以低于市区谷物的价格在市场上出售，所以使得市区土地的物产需求量减少，价格下降，剩余部分减少，地租也就下降了。

②有时能提供有时不能提供地租的土地生长物。在各种土地生产物中，只有人类的食物是必须提供地租的，其他生产物，随着不同情况，有时能提供地租有时不能提供地租。在原始状态下，尽管人类更注重食物，但也就是维持生存就可以了。大部分的衣服或者住房用的材料都会被闲置，所以没有价值，也就不可能产生地租。正所谓地租是源于价格和利润的结果。随着人类的进步，人类的生存技能提高，获取食物的能力提高，开始更加注重衣服和住房。衣服和住房有时供不应求，所以自然有人愿意用超过市价的费用去购买这些物品，这就产生了利润，剩余部分自然也够支付地租的。这样衣服或者房屋在市场上可以进行交换，供不应求的时候就可以提供地租。

(3)大卫·李嘉图的地租理论

英国古典政治经济学的杰出代表和理论完成者——大卫·李嘉图，运用劳动价值论研究了地租，在其1817年出版的《政治经济学与赋税原理》一书中，集中阐述了他的地租理论。他认为，土地的占有产生地租，地租是为使用土地而付给土地所有者的产品，是由劳动创造的。地租是由农业经营者从利润中扣除并付给土地所有者的部分。李嘉图作为古典经济学里研究地租理论最透彻、最充分的经济学家，不仅明确了地租的含义，而且提出了极差地租，更是厘清了利润和地租的关系，让人们对地租有了新的认识。斯密将地租同资本和利润混为一谈，把改造土地的那部分成本也算作是地租。但是李嘉图认为地租是为使用土地的缘由和不可摧毁的生产力而付给地主的那一部分土地产品。至于之所以产生地租是因为能够耕种或者说让人开发利用的土地并不是像空气那样取之不尽、用之不竭，而是有限的，并且相对于不断增长的人口数量并不会无限增多。

李嘉图把劳动价值论作为理论基础，着重研究了级差地租的问题。他认为级差地租有以下两种形态。

第一种形态是由于土地肥沃程度和位置远近的不同而产生的地租。他认为，最初人们总是先去耕种那些离自己比较近，而且又很肥沃的土地。随着人口的增长，对农产品的需求会越来越多，这时人们就要去耕种次等地。当优等地、次等地还不能满足需要时，人们就会去耕种劣等地。显然，在不同的土地上，如果投入等量的劳动，农产品的产量肯定会存在差异，而对农产品的需要必须保证耕种每种等级土地的人都能获得平均利润率。这样，当人们开始去耕种次等地时，优等地高出次等地的产出就是一种超额利润，这个超额利润就会转化为地租。

第二种形态是由土地报酬递减所带来的。也就是说，当在同一块土地上连续追加投入同样的资本和劳动时，它的产出是在逐渐下降的。这样即使大家都耕种优等地，产出水平也是有区别的。土地报酬的递减实际上意味着生产成本的提高。由于社会对农产品的需要，农产品的产量不能减少，这样农产品的价格就必定要上涨，这时，同样是耕种优等地，产出水平高的就可以获得超额利润，这部分超额利润也要转化为地租。

李嘉图的理论观点是，各种工作的利润在通常状况下保持一种完全平衡，因为，一旦某种工作的利润比其他工作少，从事这种工作的人就会放弃它；相反，对于利润较高的工作，人们就会趋之若骛。他认为，通过人和资本的这种流动，就可以保持利润的平衡。因此他断言：所有的农场主在每一块土地上所获得的利润都是一样的，因为如果种劣等土地不能和种最肥沃的土地获得同样利润，那就谁也不肯种劣等土地了。在他看来，在所有农场主之间的这种平衡，是通过他们所支付的地租而获得的。他假设耕种最坏的土地的人是不付任何地租的，而且收入较多的土地的地租通常是根据其他土地和这块土地的比例来计算的。在李嘉图看来，当使用一定的劳动和资本使这块土地生利的时候，人们所耕种的最坏的土地生产100升谷物，而同样的劳动和资本使质量较高的土地生产110升、120升、130升，甚至140升谷物，他认为这些土地的地租分别等于10升、20升、30升和40升谷物所确定的价值。李嘉图在把地租归结成对各种土地的生产力之间的差别的最简单的估计之后，从中得出社会中的不同阶级缴纳纯收入、总收入和产品税的方式不同的结论。

同其他英国经济学家一样，李嘉图认为地租是经营土地财富的唯一手段，但他的祖国就实行着可能比地租优越得多的经营方式。然而，各种工作间利润的永恒平衡是不可能的，固定资本的持有人有时不能实现这些资本或改变这些资本的用途，在这些资本已经比从事其他工作的收入更少的情况下，仍然要在这种工作里继续长期使用这些资本。他们之所以坚持从事一种工作，是由于他们不肯放弃他们所获得的熟练技术，同时，由于对另一种职业的不了解，他们会更加坚持这样做。一个阶级人数越多，这种困难也就越大。另外，在任何国家和地区里，全部土地，无论好坏，无论已耕地或荒地都是有主的，要么属于私人，要么属于集体，因此如果得不到主人的同意任何人也不能垦殖这些土地，而经土地所有者同意所支付的价格，人们称为地租。土地的所有权是必须考虑的，而李嘉图却假设土地所有权毫无价值。

3.1.2　马克思地租理论

马克思在其1867年出版的《资本论：政治经济学批判》(简称《资本论》)第三卷第六篇“超额利润转化为地租”中详细地论述了他的地租理论及其体系。在书中，马克思用11章的篇幅论述了资本主义生产方式下超额利润转化为地租的问题；重点回答了级差地租、绝对地租和土地价格问题，对工业化和城市化下的地租应用和延伸作了说明，提出了建筑地段地租和矿山地租理论；深入分析了资本主义生产方式下土地的发展和地租的表现形式：劳动地租、产品地租和货币地租；重点研究了资本主义生产方式下两种农民土地所有制：分成制和农民小块土地的所有制问题。

马克思地租理论不仅是马克思劳动价值论尤其是生产价格理论在土地中的具体应用和延伸，而且是对资本主义生产方式下的农村土地关系的基本揭示和对资本主义农业生产方式的研究，构成了对整个资本主义生产关系、分配关系、交换关系以及消费关系的完整研究，指出了资本主义生产方式下的三大阶级：产业资本家、雇佣工人和土地所有者。

3.1.2.1　地租与土地所有权

马克思认为，资本主义地租是以资本主义土地私有制为前提的，是土地所有者凭借土地所有权不劳而获的收入，其特点在于土地所有权和使用权的分离。他在《资本论》的开篇中指出：“我们只是在资本所产生的剩余价值的一部分归土地所有者所有的范围内，研究土地所有权问题……我们所考察的土地所有权形式，是土地所有权的一个独特的历史形式，是封建的土地所有权或小农维持生计的农业受资本和资本主义生产方式的影响转化而成的形式……只要水流等有一个所有者，是土地的附属物，也把它作为土地来理解。”土地所有权的前提是，一些人垄断一定量的土地，把它作为排斥其他一切人的，只服从自己个人一致的领域。

地租是土地所有权的实现形式，一切形式的地租，都是土地所有权在经济上实现自己、增值自己的形式。它是一个历史范畴，在不同的社会形态下，由于所有权性质的不同，地租的性质、内容和形式也不同，体现着不同的社会生产关系。马克思从土地所有制入手，对地租进行了分析，他指出：“不论地租有什么独特的形式，它的一切类型有一个共同点：地租的占有是土地借以实现的经济形式。”资本主义地租就是农业资本家为获取土地的使用权而交给土地所有者的超过平均利润的那部分价值。在资本主义生产方式下，实际的耕作者是雇佣工人，他们受雇于一个只是把农业作为资本的特殊使用场所，作为把自己的资本投在一个特殊生产部门来经营的资本家即农场主。这个作为租地农场主的资本家，为了得到在这个特殊生产场所使用自己资本的许可，要在一定期限内按契约规定支付给土地所有者一个货币额，这个货币额就是地租。

3.1.2.2　地租的概念与分类

至于地租的确切概念，马克思在《资本论》第三卷中给出的定义是：为了得到在这个特殊生产场所使用自己资本的许可，要在一定的期限内按契约规定支付给土地所有者即它使用土地的所有者的一个货币额，这个货币额，不管是为耕地、建筑地段、矿山、渔场、森林等等支付，统称为地租。真正地租是为了使用土地本身而支付，不管这种土地是处于自然状态还是被开垦。

马克思按照地租产生的原因和条件的不同，将地租分为3类：级差地租、绝对地租和垄断地租。前两类地租是资本主义地租的普遍形式，后一类地租即垄断地租仅是个别条件下产生的资本主义地租的特殊形式。

(1)级差地租

马克思认为资本主义的级差地租是经营较优土地的农业资本家所获得的，并最终归土地所有者占有的超额利润。级差地租来源于农业工人创造的剩余价值，即超额利润，它不过是由农业资本家手中转到土地所有者手中了。形成级差地租的条件有3种：①土地肥沃程度的差别；②土地位置的差别；③在同一地块上连续投资产生的劳动生产率的差别。

马克思按级差地租形成的条件不同，将级差地租分为两种形式：级差地租第一形态(即级差地租Ⅰ)和级差地租第二形态(即级差地租Ⅱ)。级差地租Ⅰ是指农业工人因利用肥沃程度和位置较好的土地所创造的超额利润而转化为地租(即由前两个条件产生)。级差地租Ⅱ是指对同一地块上的连续追加投资，由各次投资的生产率不同而产生的超额利润转化为地租。级差地租Ⅰ和级差地租Ⅱ虽各有不同的产生条件，但二者的实质是一样的，它们都是由产品的个别生产价格低于社会生产价格的差额所产生的超额利润转化而成。级差地租Ⅰ是级差地租Ⅱ的前提、基础和出发点。

(2)绝对地租

绝对地租是指土地所有者凭借土地所有权垄断所取得的地租。绝对地租既不是农业产品的社会生产价格与其个别生产价格之差，也不是各等级土地与劣等土地之间社会生产价格之差，而是个别农业部门产品价值与生产价格之差。因此，农业资本有机构成低于社会平均资本有机构成是绝对地租形成的条件，而土地所有权的垄断才是绝对地租形成的根本原因。绝对地租的实质和来源是农业工人创造的剩余价值。

(3)垄断地租

马克思指出，垄断价格能够带来超额利润，这种垄断超额利润最终转化为拥有土地所有权，拥有土地的垄断地租由所有者拥有。马克思认为，垄断地租产生的条件是土地的优越性和特殊性，土地所有权的垄断是垄断地租形成的原因。垄断价格为垄断地租的基础，即为剩余价值，由社会其他部门的工人，而非农业工人所创造。

3.1.3　森林地租理论

森林地租(forest rent)理论的起源与德国森林经济学家普法伊尔(F. W. L. Pfeil)和洪德斯哈根密切相关。之后有许多名学者，尤其是福斯特曼为森林地租理论的形成做出了重要贡献。福斯特曼在1849年发表的众所周知的公式(Faustmann formula)可以被视为森林地租理论的核心，其为林地评估找到了正确的解决方案。森林地租理论试图从自由市场经济的角度将"经济人"(homooeconomicus)概念转移到林业上。运用数学优化法确定最佳的森林经营方式。以土地期望值最大化为目标，找出最优经营策略。这个有100多年历史的方法将稀缺资源进行最优配置，符合新古典投资理论的原则。因此，森林地租理论的发展也可以看作是决策导向型森林经营经济学的先导。

恩格斯指出："消灭土地私有制并不要求消灭地租，而是要把地租……转交给社会。”马克思地租理论认为，地租是直接生产者在生产中所创造的剩余生产物被土地所有者占有的部分，是土地所有权在经济上的实现形式，是社会生产关系的反映。不同社会制度下的地租，其社会性质不同。地租取决于市场价格超过劣等地生产成本（包括平均利润）的余额。可见，森林地租的产生只与森林经营活动有关，而与营林之后的木材加工、销售等环节无关。地租应该是林价的一个组成部分，是森林经营超额收益的反映。任何社会，只要存在着土地所有者和不占有土地的直接生产者，后者在土地利用中的剩余物被前者所占有，就具有产生地租的经济基础。因此，在中国特色社会主义市场经济条件下，森林地租有其存在的必然。

但是，也有一种观点认为，地租理论反映的是资本主义条件下使用土地的租金，本质是在私有制的大前提之下，地主、农业资本家对于雇佣工人所创造的剩余价值的剥削关系。社会主义制度之下对于土地的使用过程中产生的利益不来源于剩余价值的剥削，反映的是所有权者国家或集体、使用权者单位、个人之间在整体利益一致之下的经济关系，是本质区别于资本主义国家地租的经济行为。

3.1.3.1 森林地租的构成

森林地租由绝对地租和级差地租两种地租构成。绝对地租是林地所有权拥有者所具有的对林地绝对垄断在经济上的表现，所以即使最劣等的林地，经营者也必须交付林地绝对地租。绝对地租主要受土地供求状况、经营林业的相对优势度及一定社会生产力水平影响。级差地租有级差地租Ⅰ和级差地租Ⅱ两种形态，级差地租Ⅰ是由于林地的立地条件（主要由地位级或地位指数反映）和地利条件（主要由区位决定）差异产生的。级差地租Ⅱ是林地经营者经营水平的经济表现，其收益归经营者所有。

根据马克思地租理论，林地总地租（含绝对地租和级差地租）用公式表示为：

地租=（木材产品收入-采运成本-采运合理利润-木材销售费用-木材销售合理利润-木材销售税金费合计）-（劣等林地营林成本+劣等林地营林合理利润）

由于林业实际生产中，优等土地和劣等土地往往是混合经营的，其主要费用项目都是平均分摊的，因此单位面积投入趋于均等，但产出不等。所以地租可最终表示为：

林地地租=（木材产品收入-采运成本-采运合理利润-木材销售费用-木材销售合理利润-木材销售税金费合计）-（平均营林成本+营林合理利润）

3.1.3.2 森林地租的现实表现

（1）森林级差地租的分配

在社会主义土地公有制条件下，级差地租反映了国家、企业和个人对超额利润的分配关系。《森林法》（2019）第十四条规定：森林资源属于国家所有，由法律规定属于集体所有的除外。当国有、集体林地的所有权与经营权实行分离时，就确定了林地的承租关系。作为林地所有权的垄断者国家、集体，为了使林地所有权在经济上得以实现，就要向林地租赁者征收包括级差地租在内的地租。国家、集体占有级差地租Ⅰ，而林地承租者在租赁期内占有级差地租Ⅱ，这在很大程度上体现了“谁投资、谁受益；多投资、多受益”的原则，有利于调动承租者集约经营林地的积极性。

（2）森林绝对地租的具体形式

绝对森林地租在我国同样也是存在的，现阶段我国还存在着两种林地所有制类型——国家所有制和集体所有制，林地所有权还存在着垄断，而个人、企业是经营者，林地所有权和使用权应分离，那么所有权必然要在经济上得到实现。马克思指出：土地的资本主义耕种要以执行职能的资本和土地所有权的分离作为前提。可见，我国存在着绝对森林地租产生的社会经济条件，经营者需向所有者缴纳绝对森林地租，使用林地决不能是无偿的。由于林地所有权和使用权“两权”分离状况的差异，因而森林绝对地租具有不同的形式，反映着不同的林地关系。

①国有林地出让或划拨给国有企事业单位使用，采取林地出让金或林地使用税(费)形式，向国家缴纳森林地租(包括级差地租和绝对地租)。反映的是国家与所属企业之间的林地关系。

②集体所有林地出租给国有企事业单位使用，由国有企事业单位向集体支付租金(包括绝对地租)。反映的是集体林地所有者与国有企事业单位之间的土地关系。

③国有企事业单位之间相互转让林地使用权，以林地转让费形式支付地租。反映的是在国有林地上，国有单位之间相互转让土地使用权的一种林地关系。

④集体单位之间相互转让林地使用权，以租金的形式支付地租。反映的是在集体所有林地上各集体单位间相互转让土地使用权的一种林地关系。

⑤集体林地承包(租赁)给林农经营使用，集体以“提租”“林地承包费”“林地租赁费”等形式收取地租。反映的是在集体林地上，林农之间的林地关系。

⑥林农之间的林地转包，以林地转包费等形式进行经济补偿。反映的是在集体土地上，林农之间的林地关系。

(3)林地负地租问题

在森林经营实践中，部分林地(表现为立地质量和区位条件差)出现支付不起地租，甚至发生经营亏损的现象。从纯经济学角度来讲，林地所有者是不可能倒贴钱给营林生产单位的。

森林是具有多种效益的自然综合体，它不仅具有经济效益，而且还会发挥巨大的生态效益和社会效益。对森林综合效益的计量，理论上可采取一个计量模式，即

$$综合效益=直接经济效益+生态效益+社会效益$$

对经济效益的计量可采用直接计量法，但对生态和社会效益的计量却存在很大困难。

用材林在获得经济效益的同时，也会像其他林种一样发挥着巨大的生态效益和社会效益。在我国现有的社会、经济和市场条件下，理论地租为负值的林地显然是不适合用来发展商品用材林的。如果用于发展商品用材林或生态公益林，负地租可以理解为用材林或生态公益林生态效益补偿的最低限。

根据马克思劳动价值论，社会必要劳动时间决定商品价值量，只有社会必要投入才可获得社会平均利润，如果理论地租为负，则相当于每年有相当于负地租值的投入是得不到社会承认的，换而言之，即每年有相当于负地租值的投入是无效投入。在大力推进生态文明、建设美丽中国的大背景下，地租为负值的林地不宜用于经营商品用材林，应列入生态公益林。作为森林经营的主体，要不断改进和提高森林经营的装备和技术水平，以获取更多的收益。

3.2　外部性理论

外部性理论(externality theory)是经济学中的重要理论之一，因为外部性不仅是新古典经济学的重要范畴，也是新制度经济学(New Institutional Economics)的重点研究对象。关于什么是外部性(externality/externalities)，归结起来不外乎两类定义：一类是从外部性的产生主体角度来定义；另一类是从外部性的接受主体来定义。前者如萨缪尔森(Paul Anthony Samuelson)和诺德豪斯(William Dawbney Nordhaus)的定义：外部性是指那些生产或消费对其他团体强征了不可补偿的成本或给予了无须补偿的收益的情形。后者如兰德尔(Alan Randall)的定义：外部性是用来表示当一个行动的某些效益或成本不在决策者的考虑范围内的时候所产生的一些低效率现象；也就是某些效益被给予，或某些成本被强加给没有参加这一决策的人。

外部性理论是可持续发展思想的理论依据之一，在环境资源方面的应用最为广泛。森林经营活动产生的生态产品，如涵养水源、固碳释氧、营养物质循环与储存、净化空气、保持水土和维持生物多样性等，具有生态效益的公共性和环境影响的外部性，成为森林生态和环境问题的两个基本特征。外部性是生态和环境问题的本质经济特征，外部性理论是分析和解释作为经济活动的森林经营与森林生态和环境问题的基础理论。

3.2.1　外部性之认知

对于外部性理论，许多经济学家都做出了自己的贡献，其思想可以追溯到经济学鼻祖亚当·斯密，而阿尔弗雷德·马歇尔(Alfred Marshall，1842—1924年)、阿瑟·塞西尔·庇古(Arthur Cecil Pigou，1877—1959年)和罗纳德·哈里·科斯(Ronald Harry Coase，1910—2013年)3位经济学家被认为是外部性理论发展史上3位里程碑式的人物。马歇尔的贡献在于提出了外部经济的概念，而且对其学生庇古提出外部不经济概念起到了方法论上的引导作用。庇古和科斯则将外部性理论发展到一定的高度使这一理论变得更丰满。

(1)马歇尔的外部性理论

马歇尔是英国“剑桥学派”的创始人，是新古典经济学派的代表。马歇尔并没有明确提出外部性这一概念，但外部性概念源于马歇尔1890年出版的《经济学原理》中提出的“外部经济”(external economies)概念，为外部性理论正式形成提供了思想来源。

在马歇尔看来，除了以往人们多次提出过的土地、劳动和资本这3种生产要素外，还有一种要素，这种要素就是“工业组织”。工业组织的内容相当丰富，包括分工、机械改良、产业集群、大规模生产和企业管理。马歇尔用“内部经济”和“外部经济”这一对概念来说明第四类生产要素的变化如何能导致产量的增加。

马歇尔在《经济学原理》中写道：对于经济中出现的生产规模扩大，我们是否可以把它区分为两种类型，第一类，即生产的扩大依赖于产业的普遍发展；第二类，即生产的扩大来源于单个企业自身资源组织和管理的效率。我们把前一类称作“外部经济”，将后一类称作“内部经济”(internal economies)。

内部经济是指由于企业内部的各种因素所导致的生产费用的节约，这些影响因素包括劳动者的工作热情、工作技能的提高、内部分工协作的完善、先进设备的采用、管理水平的提高和管理费用的减少等。外部经济是指由企业外部的各种因素所导致的生产费用的减少，这些影响因素包括企业离原材料供应地和产品销售市场远近、市场容量的大小、运输通信的便利程度和其他相关企业的发展水平等。实际上，马歇尔把企业内分工带来的效率提高称作内部经济，这就是在微观经济学中所讲的规模经济，即随着产量的扩大，长期平均成本的降低；而把企业间分工而导致的效率提高称作外部经济。

虽然马歇尔没有提出内部不经济(internal diseconomies)和外部不经济(external diseconomies)概念，但从他对内部经济和外部经济的论述可以从逻辑上推出内部不经济和外部不经济的概念及其含义。内部不经济是指由于企业内部的各种因素所导致的生产费用的增加；外部不经济是指由于企业外部的各种因素所导致的生产费用的增加。

(2)庇古的外部性理论

马歇尔的学生庇古，于1912年出版了《财富与福利》一书，后经修改充实，于1920年易名为《福利经济学》出版。庇古首次用现代经济学的方法，从福利经济学的角度系统地研究了外部性问题，在马歇尔提出的“外部经济”概念的基础上扩充了“外部不经济”的概念和内容，将外部性问题的研究从外部因素对企业的影响效果转向企业或居民对其他企业或居民的影响效果。这种转变恰好是与外部性的两类定义(诺德豪斯从外部性产生主体对外部性的定义和兰德尔从外部性接受主体对外部性的定义)相对应的。

庇古通过分析边际私人净产值与边际社会净产值的背离来阐释外部性。他指出，边际私人净产值是指个别企业在生产中追加一个单位生产要素所获得的产值，边际社会净产值是指从全社会来看在生产中追加一个单位生产要素所增加的产值。他认为，如果每一种生产要素在生产中的边际私人净产值与边际社会净产值相等，它在各生产用途的边际社会净产值都相等，而产品价格等于边际成本时，就意味着资源配置达到最佳状态。但庇古认为，边际私人净产值与边际社会净产值之间存在下列关系：如果在边际私人净产值之外，其他人还得到利益，那么，边际社会净产值就大于边际私人净产值；反之，如果其他人受到损失，那么，边际社会净产值就小于边际私人净产值。庇古把生产者的某种生产活动带给社会的有利影响，称为“边际社会收益”；把生产者的某种生产活动带给社会的不利影响，称为“边际社会成本”。

适当改变一下庇古所用的概念，外部性实际上就是边际私人成本与边际社会成本、边际私人收益与边际社会收益的不一致。在没有外部效应时，边际私人成本就是生产或消费一件物品所引起的全部成本。当存在负外部效应时，由于某一厂商的环境污染，导致另一厂商为了维持原有产量，必须增加诸如安装治污设施等所需的成本支出，这就是外部成本。边际私人成本与边际外部成本之和就是边际社会成本。当存在正外部效应时，企业决策所产生的收益并不是由本企业完全占有的，还存在外部收益。边际私人收益与边际外部收益之和就是边际外部收益。通过经济模型可以说明，存在外部经济效应时纯粹个人主义机制不能实现社会资源的帕累托最优(Pareto optimality)配置。

需要注意的是，虽然庇古的“外部经济”和“外部不经济”概念是从马歇尔那里借用和引申来的，但是庇古赋予这两个概念的意义是不同于马歇尔的。马歇尔主要提到了

"外部经济"这个概念，其含义是指企业在扩大生产规模时，因其外部的各种因素所导致的单位成本的降低。也就是说，马歇尔所指的是企业活动从外部受到影响，而庇古所指的是企业活动对外部的影响。这两个问题看起来十分相似，其实所研究的是两个不同的问题或者说是一个问题的两个方面。

既然在边际私人收益与边际社会收益、边际私人成本与边际社会成本相背离的情况下，依靠自由竞争是不可能达到社会福利最大的。于是，就应由政府采取适当的经济政策，消除这种背离。政府应采取的经济政策是：对边际私人成本小于边际社会成本的部门实施征税，即存在外部不经济效应时，向企业征税；对边际私人收益小于边际社会收益的部门实行奖励和津贴，即存在外部经济效应时，给企业以补贴。庇古认为，通过这种征税和补贴，就可以实现外部效应的内部化这种政策建议后来被称为"庇古税"。

(3)科斯的外部性理论

科斯是新制度经济学的奠基人，因其发现和澄清了交易费用和财产权对经济的制度结构和运行的意义，获颁了1991年度的诺贝尔经济学奖。科斯获奖的成果之一是于1960年发表在 *The Journal of Law & Economics* 上的以"庇古税"为理论背景的经典论文《社会成本问题》(*The Problem of Social Cost*)。

科斯在其论文中证明，在交易费用为零的条件下，庇古是完全错误的。因为无论初始的权利如何分配，最终资源都会得到最有价值的使用，理性的主体总会将外溢成本和收益考虑在内，社会成本问题从而不复存在。科斯认为，庇古等福利经济学家对外部性问题没有得出正确的结论，并不简单地在于分析方法上的不足，而根源在于福利经济学中的方法存在根本缺陷。这种缺陷表现为3个方面：第一，福利经济学强调私人产品与社会产品之间的差异性，往往使人们将注意力集中在具体的制度缺陷分析上而强调市场失灵，并因此形成需要政府采取措施来消除市场缺陷。而实际上这只是从外部性的表象上来考虑和解决问题，而没有从更广泛的角度来分析比较外部性所引起的市场价值变化，即没有从整个社会总产品或总效应的角度来解决问题。第二，福利经济学是以理想世界作为前提，即假设政府知道帕累托最优配置的有关信息，因此可以算出受外部性影响的个人的边际成本和收益，实际上并非如此。所以，必须把分析问题的出发点定在实际情况下来分析不同的政策方案的效果，以此比较两种实际情况何种更好。第三，福利经济学是以新古典经济学的思维来分析问题，所使用的也是新古典经济学的概念。其中一个重要的问题就是关于生产要素的概念。福利经济学家认为，人们交易、使用、占有的仅仅是物品本身，而不是从产权的角度来分析。由于人们占有和使用的是物品本身，当人们使用这些物品进行经济活动时，没有考虑物品运作的约束条件，而把其使用看成无限制的，所以当在运作中出现冲突时，自然就想到由政府来干预。而科斯将生产要素看作权利，这样导致外部性的权利也是生产要素。这样行使一种导致外部性的权利的成本，正是行使这种权利使他人遭受的损失。因此，外部性问题可以从整个社会总效应上来考虑。科斯从否定庇古的逻辑起点开始，对外部性理论进行了彻底的批判，但却又是外部性理论的一个重大发展。科斯外部性理论是对庇古外部性理论的一种扬弃。

科斯解决外部性问题的思路，就是把外部性问题转变成产权问题，然后讨论什么样的财产权能达到效率。科斯在《社会成本问题》一文中曾经说道，无法建立一个正确的外部性理论的根本原因在于对生产要素的错误定义，新古典经济学家通常将生产要素定义为企业家购买和使用的一件物品，而不是进行某些实际经济活动的权利。科斯认为，外部性的产生并不是市场制度的必然结果，而是由于产权没有界定清晰，有效的产权可以降低甚至消除外部性，并由此总结产生了著名的科斯定理，即只要产权是明晰的，私人之间的契约同样可以解决外部性问题，实现资源的最优配置(当交易成本为零时，人们之间的自愿合作或将外部性所产生的社会成本纳入交易当事人的成本函数，从而导致最佳效率的结果出现)。

科斯定理包括两个命题：不变性命题和效率命题。科斯的不变性命题指出，外部性的均衡水平与产权分配无关。人们通常的认识是有关的，例如，在由污染者付费的制度下，污染的水平会低于被污染者付费制度下的污染水平。但科斯指出这是不正确的，这一点无疑是十分深刻的认识。但科斯定理却忽略了收入分配效应，当考虑收入效应时，产权的不同界定将会因补偿支付的方向不同而引起最终分配的差异，这时，不变性命题就不成立了。科斯的效率命题指出，如果外部性可以在市场上进行交易，均衡必定是有效率的。而这种意义上的科斯命题实际上是同义反复。如果市场存在，则就不存在外部性。即使可以对外部性进行交易，市场的每一方通常只有一个主体，也不满足竞争性假设，而没有竞争性，市场交易的效率就成问题了。为了避免这个问题，科斯定理可以被理解为是在对外部性的补偿问题进行两个主体间的讨价还价，并实现有效率的结果。而现实世界中，出现的情况基本上都是不完全信息条件下的非合作博弈，所以一般情况下，外部性的市场交易都是无效率的。

当然科斯的外部性理论也存在局限性：一是在市场化程度不高的经济中，科斯理论不能发挥作用；二是自愿协商方式须考虑交易费用问题，若交易费用大于社会净收益，那么自愿协商就失去了意义；三是科斯定理的前提是产权可明确界定，但现实生活中很多公共品的产权难以界定或界定成本高昂，从而使得科斯定理的前提不成立而无法应用。

3.2.2　外部性表现形式与类型

外部性广泛存在于社会经济运行过程中，其产生的影响无处不在。外部性从萌芽、发展到实现，有 3 个相互联系、相互促进的关键层面。首先，经济主体间的利益冲突可以说是外部性产生的直接原因，而冲突的根源则在于资源的稀缺性。外部性的萌芽状态在生产经营者的利润最大化、生产经营者的风险化解、消费者的福利最大化等广泛存在的自利行为中得到进一步强化。其次，公共物品、准公共物品的存在；对他人资源及要素占用机会的广泛存在；大量成本及风险转嫁对象的存在；行业差异及区域差异的存在等，都为外部性的发展提供了一个宽大的平台。最后，产权残缺、受损者追索能力缺陷、交易双方地位不对称、制度安排及制度规范的有限性、强制实现等问题的存在激化了外部性的发展，最终导致外部性问题。

关于外部性的分类，不同的学者有不同的看法，但是根据外部性表现形式的不同，主要有技术外部性与货币外部性、正外部性与负外部性、生产的外部性与消费的外部性、公共外部性与私人外部性、帕累托相关的外部性与帕累托不相关的外部性、代内外部性与代际外部性。

(1)技术外部性与货币外部性

技术外部性和货币外部性的分类是瓦伊纳(J. Viner)提出的。一般认为，货币外部性是由价格体系引起的，并不影响资源配置达到帕累托最优均衡的性质。瓦伊纳对外部性的这种区分，其标准在于外部性是否对社会总产出这一真实变量具有影响，即外部性是否会影响资源配置的效率。

货币外部性可以通过价格的变化得以体现，对社会总产出这个真实变量不会造成影响；而技术外部性并不能够通过价格信号得到反映，在市场经济中，影响资源分配的行为如果不能被价格机制所调节，那么此行为将影响资源配置的效率，或者说将影响社会总产出。

(2)正外部性与负外部性

正外部性即阿尔弗雷德·马歇尔提到的“外部经济”，负外部性即阿瑟·塞西尔·庇古提到的“外部不经济”。正外部性就是一些人的生产使另一些人受益而又无法向后者收费的现象；负外部性就是一些人的生产使另一些人受损而前者无法补偿后者的现象。1962 年，米德(J. E. Meade)在《竞争状态下的外部经济与外部不经济》一文中，把外部性分为两种情况：其一是无偿的生产要素的作用，即生产中的正外部性，如果园与蜜蜂的例子，养蜂者的蜜蜂飞到隔壁的果园里采蜜而又不付任何费用肯定导致果树数量低于最优数量，而蜜蜂采蜜的同时也在传播花粉，所以果园主也没有向养蜂者支付蜜蜂传播花粉的服务费用。其二是来自环境对于企业的有利或不利的影响。米德举例说：假设 A 是小麦生产者，B 是林场，则如果 B 的产量增加，将导致雨水增加，转而促进 A 的产量增加，这样，林场的生产要素的边际纯产值就大于它的边际私人纯产值，即产生了正外部性。

(3)生产的外部性与消费的外部性

20 世纪 70 年代以后，关于外部性理论的研究扩展至消费领域。外部性被认为是一种经济力量对于另一种经济力量的非市场性的附带影响，是经济力量相互作用的结果，它反映一个事实，即经济效果传播到市场机制之外，并改变了接受效果的厂商的生产和由其操纵的投入之间的技术关系。外部性有两个标志：一是它们伴随生产或消费活动而产生；二是它们或是积极的影响，或是消极的影响。二者必居其一。从正外部性与负外部性、生产的外部性与消费的外部性两种分类出发，可以把外部性分成 4 种类型：正生产外部性、负生产外部性、正消费外部性、负消费外部性。

(4)公共外部性与私人外部性

在外部性的分类研究中，鲍莫尔(W. J. Baumol)和奥肯(A. M. Okun)把外部性分为公共外部性和私人外部性。公共外部性也称为不可耗竭的外部性，即这种外部性具有公共物品的某些特征，如非竞争性和非排他性。当存在这种公共外部性时，试图通过外部性的实施者和外部性的接受者之间的谈判来解决外部性往往是十分困难的。私人外部性也称为可耗竭的外部性，即这种外部性具有私人物品的某些特征，如竞争性和排他性。对于这种私人外部性，通过谈判解决通常是一种可行的方法。

(5)帕累托相关的外部性与帕累托不相关的外部性

帕累托相关的外部性与帕累托不相关的外部性的划分是由布坎南(J. M. Buchanan)

和斯塔布尔宾(W. C. Stubblebine)于1962年提出的，他们之所以对外部性进行这种区分，是因为他们认为外部性的概念过于宽泛，通过外部性概念的细分可以使这个概念变得更加适用。他们认为帕累托相关的外部性是指外部性效应的承受者在成本-收益的激励下，通过某种方法克服外部性，而这一变化只会使外部性承受者的状况变得更好，而又不会使外部性实施者的境况变得更差；帕累托不相关的外部性则意味着外部性效应的承受者在成本-收益的约束下，并不愿意通过某种方法去克服外部性，因为这一变化不会使外部性承受者的状况变得更好，反而可能使外部性实施者的境况变得更差。

(6)代内外部性与代际外部性

通常的外部性是一种空间概念，主要是从即期考虑资源配置是否合理，即主要是指代内的外部性问题；而代际外部性问题主要是要解决人类代际之间行为的相互影响，尤其是要消除前代对后代、当代对后代的不利影响。可以把这种外部性称为当前向未来延伸的外部性。这种分类源于可持续发展概念。代际外部性同样可以分为代际外部经济和代际外部不经济。

现在的外部性问题已经不再局限于同一地区的企业与企业之间、企业与居民之间的纠纷，而是扩展到了区际之间、国际之间的大问题了，即代内外部性的空间范围在扩大。同时，代际外部性问题日益突出，生态破坏、环境污染、资源枯竭、淡水短缺等都已经危及子孙后代的生存。

3.2.3　森林经营的外部性

森林为人类提供了丰富的产品和服务，即所谓的生态系统服务。联合国《千年生态系统评估报告》(2005)将生态系统服务分为：总体支持服务(如初级生产)、调节服务(如气候调节)、供应服务(如木材、非木材生产)和文化服务(如娱乐)。

生态系统服务为人类创造的好处超出了任何个人对其拥有的土地的享受。森林通过碳储存和维护提供对气候变化的恢复力和抵抗力；它们还促进养分循环，提供木材和其他产品作为原材料，并生产其他最终产品。森林还通过遗产、娱乐、教育、研究和其他非物质利益，在气候稳定、水和干扰调节以及文化服务方面发挥关键作用。

森林生态系统为社会创造的产品和服务绝大部分属于公共产品(public goods)。公共产品是指具有消费或使用上的非竞争性和受益上的非排他性的产品。非竞争性是指一个人对产品的消费不会削弱另一个人消费相同产品并从中受益的能力，即使是在同一时间也是如此。众所周知，市场通常不能有效地提供公共产品。当一个人的消费或生产行为无偿影响另一个人的消费或生产行为时，就会产生外部性。因此，森林经营的外部性是指没有直接反映在市场上的森林经营活动的损益和成本效应。

3.2.3.1　森林经营外部性表现形式

林业向来被认为是外部性显著的产业部门。森林经营活动的外部性具有普遍性和多样性，既可能表现为负外部性，也可能表现为正外部性。

(1)林业活动的负外部性

①森林采伐的负外部性。林业经营者通过森林采伐，在生产出木材及其他各种林产品并取得经济收益的同时，所带来的生态环境破坏又由整个社会承担，由此形成了采伐企业的个别成本要小于完全的社会成本，从而产生负外部效应，即森林环境生态

效能的丧失。森林采伐的负外部性导致森林资源配置的低效率，使森林采伐需求过旺和乱砍滥伐。

②森林过度开发的负外部性。森林过度开发对森林旅游资源及其环境造成破坏的是一种负外部性。绝大多数森林旅游区经营者主要关心的是近期的经济效益，而不够关心水或空气的污染；部分旅游者关心的是旅游体验，追求自身的便利与舒适，而不够关心动植物的保护与他人的体验等。他们追求的是最小的投入与最大的效益，而森林旅游区内的空气、森林、河流、土地等大部分资源都是具有"共有"性质的环境财富，旅游经营者和游客私人成本的社会化都将导致这些资源的不断耗竭与生态环境的恶化。

③森林经营不当的负外部性。在进行森林生态建设(再生产)过程中，由于改造、恢复、重建方式不当，可能导致森林生态系统自然结构和状态的破坏。人类的经济活动和森林经营、保护不善导致的森林毁坏和森林生态系统的退化也属于该种负外部性，如森林火灾、森林病虫害、毁林开荒、毁林开矿、刀耕火种等。

④森林保护活动对当地经济的负外部性。天然林保护、水源涵养林保护、自然保护区、退耕还林还草等森林保护政策实施禁伐、禁牧、禁耕等给当地林农、农户的生产生活和林业企业的生产经营产生的直接经济损失和负面影响。

(2)森林经营活动的正外部性

①涵养水源。森林涵养水源包括拦蓄洪水、调节径流和净化水质等。拦蓄洪水是指森林通过减少洪水发生危险提供的一种效益。在山区，雨季高强度降雨事件经常引发洪灾、泥石流和滑坡。森林通过植被冠层、枯落物层和土壤层截留一部分雨水，从而减少降水直接落在森林地表，大大减少洪灾、泥石流和滑坡的发生概率。调节径流是指森林通过雨季存储降雨在旱季补给河道，从而稳定河道旱季流量。净化水质服务是指森林通过河流、湖泊和含水层来过滤、保持和存储水资源。另外，森林中活地被层和枯落物层的存在，削弱了降水对表土的冲击和侵蚀，在涵养水源的同时，还起到了固土保肥的作用。

②固碳释氧。森林通过吸收CO_2、储存生物质和使用森林生物燃料替代化石燃料，在减轻温室效应方面发挥了重要作用。绿色植物作为生态系统的初级生产者，具有固碳释氧的天然生理机能。固碳释氧作为一种重要的生态功能，在自然界的物质循环和能量流动中起着重要的调节作用。对于绿色植物，固碳释氧是指在可见光的照射下，利用叶绿素等光合色素，将CO_2和水转化为能够储存的有机物，并释放出O_2，维持空气中的碳氧平衡的生化过程。森林每年的碳固定量约占整个陆地生物碳固定量的2/3，在调节全球碳平衡、减缓大气中CO_2等温室气体浓度上升以及维护全球气候等方面中具有不可替代的作用。

③调节气候。作为全球气候系统的组成部分之一，森林使得区域气候趋于稳定，进而对全球气候起到稳定器的作用。森林还具有调节小气候的作用，能够调节温度，使气温不至于太高，也不至于太低。在高温夏季，由于林冠层的遮阴，林地内的温度较非林地要低3~5 ℃；在严寒多风的冬季，森林能使风速降低、温度升高，从而起到冬暖夏凉的作用。此外，植物蒸腾作用散失的水分约占植物吸收水的99%以上，蒸腾作用为大气提供大量的水蒸气，增加空气湿度，吸收热量，降低周围环境的温度。

④净化空气。森林是天然的空气净化器，有多方面净化空气的作用。第一，森林

在提供负离子的同时，可以降低大气中 SO_2、NO_x、氟化物等有害气体的浓度；第二，森林能够阻挡、过滤、吸收空气中的放射性物质；第三，森林能阻挡、过滤和吸滞空气中的烟灰、灰尘，还能固定地面上的尘土；第四，树木可以分泌挥发性物质，能杀死伤寒、副伤寒病原菌、痢疾杆菌、链球菌、葡萄球菌等致病微生物，有杀菌和抑制细菌的作用。

⑤维持生物多样性。生物多样性是指生命有机体及其赖以生存的生态综合体的多样化和变异性，是地球上的生命经过漫长的发展和进化的结果，也是人类赖以生存的物质基础。生物多样性具有向人类提供产品、生态服务、环境保护和文化支持等多项功能。森林是多种生物的摇篮。地球上被科学地描述过的约 140 万种生物，大部分与森林有着联系。森林为丰富多彩的动物、植物和微生物提供了适宜的生存空间和丰富的能量源泉。森林经营以生物多样性维持为内在价值规范，必然会产生外部性。

3.2.3.2　森林经营外部性特征

森林经营作为经济活动，在给其经营者带来损益的同时，又会使经营者以外的单位或个人获取损益，前者即是森林经营的内部经济或内部性，后者则是森林经营的外部经济或外部性。森林经营的内、外部性均有正负之分：正是指有益而无害的效应；负是指无益而有害的效应，如森林经营不当的外部性。森林经营外部性特征主要表现为非市场交换性、非可控性、时空转移性、复杂性、不可分割性和受体的模糊性。

(1) 非市场交换性

森林经营过程中产生的生态产品客观上能够为社会和他人带来利益，具有正外部性的特点。同时，森林经营过程中产生的生态产品大多属于公共产品，具有极强的外部性，表现出无形性、多样性、交叉性、重叠性、多尺度性等特点，不具有市场交换性，如涵养水源、固碳释氧，营养物质循环与储存、调节气候、净化空气、维持生物多样性等生态等价值，都难以在现有的市场体系中，通过经营者与受益者的直接交换方式实现其价值。

(2) 非可控性

森林经营的外部性使受益主体受益的同时，经营主体既难以阻止又无法对各种不同受益主体的受益程度进行调节和控制，即存在受益主体不承担任何成本而消费或使用公共产品的“免费搭车”现象。免费搭车的基本含义是不付成本而坐享他人之利，即消费者在自利心理的诱惑下，将试图不需要由自己提供公共产品或者不必由自己为公共产品提供付费，而希望坐享他人提供公共产品。由于绝大多数森林生态产品消费时的非排他性和非竞争性，使这类产品只要有人提供了，则其效应所及范围内人们都是能够天然消费的，而不管它是否为其消费提供了成本费用。

(3) 时空转移性

森林经营的外部性不仅涉及当代人之间的外部性，而且可向后代延伸，从而产生代际外部性。经营好森林，功在当代，利在千秋。同时，森林经营产生的生态效益还会在国家间、国内的地区间转移。例如，森林所具有的固碳释氧功能对周边国家或地区也会产生外部性，森林涵养水源功能使整个流域收益。另外，森林的形成需要一定的时间，所以只有郁闭的森林才能产生持续的外部有利影响，同时森林生态效益的过度利用或破坏对周边环境的不利影响有一定的时滞时间，具有渐显性。

(4)复杂性

森林生长和经营周期长，产生的效益不仅种类繁多，而且还受地域、气候、国家政策等因素影响。森林经营周期少则几年多则上百年，经历的过程复杂多变。此外，森林生态效益价值的计量还难言精确，享受森林生态服务的受体还不能完全细分界定，这些给森林生态效益外部性的经济计量及内在化措施的制定带来复杂性。森林经营外部效应总量的计量困难很大，对不同受益主体的受益分量的计量困难更大。

(5)不可分割性

通常情况下，森林生物资产、森林景观资产、森林生态效益等与森林有关而又能够带来预期经济利益的资产，都不能离开林地和森林环境而独立存在，它们是同一客体的不同侧面，必须依附于特定森林生态系统，难以进行分割。

(6)受体的模糊性

森林经营的主体可分为个人(如个体林权)、法人(如森工企业)、集体(如集体林业)和国家(如生态公益林)，相对比较明确，但其利益的受体则显得很模糊。森林涵养水源的受体可有水库、水电站、河流下游居民；森林固碳释氧的受体可包含本地区、跨地区和跨国际居民；森林净化空气的受体为区域居民，但收益程度又与森林生态系统所处的相对位置有关；森林生物多样性的受体可涉及全人类。

3.3 效率理论

经济学是建立在一系列最基本的假设之上的，这些最基本的假设包括：经济人行为是理性的；资源是有限的且有多种用途；经济资源的使用存在机会成本。基于经济学最基本的假设，经济效率一般性说明的实质是对经济人的最大化行为，即收益最大化或成本最小化。

“效率”的概念已经根植于社会经济生活中的各个领域和方面，在经济学中几乎没有比“经济效率”概念应用更为广泛的概念。效率通常指节约或者是指现有的资源用得更好。经济学上的效率概念最初是从物理学上引申而来的。其有两层含义：一是单位资源的投入产出比；二是单位时间的产出比。

效率原则是任何生产活动都要遵循的基本原则。森林经营是人类以满足人的需求和发展为目的森林生态产品和木材等林产品的生产活动。效率理论是分析和解释作为经济活动的森林经营其投入和产出问题的基础理论。

3.3.1 效率的含义

概括起来讲，效率是描述各种资源使用的指标。从资源配置的角度而言，效率就是指在既定的产出水平下，追求成本投入的最小化；或者是在既定的成本约束下追求产出水平的最大化。经济学史上，在不同的发展时期，经济学家对效率的概念的解释有着不同的认知，因此，有必要从经济理论发展的不同历史阶段考察效率的不同含义。

(1)古典经济学效率

西方古典经济学理论着重在生产领域寻找财富增长的源泉，他们认为在经济生活的范围内，首先要增加生产，为此就必须先增加资本积累，改进生产方式提高劳动生产率，以最大限度地创造国民收入。西方古典经济学理论已经认识到效率和生产率的重要作用，虽然他们只是一味地强调投入要素(资本、劳动和土地)的作用，但他们已经十分推崇“单要素效率”的巨大作用，特别是劳动生产率和资本生产率。

威廉·佩蒂在《赋税论》中提出，土地是财富之母，劳动是财富之父。他把商品价值的源泉归结于劳动，商品价值量的大小归结于生产商品所必需的劳动量，把劳动生产率的提高看作是促进一国财富增长的最主要的因素。他认识到劳动生产率越高，产品成本就会越低，利润就越大。另外，他还认识到科学和技术的发明创造活动也会使财富成倍地增长，国家必须重视教育和选拔技术人才。此后，马克思借鉴了佩蒂的劳动价值论思想，创立了马克思主义学说。而劳动生产率作为国民财富和主要的产出指标被广泛运用于国家竞争力的评价与比较中。

亚当·斯密在《国富论》中从理论和实践上较全面地研究了英国资本主义经济增长的问题。他基于“利己心”的自由市场原则，强调每个人都能自由地寻求个人的利益，最终达到“富国裕民”，实现促进财富迅速积累的目的。他强调指出，财富的累积和实现，第一要靠提高劳动效率或劳动生产率；第二要靠增加劳动的数量，增加在业工人的人数，延长劳动时间。要雇佣较多的劳动力，就必须积累大量的资本。因此，总体上斯密把财富的增长和累积归结为建立在分工基础上的劳动生产率的提高和资本的积累。从18世纪中期的情况来看，科学技术的发展还比较缓慢，科技对经济增长的作用还不十分明显，所以斯密提出了通过分工来提高劳动生产率，从而促进经济增长。斯密认为，即使在生产技术不变的情况下，在一个人数密集的劳动现场，只要进行合理的分工就能大大提高劳动生产率。劳动生产率的最大改进，以及运用劳动时所表现得更加熟练、富于技巧和判断，似乎就是分工的结果。与佩蒂的思想相比，斯密除了继续强调劳动分工和提高劳动生产率的作用外，还认为资本的积累也是财富增加的主要源泉。不过斯密比佩蒂更进一步论证了科学技术对提高劳动生产率的重要作用，他指出，机械的改善，技巧的进步，作业上更妥当的分工，无一非改良所致，也无一不使任何作业所需要的劳动量大减。此外，斯密还探讨了生产和非生产活动对国民财富的影响，主张增加生产性劳动的数目，减少非生产性劳动的人数，以节约生产投入，更大程度地增进国民财富的累积。

大卫·李嘉图也把资本积累作为国民财富增长的基本条件，认为资本的投入和累积就是利润转化为资本，国民财富的增长速度取决于利润率。他在1821年出版的《政治经济学及赋税原理》一书中，试图证明利润增长促进资本积累，而资本积累又促进生产率发展。他还认为，在工资、利润和地租3种基本社会收入中，只有利润对社会生产力发展最为重要，只有利润增长，才能增加资本积累，促进生产率的发展，促进资本家获得更多财富。他提出，国家财富增长的两种方式：一种是用更多的收入来维持生产性的劳动，这不仅可以增加商品的数量，而且可以增加其价值；另一种是不增加任何劳动量，而使等量劳动的生产效率提高，这会增加商品的数量，但不会增加商品的价值。

在这一时期，古典经济学家的代表人物已经认识到投入要素(如劳动投入和资本积累)对经济增长的决定作用，同时也认识到，单要素生产率的提高对最终的经济增长的益处，但对于资本积累，他们只一味地认为只要增加资本投入，加速资本积累，就等于在促进利润的增加。因此，几乎所有的古典经济学家都看重资本积累的作用。法国经济学家萨伊(J. B. Say)更是把资本积累的作用发挥到了极致，他提出了著名的"供给创造需求"的"萨伊法则"。既然供给能够创造自己的需求，则不管资本以多大规模积累，不管生产多少商品，都不会遇到销售困难的问题，也不可能出现经济危机。萨伊认为斯密有关价值是由人类劳动创造并表现为人类劳动的观点是不正确的，任何财富和价值都是归因于劳动、资本和自然力这三者的作用和协力。他还主张支持科学、教育的发展，要求政府放弃干预经济、创造自由竞争的环境等辅助手段来实现他的思想。显然，劳动生产率的提高、教育和科学技术的发展等只是实现资本积累的手段或途径而已。

古典经济学家既关注侧重于通过改善劳动分工来获得生产效率这一微观经济学，也关注侧重于资本积累和增长的宏观经济学。总的说来，他们的思想与重农学派的整体运行观点一脉相承，但古典学派最大的贡献在于他们系统地把如土地、劳动和资本作为生产的投入因素放入生产过程，生产出租金收入、工资收入和利润，然后分配这些产出，再进行资本积累和再生产过程的运行。他们的思想对马克思主义及现代经济思想产生过重大影响。

(2)新古典经济学效率

经济学中所说的效率问题是指资源合理配置问题。在经济资源稀缺性的前提下，人们面临生产什么、生产多少、如何生产、如何分配等诸多选择问题，也就是资源的有效配置问题。所以，经济学中的效率也就是资源配置的效率，即经济中的各种资源的使用方面和使用方向问题。狭义来讲，资源的使用效率就是生产效率，即一定生产单位、一定地区(行业或国家)如何组织和运用这些有限的资源，使之发挥了多大的作用。人们要尽可能地减少其浪费，投入既定的生产要素生产出最大价值的产出，才能够提高生产效率。另一种效率是如何使每一种资源能够有效地配置到最适宜的使用方面和方向上，即帕累托效率(Pareto efficiency)，是一种经济剩余的变化。帕累托(V. Pareto)是第一个考察这一概念的经济学家。对于消费者来说，就是在收入既定的前提下，消费的商品组合能够使其实现效用最大化；对于生产者的来说，在成本约束下，实现产出或利润最大化，两者且同时满足，只有完全竞争市场才是帕累托有效的。在理论界，人们习惯于将前一种效率称为生产效率，将第二种效率称为经济效率。这就是新古典经济学关于效率的论述，即帕累托效率。

经济效率是一种市场效率，是通过生产要素或经济资源在不同部门或行业的自由流动来实现其有效配置的。要实现帕累托效率标准或实现帕累托最优，必须满足 1 个前提条件和 3 个必要条件，前提条件是完全竞争市场，3 个必要条件是：①消费者消费任何两种商品的边际替代率与其价格之比相等，并且产品价格及其比率对人和消费者相同；②任何一个生产者对任何一种投入的购买都必须使任何两种生产要素的边际技术替代率同价格之比率相等，并且任何生产要素的价格及其比率对任何生产者都相同；③任何两种产品的边际产品转换率等于它们的边际成本之比。只有完全竞争市场才能够自动实现帕累托效率，进而实现社会经济资源的最优配置。经济效率的高低，是通过经济剩余来判断的，有效率的社会，其社会福利达到最大化。

生产效率是一个组织的效率，是通过改善内部管理方法和提高生产技术来实现的。这个组织既可以是一个企业，也可以是一个地区、行业，甚至以一个国家作为一个组织，都是以投入与产出的对比来判断效率高低的。因此可以表述为，在既定的投入下，有效产出最大；或者在既定有效产出下，投入最小。一个经济系统总要有一定的投入，才有一定的产出。这一经济系统的投入产出比，就是该系统的生产效率。生产效率有两种含义：一是指设备工作时所产生的有用功在总功中所占的比例；二是指人在单位时间内完成的工作量。简而言之，效率是单人或单机的有效工作结果与投入量之比，可表述为：生产效率=有效结果/投入量。但现代工业是社会化分工协作体系，具体的投入量所产生的结果很难从总的结果中分离出来。所以对一个系统而言，效率就可以表述为：生产效率=总产出/某项资源投入量或总投入。然而，由于现代经济系统的复杂性，单纯从单机和单位时间来度量生产效率是远远不够的。随着经济科学的发展，特别是生产效率理论的发展，对生产效率有了更为广泛而深入的认识，在实践中，也提出了较为科学的测量方法并得到了广泛应用。

生产率和效率水平的提高，在国家层面上，可以提高国家的竞争力，特别是在目前国与国的生产率竞赛中，哪个国家的生产率和效率水平越高，哪个国家就越有竞争力；对生产者来说，可以提高经营能力、改善在市场中的地位，随着市场经济的发展，凡是生产率和效率水平高的企业，就能够有利可图，利润水平就会高于同行业的平均水平，就能更好地获得发展；对消费者来说，社会生产率和效率水平的提高，消费者就可以获得较低的价格、较多的商品和服务、享用更高福利水平；对劳动者来说，生产率和效率水平的提高，可以增加工资和津贴、改善工作条件、增加个人的人力资本存量；对政府来说，可以在有限财政资金的前提下，向社会提供更多更好的服务能力、更高效率地执行社会发展项目。

(3)现代经济学效率

西方经济学中，最早系统地研究经济效率理论的是法瑞尔(M. J. Farrell)。他指出，一个企业或部门的效率包括两个部分：技术效率(technical efficiency)和配置效率(allocative efficiency)。前者反映了企业或部门在既定投入水平下获得的最大产出能力；后者反映了在既定价格和生产技术下，企业或部门使用最佳投入比例的能力。这两种效率的总和反映了企业或部门的总的经济效率。

C. S. Whitesell 指出，经济效率是指一种经济在既定的生产目标下的生产能力，也就是指在恰当的生产可能性曲线上的恰当的点。它可以分为技术效率、配置效率。技术效率是指在给定技术和投入要素情况下，实际产出和潜在产出的比较。配置效率是指投入要素的组合按成本最小的方式进行，即按照要素在不同使用方式下的边际要素替代率相等的方式进行。一种经济可以是技术效率高但配置效率比较低，也可以是配置效率比较高，但技术是非有效的。这两效率有时是很难区分清楚的。

有学者认为，经济效率是指一个企业或部门在最低可能成本的条件下生产一定水平的产出。这种成本中可能会有因缺乏技术效率或配置效率而增加的不必要成本。因此，经济效率是比技术效率或配置效率更宽泛的概念。技术效率是指一个企业或部门在最小的投入成本条件下生产一定水平的产出。一个技术有效率的例子，在现有技术条件下，用现有机器和人员完成更多的任务；而配置效率是指一个企业如何按照正确的比例使用投入要素去生产一定水平的产出。

也有学者认为，经济效率是技术效率和配置效率的综合反映。一个经济决策单元(economic decision-making unit)如果同时具有技术效率和配置效率，它就是经济上有效率的。技术效率是指企业或部门在既定的技术和环境下，用特定的投入生产最大可能产出的能力和意愿。换句话说，如果一个企业或部门在既定投入的条件能够实现最大的潜在生产能力，它就具有技术效率。配置效率是指，在现行的要素的市场供求条件下，企业或部门为获得最大的净利润而使用不同要素的数量比例的能力和意愿。

3.3.2 配置效率和技术效率

(1)配置效率

配置效率是市场机制形成的效率。资源配置效率问题是经济学研究的核心内容之一，资源配置效率问题包含两个层面：一是广义的、宏观层次的资源配置效率，即社会资源的资源配置效率，通过整个社会的经济制度安排而实现；二是狭义的、微观层次的资源配置效率，即资源使用效率，一般指生产单位的生产效率，通过生产单位内部生产管理和提高生产技术实现。现代经济学认为，市场是资源配置的最重要方式，而资本市场在资本等资源的配置中起着极为关键的作用。在此过程中，资金首先通过资本市场流向企业和行业，然后带动人力资源等要素流向企业，进而促进企业和行业的发展。因此，资金配置是资源配置的核心。

配置效率理论认为，企业只要根据生产函数和成本函数，在一定技术水平和目标成本的情况下，通过生产要素最优配置，实现产量最大化或是在目标产量一定的情况下，通过生产要素最优配置实现成本的最小化，即实现了企业效率的最优(帕累托最优)；否则，企业就处于配置的低效率状态。其假设前提为：一是代表性的企业是生产者的恰当的研究者；二是生产者是理性的经济人，他们的行为是实现利润的极大化的行为，即企业的行为是追求利润的极大化；三是在企业内部，雇员的行为就是为了使企业所有者的目标实现极大化，雇员没有自己的与企业目标和利益不相一致的目标和利益；四是劳动合同是完整的(在企业雇员报酬确定的情况下，雇员的劳动时间和努力程度也就确定下来)。显然，在配置效率理论看来，企业生产要素的配置一旦确定，企业的效率也就确定下来，企业只要实现要素配置最优也就实现了效率最优。

(2)技术效率

技术效率是指在技术的稳定使用过程中，技术的生产效能所发挥的程度。一个产业内技术效率水平高低，不仅反映产业内技术推广的有效程度，而且折射出产业内的技术进步速度以及该产业经济增长的质量。因此技术效率问题颇受人们的重视，在现代生产率问题的研究中，也占有相当重要的地位。

20世纪50年代后期，当技术效率理论处在它的初始阶段时，人们是从投入成本的角度，去衡量技术效率的高低。法瑞尔在1957年发表的《生产效率测度》(*The Measurement of Productive Efficiency*)一文中，从投入角度给出了较有代表性的定义：所谓技术效率，就是在生产技术不变、市场价格不变的条件下，按照既定的要素投入比例，生产一定量产品所需的最小成本占实际生产成本(投入水平)的百分比。

1966年，勒宾森(H. Leibenstein)从产出角度出发对技术效率的概念做了新的定义：

技术效率是实际产出水平占在相同的投入规模、投入结构及市场价格条件下，所能达到的最大产出量的百分比。即技术效率是生产的实际值与最优值(最大产出或最小成本)的比较。这种从产出角度所定义的技术效率被普遍接受，也是应用研究中使用最多的。

上述不同定义的实质是相同的，从产出角度看，技术效率是指在相同投入下经济单元实际产出与理想产出(最大可能性产出)的比率；从投入角度看，技术效率是指在相同产出下理想投入(最小可能性投入)与实际投入的比率。即技术效率是生产实际值与最优值(最大产出或最小成本)的比较，它用来衡量经济单元获得最大产出(或投入最小成本)的能力，表示经济单元的实际生产活动接近前沿面(生产中产出或成本的最优值)的程度，能够很好地反映经济单元现有技术的发挥程度。技术效率是全部经济效率的一个组成部分。为了达到经济上的有效，一个经济体必须首先在技术上是有效的。

在技术效率的测度中，由于生产的实际值可以直接观测到，因此测度技术效率的关键是最优值的确定。根据生产经济学中有关生产函数的定义可知，这种具有投入或产出的最优性质的函数称为前沿生产函数或生产边界(production frontier)。根据测度过程中是否考虑随机因素，边界生产函数又可分为随机性边界和确定性边界生产函数。经济学中有两类(每类中又有多种)方法可进行生产边界的估计：一类是以经济计量学方法为主的参数方法；另一类则是以数学规划为主的非参数方法。

3.3.3 森林经营的效率

效率反映了由生产要素的有用产出与投入之比决定的经济活动的结果。森林经营的重点是满足日益增长的直接林产品需求和维持森林生态系统服务功能。同其他一切生产活动一样，森林经营也存要求追求效率的不断提高。但是，由于森林提供的多重效益和优势，衡量森林经营效率的一个主要问题是生态产品和服务的非市场性质，这一问题使得很难运用成本效益分析、内部收益率等传统的经济学方法来确定效率；另一个遇到的问题是不同衡量标准的不可通约性。要确定森林经营的投入是否得到有效利用，必须选择正确的评价方法。为此，已有许多尝试来解决这个问题。长期以来，经济统计学家一直认为，衡量平均劳动生产率是足够的，并将其作为衡量效率的一种手段。然而，这在森林经营中是不合适的，因为它忽略了除劳动力之外的所有其他投入。理想的方法应该考虑森林经营的多投入和多产出。

在经济学中，技术效率是指在既定的投入下产出可增加的能力或在既定的产出下投入可减少的能力。目前，常用测度技术效率的方法是生产前沿分析方法。所谓生产前沿是指在一定的技术水平下，各种比例投入所对应的最大产出集合。而生产前沿通常用生产函数表示。前沿分析方法根据是否已知生产函数的具体形式分为参数方法和非参数方法，前者以随机前沿分析(stochastic frontier analysis，SFA)为代表，后者以数据包络分析(data envelopment analysis，DEA)为代表。

1957年，法瑞尔提出了基于帕累托最优的效率测度模型。根据法瑞尔的输入导向前沿模型，1978年著名运筹学家查恩斯(A. Charnes)等将两个输入和一个输出的概念推广到多个输出和输入的情形，发展形成了包络分析技术。包络分析代表了一种适用于多生产单元生产率和效率的分析技术，在许多领域有着广泛的应用。包络分析作为一种非参数方法，可用于衡量具有多投入和产出的可比决策单元的相对效率，但传统上并不用于林业。

1986 年包络分析引入林业领域后，1991 年，我国台湾学者于 *Forest Science* 发文介绍了包络分析在森林经营效率测度上的应用研究(高强等，1991)。这项研究在中国台湾 13 个林区进行，历时 10 年(1978—1987 年)，共使用 4 个投入变量和 4 个产出变量；投入变量包括林区预算、初次就业人数、从业人员总数和林地面积；木材生产、林副产品生产、土壤保护和游憩被视为产出变量；通过将效率分解为技术效率和规模效率(scale efficiency)的乘积，森林经营者可以了解效率低下的原因，并提出适当的政策来提高效率。这种方法还有助于决策制定者评估不同的备选方案。这项研究是第一个公认的例子，表明包络分析可以成为测度和评估森林经营活动的良好工具。现在，包络分析已成为用于测度森林经营效率最流行的方法。

除了包络分析外，目前效率测度最流行的方法还有随机前沿分析。随机前沿分析是前沿分析中参数方法的典型代表，即需要确定生产前沿的具体形式。与非参数方法相比，随机前沿分析的最大优点是考虑了随机因素对于产出的影响。利用随机前沿分析，可以对森林经营过程中的生产要素效率进行评估。到目前为止，参数方法一直断断续续地用于森林经营效率的测度和评估。如采用随机前沿分析对波兰经济转型(私有化)期 40 个林区木材生产和森林经营效率的测度和评估(Siry et al.，2001)，以及对尼泊尔社区森林经营(community forest management)效率的测度和评估，其不仅分析了社区森林经营的自然环境效益和直接林产品效益，而且还确定了产出之间的关系(Narendra，2011)。

效率测度的参数方法涉及使用新古典生产函数来确定最大生产量，同时考虑投入的实际水平。该函数的参数(形状和位置)通常使用计量经济学估计方法(如回归分析)来确定。生产函数决定效率曲线，偏离这条曲线是随机误差和低效的结果。参数方法中使用的方法在关于随机误差分布和低效的假设方面有所不同。这组方法除了随机前沿分析外，还有自由分布法(distribution-free approach，DFA)和厚前沿分析(thick frontier analysis，TFA)。

本章小结

森林经营作为一系列贯穿于整个森林生长周期的保护和培育森林的经济活动，不仅受到经济学规律的支配，而且经济学理论也是分析和解释其相关经济问题的基础理论。为此，本章简要介绍了作为森林经营经济学基础的地租理论、外部性理论和效率理论。

森林经营的收益最大化目标根深于地租理论。地租理论为确定最有利可图的林地使用和实现目标的最佳森林经营策略提供了经济学理论依据。森林生态产品具有公共产品的基本特征。外部性理论为森林经营社会收益最大化提供了经济学逻辑认知。效率原则是一切生产活动都要遵循的基本原则。效率理论为森林经营在生态合理基础上寻求经济的高效提供了经济学基本路径。

当然，随着现代经济学的发展和人们对森林经营活动经济属性认识的不断加深，也有人主张将一些新的经济学理论引入作为森林经营的经济学基础理论，如消费者选择理论、社会选择理论和多重均衡理论等，有兴趣的读者可查阅相关文献进行学习。

思考题

1. 什么是地租？
2. 森林经营外部性表现形式有哪些？
3. 什么是效率？
4. 简述生产前沿的定义及其表示方法。

第4章

立地分类与立地质量评价

立地是林木生长的基础，它直接影响森林经营中的小班区划、树种选择、生长收获预估、轮伐期、经营措施和经营类型的组织。森林立地分类和质量评价是森林经营中的一项基础性工作，是适地适树和科学制定经营措施的重要前提。本章主要内容包括立地分类和立地质量评价的基本概念、立地分类方法和系统、立地质量评价指标和方法。

4.1 基本概念

(1)立地

立地是指一个特定的地理位置和这个位置上的环境条件，它是树木生长所处物理环境的内在特征。构成立地的各个因子称为立地条件，包括地质、地貌、地形、气候、土壤和植被因子等，对林木生长有着重要的影响。一旦位置确定，立地条件基本能够保持一段时间不变。

(2)立地分类

立地分类有广义和狭义之分。狭义的立地分类是按照立地条件各自的属性，把立地条件相似的林地归并到一起，即通常所说的立地分类。广义的立地分类还包括立地区划，即根据自然条件在地域上的分异规律，将一定地域由大到小逐级划分，这种划分具有层级性，即在区划单元内进行立地类型划分。

(3)立地类型

立地类型是指地域上不相连，但立地因子基本相同、林地生产潜力水平基本一致的单元或地段。同一立地类型具有相近的生产力。对于造林来说，可以根据立地类型选择适宜的造林树种。生长在不同立地类型的森林，其生长发育过程不同，可能的经营目标和采取的经营措施也不相同。在经营实践中，常根据立地条件以表格形式列出不同的立地因子组合，即立地类型表。

(4)立地生产力

立地生产力是指单位面积林地在单位时间内森林所生产的生物量，包括潜在生产力(potential productivity)和现实生产力(realized productivity)两种。潜在生产力是指某种确定的林分类型在某一立地类型上可能达到的最大生长量，用单位时间单位面积的蓄积量、断面积或生物量来表示，一般与年龄有关。现实生产力则为某一立地类型上现实林分能实现的生长量(蓄积量、断面积或生物量)。现实生产力一般要小于潜在生产力，但通过森林经营可以缩小现实生产力与潜在生产力之间的差距，发挥立地潜力。

(5)立地质量

立地质量是指某一立地上既定森林或其他植被类型的潜在生产力，它是随树种(森林类型)不同而变化的。同一立地上，不同的树种或森林类型其潜在生产力可能不同。森林立地分类和质量评价工作是造林和开展森林经营规划设计的基础和前提。

(6)基准年龄

基准年龄指的是用以表示地位指数值的特定年龄。基准年龄通常通过综合考虑以下方面来确定：树高生长趋于稳定后的一个龄阶、主伐年龄、自然成熟龄的一半年龄、材积或树高平均生长量最大时的年龄。

(7)适地适树(林)

适地适树(林)是指造林地的立地条件与树种(森林类型)的生物和生态学特性相匹配，能够发挥其潜在生产力。每个树种对于立地条件都有一定的要求范围，只有在其最适宜的环境中才能正常生长，充分发挥其潜在生产力。适地适树(林)是造林和林分修复的一项基本原则。在森林经营中，只有对立地质量和树种特性都有清晰的认识才能真正做到适地适树(林)。

(8)林分生长类型

林分生长类型是指具有近似树种组成、起源相同、立地条件近似、具有相似生长过程的一类林分。在固定立地条件下，同一林分生长类型是指在相同年龄时具有相似的林分高、断面积和蓄积量的林分，与同一自然发育体系概念类似。

4.2 立地分类理论与方法

4.2.1 立地分类的生态学基础

立地分类的生态学基础包括植物群落学基础、林型学基础和生态系统基础(翟明普等，2016)。

(1)植物群落学基础

植物群落学又称地植物学，它是研究植物群落及其与环境间的相互关系、植物群落中植物间的相互关系的科学，其研究目的在于阐明植物群落的形成、物种组成、结构、动态、分类及地理分布的基本规律。植物群落学是植物地理的组成部分，是自然地理学与植物学间的边缘科学。植物群落是由一些植物在一定的生境条件下所构成的一个总体。在一个植物群落内，植物与植物之间，植物与环境之间都具有一定的相互关系，并形成一个特有的内部环境或植物环境。因此，植物群落学可以作为立地分类的基础。如在高纬度地区，植被与环境间的相关性较高，加之人为干扰少，可用指示植物来进行立地分类。以法国学者布郎-布朗喀(Braun-Blanquet)和瑞士学者卢贝尔(Rtibel)为代表的法瑞学派，以植物区系为基础，建立了一套植被等级分类系统，包括群丛—群属—群目—群纲—群门。分类的基本单位是植物群丛，即具有一定区系组成和一致外貌并发生于一致环境条件下的植物群落。以植物的特有种或特征种区分植物群丛。以克莱门茨(F. E. Clements)为代表的英美学派，以植物动态、发生和演替的概念来对植物群落进行分类。以天然植被演替顶极学说为中心制定了一套森林和植被分类系统。在一个气候区内，植被最终发展成单元顶极即群系，群系以下为群丛，是在外貌、结构和组成方面相似的植物群落。

(2) 林型学基础

林型是反映林分的立地条件和生产能力的指标，是具有相同的立地条件、相同的起源、相似的林木组成、具有共同的森林学和生物学特性的林分总体。20 世纪 40 年代，苏联形成了以苏卡乔夫为首的生物地理群落学派和波格来勃涅克为首的生态学派。

前者把林型看作森林生物地理群落类型。生物地理群落类型是在一定地表范围内相似的自然现象(大气、岩石、植物、动物、微生物、土壤、水文条件)的总和，它的各种构成成分具有自己的相互作用特点，各种成分间与其他自然现象间有一定的物质和能量交换形式，而且它处于经常运动、发展的内在矛盾的辩证统一之中。

后者把森林看作林分和生境的统一体。立地类型(或称森林植物类型)，是土壤养分、水分条件相似地段的总称。同一立地类型处于不同地理区域的气候条件下，将出现不同的林型。无论有林或无林，只要土壤肥力相同即属于同一立地类型。在森林立地条件类型内，又根据森林植物条件的差异划分为亚型、变异型和立地形态(形态型)等辅助单位。

(3) 森林生态系统基础

森林生态系统是生物与非生物因子相互影响和作用的一个复杂动态系统。在复杂生态系统中，任何一种因子的重要性都与所有其他因子的综合影响有关，通过对整个生态系统的分类可评价这些因子的内在关系。德国巴登-符腾堡州森林生态系统分类，是一种综合多因子的分类方法。由 Kranss 于 1926 年提出，广泛应用于德国和奥地利等国家，特点是采用植被和物理环境综合进行立地分类，并密切结合林业的要求，是一个综合地理学、地质学、气候学、土壤学植物地理学、植物群落学、孢粉分析和森林历史的多因子分类系统。首先，按照天然植被(如果没有天然植被，还要利用花粉分析和森林历史的资料)将整个州分为若干生长区域和生长区，然后在每一区内再分生长亚区，在每一亚区内划分立地单元，进行立地制图，并做出生长、生产力评定和营林评价。多因子立地分类方法，自 20 世纪 50 年代起也在加拿大与美国得到了广泛的应用，其中最具代表性的是 Hill(1953)在加拿大安大略省发展的全生境森林立地分类(total site classification)、以 Durant(1975)为代表的生物-物理立地分类(biophysical site classification)和以 Krajina 为代表的加拿大不列颠哥伦比亚省的生物地理气候分类(biogeoclimatic classification)。

4.2.2 立地分类方法

林分生长是气候、土壤、地形和人类的经营活动等综合作用的结果，各种因子在林木生长发育过程中都是不可或缺的，但其作用大小不同。因此，根据考虑因子的多少，可分为主导因子法、综合因子法及二者的结合。

(1) 主导因子法

在不同的地区、不同的立地，各环境因子对林木生长所起的作用是不同的，且在构成立地条件的因子中，必然有影响林木生长的主导因子和从属因子，并存在一定的规律性。找出对林木生长起决定性作用的主导因子，利用主导因子划分立地类型，即主导因子法。例如，在长白山中部，海拔及地貌类型、坡度和土层厚度是导致森林立地分异及森林植被分布和林木生长的主导因子。因此以海拔、坡度、土层厚度作为本区各级立地分类单元的划分依据。其划分标准见表 4-1。

表 4-1　长白山中部立地亚区立地分类单元划分依据及标准

立地分类单元	划分依据及分级标准
立地类型小区	海拔：高山、亚高山(1800 m 以上)；中山(1000~1800 m)；低山丘陵漫岗(1000 m 以下)
立地类型组	坡度：陡≥26°；斜 16°~25°；平缓≤15°；谷地：无坡度，这里表示为陡坡、斜坡、平缓坡和谷地的意思
立地类型	土层厚度：薄≤30 cm；中 31~60 cm；厚≥61 cm 土壤类型：苔原土、亚高山森林草甸土、棕色针叶林土、暗棕壤、草甸土、沼泽土、白浆土

(2)综合因子法

通过影响林木生长的气候、地形、土壤、植被等多个因子综合考虑来划分立地类型。在生产实践中，常将立地因子组合成的立地类型以表格的形式呈现，即立地类型表。

(3)综合因子基础上主导因子法

森林立地是一个自然综合体。因此，立地分类必然依据自然综合特征的差异，充分考虑立地的各项构成和影响因素，客观反映立地的固有性质。但是，在实践中根据综合分析很难进行具体的分类，因此，也可在综合分析的基础上，以主导因素作为分类的主要依据，既能反映立地的分异规律。例如，福建省立地分类系统，根据大尺度地域分异规律划分 2 个立地区域，按气候因素划分 4 个立地区，按地貌类型的差异划分 9 个立地亚区，按中地貌划分 29 个立地类型小区，按地形因子划分 109 个立地类型组，以土壤因子为主划分 408 个立地类型(范金顺等，2012)。

4.3　立地分类案例

4.3.1　中国的森林立地分类系统

森林立地分类系统是指以森林为对象，对其生长的环境进行宏观区划(系统区划单位)和微观分类(系统分类单位)的分类方式。一个森林立地分类系统一般由多个(级)分类单元组成。不同的分类系统，分类的着眼点不同，相应地形成了不同的分类级数和单位名称。迄今为止，我国提出了两套立地分类系统。

(1)《中国森林立地》提出的系统

以张万儒为首的研究团队，以森林生态学理论为基础，采用综合多因子与主导因子相结合途径，以与森林生产力密切相关的自然地理因子及其组合的分异性和自然综合体自然属性的相似性与差异性为依据进行分类(张万儒等，1997)。其根据上述原则将全国先按综合自然条件的重大差异，分为三大立地区域：东部季风森林立地区域、西北干旱立地区域、青藏高寒立地区域，再根据温度带、大地貌、中地貌、土壤容量分为森林立地带、森林立地区、森林立地类型区、森林立地类型。其分类系统由 5 个基本级、若干辅助级构成：森林立地区域(3 个)、森林立地带(16 个)、森林立地区(65 个)/森林立地亚区(162个)、森林立地类型区/森林立地类型亚区/森林立地类型组、森林立地类型/森林立地变型。该立地分类系统，包括0级在内的5个基本级和若干辅助级如下：

0级　森林立地区域(forest site region)

1级　森林立地带(forest site zone)

2级　森林立地区(forest site area)、森林立地亚区(forest site sub-area)

3级　森林立地类型区(forest site type district)、森林立地类型亚区(forest site type sub-district)、森林地类型组(forest site type group)

4级　森林立地类型(forest site type)、森林立地变型(forest site type variety)

该系统的特点是第0级区划与中国科学院《中国自然地理》编辑委员会编著的《中国自然地理总论》中“中国综合地理区划”的第一级区划——三大自然区相一致，1级、2级则参考中国综合自然区划的成果进行区划，区划单位的依据主要着眼于自然地理环境因素。其中1级、2级为森林立地分类系统的区域分类单元，3级、4级为森林立地分类系统的基层分类单元。该系统把全国共划分了3个立地区域、16个立地带、65个立地区、162个立地亚区。

(2)《中国森林立地分类》提出的系统

以詹昭宁为首的研究团队则根据地域差异和主导因子原则，并与林业区划衔接，将全国划分为：立地区域(8个)、立地区(50个)、立地亚区(163个)、立地类型小区(494个)、立地类型组(1716个)、立地类型(4463个)(詹昭宁等，1989)。该分类系统划分为6级，系统的前3级是区划单位，后3级为分类单位。与张万儒划分的系统相比，该系统层次更加清楚。分类系统如下：立地区域(site area)、立地区(site region)、立地亚区(site sub-region)、立地类型小区(site type district)、立地类型组(group of site type)、立地类型(site type)。

该系统的特点是一、二级区划在地域上分别与《中国林业区划》的“地区”和“林区”两级区划相对应，只是命名不同。按照这一分类系统，在全国范围内共划分了8个立地区域、50个立地区、166个立地亚区、494个立地类型小区、1716个立地类型组、4463个立地类型。

①立地区域(site area)。立地区域为全国森林立地分类一级区划单位。依据大尺度地域分异规律，如地带性热力分异、干湿分异，大地貌巨地貌分异，参照《中国林业区划》的8个地区。命名采用地理位置+热量带。如东北寒温带温带立地区域，南方亚热带立地区域。其编码为罗马数字Ⅰ，Ⅱ，Ⅲ…。

②立地区(site region)。立地区为全国森林立地的二级区划单位。在立地区域内的次一级水热分异规律，对大尺度地带性水热组合条件及巨地貌背景中综合考虑其非地带性地貌、地方性气候及垂直带性分异的基础上，在立地区域内划分立地区。这一级划分主要参考《中国林业区划》中的50个林区。命名式采用：地理区域名(或水系、山脉名)+大地貌。如松辽平原立地区，四川盆周山地立地区。其编码为阿拉伯数字：1，2，3，…。

③立地亚区(site sub-region)。立地亚区为立地区划的三级单位。在立地区内仍存在区域分异，应根据立地区内地貌或地方气候及山地垂直带的次一级分异划立地亚区。一般依据大、中地貌，地质条件，土类差异，以及山地垂直性或地方气候的局部区域性差异来划分。命名以各立地区内地理区域名和划分亚区的主导因素为准，如武夷由戴云

山山间低山立地亚区、晋东土石山立地亚区。其编码为英文大写字母：A，B，C，…。

④立地类型小区(site type district)。立地类型小区为森林立地一级分类的单位。这里采用“区”的名称，但不是区划单位，而是分类单位，故称“立地类型小区”。它在立地亚区中可重复出现。这一级可根据实际需要划定，如立地亚区中可直接划立地类型组者，立地类型小区可以省略。划分主要依据为小尺度地域分异规律，包括中地质、地貌、土质、地表或地下潜水的分异。命名根据划分立地类型小区的主导因子，如在晋东土石山立地类型亚区中，按地貌影响划分为：土石山立地类型小区、黄土丘陵残塬沟壑立地类型小区、河谷盆地立地类型小区等。其编码为英文大写字母：(A)，(B)，(C)，…。

⑤立地类型组(group of site type)。立地类型组为立地二级分类单位，是立地类型的组合。根据某种生态条件的相似性，或某种限制因素进行类型合并。在山地主要依据地形，如坡位、坡向等；在平原则可能是以地表、地下潜水或土壤的理化性质来划分。命名根据划分立地类型组的主导因子。如黄土区有：梁峁顶立地类型组、沟坡阳坡立地类型组、沟坡阴坡立地类型组等。其编码为英文小写字母：a，b，c，…。

⑥立地类型(site type)。立地类型为立地分类的基本单位，是小地形、岩性、土壤、水文条件、小气候及植被都基本一致的地段。在林地生产潜力及森林经营培育的适宜程度及限制性方面与其他类型有显著差别，并构成一定的面积。一般而言，立地类型划分的主要依据是土壤质量和容量。在山区多按土层、黑土层厚度或质地、石砾含量等。在平原地区多按土壤质地、肥力、潜水、地表水等条件划分。命名按划分立地类型的主导因子，如低山陡坡薄土立地类型、山脊粗骨土立地类型、山谷厚土腐殖质立地类型等。其编码为阿拉伯数字加括号：(1)，(2)，(3)，…。

4.3.2 英国的生态立地分类

英国的生态立地分类(ecological site classification，ESC)是在英国政府提倡以可持续的方式扩大森林面积和发展多功能林业的背景下提出的，目的是辅助经营者选择正确的树种，做到适地适树，对乡土植被和大面积人工林造林树种的选择都适用。项目开始于1992年，目前已经发展成为一个决策支持系统。

生态立地分类是一种客观的进行立地分类和评价的方法，它将气候影响和土壤质量相结合，根据乡土植物群落的生态需求及其他树种的适宜性和收获潜力进行分类和评价。

(1)评价因子

ESC利用以下6个因子来检验立地的合适性(Pyatt et al.，2001)，包括土壤湿度状态、土壤养分状态、生长季积温、生长季湿度亏缺、风和大陆性，每个因子划分为若干等级，见表4-2。

(2)不同尺度的应用

树种适宜性和收获的估计基于6个因子得来的经验模型。采用Delphi分析方法，主要基于专家经验及60个树种的生长潜力和25种乡土天然植被类型的适宜性。运用模糊度函数来评价树种对每个因子的适宜性。

应用工具软件包括在线生态立地分类决策支持系统及ESC-DSS与地理信息系统的结合ES-GIS(https：//www.forestresearch.gov.uk/tools-and-resources/ecological-site-classification-decision-support-system-esc-dss/)。

表 4-2　英国的生态立地分类因子

类型	因子	指标及计算	等级划分	数据来源
土壤因子	土壤湿度状态	直接指标：冬季地下水位、可通过可利用水量、土壤结构、有机质含量、石砾含量进行修正 间接指标：土壤类型、岩石、指示植物	从很干到很湿，共 7 级	土壤调查、样品分析、数字土壤地图
	土壤养分状态	直接指标：氮（是否要施肥）、磷（是否要施肥）、钾、pH 值 间接指标：腐殖质形态、指示植物	从非常贫瘠到碳酸盐，共 6 级	土壤调查、样品分析、数字土壤地图
气候因子（7 个气候区）	生长季积温	大于等于 5 ℃的积温	9 个等级	采用气候数据和 DEM 数据进行空间插值获取
	生长季湿度亏缺	降雨与潜在蒸散的差（月最大值）	不详	
	风	包含风速和强度的复合得分变量，用风区、海拔、坡向的重要性来计算	不详	
	大陆性	用基于温度计算的 Conrad 指数表示气候的季节变化性	4 个等级	

气候因子已经通过系统进行插值在 100 m×100 m 的空间单元范围。用户只需输入地理坐标和土壤类型，就可以进行立地查询和适地适树决策。

林分尺度回答该立地类型人工林树种选择和天然植被恢复及生长潜力估计。用根的深度、土壤中石砾含量、土壤结构反映湿度；用指示物种、植被盖度、腐殖质形态反映养分。景观和区域尺度，则利用 GIS 和空间数据，实现景观设计、天然植被恢复及气候变化对树种适宜性的影响。

4.4　立地质量评价理论与方法

立地质量是指某一立地上既定森林或其他植被类型的生产潜力（potential productivity），是随树种（森林类型）不同而变化的。其理论基础为同一立地类型下，既定的森林类型具有相同的生长过程，从而具有相同的潜在生长量。立地质量评价是森林经营的一项基础性工作，是研究森林生长规律、预估森林生长收获和科学制定森林经营措施的重要依据。在林业上一般用单位面积年蓄积生长量来反映。自 300 年前欧洲最早利用地学方法评价潜在生产力以来，产生了许多立地质量评价的指标和方法（Skovsgaard et al.，2008）。

4.4.1　立地质量评价方法分类

立地质量评价方法一般可以分为地学（earth-based）方法和植物学（plant-based）方法

两类(Skovsgaars, et al., 2008)。前者主要基于立地特征，如气候、地形和土壤等；后者由基于植物特征，如指示植物、林分蓄积生长量、林分高等。根据它们与生产力的相关性，又可分为直接评价法和间接评价法(表 4-3)。

表 4-3　立地质量评价方法分类

方法	地学法	植物学法
直接评价法	土壤结构 土壤温度 土壤养分 光合有效辐射	林分蓄积量或收获量 地位级 地位指数 高生长量 生物量生长量 蓄积生长量 立地形
间接评价法	气候 地文学方法	指示植物 树种间代换关系

直接评价法用林分的收获量和生长量来评定立地质量，包括：根据林分蓄积量或收获量评定立地质量；根据林分高评定立地质量等。间接评价法包括植被指示法和环境因子评价法以及树种代换评价法。

欧洲人最早利用地学方法划分潜在生产力。后来，人们采用林分蓄积量表示立地等级；到 19 世纪末，研究者们认识到一定年龄的林分高是一种评价潜在生产力的实用方法。1841 年，德国林学家海耶尔指出高生长和蓄积生长具有相关性，Baur 首次根据林分高等级编制了收获表，之后按林分高划分的立地等级编制收获表在德国得到普遍认可。美国也在 1920—1925 年就立地质量评价方法进行了争论，并开始接受林分高作为立地生产力的指标。根据林分高评价同龄林立地质量的方法包括地位级法(site class)、地位指数法(site index)和立地形法(site form)，分别依据林分条件平均高与林分平均年龄的关系划分等级、林分在标准年龄(也称基准年龄)时优势木平均高的绝对值、基准胸径时的优势木高来表示立地质量。

理想的立地质量指标应具有以下特征(Vanclay, 1988; Weiskittel et al., 2011)：与潜在生产力高度相关；与林分密度无关；不受间伐体制的影响；与森林类型有关且能把立地因子转化为生物量；相对比较稳定。

我国对森林立地类型和立地质量评价的研究和实践始于 20 世纪 50 年代，当时主要采用苏联立地学派和林型学派的方法进行宜林地的立地类型划分，并编制了西南地区云杉(*Picea asperata*)、大兴安岭林区红松(*Pinus koraiensis*)等树种的地位级表。20 世纪 70 年代中后期，吸收了德国、美国、加拿大和日本等国的先进经验，我国广泛开展立地分类和评价研究，如杉木(*Cunninghamia lanceolata*)产区区划、宜林地选择以及立地质量评价，并编制了多型地位指数表、建立了杉木林区立地分类系统及应用模型，也在华北石质山地、黄土高原、珠江三角洲、东北西部地区及华北中原平原地区等开展了大量森林立地研究工作。80 年代以来，有关定量的立地质量评价研究逐渐增多，如《中国森林立地》(张万儒等，1997)的出版，东北山地林区、华北中原平原混农林区、南方丘陵山区的森林立地质量评价研究，形成了包括多型地位指数表、数量化地位指数表、树种地位指数转换表等构成的森林立地质量评价体系(盛炜彤，2014)。近年来，还开展了用立地形(马建路等，1995；吴恒等，2015；沈剑波等，2018)、去皮直径生长方程中的渐近线参数(孟宪宇等，1995)、综合立地指数(郭如意等，2016)、潜在生长量法(雷相东等，2018；Fu et al.，2018)等方法评价异龄混交林立地质量的研究。

4.4.2 同龄林的立地质量评价

(1)林分蓄积量或收获量法

蓄积量是林业实践中最常用的因子，因此直接利用林分蓄积量评定立地质量既直观又实用。但影响林分蓄积量的因子不仅仅是立地质量，采用这种方法时需要将林分密度换算到标准状态才有效。骆期邦(1990)提出了一种确定标准林分密度的定量方法：将林分郁闭度刚达到1.0(刚消除树冠间空隙时)的单位面积株数为标准密度，并证明了林分树冠总面积为林地面积的1.57倍，据此推导出了基于林分平均胸径的标准密度计算公式。此外，英国则采用基于现实或潜在的蓄积最大平均生长量的收获级和用每公顷最高的蓄积产量的产量级来评价人工林的立地质量。但是，生产力本身是和时间有关的概念，而林分蓄积量法并未反映时间。

(2)林分高法

林分高法包括3种方法：①地位级法，使用基准年龄时的林分平均高表示；②地位指数法，使用基准年龄时的林分优势高表示；③立地形法，使用基准胸径时的林分优势高表示。

由于林分优势高定义和计算的复杂性，先介绍林分优势高的定义和测定方法。林分优势高是立地质量评价的一个重要变量，但关于林分优势高的定义及测定标准并不一致：美国定义为优势或亚优势木的平均高，实际中采用每公顷100株最粗的树木的平均高来表示；欧洲采用每公顷100株最粗的树木或林分中前20%的最粗树木的平均高(Sharma et al.，2002)。我国的森林资源调查中不含林分优势高的内容，《测树学》(第3版)给出的定义为林分中所有优势或亚优势木高度的算术平均数，调查时可以选择3~5株最高或胸径最大的立木的树高的算术平均值(孟宪宇，2013)。目前，一般基于单位面积的一定数量(每公顷100株)的最粗或最高的树木树高的平均值来表示。对于同龄林，通常认为林分优势高的生长受林分密度的影响很小。但研究也发现它受到样地面积、计算方法和密度的影响(Ritchie et al.，2012)。Sharma et al.(2002)比较了7种优势高的定义，发现用在林分生长过程中一直为优势木的树木得到的优势高来估算地位指数最为准确。研究中涉及的计算林分优势高的方法主要有以下4种(García et al.，2005；Ochal et al.，2017)，结果发现最可靠的优势高的估计是U估计方法，它不随样地大小的变化而变化(Ochal et al.，2017)。

传统估计法(CE)：面积为A公顷的样地的优势高的计算可以采用该样地内$A\times100$株最粗树的树高的算术平均值。例如，如果一个样地的面积为0.04 hm^2，那么就是4株最粗树的平均值，依次类推。

调整最大树法(ALT)：优势高的计算采用样地内$(1.6\times A\times100-0.6)$株最粗树的树

高的算术平均值。如果所选株树的计算结果为分数，那么计算优势高是选择与该分数相接近的两个整数，并且最终的结果是线性内插的平均值。

U-估计(UE)：优势高的计算采用样地内优势木高的加权平均值。权重用最粗树在 $n/(A\times100)$ 株树所组成的子集中出现的频率，其中，n 为样地的林木株数。因为 $n/(A\times100)$ 通常为一个分数，所以计算结果选与之相接近的两个整数，与上一个方法类似，最终结果按内插法求得。

小样地估计(SUB)：优势高的计算采用每个 0.01 hm^2 的小样地内的 1 株最粗树的树高算术平均值。

①地位级法(site class)。19 世纪末，人们开始用基准年龄时的林分平均高来评价立地生产力，即地位级。其背后的理论依据是林分平均高和蓄积量间存在的相关性。依据林分平均高与林分平均年龄的关系，按相同年龄时林分条件平均高的变动幅度划分为若干个级数，通常为 5~7 级，以罗马数字Ⅰ，Ⅱ，Ⅲ，Ⅳ…依次表示立地质量的高低，将每一地位级所对应的各个年龄平均高列成表，称为地位级表。由于林分平均年龄和林分平均高在我国是必需的调查因子，因此曾在我国得到广泛应用(林昌庚等，1997)。但林分平均高受经营措施(特别是抚育采伐)影响较大，比如对刚进行下层间伐的同龄林分，年龄未变，但林分平均高却因伐去一些小树而提高，从而存在一定的波动现象，后来地位指数成为一种主要的方法。实际上，因为同龄林分内存在着相当稳定的结构规律，平均高和优势高之间有相当稳定的数量关系，最大优势高在正常情况下是平均高的 1.17 倍(林昌庚等，1997)，其他的研究也发现林分平均高与优势高本身存在较强的相关性(唐守正，1991a；娄明华，2016)。

②地位指数法(site index)。地位指数指基准年龄时的林分优势高。用林分优势高来评价立地生产力有以下 3 个假设(Skovsgaard et al.，2008)：一是林分优势高和年龄间的关系可以反映林分蓄积量和年龄间的关系，即树高生长和蓄积生长有较强的相关性。二是 Eichhorn 假设。对确定的树种和林分高，所有立地的蓄积量相同。该假设进一步扩展为：任何两个林分，不论其年龄差异，如果具有相同的初始高和高生长，则它们有相同的蓄积生长。三是间伐效应假设。保留断面积在 50%以上的林分，间伐(主要是下层间伐)不会显著影响林分的蓄积生长。但在 19 世纪 50 年代，Assmann 通过间伐实验及随后的研究对这 3 个假设提出质疑，研究发现，即使在同一区域，地位指数和蓄积生长的关系并不直接；给定林分高下不同立地的蓄积量并不相同；蓄积生长对间伐更敏感等。它主要适用于不采取上层抚育伐和无“拔大毛”经营习惯的单层人工纯林。地位指数模型的建立主要包括导向曲线法和代数差分法等，其需要的数据包含临时样地的林分优势高和年龄、固定样地不同时期的优势木高和年龄、优势木的解析木数据等。

在林分优势高和年龄形成的地位指数曲线中，一类假定不同地位指数(立地)的优势高生长曲线具有相同的形状，称为单形曲线(anamorphic curves)。单型曲线族中的所有曲线具有相同的曲线形状，同一年龄时一条曲线上的优势高与另一曲线上的优势高成一定的比例关系，不同曲线的水平渐进极值(asymptote)不同。但实践证明，不同地位指数的优势高生长曲线簇是多形性的，即它们具有不同的曲线形状(分离或交叉)，称为多形曲线(polymorphic curves)，地位指数的变幅越大，其多形性越显著。利用临时样地数据，只能得到单形地位指数曲线(图 4-1)。

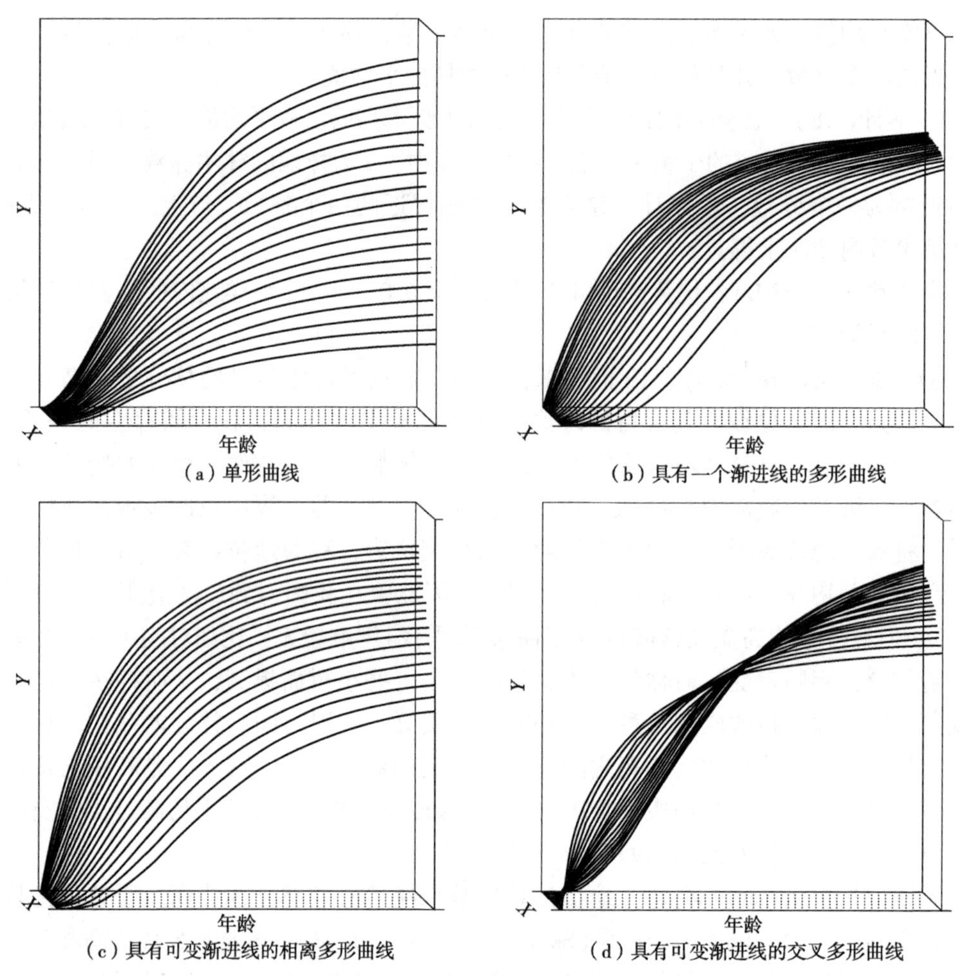

图 4-1 几类地位指数曲线

(Cieszewksi, 2002)

应用地位指数有两个缺陷：一是当树高生长方程比较复杂时，很难给出地位指数的形式；二是地位指数值与基准年龄有关，即同样的数据，不同的基准年龄，会得到不同的地位指数值。为了消除与基准年龄相关的问题，Bailey et al. (1974)提出了"与基准年龄无关"(base age invariance)的地位指数方法。由于模型参数是通过代数差分方法(algebraic difference approach，ADA)进行估计，具有路径无关性，任一年龄时的林分高预测与起初年龄无关。利用 ADA 产生的地位指数模型，只有一个参数与立地有关，要么生成单型曲线族，要么生成多型曲线族，二者必居其一。Cieszewski et al. (2000)将 ADA 方法进行扩展，提出了广义差分代数方法(generalized algebraic difference approach，GADA)。GADA 法产生的地位指数模型，多个参数与立地有关，能够构建具有可变水平渐进极值的多形地位指数曲线族。GADA 已经成为构建地位指数模型的主流方法(Cieszewski et al., 2000；Socha et al., 2019)。但在我国，由于缺少优势木的解析木数据和连续观测样地数据，GADA 方法的应用很少，仅有的如基于广义代数差分法的杉木人工林地位指数模型(曹元帅等，2017；牛亦龙等，2020)。

实际上，多形地位指数的实质是树高生长方程中一部分为全局参数(与立地无关的参数)，另一部分是局部参数(与立地有关的参数)。求解局部参数的方法包括哑变量法、

表 4-4　主要树种标准年龄表

树种	起源	地区	基准年龄(年)
红松、云杉、柏木、紫杉、铁杉	人工林	北部、南部	40
落叶松、冷杉、樟子松、赤松、黑松	人工林	北部、南部	30
油松、马尾松、云南松、思茅松、华山松、高山松	人工林	北部、南部	30、20
杨、柳、桉、檫、楝、泡桐、木麻黄、枫杨、软阔	人工林	北部、南部	15
桦、榆、木荷、枫香、珙桐、柚木、国槐	人工林	北部、南部	30、15
栎、柞、槠、栲、樟、楠、椴、水曲柳、胡桃楸、黄波罗、硬阔	人工林	北部、南部	30、20
杉木、柳杉、水杉	人工林	北部、南部	20

混合效应模型、GADA 法(Wang et al., 2008; Nigh, 2015)。我国主要树种的标准年龄见表 4-4。

表 4-5 列出了文献中的主要 GADA 模型，分为 3 类：一是单形曲线，具有不同的渐进线值；二是多形曲线，具有相同的渐进线；三是多形曲线，具有不同的渐进线。近年来，气候和立地因子也被纳入模型(Senespleda et al., 2014; Scolforo et al., 2016)。

表 4-5　常用理论生长方程的 GADA 形式

基础模型	与立地有关的参数	X 的初始解	动态方程
Richards: $h=a\ (1-e^{-bt})^{c}$	$c=X$	$X_0=\dfrac{\ln(h_0/a)}{\ln(1-e^{-bt_0})}$	$h=h_0\left(\dfrac{1-e^{-bt}}{1-e^{-bt_0}}\right)$
	$a=X$	$X_0=\dfrac{h_0}{(1-e^{-bt_0})^{c}}$	$h=a\ (h_0/a)^{\ln(1-e^{-bt})/\ln(1-e^{-bt_0})}$
	$a=e^{X}$ $c=c_1+c_2X$	$X_0=(\ln h_0-c_1F_0)/(1+c_2F_0)$ $F_0=\ln(1-e^{-bt_0})$	$h=e^{X_0}(1-e^{-bt})^{c_1+c_2X_0}$
Logistic: $h=\dfrac{a}{1+be^{-ct}}$	$a=X$	$X_0=h_0(1+be^{-ct_0})$	$h=X_0/(1+be^{-ct})$
	$b=X$	$X_0=(a-h_0)/(h_0e^{-ct_0})$	$h=a/(1+X_0e^{-ct})$
修正 Logistic: $h=\dfrac{a}{1+bt^{-c}}$	$a=b_1X$ $b=b_2/X$	$X_0=0.5\left[h_0-b_1+\sqrt{(h_0-b_1)^2+4b_2h_0t_0^{-c}}\right]$	$h=\dfrac{b_1+X_0}{1+(b_2/X_0)t^{-c}}$
Schumacher: $\ln h=a+b/t$	$a=X$	$X_0=\ln h_0-b/t_0$	$\ln h=X_0+b/t$
	$b=X$	$X_0=(\ln h_0-a)t_0$	$\ln h=a+X_0/t$
	$a=X,\ b=b_1X$	$X_0=\ln h_0/[(t_0+b_1)/t_0]$	$\ln h=X_0+X_0(b_1/t)$
Korf: $h=ae^{-bt^{-c}}$	$a=X$	$X_0=\dfrac{h_0}{e^{-bt_0^{-c}}}$	$h=h_0e^{b(t_0^{-c}-t^{-c})}$
	$b=X$	$X_0=\dfrac{-\ln(h_0/a)}{t_0^{-c}}$	$h=a(h_0/a)(t_0/t)^{c}$

（续）

基础模型	与立地有关的参数	X 的初始解	动态方程
修正 Gompertz： $h=ae^{-be^{-ct}}+d$	$a=X$ $d=-b_1X-b_2$	$F_1=e^{-be^{-ct}}$ $F_0=e^{-be^{-ct_0}}$	$h=\frac{F_1(b_2+h_0)-b_1h_0-b_2F_0}{F_0-b_1}$
Hossfeld： $h=bt^c/(t^c+a)$	$b=b_1+X$ $a=a_1/X$	$X_0=h_0-a_1+\sqrt{(h_0-a_1)^2+2h_0e^{b_1}/t_0^c}$	$h=h_0\frac{t^c(t_0^cX_0+e^{b_1})}{t^c(t^cX_0+e^{b_1})}$
修正 Weibull： $\ln h=a+b\ln(1-e^{-t^c})$	$a=X$ $b=b_1+b_2X$	$X_0=\frac{\ln h_0-b_1\ln(1-e^{-t_0^c})}{1+b_2\ln(1-e^{-t_0^c})}$	$\ln h=X_0+(b_1+b_2X_0)\ln(-e^{-t^c})$

注：h 为林分优势高；t 为对应的林分年龄；t_0、h_0 分别为林分年龄和优势高初值；X 为与立地有关的变量。引自 Burkhart et al.，2012。

(3)生长截距法

生长截距是指胸高以上一定数量(通常为 3～6 个，加拿大用 5 个)节间的总长度，是未来 5～20 年高生长的可靠指标(Economou et al.，1990)。可以用来直接评价立地质量或间接度量地位指数，实质是树高年生长量。它对于具有轮生枝的单节树种或春季轮生枝容易识别的多节树种组成的同龄幼林(3～30 年)特别有用。其主要优点包括(Economou et al.，1990)：可用于不能使用地位指数曲线的幼林，不需要年龄、节的数量和节间的长度比优势高更容易测量。其局限在于受气候影响波动大，不能反映后期的生长。加拿大不列颠哥伦比亚省和魁北克省已经建立了多个针叶树种的生长截距模型(Nigh，1996)，我国也开展了相关研究(郭晋平等，2007)。

(4)其他方法

Kimberley et al. (2005)对新西兰辐射松的研究发现，地位指数只与林分断面积生长量呈现很弱的相关性，也就是说地位指数只能部分反映立地生产力。因此，基于地位指数的思路，提出了一个新的立地生产力指标：300 指数(300 index)。其定义为 30 年、密度 300 株/hm^2 的年平均蓄积生长量。Skovsgaard et al. (2008)建议将单位高生长的林分蓄积生长量作为立地质量的指标。

4.4.3 异龄混交林的立地质量评价

对于混交异龄林，大部分树木在幼年时都经历过被压，不适宜作为立地树用来估计地位指数。此外，确定林分优势高和年龄都非常困难，其异龄、混交的林分结构特点，降低了优势树高和年龄的关系，地位指数模型难以在林业实际中运用(雷相东等，2003)。

(1)地位级法

由于林分平均年龄和林分平均高在我国是必需的调查因子，天然林也不例外。因此地位级法也用在我国天然林的立地质量评价。对于混交异龄林，依据主林层优势树种的平均年龄和条件平均高确定地位级(孟宪宇，2013)。

(2)树种替换法

由于地位指数与具体树种有关，在混交林中，常常通过树种间的地位指数转化方程来进行[式(4-1)]。该方法在北美应用较广。这种方法的前提是转换的树种需要同时出现在一个林分中。但在实际中往往很难。

$$SI_{sp1}=a+bSI_{sp2} \tag{4-1}$$

式中　SI_{sp1}、SI_{sp2}——林分中树种 1、树种 2 的地位指数；

a、b——参数。

例如，吕勇等(2007)以雪峰山杉木与马尾松地位指数配对数据为研究对象，通过模型筛选，实现了相同立地条件下杉木地位指数和马尾松地位指数的互导，为不同树种间的立地质量评价提供了可行的方法。得到的方程为：

低中山地貌类型互导模型：

$$SI_{马}=0.5948+11\ 285SI_{杉} \tag{4-2}$$

低山地貌类型互导模型：

$$SI_{马}=1.4681+0.8946SI_{杉} \tag{4-3}$$

低山丘陵地貌类型互导模型：

$$SI_{马}=2.2786+0.9184SI_{杉} \tag{4-4}$$

丘陵地貌类型互导模型：

$$SI_{马}=2.1156+0.9580SI_{杉} \tag{4-5}$$

式中　$SI_{马}$和 $SI_{杉}$——马尾松和杉木的地位指数。

(3)立地形法

为了避免使用年龄数据，胸径和树高关系被用来作为混交异龄林立地质量的指标(Vanclay et al.，1988；Huang et al.，1993；马建路等，1995；陈永富等，2000)。Vanclay et al.(1988)首次提出“立地形”(site form)的概念，即基准胸径时的优势高，并将立地形应用于澳大利亚昆士兰州针叶异龄林的评价中。指出基准胸径是指林分优势木高生长达到高峰后趋于平缓时的优势木胸径，在研究中将出现频次较多的胸径值 25 cm 作为基准胸径。发现立地形与立地生产力指标如定期年平均蓄积生长量、最大树高、最大林分断面积等有较强的相关关系；立地形与地位指数均受林分密度影响。

Vanclay(1992)利用单分子式建立了树高与立地形 SF 之间的关系。

$$H=A-(A-1.3)\left(\frac{A-SF}{A-1.3}\right)^{DBH/25} \tag{4-6}$$

式中　H——树高；

A——树高的最大值，$A=-10.87+2.46SF$；

SF——立地形；

DBH——胸径。

文献中确定基准胸径的方法主要有：

①根据样地调查数据中出现频次较多的胸径值为基准胸径(Vanclay et al.，1988)。

②建立胸径-年龄的关系，取基准年龄时的胸径为基准胸径(Huang et al.，1993)。

③取上层木生长史一般可达的平均胸径的 1/2 作为基准胸径(马建路等，1995)。

④建立树高-胸径模型，求其拐点，二阶导数为 0 的点即树高生长趋势发生改变的点，所对应的横坐标为基准胸径(陈永富等，2000)。

⑤建立胸径-年龄之间关系，求其拐点，拐点表示胸径连年生长量达到最大的点，其对应的胸径即基准胸径(沈剑波等，2018)。

一些研究对立地形与地位指数的关系及其适用性进行了比较。如 Wang(1998)以英国的白云杉(*Picea glauca*)为对象，发现“立地形”对于异龄及混交林进行立地质量评价是不充分的。沈剑波等(2018)也以长白落叶松人工林为对象，比较了地位指数和立地形，发现二者的关系并不强。吴恒等(2015)以秦岭林区典型的松栎林带为研究对象，比较天然次生林与人工林立地质量评价差异。研究结果表明地位指数与立地形的适用对象有所不同，地位指数适用于人工林，而立地形适用于天然次生林。

总的来说，虽然立地形方法得到应用，但仍有一定的局限：与立地生产力的相关性并不高；基准胸径尚无统一的确定方法；回避了年龄，但未体现生产力。

(4)生长极值法

由于立地质量本质上指的是潜在生产力，一些研究也提出用生长极值作为混交异龄林的立地质量指标。如 Schmoldt et al. (1985)用收获方程的渐进线值来评价立地质量；孟宪宇等(1995)以云杉(*Picea koraiensis*)为对象，提出了以林木去皮直径的极限值(即去皮直径生长方程中的渐近线参数来表示)作为异龄林的立地质量指标。Hennigar et al. (2016)基于加拿大的混交林固定样地，建立了包含气候、土壤和地形等因子的林分生物量生长模型，采用林分生物量生长量模型的渐进线值来评价立地质量。近年来，国内也提出了基于潜在生长量(最大生长量)的立地质量评价方法。

(5)其他方法

Berrill et al. (2013)以美国加利福尼亚东部的红杉林为对象，提出基于优势树种的断面积生长量指数，来反映混交异龄林的立地生产力，发现该指数与蓄积生长和直径生长关系较为密切。如郭如意等(2016)以浙江天目山针阔混交林为对象，采用综合地位指数来评价立地质量。综合地位指数的计算采用对标准样地各树种(组)的地位指数加权求和的方法。

(6)基于林分潜在生长量的立地质量评价方法

这种方法将林分潜在(最大)生长量作为立地质量评价的指标(雷相东等，2018)。其基本假设是：在同一立地条件下，相同的林分类型(树种组成接近)，如果有相近似的林分结构和近似的密度，则有近似的生长过程，包括林分高生长、断面积生长和蓄积生长。

为了描述生长过程，引入林分生长类型的概念：具有近似树种组成(F)、起源相同、立地条件近似(L)、具有相似生长过程的一类林分。即在固定立地条件下，相同年龄时有相似的林分高、断面积和蓄积量的林分，与同一自然发育体系概念类似。由于立地质量是指某一立地上既定森林或其他植被类型的生产潜力，因此同一林分生长类型有近似的潜在生产力，将不同立地等级的林分生长类型称为林分生长类型组，作为一个建模(编表)总体。以下介绍从林分生长模型推导潜在生长量的方法。

①林分生长模型系统。基于上述基本假设，对于某一个林分生长类型 $|L, F$ 可以建立林分高、断面积和蓄积量生长 3 个模型。

$$H=f_{h}(T|L, F) \tag{4-7}$$

$$G=f_{g}(T, S|L, F) \tag{4-8}$$

$$V=f_{v}(T, S|L, F) \tag{4-9}$$

式中 H——林分优势(平均)高；

G——林分断面积；

V——林分蓄积量；

T——林分平均年龄；

S——林分密度；

f_h、f_g、f_v——林分高、断面积和蓄积量的函数；

$|L, F$——一个固定的林分生长类型。

②潜在生产力估计。由上述生长模型可以看出，S 可能与年龄有关。设林分年龄 T_1 时的“密度/结构”为 S_1，1年后年龄 $T_2(=T_1+1)$ 时的“密度/结构”为 S_2，林分由 T_1 到 T_2 的蓄积连年生长量为：

$$\delta V(T, S|L, F)=f_v(T_2, S_2|L, F)-f_v(T_1, S_1|L, F) \tag{4-10}$$

在 L、F 固定时，蓄积年生长量 δV 是 T、S 的函数。固定一个年龄 T，生长量仅依赖于因子 S。因此，应该有一个最合理的密度 S_{opt} 使年龄 T_1 的 $|L, F$ 林分蓄积生长量达到最大(潜在生产力)。

$$\delta V_{opt}(T)=\delta V(T, S_{opt}|L, F)=\max\{\delta V(T, S|L, F):S\} \tag{4-11}$$

式(4-11)解决了由密度控制的潜在生产力估计问题，是营林工作中密度调整的理论基础。营林工作实践和林分培育模式研究，正是假定对具体的 $|L, F$ 一定存在合理的密度 S_{opt}，利用试验研究寻找不同林龄 T 时的 S_{opt}。利用式(4-11)，基于实际调查数据建立林分生长模型，可以从理论上推导出潜在生产力。

潜在生产力有两个重要性质：一是稳定性。潜在生产力依赖于立地等级、林分类型、林分生长型以及林分年龄，当这些属性固定后，立地潜在生产力将随之确定。二是极大性。潜在生产力反映的是特定立地等级、林分生长型和林分年龄下的最大年生长量。现实中，在相同条件下林分年生长量(又称现实生长量)永远小于或等于潜在生产力，但是如果林分经营好其现实生长量能接近或等于最大年生长量。

下面以唐守正(1991b)提出的全林整体模型形式为例，说明求解过程。

对某一林分生长类型组，利用式全林整体模型形式建立每个立地等级的断面积和蓄积生长模型。

$$\begin{aligned} G_i &= a_{i1}^{(G)}\{1-\exp[-a_2^{(G)}(S/10\,000)^{a_3^{(G)}}T]^{a_4^{(G)}}\}+\varepsilon_g \\ V_i &= a_{i1}^{(V)}\{1-\exp(-a_2^{(V)}(S/10\,000)^{a_3^{(V)}}T]^{a_4^{(V)}}\}+\varepsilon_v \end{aligned} \quad (i=1, 2, \cdots, m) \tag{4-12}$$

式中　i——立地等级；

G——林分断面积；

V——林分蓄积量；

T——林分平均年龄；

S——林分密度。

模型的评价指标包括：确定系数一般应大于0.9；系数 $a_{i1}^{(G)}$、$a_{i1}^{(V)}$ 要有规律，接近一个等差数列，即随立地等级提高，参数呈现规律性增加；每个参数的估计范围不能包括0，即参数要显著不等于0；a_3、a_4 小于但接近1。如果评价指标不理想，则重新划分林分生长类型，建立模型，直至满足评价指标。

以蓄积潜在生产力为例，对其求解方法进行说明。在已知林分生长类型、当前年龄 T_1 和立地亚等级 L 的条件下，从给定的林分密度指数 SDI 区间中寻找一个 $\widetilde{SDI}$，使得目标函数达到最大[式(4-13)]，对应的连年生长量 MAI_V 称为蓄积潜在生产力，此时的林分密度为最优密度。需要注意的是，同一林分不同立地等级在同一年龄时的最大连年生长量并不相同，对应的密度也不相同，不同年龄的最大连年生长量形成一条潜在生产力曲线(图 4-2)。因此，对任一林分生长类型，最终会输出不同年龄时的最大年生长量 $\max MAI_V$(包括基准年龄时的潜在生产力)、对应的林分密度、林分断面积和蓄积量：

$$\max MAI_V=f(L,\ T_0,\ SDI,\ \hat{\beta}_H,\ \hat{\beta}_G,\ \hat{\beta}_V),\quad SDI\in[SDI_{\min},\ SDI_{\max}] \tag{4-13}$$

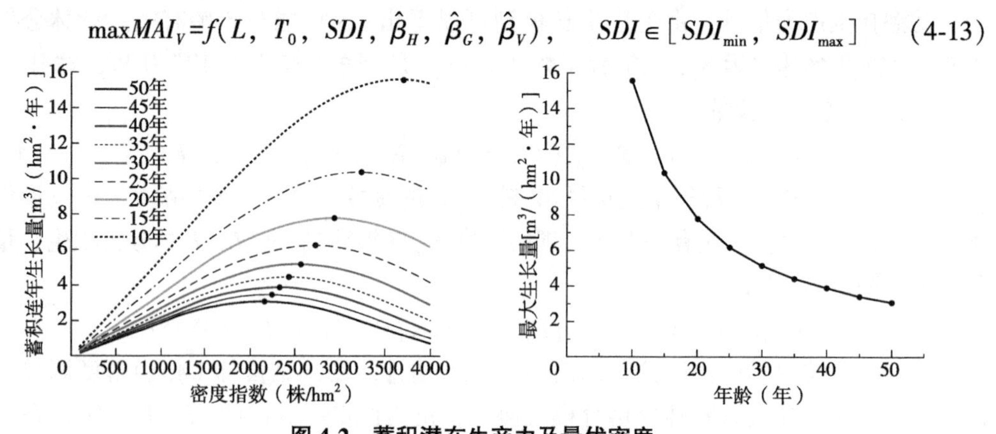

图 4-2　蓄积潜在生产力及最优密度

(黑点为不同年龄时的最大连年生长量)

Fu et al. (2018)给出了详细的求解过程。为求解目标函数[式(4-13)]，需给定下列已知条件：(Ⅰ)林分生长类型；(Ⅱ)$H=f_h(T,\ \hat{\beta}_H)$；(Ⅲ)$G=f_g(T,\ SDI,\ H,\ \hat{\beta}_G)$；(Ⅳ)$V=f_v(T,\ SDI,\ H,\ \hat{\beta}_V)$；(Ⅴ)基准年龄 T_0；(Ⅵ)密度指数 SDI 的可行区间，可在现有数据中获得最小($SDI_{\min}$)和最大密度指数($SDI_{\max}$)。$\hat{\beta}_H$，$\hat{\beta}_G$ 和 $\hat{\beta}_V$ 分别为树高、断面积和蓄积生长模型对应的参数向量。采用黄金分割优选法和二分法，在 SDI 的可行区间找到 MAI_V 的最大值，即为不同年龄时的蓄积潜在生产力。

以吉林省针阔混交林为例，说明其计算过程。数据来源于吉林省的 480 块针阔混交林样地，部分或全部样地连续观测 4 次，共计 1127 个观测值。根据林分平均高-年龄曲线[式(4-14)]，将样地进行立地(亚)等级划分，分别立地等级建立断面积和蓄积生长模型。

$$H_i=a_i\,[1-\exp(-bT)]^{c_i}+\varepsilon \tag{4-14}$$

$$G=b_{1i}\{1-\exp[-b_2\,(SDI/10\,000)^{b_3}T]\}^{b_4}+\varepsilon \tag{4-15}$$

$$V=b_{1i}\{1-\exp[-b_2\,(S/10\,000)^{b_3}T]\}^{b_4}+\varepsilon \tag{4-16}$$

式中　H_i——林分平均高，m；

G——林分断面积，m^2/hm^2；

V——林分蓄积量，m^2/hm^2；

SDI——林分密度指数，株/hm^2；

T——林分平均年龄，年；

$\Phi_{Hi}=(a_i,\ b_i,\ c_i)$——第 i 个立地亚等级对应的参数；

$\Phi_{Gi}=(b_{1i},\ b_2,\ b_3,\ b_4)$——模型参数，其中 b_{1i} 与立地等级有关($i=1,\ \cdots,\ 10$)；

ε——误差项。

表 4-6 给出了针阔混交林 10 个立地等级的林分平均高、断面积和蓄积生长模型的参数及模型拟合统计量。

表 4-6　针阔混交林不同立地等级的林分平均高、断面积和蓄积生长模型参数的参数估计值及拟合统计量

立地等级	模型[式(4-14)]			模型[式(4-15)]				模型[式(4-16)]			
	a	b	c	b_1	b_2	b_3	b_4	b_1	b_2	b_3	b_4
1	24.1015		0.1870	62.9114				517.7386			
2	23.4867		0.2202	60.6935				478.0946			
3	22.8720		0.2533	64.5287				556.0985			
4	22.2572		0.2865	59.7943				455.3680			
5	21.6425		0.3196	58.8805				431.7568			
6	21.0277	0.0069	0.3527	56.3332	580.7668	6.8332	0.1473	396.2556	1.5036	3.1216	0.3353
7	20.4130		0.3859	54.7740				359.7489			
8	19.7983		0.4190	66.4731				609.3382			
9	19.1835		0.4522	70.0195				651.1075			
10	18.5688		0.4853	68.5388				674.8669			
R^2	0.9918			0.9866				0.9842			

根据计算蓄积潜在生产力的要求，针阔混交林对应的已知条件分别为：①划分了 10 个亚立地等级，分别用 $L=1$，…，10 表示；②针阔混交林对应的平均高模型[式(4-14)]、断面积生长模型见式(4-15)、蓄积生长模型见式(4-16)，参数估计值见表 4-6；③林分基准年龄假定为 50 年；④林分密度指数 *SDI* 的搜索区间为[30，3000]。据此可以得到 10 个亚立地等级不同年龄的蓄积潜在生长量。为便于实践应用，将相邻 2 个亚立地等级合并，得到 5 个立地等级 $L=1$，…，5 基准年龄时的潜在蓄积生长量、蓄积量和相应的林分密度(表 4-7)。实际上，除基准年龄外，该方法可以得到任意年龄时的林分平均高、断面积、蓄积量、潜在蓄积生长量和相应的林分密度。

表 4-7　不同立地等级的林分蓄积潜在生长量(基准年龄 50 年)

立地等级	潜在蓄积生长量 [m^3/(hm^2 · 年)]	蓄积量 (m^3/hm^2)	林分密度 (株/hm^2)
1	5.9003	375.18	1571
2	5.1860	329.73	1975
3	4.4313	281.73	2504
4	3.9469	249.67	2677
5	3.0389	170.03	3000

4.4.4　无林地的立地质量评价

立地生产力是与树种或森林类型相关的一个概念。对于无林地，由于无树高、年龄等测树因子，只能采用基于环境因子的方法来评价立地质量。实际上，可以看成是对任意林地的立地质量评价。因为在进行适地适树决策时，需要给出所有树种或森林类型的生产力。因此，通常建立地位指数与环境因子(地形、土壤、气候等)的关系，通过环境因子得到地位指数。回归方法是最常用的方法(Jiang et al., 2014; Dănescu et al., 2017), 这些研究中环境因子对地位指数的解释在 40%~80%。除回归方法外, 数据驱动的方法如广义可加模型及机器学习方法也得到应用(Aertsen et al., 2010; Watt et al., 2015), 如 Aertsen et al. (2010) 比较了多元线性回归、广义可加模型、回归树、增强回归树、人工神经网络 5 种方法用于环境因子和地位指数的关系预测, 发现广义可加模型和增强回归树表现较好。但基于环境因子的地位指数法本质上仍需先建立地位指数方程。国内学者也采用多元回归、主分量分析等方法, 以地位指数为因变量, 环境因子为自变量建立数量化地位指数模型, 实现用地位指数间接评价宜林地立地质量(南方十四省杉木栽培科研协作组, 1983; 陈昌雄等, 2009)。

4.4.5 立地质量评价方法比较

表 4-8 对目前主要的立地质量评价方法进行了总结, 可以看出, 每种方法都有其优势和局限, 仍然缺少适合所有林地的能直接反映其潜在生产力的统一指标和方法。尽管地位指数存在适用于同龄林、难用于混交异龄林、随时间变化, 受气候和经营的影响、对测量误差敏感、对幼龄和老龄林不准确、不能用于进行过上层间伐的林分、需要相对准确的优势高模型等缺点, 但到目前为止, 它仍是同龄纯林立地质量评价的主流方法(Skovsgaard et al., 2008; Bontemps et al., 2014; Westfall et al., 2017), 以 GADA 方法最为常用。目前尚未有统一的广泛认可的混交异龄林立地质量评价方法。混交异龄林的立地质量评价仍是未来的研究难点。此外, 森林经营者对大尺度精细分辨率的立地生产力估计的需求越来越迫切, 而遥感和大数据人工智能技术的快速发展, 为数据的获取和模型建立提供了新的手段和方法。可以预料, 高分辨率遥感和大数据人工智能技术的快速发展, 将为立地质量的精准评价提供新的途径。

表 4-8 主要立地质量评价方法一览表

方法/指标	优点	缺点	适用对象
地位指数	简单方便	未直接反映潜在生产力; 与蓄积量的关系有时会不密切; 需要林分年龄; 对测量误差敏感; 不能用于幼林	同龄纯林
地位级	简单方便	未直接反映潜在生产力; 需要林分年龄; 不能用于幼林; 对于混交林, 不同树种的平均高会发生交换	纯林和异龄混交林
立地形	不需要年龄	未直接反映潜在生产力; 与蓄积量的关系有时会不密切	异龄混交林
生长极大值	意义明确, 能反映潜在生产力	需要生长数据	纯林和异龄混交林
生长截距法	简单方便	未直接反映潜在生产力; 不能用于不具有轮生枝生长特征的森林	具有轮生枝生长特征的幼林
基于环境因子的地位指数	综合反映立地状况, 可用于无林地	未直接反映潜在生产力; 解释力不高	所有林地

本章小结

在森林经营计划和设计中，立地分类和立地质量评价是重要的参考。只有准确地认识森林立地的质量，才能针对性地进行树种选择、生长收获预估、确定经营目标、组织经营类型和制定经营措施。提出的基于林分潜在生长量的立地质量评价方法，则可为适地造林、确定优先抚育林分及最优密度调整等提供依据。

思考题

1. 简述立地分类的概念。立地分类方法有哪些?
2. 简述中国的森林立地分类系统。
3. 立地质量评价有哪些方法?

第 5 章

林分结构动态

不论是人工林还是天然林，在未遭受到严重地干扰(如自然因素的破坏及人工采伐等)，经过长期的自然生长枯损与演替的情况下，林分内部许多特征因子(如直径、树高、形数、材积、树冠以及复层异龄混交林中的林层、年龄和树种组成等)，都具有一定的分布状态，而且表现出较为稳定的结构规律性，可称之为林分结构规律(law of stand structure)。揭示林分结构及其动态变化规律，对制定森林经营措施、编制经营数表和林分调查都有重要意义(孟宪宇，2006)。

根据是否与树木空间位置有关，可以把林分结构分为林分空间结构(spatial structure of stand)与林分非空间结构(non-spatial structure of stand)(Kint et al., 2003)。林分非空间结构描述与树木位置无关的林分平均特征，如林分树种组成、林分密度、林分直径结构等，分别采用树种组成、株数密度和林分直径分布等指标描述。林分空间结构则描述与树木空间位置有关的结构，包括林木空间分布格局、树木竞争关系、树种相互隔离程度等，分别采用林木空间分布格局指数、竞争指数、混交度等指标描述。林分结构动态是林分空间结构和林分非空间结构随时间的变化规律。

5.1 林分非空间结构动态

5.1.1 树种组成动态

组成林分的树种成分称为树种组成(species composition)。由一个树种组成的或混有其他树种但材积都分别占不到10%的林分称作纯林(pure stand)；而由两个或更多个树种组成，其中每种树木在林分内所占成数均不少于10%的林分称作混交林(mixed stand)。在混交林中，常以树种组成系数表达各树种在林分中所占的数量比例。所谓树种组成系数是某树种的蓄积量(或断面积)占林分蓄积量(或断面积)的比重。树种组成系数通常用十分法表示，即各树种组成系数之和等于“10”。由树种名称及相应的组成系数写成组成式，就可以将林分的树种组成明确表达出来。在组成式中，各树种的顺序按组成系数由大到小排列，组成系数大的写在前面，如：8松2栎。在组成式中，如果某一树种的蓄积量(或断面积)比重不足5%，但大于2%时，则在组成式中用“+”号表示；如果某一树种的蓄积量(或断面积)小于2%，则在组成式中用“-”号表示，如：6落4云+冷-桦。但是，当林分的树种个数超过10个时，难以用十分法表示树种组成

（汤孟平等，2003）。

【例5-1】2006年，在浙江天目山国家级自然保护区内，选择有代表性地段，设置针阔混交林大型固定标准地，标准地大小100 m×100 m。在标准地调查时，先用相邻格子调查法把标准地划分为100个10 m×10 m的调查单元（图5-1）。然后，对每个调查单元进行每木调查，对胸径≥5 cm的树木，记录树种，测定树木坐标、胸径、树高等因子。2016年，对固定标准地进行复查。

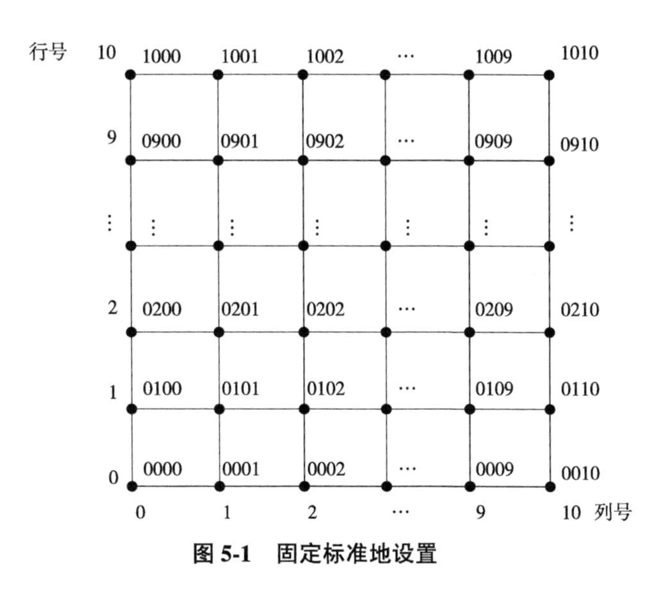

图5-1　固定标准地设置

根据2006年调查结果，固定标准地共有59个树种。可以选取蓄积量比例≥1%的树种作为优势树种，进行树种组成动态分析（表5-1）。可见，在2006—2016年的10年期间，10个优势树种前、后期蓄积量比例分别为92.49%、91.25%，说明群落优势树种的优势地位没有改变。但是，针叶树的蓄积量比例由70.11%降到66.30%，减少3.8%，特别是杉木蓄积量比例变化最大，减少4.4%。而常绿阔叶树种的蓄积量比例由10.11%增加到11.74%，增加1.63%。说明，针阔混交林具有向地带性顶极群落常绿阔叶林演替的趋势。

表5-1　针阔混交林树种组成动态

优势树种	2006年		2016年	
	蓄积量（m^3/hm^2）	比例（%）	蓄积量（m^3/hm^2）	比例（%）
杉木	174.1606	61.06	186.2654	56.66
枫香	21.4857	7.53	26.0684	7.93
榧树	15.1371	5.31	19.8531	6.04
短尾柯	12.1552	4.26	15.6057	4.75
青钱柳	10.3054	3.61	12.9393	3.94
细叶青冈	9.1788	3.22	12.5767	3.83
青冈	7.5059	2.63	10.4288	3.17
柳杉	5.3662	1.88	5.6336	1.71
金钱松	5.3090	1.86	6.2222	1.89
油桐	3.2174	1.13	4.3832	1.33
小计	263.8213	92.49	299.9762	91.25
标准地	285.2435	100.00	328.748 557	100.00

5.1.2 株数密度动态

林分密度(stand density)是指单位面积林地上林木的数量，可用株数密度、疏密度、郁闭度等指标表示。株数密度(株/m^2)是最常用的林分密度指标，它表示单位面积上的林木株数，简称密度(density of trees)。

株数密度动态就是林分株数密度随时间的变化。根据例 5-1 的针阔混交林调查资料，可以分析该针阔混交林的株数密度动态变化特征。从表 5-2 可见，在 10 年内，该针阔混交林株数密度增加了 120 株/hm^2。但优势树种的株数密度减少 1.73%，其中杉木株数密度降低幅度最大，降低 1.96%。相反，常绿阔叶树种细叶青冈和青冈分别增加了 0.84%和 0.66%。因此，林分株数密度动态变化特征也反映了该群落由针阔混交林向常绿阔叶林演替的趋势。

表 5-2 针阔混交林株数密度动态

树种	2006 年		2016 年		比例变化(%)
	株数密度(株/hm^2)	比例(%)	株数密度(株/hm^2)	比例(%)	
杉木	467	25.77	460	23.81	-1.96
枫香	67	3.70	64	3.31	-0.38
榧树	208	11.48	222	11.49	0.01
短尾柯	231	12.75	236	12.22	-0.53
青钱柳	43	2.37	44	2.28	-0.10
细叶青冈	147	8.11	173	8.95	0.84
青冈	200	11.04	226	11.70	0.66
柳杉	5	0.28	5	0.26	-0.02
金钱松	9	0.50	9	0.47	-0.03
油桐	33	1.82	31	1.60	-0.22
小计	1410	77.81	1470	76.09	-1.73
标准地	1812	100.00	1932	100.00	

5.1.3 直径结构动态

在林分内各种大小直径林木按径阶的分配状态，称为林分直径结构(stand diameter structure)，也称林分直径分布(stand diameter distribution)。无论在理论上还是在实际中，林分直径结构是最重要、最基本的林分结构，不仅因为林分直径便于测定，而是因为林分内各种大小直径的树木的分配状态，将直接影响树木的树高、干形、材积、材种及树冠等因子的变化。研究也表明，上述各因子的结构规律与林分直径结构规律紧密相关。在理论上它为许多森林经营技术及测树制表技术提供了依据(孟宪宇，2006)。

同龄林和异龄林有着不同的林分直径结构特点。典型的同龄林林分直径结构分布常呈正态分布(亢新刚，2011)。但在中幼龄时期，林分小径级林木株数多，林分直径结构常呈左偏正态分布，且分布曲线的峰度值、峭度值很高；随着林分年龄的增加，林分直径结构逐渐向典型正态分布发展，即具有林分平均胸径的林木株数最多，小径级和大径级林木株数减少，且分布曲线的峰度和峭度值减少；林分年龄继续增加，其直径结构又变为右偏正态分布(图 5-2)。

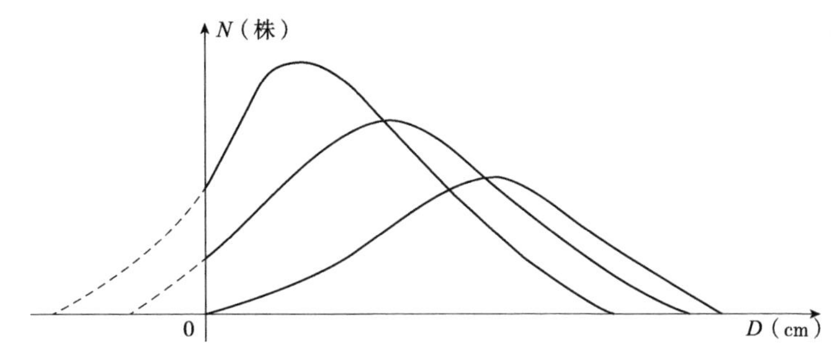

图 5-2　同龄林直径结构动态

典型的异龄林林分直径结构分布呈倒“J”形分布，即负指数分布：

$$N=Ke^{-aD} \tag{5-1}$$

式中　N——一定面积的立木株数；

K——相对立木密度，抽象地表示胸径为零径阶的立木株数系数，实际可以是最小径阶的单位面积立木株数；

a——连续径阶立木株数呈对数减少的比率，也是分布直线的斜率；

D——林木直径。

根据式(5-1)，异龄林的株数径阶分布可以表达为(Meyer，1952；de Liocourt，1989)：

$$N_{tD-1}=qN_{tD} \tag{5-2}$$

式中　N_{tD}——在 t 时刻径阶 D 的立木数；

q——株数比率。

q 为常数，假设径阶距为 h，q 的计算式为 $q=e^{ah}$。q 一般在 1.2~2.0，此规律称为 q 值法则。

对异龄林，可以根据 q 值的变化，分析林分直径结构动态。例 5-1 中的针阔混交林是异龄林，可以根据两期调查数据，分析该针阔混交林的直径结构动态变化特征。从图 5-3 可见，该异龄林在 2006 年、2016 年的 q 值分别为 $q_{2006}=1.2477$、$q_{2016}=1.2418$。表明，经过 10 年的生长，该林分的直径结构没有改变典型的异龄林林分直径结构呈倒“J”形的分布特征。但与 2006 年相比，2016 年 q 值略有降低，表明该林分立木株数衰减率降低，直径结构分布曲线逐渐变缓。

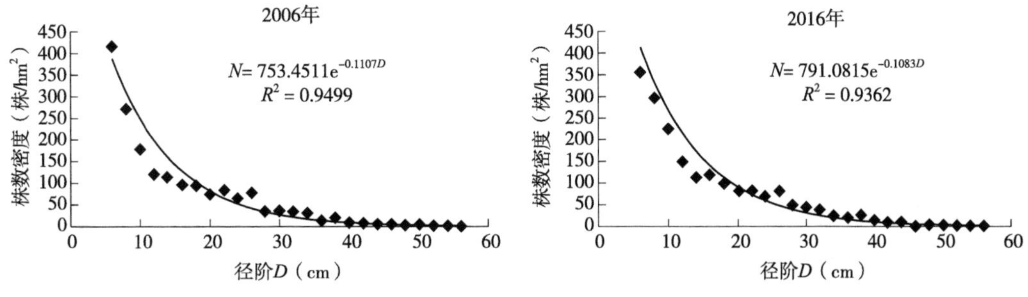

图 5-3　异龄林直径结构动态

5.2　林分空间结构动态

林分空间结构分析通常采用局部结构推断整体结构的方法。对象木及其相邻木构成空间结构单元，基于空间结构单元的空间结构就是局部结构。根据空间结构单元，可计算对象木的空间结构指数值，再通过对各对象木的空间结构指数值求和或取平均值，推断林分整体空间结构特征。

显然，空间结构单元是分析林分空间结构特征的基本单位。空间结构单元的确定方法有多种，包括：固定半径圆(Hegyi，1974；Martin et al.，1984；Daniels et al.，1986)、固定相邻木株数(Füldner，1995；惠刚盈等，2001)和基于Voronoi图的方法(汤孟平等，2007)等。基于Voronoi图确定空间结构单元的方法是首先在样地中绘制树木分布散点图，然后利用GIS的Voronoi图功能生成样地的Voronoi图。根据Voronoi图的特征，每个Voronoi多边形内包含1株树木即对象木，对象木所在Voronoi多边形的相邻Voronoi多边形内的树木就是相邻木。由对象木和相邻Voronoi多边形内的树木构成空间结构单元(图5-4)。基于Voronoi图的方法确定空间结构单元，可以得出唯一明确的结果，避免了由于半径不同或固定相邻木株数不同而得到不同的结果。

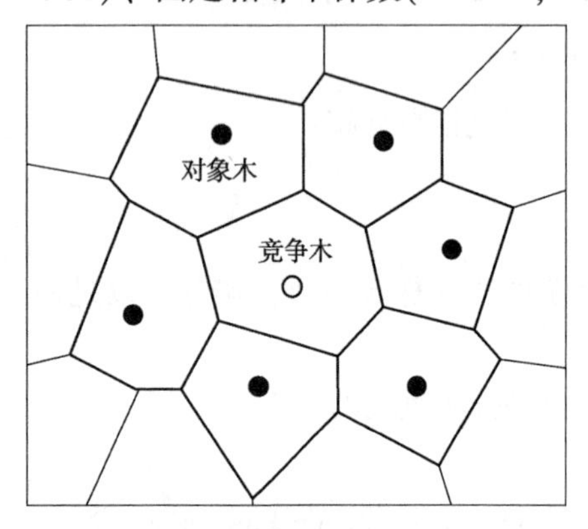

图5-4　基于Voronoi图的空间结构单元

目前，已提出多种空间结构分析指数，包括最近邻木株数(汤孟平等，2009)、林木空间分布格局指数(Clark et al.，1954；Ripley，1977；惠刚盈，1999)、竞争指数(Hegyi，1974；汤孟平等，2007；Stefanie et al.，2018)和混交度(Gadow et al.，1992)等。在下面的林分空间结构动态分析中，采用例5-1的调查数据，选择代表性的空间结构指数：最近邻木株数、聚集指数、混交度和竞争指数，分析所调查针阔混交林的空间结构动态特征。

5.2.1　最近邻木株数动态

根据例5-1的调查数据，采用基于Voronoi图的方法(汤孟平等，2007)，确定对象木的最近邻木株数，分析其动态变化特征。由图5-5可见，2006年，对象木的最近邻木株数的取值为3~12，共有10种可能取值，多数取值为5、6和7，平均取值为6.0022；2011年，对象木的最近邻木株数的取值为3~13，共有11种可能取值，多数

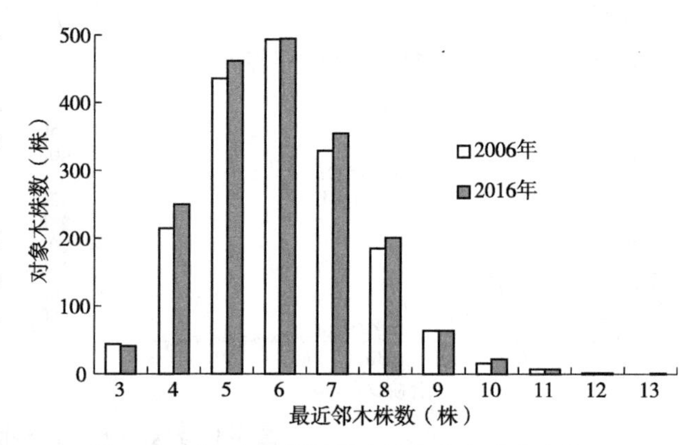

图5-5　对象木的最近邻木株数分布动态变化

取值为5、6和7，平均取值为6.0032。表明，对象木的最近邻木株数分布基本稳定，平均株数均为6株。这一结论与汤孟平等(2009)的研究结果一致。

5.2.2　聚集指数动态

采用聚集指数(Clark et al.，1954)分析林木空间分布格局及其动态变化特征。聚集指数是最近邻单株距离的平均值与随机分布下的期望平均距离之比：

$$R=\frac{\frac{1}{N}\sum_{i=1}^{N}r_i}{\frac{1}{2}\sqrt{\frac{F}{N}}} \tag{5-3}$$

式中　R——聚集指数；

N——样地内树木株数；

r_i——第i株树木到其最近邻木的距离，m；

F——样地面积，m^2。

式(5-3)中，$R\in[0,\ 2.1491]$。若$R>1$，则林木有均匀分布趋势；若$R<1$，则林木有聚集分布趋势；若$R=1$，则林木有随机分布趋势。

根据例5-1的调查数据，采用式(5-3)，分别计算2006年、2016年的聚集指数，分析林木空间分布格局的动态变化特征。由图5-6可见，2016年比2006年的聚集指数降低1.8313%，变化较小，而且2006年、2016年的聚集指数均<1。说明所调查的针阔混交林保持相对稳定的聚集分布特征。

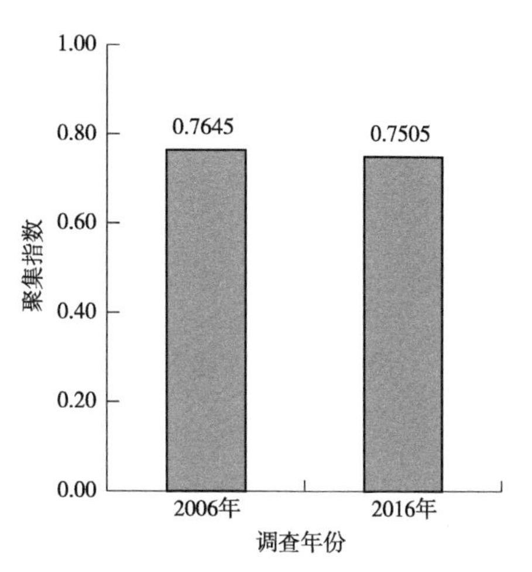

图5-6　聚集指数动态变化

5.2.3　混交度动态

采用全混交度指数(汤孟平等，2012)分析林分树种相互隔离程度及其动态变化特征。全混交度全面考虑对象木与最近邻木之间，以及最近邻木相互之间的树种隔离关系，同时兼顾树种多样性。全混交度的计算公式为：

$$Mc_i=\frac{1}{2}\left(D_i+\frac{c_i}{n_i}\right)\times M_i \tag{5-4}$$

$$M_i=\frac{1}{n_i}\sum_{j=1}^{n_i}v_{ij} \tag{5-5}$$

$$D_i=1-\sum_{j=1}^{s_i}p_j^2 \tag{5-6}$$

式中　Mc_i——第i空间结构单元的对象木的全混交度；

M_i——简单混交度；

n_i——最近邻木株数；

v_{ij}——离散性变量，当对象木和非邻近木同种时$v_{ij}=1$，反之，$v_{ij}=0$；

c_i——对象木的最近邻木中成对相邻木非同种的个数；

$\frac{c_i}{n_i}$——最近邻木树种隔离度；

D_i——空间结构单元的Simpson指数，它表示树种分布均匀度，$D_i \in [0, 1]$，当只有1个树种时，$D_i=0$；当有无限多个树种且株数比例均等时，$D_i=1$；

p_j——空间结构单元中第j树种的株数比例；

s_i——空间结构单元的树种数。

根据例5-1的调查数据，采用式(5-4)，分别计算2006年和2016年的全混交度，分析林分混交度的动态变化特征。由图5-7可见，2016年比2006年的聚集指数提高了1.5801%，但增加幅度不大。说明针阔混交林正向树种丰富、混交度高的顶极群落常绿阔叶林缓慢演替。

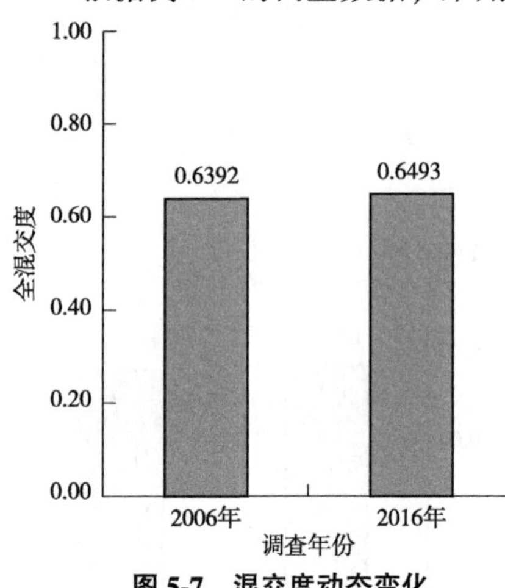

图5-7 混交度动态变化

5.2.4 竞争指数动态

采用基于Voronoi图的Hegyi竞争指数(汤孟平等，2007)，分析林分竞争指数及其动态变化特征。基于Voronoi图的Hegyi竞争指数与Hegyi(1974)竞争指数计算公式基本相同，不同之处在于确定对象木的竞争木株数的方法不同。基于Voronoi的Hegyi竞争指数计算公式为：

$$CI_i = \sum_{j=1}^{n_i} \frac{d_j}{d_i \times L_{ij}} \tag{5-7}$$

式中 CI_i——对象木i的竞争指数；

L_{ij}——对象木i与竞争木j之间的距离，m；

d_i——对象木i的胸径，cm；

d_j——竞争木j的胸径，cm；

n_i——对象木i所在空间结构单元的竞争木株数($i=1, 2, \cdots, N$)，N为对象木株数。

林分总竞争指数：

$$CI = \sum_{i=1}^{N} CI_i \tag{5-8}$$

也可计算林分平均竞争指数：

$$CI = \frac{1}{N}\sum_{i=1}^{N} CI_i \tag{5-9}$$

根据例5-1的调查数据，利用式(5-8)、式(5-9)分别计算2006年、2016年的林分总竞争指数、林分平均竞争指数，分析林分竞争指数的动态变化特征。由图5-8、图5-9可见，2016年比2006年的林分总竞争指数、林分平均竞争指数分别提高了9.9010%、3.5971%，与针阔混交林的其他空间结构相比较，林分总竞争指数和林分平均竞争指数均有较大幅度增加。有研究表明，竞争会降低森林生产力(Stefanie et al.，2018)。事实上，竞争是针阔混交林向顶极群落常绿阔叶林演替的重要内在驱动力。因此，在经营上，为提高森林生产力，调整树木之间的竞争关系是经营的重点之一。

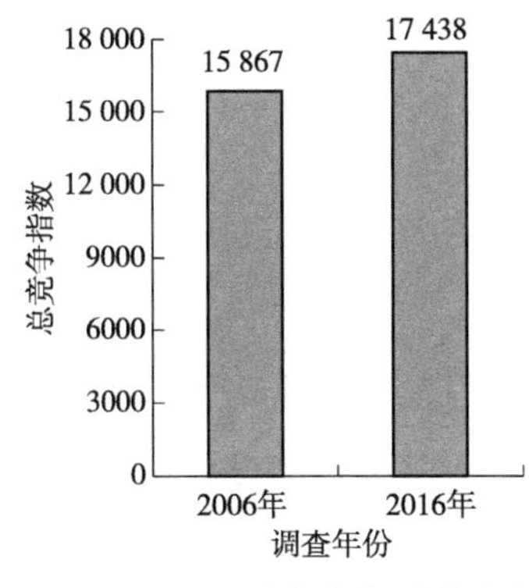

图 5-8　林分总竞争指数动态变化

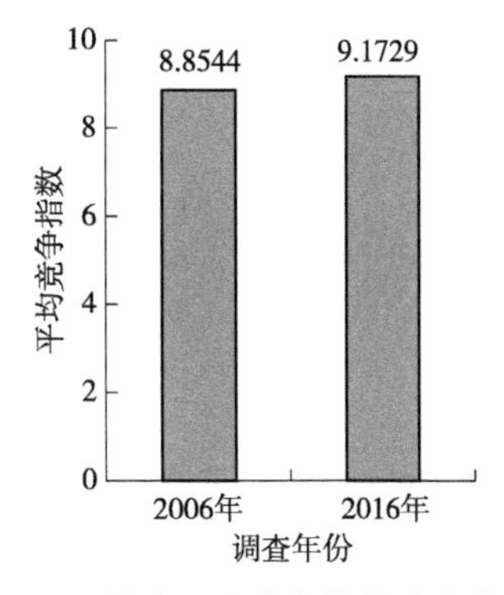

图 5-9　林分平均竞争指数动态变化

本章小结

林分结构随时间不断发生变化。掌握林分结构动态，有助于制定正确的经营措施和检验经营措施实施效果。本章从林分空间结构和林分非空间结构两个方面，分别介绍了常用的林分空间结构指标和林分非空间结构指标，并结合实例，说明在描述林分结构动态中的具体应用。

思考题

1. 简述树种组成的表示方法。
2. 什么是林分直径结构？
3. 有哪些确定空间结构单元的方法？
4. 在典型的同龄林中幼龄时期，林分直径结构有哪些特点？

第 6 章

森林生长与收获预估

为了使森林在人为控制下发挥最大的经济、生态、社会和文化效益，人们对森林实施经营管理。而由于林分具有复杂的结构、众多相互关联的影响因子、长生长周期等特点，使得在做出正确的森林经营决策前，必须充分掌握林分结构、林分动态变化规律以及林分对即将实施措施的反应规律等。因此，森林生长收获模型作为研究林分生长变化规律及林木生长收获预估的基本手段而备受重视，是森林经营管理的重要工具。

早在 1983 年，Avery et al.(1983)就将森林生长收获模型定义为：依据森林群落在不同立地、不同发育阶段条件下的现实状况，用一定的数学方法处理后，能间接地对森林生长、死亡及其他内容进行预估的图表、公式和计算机程序等。1987 年世界森林生长模拟和模型会议上指出：森林生长模型是指描述林木生长与林分状态和立地条件之间关系的一个或者一组数学函数，也就是基于林分年龄、立地条件、林分密度的控制等因子，采用生物统计学方法所构造的数学模型。

为了使生长模型满足各类使用要求、建模条件和适用范围，目前已建立了种类繁多、复杂程度不一、形式各异的森林生长与收获模型。近几十年来，随着近代统计方法(如回归模型、混合效应模型、度量误差模型、联立方程组模型、空间加权回归模型等)及计算机模拟技术的迅速发展，各国建立了许多林分生长和收获预估模型，并制成了相应的预估系统软件，这不仅提高了工作效率，也提高了林分生长量和收获量预估的准确度。另外，模型的研究已从传统的回归建模向着包含某种生物生长机理的生物生长模型方向发展，这种模型克服了传统回归法所建立的模型在应用时不能外延的缺点，可以合理地预估未来林分生长和收获量，它不仅可以模拟林分的自然生长过程，还可以反映一些经营措施对林木生长的影响。

6.1 林分生长和收获预估模型

6.1.1 林分生长和收获预估模型基本概念

6.1.1.1 林分生长量与收获量的关系

林分生长量是指林分蓄积量在一定期间内变化的量。林分收获量则指林分在某一时刻采伐时，由林分可以得到的(木材)蓄积总量。例如，某一落叶松人工林在 40 年进行主伐时林分蓄积量为 290 m^3/hm^2，在森林经营过程中进行了 2 次抚育，抚育间伐量分别为 20 m^3/hm^2 和 35 m^3/hm^2，则该林分收获量为 345 m^3/hm^2。实际上，收获量包含两重含义即林分累计的总生长量和采伐量。它即是林分在各期间内所能收获可采伐的数量，而又是在任何期间内所能采伐的总量。

林分生长量和收获量是从两个角度定量说明森林的变化状况。为了经营好森林，森林经营者不仅要掌握森林的生长量，同时也要预估一段时间后的收获量。林分收获量是林分生长量积累的结果，而生长量又是森林的生产速度，它体现了特定期间(连年或定期)的收获量的概念。两者之间存在着一定的关系，这一关系被称为林分生长量和收获量之间的相容性。和树木一样，林分生长量和收获量之间的这种生物学关系，可以很容易地采用数学上的微分和积分关系予以描述。从理论上讲，可以通过对林分生长模型的积分导出相应的林分收获模型，同样也可以通过对林分收获模型的微分来导出相应的林分生长模型。

6.1.1.2　影响林分生长量和收获量的因子

林分生长量和收获量是以一定树种的林分生长和收获概念为基础，在很大程度上取决于以下 4 个因子：

①林分的年龄或异龄林的年龄分布。

②林分在某一林地上所固有的生产潜力(立地质量)。

③林地生产潜力的充分利用程度(林分密度)。

④所采取的林分经营措施(如间伐、施肥、竞争植物的控制等)。

林分生长量和收获量显然是林分年龄的函数，典型的林分收获曲线为“S”形。一般来说，当林分年龄相同并具有相同林分密度时，立地质量好的林分比立地质量差的林分具有更高的林分生长量和收获量，如图 6-1 所示。当林分年龄和立地质量相同时，在适当林分密度范围内，密度对林分收获量的影响不如立地质量那样明显，一般地说，林分密度大的林分比林分密度小的林分具有更大收获量，但遵循“最终收获量一定法则”，如图 6-2 所示。

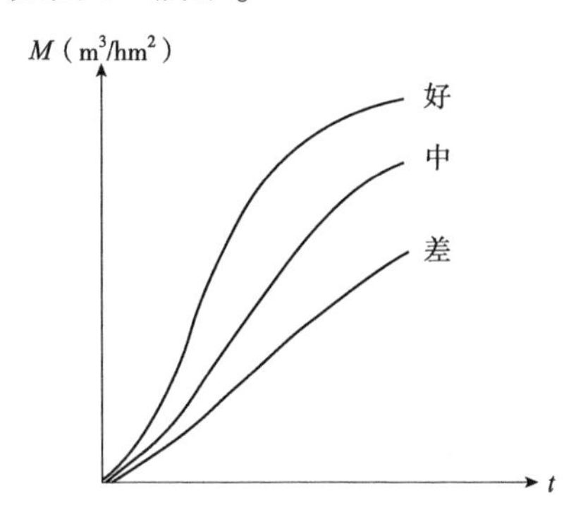

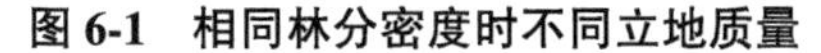

图 6-1　相同林分密度时不同立地质量

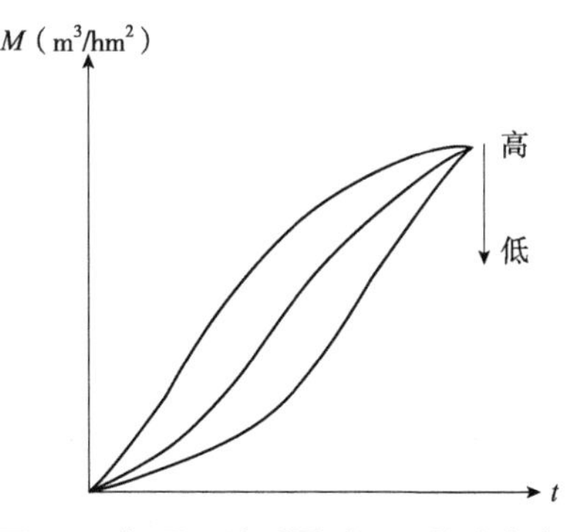

图 6-2　相同立地质量时不同林分密度

所采取的林分经营措施实际上是通过改善林分的立地质量(如施肥)及调整林分密度(如抚育间伐)而间接影响林分生长量和收获量。

林分生长与收获预估模型就是基于这 4 个因子采用生物统计学方法所构造的数学模型。所以，林分生长量或收获量预估模型一般表达式为：

$$Y=f(A,\ SI,\ SD) \tag{6-1}$$

式中　Y——林分每公顷的生长量或收获量；

A——林分年龄；

SI——地位指数或其他立地质量指标；

SD——林分密度指标。

式(6-1)的表面形式并未体现经营措施这一变量，但经营措施是通过对模型中的可控变量——立地质量(如施肥)和林分密度(如间伐)的调整而间接体现的。这一过程主要采用在模型中增加一些附加输入变量，如造林密度、间伐方式及施肥对立地质量的影响等，来适当调整收获模型。

当然，这些因子在不同的模型中其表示方法或形式上也有所不同，使得模型的结构形式及复杂程度也有所不同。几乎所有的林分生长量和收获量预估模型都是以立地质量、生长发育阶段和林分密度(或林分竞争程度的测度指标)为模型的已知变量(自变量)。森林经营者利用这些模型，依据可控变量——林龄、林分密度及立地质量(少数情况下使用)进行决策，即获得有关收获量的信息，进行经营措施的选择(如间伐时间、间伐强度、间伐量、间隔期、间伐次数及采伐年龄等)。

6.1.1.3　林分生长和收获预估模型的分类

1987 年世界林分生长模型和模拟会议上提出林分生长模型和模拟的定义：林分生长模型是指一个或一组数学函数，它描述林木生长与林分状态和立地条件的关系；模拟是使用生长模型去估计林分在各种特定条件下的发育过程。这里明确地指出了林分生长模型不同于大地域(林区)的模型，如林龄空间模型，收获调整模型，轮伐预估模型等，也不同于单木级的模型，例如，树干解析生长分析等(唐守正等，1993)。

林分生长和收获预估模型可根据其使用目的、模型结构、反映对象等而进行分类，林分生长与收获模型的分类方法很多，主要区别在于分类的原则和依据，但最终所分的类别都基本相似，具有代表性的分类方法有 3 种：一是 Munro(1974)基于制作模型的原理的分类；二是 Avery et al.(1994)基于模型的预估结果的分类；三是 Davis(1987)基于模型的模拟情况的分类。其中以第二种分类方法应用最为广泛，它将林分生长和收获模型分为全林分模型、径阶分布模型和单木生长模型。

(1)全林分模型

用以描述全林分总量(如断面积、蓄积量)及平均单株木的生长过程(如平均直径的生长过程)的生长模型称为全林分生长模型(whole stand model)，也称第一类模型或全林分模型。此类模型是应用最广泛的模型，其特点是以林分总体特征指标为基础，即将林分的生长量或收获量作为林分特征因子如年龄(A)、立地(SI)、林分密度(SD)及经营措施等的函数来预估整个林分的生长和收获量。这类模型从其形式上并未体现经营措施这一变量，但经营措施是通过对模型中的其他可控变量(如林分密度和立地条件)的调整而间接体现。这一过程主要通过增加一些附加的输入变量(如间伐方案及施肥等)来调整模型的信息。全林分模型又可分为可变密度的生长模型及正常或平均密度林分的生长模型。

(2)径阶分布模型

此类模型是一林分变量及直径分布作为自变量而建立的林分生长和收获模型，简称径阶分布模型(size-class distribution model)，也称第二类模型。这类模型包括：

①以径阶分布模型（也称直径分布模型）为基础而建立的模型，如参数预测模型（PPM）和参数回收模型（PRM）。主要是利用径阶分布模型提供林分总株数按径阶分布的信息，并结合林分因子生长模型预估林分总量。

②传统的林分表预估模型。这种方法是根据现在的直径分布及其各径阶直径生长量来预估未来直径分布，并结合立木材积表预测林分生长量。

③径级生长模型。是按照各径级平均木的生长特点建立株数转移矩阵模型，并将矩阵模型中的径级转移概率表示为林分变量（*t*、*SD* 和 *SI* 等）的函数来建立径级生长模型来预估未来直径分布。若径级转移矩阵与林分变量无关，则称为"时齐"的矩阵模型。多数研究表明转移矩阵是非时齐的，因此，模型建模的关键是建立转移概率与林分条件之间的函数表达式。

(3) 单木生长模型

以单株林木为基本单位，从林木的竞争机制出发，模拟林分中每株树木生长过程的模型，称为单木生长模型（individual tree model）。单木模型与全林分模型和径阶分布模型的主要区别在于考虑了林木间的竞争，把林木的竞争指标（*CI*）引入模型中。由竞争指标决定树木在生长间隔期内是否存活，并以林木的大小（直径、树高和树冠等）再结合林分变量（*t*、*SI*、*SDI*）来表示树木生长量。因此，竞争指标构造的好坏直接影响单木模型的性能和使用效果，如何构造单木竞争指标成为建立单木模型的关键。根据竞争指标是否含有林木间的距离信息，可把单木生长模型分为以下两种：

①与距离无关的单木生长模型（distance-independent individual tree model，DIIM）。与距离无关的单木生长模型不考虑树木间的相对位置，认为相同大小的林木具有相同的生长率，树木的生长是由树木现状和依赖于现状的生长速度所决定的。这类模型一般仅要求输入林分郁闭时各林木的生长状况即可模拟林分整体的生长过程。

②与距离有关的单木生长模型（distance-dependent individual tree model，DDIM）。与距离有关的单木生长模型的最大特点就是在模型中含有考虑林分中各树木间相对空间位置的单木竞争指数。认为单株木的生长状况是由林木本身的生长潜力和它所受的竞争压力共同作用的结果。要求输入林分郁闭时各林木的生长状态及林木的空间位置，就可以模拟各林分整体的生长过程。

以上分别介绍了林分生长和收获模型的分类和特点，这 3 类模型各有其优点及局限性。全林分模型可以直接提供较准确的单位面积上林分收获量及整个林分的总收获量。但却无法知道总收获量在不同大小（不同径阶）林木上的收获量。因此，其预估值无法较准确地反映林分的材种结构、木材产量以及林分的经济价值。而径阶分布模型可以给出林分中各阶径的林木株数，因而可以反映林分可提供各材种的产量，这对经营者来说，是很有意义的。但是，由于林分直径分布的动态变化不稳定，很难用同一种统计分布律准确描述不同发育阶段的林分直径分布规律，这给林分直径分布的动态估计带来困难，从而限制了这类模型的实际应用。单木生长模型能够提供最多的信息，由此可以推断林分的径阶分布及林分总收获量。因此，从理论上讲，在这 3 类模型中，单木生长模型适用性最大。但是，由于单木生长模型，尤其是与距离有关的模型，要求输入量多，模拟林木生长时的计算量大，应用成本高，这使其在实际应用中有较大的限制。在森林经营实践中，应视其经营技术水平、经营目的及经营对象的实际状况，选用不同类型的林分生长和收获模型。

6.1.2 林分密度测定

林分密度(stand density)是评定单位面积林分中林木拥挤程度的指标。林分密度可以用单位面积上的立木株数、林木平均大小以及林木在林地上的分布来表示(Curtis, 1970)。对于林木在林地上的空间分布相对均匀的林分(如人工林)，林分密度就以单位面积上的林木株数和林木平均大小的关系予以描述。

林分密度一直存在的两种不同的概念：一种是以绝对值表示的林分密度，如单位面积上绝对的林木株数、总断面积、蓄积量或其他标准(Bickford et al., 1957)；另一种是以相对值表示的林分密度指标，如立木度或疏密度。立木度是指现实林分与生长最佳、经营最好的正常林分进行比较所得到的相对测度(Bickford et al., 1957)。立木度的概念与我国采用的疏密度相似，它是多少带有主观性的指标(Daniels et al., 1979)，因为立木度随着经营目的不同而不同。林分密度的绝对测度及相对测度均与年龄、立地有关。

6.1.2.1 林分密度与林分生长

(1)林分密度对树高生长的影响

林分密度对上层木树高的影响是不显著的，林分上层高的差异主要是由立地条件的不同而引起的。林分平均高受密度的影响也较小，但在过密或过稀的林分中，密度对林分平均高有影响。

(2)林分密度对胸径生长的影响

密度对林分平均胸径有显著的影响，即密度越大的林分其林分平均胸径越小，直径生长量也小。反之，密度越小则林分平均胸径越大，直径生长量也越大。

(3)林分密度对蓄积生长的影响

密度对平均单株材积的影响类似于对平均直径的影响。当林分年龄和立地质量相同时，在适当林分密度范围内，密度对林分蓄积量的影响不明显，一般地说，林分密度大的林分比林分密度小的林分具有更大蓄积量，但遵循“最终收获量一定法则”。

(4)林分密度对林木干形的影响

林分密度对树干形状的影响较大。一般地说，密度大的林分内其林木树干的削度小，密度小的林分内其林木树干的削度大。也可以说，在密度大的林分中，其林木树干上部直径生长量较大，而下部直径生长量相对较小。

(5)林分密度对林分木材产量的影响

林分的木材产量是由各种规格的材种材积构成的，而后者取决于林木大小、尖削度、林木株数 3 个因素，这 3 个因素均与林分密度紧密相关。一般来说，密度小的林分其木材产量较低，但大径级材材积占木材产量的比例较大；而密度大的林分木材总产量较高，但大径级材材积占总木材产量的比例较小，小径级材材积则占的比例较大。

6.1.2.2 林分密度指标

各种林分密度指标可大致划分成五大类：株数密度(N)；每公顷断面积(G)；以单位面积株数与林木直径关系为测度，如林分密度指数(SDI)、树木-面积比(TAR)、树冠竞争因子(*CCF*)等；以单位面积株数与林木树高关系为测度，如相对植距(*RS*)；以单位面积株数与林木材积(或重量)关系为测度，如 3/2 乘则。

(1)株数密度

株数密度可定义为单位面积上的林木株数，常用每公顷林木株数 N(株/hm^2)表示。株数密度具有直观、简单易行的特点。在实际生产中，人工林常用林分的初始株数密度来表示林分密度。Clutter et al.(1983)认为在一定年龄和立地质量的未经间伐的同龄林中每公顷林木株数是一个很有用的林分密度测度。但是，由于现实林分中相同株数的林木其大小变化范围较大，故很难用每公顷林木株数一个指标来反映林分的拥挤程度。因此，除非把每公顷林木株数与其他林木大小变量一起使用，不然意义不大(Bickford et al.，1957；Zeide，1988)。例如，有两个年龄和立地相同的人工林其林木株数均为 1000 株/hm^2，但一个林分平均胸径(D_g)为 10 cm，而另一个林分 D_g = 15 cm，这两个林分的拥挤程度完全不同，但每公顷林木株数却相同。

(2)每公顷断面积

林地上每公顷的林木胸高断面积之和即为每公顷断面积，常用 G(m^2/hm^2)表示。由于断面积易于测定，且与林木株数及林木大小有关，同时又与林分蓄积量紧密相关，所以，每公顷断面积也是一个广泛使用的林分密度指标。在既定的年龄和立地条件下，对于经营措施相同的同龄林，或具有较稳定的年龄分布的异龄林，在林分生长与收获量预估中每公顷断面积是经常使用的林分密度指标。

每公顷断面积有其不足之处：①当每公顷断面积相等时给心材和边材以相同的权重，而两者对林木生长所起作用不同；②不同初植密度的林分在生长发育过程中，会出现每公顷断面积的交叉波动(如林分株数与平均个体大小的不同组合有可能出现相同的每公顷断面积)，故采用每公顷断面积作为经营指标时，会出现偏差；③每公顷断面积忽略了林分中林木平均因子的大小。每公顷断面积相同，但由于每公顷林木株数不同使得单位面积出材量会有很大的差别。例如，有两个林分其林分平均胸径和每公顷林木株数分别为：10 cm、2500 株/hm^2 及 20 cm、637 株/hm^2，但它的每公顷断面积均为 20 m^2/hm^2，然而其材种出材量及经济效果会截然不同。

(3)以单位面积株数与林木胸径关系为测度的林分密度

①林分密度指数(stand density index，*SDI*)。林分密度指数为现实林分的株数换算到标准平均直径(也称基准直径)时所具有的单位面积林木株数。林分密度指数是利用单位面积株数(N)与林分平均胸径(D_g)之间预先确定的最大密度线关系计算而得。林分密度指数被认为是一个适用性较广的密度指标。对同一树种的不同林分来说，最大密度线比较稳定，这为以林分密度指数作为比较同一树种不同林分密度的指标奠定了基础。但是，在林分的初期生长(未郁闭)阶段，林分的林分密度指数是不稳定的；另外，由于天然林中林木空间格局不均匀，可能会使林分平均胸径与林木株数间的关系不稳定，因此林分密度指数宜作为人工林的密度指标。

Reineke(1933)在分析各树种的收获表时发现，任一具有完满立木度、未经间伐的同龄林中，只要树种相同，则具有相同的最大密度线，即单位面积株数与林分平均胸径之间呈幂函数关系：

$$N=\alpha D_g^{-\beta} \tag{6-2}$$

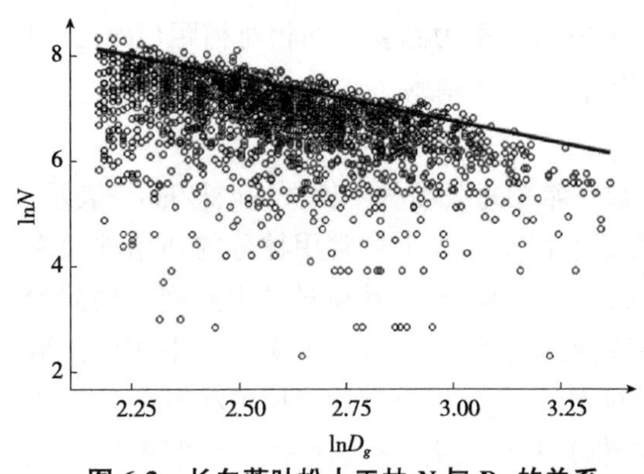

图 6-3 长白落叶松人工林 N 与 D_g 的关系

(高慧淋等，2016)

方程两边取对数，并令 $K=\lg\alpha$，则有

$$\ln N=K-\beta\times\ln D_g \tag{6-3}$$

式中 N——单位面积株数；

D_g——林分平均胸径；

β——最大密度线的斜率；

K——最大密度线的截距。

Reineke(1933)进一步研究不同树种完满立木度林分的 $N-D_g$ 关系后发现，最大密度线方程[式(6-2)或式(6-3)]都有相同的斜率($\beta=1.605$)，如图 6-3 所示。

根据最大密度线方程[式(6-2)]，将 $N-D_g$ 关系换算成某一标准(基准)直径(D_I)时所对应的单位面积上的株数，即为林分密度指数(SDI)

$$SDI=N(D_I/D_g)^{-\beta} \tag{6-4}$$

式中 N——现实林分每公顷株数；

D_I——标准平均直径(美国 $D_I=10$ in$=25.4$ cm，我国一般 $D_I=15$ cm 或 20 cm)；

D_g——现实林分平均胸径。

Reineke 还指出，各树种最大密度线上所确定的 SDI_{max} 与年龄和立地无关，即各树种的 $N-D_g$ 关系逐渐趋向于由式(6-3)确定的最大密度线，SDI_{max} 为常数。故由式(6-5)可知：

$$\frac{\mathrm{d}SDI}{\mathrm{d}t}=\frac{\mathrm{d}N}{\mathrm{d}t}\left(\frac{D_I}{D_g}\right)^{-\beta}+N\beta\left(\frac{D_I}{D_g}\right)^{-\beta-1}\frac{D_I}{D_g^2}\frac{\mathrm{d}D_g}{\mathrm{d}t}=0 \tag{6-5}$$

解得：

$$\frac{\frac{\mathrm{d}N}{\mathrm{d}t}}{N}=-\beta\frac{\frac{\mathrm{d}D_g}{\mathrm{d}t}}{N} \tag{6-6}$$

即某一林分达到极限条件(最大密度)时，其株数枯损率为 D_g 相对生长率的 β 倍。

某一人工林随着林分的发育，SDI 的变化过程则可大体分为以下 3 个阶段(李凤日，1995)。

第一阶段：林分形成至林分郁闭。这段时间内林木株数不发生变化，则林分的 SDI 随着 D_g 的增大而增大，SDI 增长迅速。此时，函数关系为 $SDI=f(N_0, D_g)$，式中 N_0 为初植密度。

第二阶段：随着林分的进一步发育，林分郁闭以后林木间发生竞争，直径生长速率下降，开始发生自然稀疏，$SDI=f(N, D_g)$，但其增长速率下降。

第三阶段：在某一时间，林分达到最大密度线，SDI 保持不变($SDI=SDI_{max}$)，此时满足式(6-3)。

【例 6-1】现以长白落叶松人工林为例，来说明现实林分 SDI 的具体算法。李凤日(2014)建立的黑龙江省落叶松人工林最大密度线为：

$$\ln N=11.6551-1.6252\ln D_g \tag{6-7}$$

某一落叶松人工林平均胸径(D_g)为 12.4 cm，每公顷林木株数为 1870 株/hm^2，标准直径(D_I)定为 15 cm，则：

$$SDI=N(D_I/D_g)^{-\beta}=1870\times(15/12.4)^{-1.6252}=1372.42$$

SDI 仅能很好地反映林分内林木的拥挤程度，且与林龄、立地条件相关不紧密。因此，该密度指标被广泛应用于森林经营实践中，如在林分生长和收获模型和林分密度管理图中的应用(唐守正，1993；李凤日，1995)。*SDI* 主要缺点是忽略了树高(H)因子，研究表明，在林分发育的过程中，N 与 D_g 成反比，而 N 与 H 成正比(Briegleb，1952；Zeide，1988)。

近几十年来，一些学者对 *SDI* 公式进行过反复修改。基于 Stage(1968)和 Curtis(1971)的早期研究工作，Longand(1990)提出了适合描述异龄混交林或直径分布不规则林分的 *SDI* 修正式：

$$SDI=\sum_{i=1}^{m}N_i(D_I/D_i)^{-\beta} \tag{6-8}$$

式中　N_i——林分第 i 径阶每公顷株数；

D_I——标准直径；

D_i——林分第 i 径阶直径；

m——径阶个数。

利用 Stage(1968)确定的有关 *SDI* 相加特性，Shaw(2000)提出了适合描述异龄混交林的更一般的 *SDI* 表达式：

$$SDI=\sum_{i=1}^{N}(D_I/D_i)^{-\beta} \tag{6-9}$$

式中　D_I——标准直径；

D_i——林分第 i 株树的直径，$i=1\sim N$；

N——林分每公顷株数。

虽然 *SDI* 的相加式(6-8)或式(6-9)对于异龄林具有一些优良特性，但是在实际应用过程中发现改进效果并不明显。对于直径分布比较规整的同龄林，这两个修正公式与式(6-4)计算的 *SDI* 非常接近。

②树木-面积比(*TAR*)。Chisman et al. (1940)认为，林分中单株树木所占有的林地面积(TA_i)与树木直径(D_i)之间的关系可用如下方程描述：

$$TA_i=a+bD_i+cD_i^2 \tag{6-10}$$

式中　a、b、c——系数。

则对单位面积正常林分有：

$$\text{树木-面积比}\ TAR=\sum_{i=1}^{n}TA_i=1.0=an+b\sum_{i=1}^{n}D_i+c\sum_{i=1}^{n}D_i^2 \tag{6-11}$$

那么，对于一系列正常林分，可以通过最小二乘法来估计方程中的参数，即可计算现实林分的 *TAR*。它表示正常林分中相同直径的树木所占有的林地面积之比，是一个相对林分密度的测度：

$$TAR=\frac{an+b\sum_{i=1}^{n}D_i+c\sum_{i=1}^{n}D_i^2}{\text{面积}} \tag{6-12}$$

从本质上分析，*TAR* 是通过假设最大密度林分中树木直径和冠幅(*CW*)关系为线性方程而导出的，即：

$$CW_i = a_0 + a_1 D_i \tag{6-13}$$

则单株所占面积为：

$$TA_i = \frac{\pi}{40\ 000} CW_i^2 = (a_0 + a_1 D_i)^2 \tag{6-14}$$

由式(6-14)可导出式(6-10)。

如同 *SDI* 一样，*TAR* 也是一个基于预先构建方程的林分密度测度。但在收获预估模型中，几乎没有人用过这一统计量，这是因为 *TAR* 与其他密度指标相比，并未显示出明显的优点(Clutter et al.，1983；Curtis，1971；West，1983；Larson et al.，1968)。

Curtis(1971)在 *TAR* 理论基础上，提出用 D_g 的幂函数计算 *TAR* 的方法，即：

$$TAR = a \sum_{i=1}^{n} D_i^b \tag{6-15}$$

他利用北美黄杉正常林分数据计算得幂指数 $b = 1.55$，该值与 Reineke(1933)提出的 *SDI* 的斜率值近似。式(6-15)隐含的意义为：正常林分中，树木所占面积 TA_i 与 D_i 之间并非为平方关系，而是 $TA_i \propto D_i^b$ 成正比。从树木各因子间相对生长关系式的研究中也得出相同的结论，即 $1 \leqslant b \leqslant 2$(Mohler et al.，1978；White，1981；Zeide，1983)。

③树冠竞争因子(*CCF*)。林分中所有树木可能拥有的潜在最大树冠面积之和与林地面积的比值称为树冠竞争因子(crown competition factor，*CCF*)。Krajecek et al.(1961)根据某一直径的林木树冠的水平投影面积与相同直径时的自由树(或疏开木)或优势木最大树冠面积成比例的假设提出了 *CCF*。

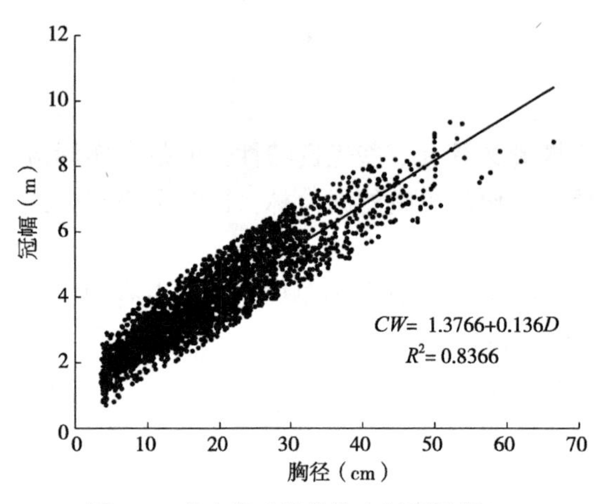

图 6-4　兴安落叶松优势木树冠冠幅(*CW*)与胸径的相关关系

自由树(或优势木)的树冠冠幅与树木胸径之间呈有显著的线性正相关(图 6-4)，且不随树木的年龄及立地条件的变化而改变，这正是利用树冠反映林分密度的可靠依据。

树冠竞争因子(*CCF*)的具体确定方法如下：

a. 利用自由树的冠幅(*CW*)与胸径(*D*)建立线性回归方程，即

$$CW = a + bD \tag{6-16}$$

b. 计算树木的潜在最大树冠面积(*MCA*)：对于一株胸径为 D_i 的自由树其最大树冠面积(MCA_i)为：

$$MCA_i = \frac{\pi}{4} CW_i^2 = \frac{\pi}{4}(a + bD_i)^2$$

c. 求算 *CCF* 值：将单位面积林分中所有树木的 MCA_i 相加即为该林分的 *CCF*。

$$CCF = \sum_{i=1}^{N} MCA_i = \frac{\pi}{40\ 000}\left(a^2 N + 2ab\sum_{i=1}^{N} D_i + b^2 \sum_{i=1}^{N} D_i^2\right) \times 100 \tag{6-17}$$

式中　N——每公顷林木株数。

【例 6-2】中南林业科技大学芦头实验林场(湖南省平江县)的青冈栎次生林的自由树冠幅模型(中南林业科技大学，2016)为：

$$CW=0.1773+0.2799\times D \tag{6-18}$$

式中　CW——自由树冠幅，m；

D——自由树胸径，cm。

中南林业科技大学芦头实验林场的某一青冈栎次生林中，设标准地面积为 0.04 hm^2，其每木检尺结果见表 6-1。

则该青冈栎林分的树冠竞争因子 CCF 为：

$$\begin{aligned}CCF &= \frac{\pi}{40\,000\times0.04}(0.1773^2\times66+2\times0.1773\times0.2799\times910+0.2799^2\times14\,323)\times100 \\ &=238.35\end{aligned} \tag{6-19}$$

表 6-1　青冈栎标准地的每木检尺结果

树号	D(cm)	D^2	树号	D(cm)	D^2
1	7.8	60.8	23	16.2	262.4
2	16.6	275.6	24	12.4	153.8
3	10.4	108.2	25	13.2	174.2
4	15.6	243.4	26	13.7	187.7
5	10.9	118.8	27	8.0	64.0
6	10.6	112.4	28	10.3	106.1
7	20.4	416.2	29	13.0	169.0
8	10.5	110.3	30	18.7	349.7
9	10.4	108.2	31	22.3	497.3
10	18.7	349.7	32	18.3	334.9
11	13.6	185.0	33	9.4	88.4
12	13.2	174.2	35	6.0	36.0
13	11.5	132.3	36	16.2	262.4
14	23.8	566.4	37	6.1	37.2
15	24.5	600.3	38	26.0	676.0
16	15.0	225.0	39	9.5	90.3
17	23.1	533.6	40	21.3	453.7
18	9.1	82.8	41	19.0	361.0
19	10.5	110.3	42	5.8	33.6
20	18.0	324.0	43	7.7	59.3
21	21.0	441.0	44	15.4	237.2
22	15.8	249.6	45	10.3	106.1

（续）

树号	D(cm)	D^2	树号	D(cm)	D^2
46	6.7	44.9	57	11.9	141.6
47	7.3	53.3	58	8.2	67.2
48	18.2	331.2	59	14.4	207.4
49	14.1	198.8	60	6.0	36.0
50	18.1	327.6	61	15.6	243.4
51	12.5	156.3	62	14.1	198.8
52	6.0	36.0	63	16.2	262.4
53	17.1	292.4	64	10.4	108.2
54	14.5	210.3	65	21.7	470.9
55	11.0	121.0	66	19.4	376.4
56	5.2	27.0	Σ	910.0	14 323

在北美，许多林分生长与收获预估系统都使用 CCF 作为林分密度指标(Stage，1973；Wykoff et al.，1982、1985；Arney，1985)。CCF 是既适用于同龄纯林，又适用于异龄混交林，特别是由于 CCF 较直观地反映了树种间林木树冠对生长空间的竞争能力，故在天然林中应用比较成功(Clutter et al.，1983)。由于树冠竞争因子与林分年龄及立地质量有关，不同树种的树冠发育差异很大，冠幅和胸径之间的关系也不相同，因此，不同树种林分的 CCF 值有很大差异。如华北油松人工林断面积达到最大值林分的 CCF 值为 350 左右(郭雁飞，1982)，而兴安落叶松林断面积达到最大值林分的 CCF 值为 480 左右(陈民，1986)，所以不宜用于比较不同林分的密度。

从式(6-12)和式(6-15)的形式来看，TAR 与 CCF 均以 CW–D 关系为基础推导而来，所不同的是计算 CW–D 方程参数所采用的参照林分不同而已。TAR 是以完满立木度的正常林分中林木为基准，故有 $0<TAR\leqslant 1$，而 CCF 则以未产生竞争的自由树为基准，故对已郁闭的林分应满足 $100\leqslant CCF\leqslant CCF_{max}$。

应用 CCF 的最大问题就是选择自由树(或疏开木)。虽然 Krajicek et al.(1961)提出了选取疏开木的 6 条标准，但现实中很难找到满足这些条件的林木；其次疏开木的树冠发育过程与现实林分的树冠发育相差较大，现实林分的树冠特别是冠长随林分的株数和树高变化而变化，故也有人建议采用现实林分中的优势木来建立 CW–D 方程。

(4)单位面积株数与树高关系构造的林分密度指标

Beekhuis(1966)将林分中树木之间平均距离与优势木平均高之比值定义为相对植距(relative spacing，RS)。

$$RS=\frac{\sqrt{\dfrac{10\,000}{N}}}{H_T} \tag{6-20}$$

式中　N——每公顷株数；

　　H_T——优势木平均高。

Hart(1928)首次提出同龄纯林可采用树木之间的平均距离与优势木平均高关系的百分数作为林分密度指标来研究林木的枯损过程。Wilson(1946)基于林分中树木生长速率保持其相对稳定的基础上，建议采用相对植距(RS)作为森林抚育的一个指标，并将 $N-H_T$ 关系定义为树高立木度。Ferguson(1950)首先注意到可把 RS 用来描述林分的极限密度，后来 Beckhuis(1966)提出在林分趋向于最大密度或最小相对植距前，枯损率是最大的，随着树高的进一步生长这一最小值(RS_{min})趋向于常数，即某一树种在其生长发育过程中，几乎所有林分都逐渐趋向于一个共同的最小相对植距(RS_{min})；RS_{min} 与年龄(或立地)无关(Clutter et al.，1983；Wilson，1979；Parker，1978；Bredenkamp et al.，1990)。

RS 随年龄的变化过程取决于林木树高生长和枯损，可分为以下 3 个阶段(李凤日，1995)。

第一阶段：林分郁闭前，由于林木的竞争枯损为 0，对初植密度相同的林分相对植距(RS)的变化主要取决于 H_D 的变化，这一段相对植距(RS)下降迅速。

第二阶段：林分郁闭后，树木之间竞争增强，林木开始发生自然稀疏现象，随着枯损率的增加，树高生长与部分被枯损率增加的相反作用结果，故相对植距(RS)下降速率减慢。

第三阶段：随着林分进一步发育，使得树高生长与枯损率对 RS 的影响互相抵消，林分保持 RS_{min} 常量不变(即前述最大密度线)。当 RS 保持为常数时，由式(6-20)可得：

$$\frac{1}{H_D}\frac{\mathrm{d}H_D}{\mathrm{d}t}=-\frac{1}{2}\frac{1}{N}\frac{\mathrm{d}N}{\mathrm{d}t} \tag{6-21}$$

当林分优势高相对生长率为相对枯损率的 2 倍时，RS 趋于最小稳定常数(即达到最大密度林分)：

$$N=K\times H_D^2 \tag{6-22}$$

式中　$K=10\,000/RS_{min}^2$。

式(6-22)在双对数坐标中呈直线关系，斜率为 2。所反映出的规律基本与图 6-4 相同，所不同的是所取自变量不同而已。

Wilson(1946，1979)及 Bickford et al. (1957)认为，RS 有以下几个优点：

①选择 H_D 作为自变量，它很少受密度影响(除非林分过密)，故 N 与 H_D 相互独立，避免了抚育间伐对它影响。

②它与树种、年龄或立地无关。

③无参数，形式简单且应用方便。

对 RS 的进一步研究表明 RS_{min} 因树种不同而异(Parker，1978；Bredenkamp et al.，1990)。事实上，当同龄林分达到最大密度线时，RS_{min} 与年龄(或立地)无关；但在此之前，RS 是初始密度(N_0)、年龄和立地的函数。因此，在描述现实林分密度变化时它是一个比较好的密度指标。

(5) 以单位面积株数与材积(或重量)关系为基础的林分密度指标(3/2 乘则)

从 20 世纪 50 年代初，日本一些学者对植物的密度理论开展了一系列研究工作，他们通过研究不同初植密度植物单株重量及单位面积产量关系，得出了一些结论：竞争-密度效果($C-D$ 效果)(吉良等，1953)；产量密度效果($Y-D$ 效果)(筱崎等，1956)；最终收获量一定的法则(穗积等，1956)。

依田等(1963)通过研究大豆、荞麦和玉米 3 种植物的平均个体质量(w)与单位面积株数(N)之间关系，提出著名的“自然稀疏的 3/2 乘则”，这一规律描述了单一植物种群发生大量的密度制约竞争枯损时，$w-N$ 的上渐近线：

$$w=kN^{-\beta}=kN^{-3/2} \tag{6-23}$$

式中　k——截距系数；

　　$\beta=3/2$，它是与树种、年龄、立地和初植密度无关的常量。

这一描述植物种群动态规律的自然稀疏定律，首先由 White et al.(1970)介绍到西方国家，并在 20 多年时间里对不同的草本植物、树木种群进行了大量研究和论述，并得出了肯定的结论。如 Long et al.(1984)得出“这一关系的广泛通用性使它成为一个植物种群生物学中最一般的原理”；Whittington(1984)认为“它不仅仅是规则而是一个真正的定律”，Harper(1977)称它是“为生态学所证明的第一个基本定律”。

许多研究均表明草本植物的质量(w)与体积(v)成正比，即 $v\propto w^{1.0}$(Saito，1977；White，1981)，然而树木重量(w)与树干材积(v)之间没有直接的比例关系。假设在发生自然稀疏过程中 w/v 的比值为常数(Sprugel，1984)，则由式(6-23)可得：

$$v=kN^{-a}\quad a\approx 1.5 \tag{6-24}$$

用时间对上式求导得：

$$\frac{1}{v}\frac{\mathrm{d}v}{\mathrm{d}t}=-a\frac{1}{N}\frac{\mathrm{d}N}{\mathrm{d}t} \tag{6-25}$$

单位面积蓄积量(M)，可用下式来表述：

$$M=vN=kN^{-(a-1)}\approx kN^{-1/2} \tag{6-26}$$

由式(6-26)定义的是平均单株材积与最大密度之间的组合，同时反映了不同时间的自然稀疏的过程。对某一树种，当 k 值确定后，这一方程就表示了“完满密度曲线”(安藤贵，1962)或“最大密度线”(Drew et al.，1977)，即任一林分的平均材积与林分密度的组合均不会超过这一边界。

林学家对 3/2 乘则进行过广泛的调查研究，并结合 $Y-D$ 效果等理论编制了林分密度控制图(安藤贵，1962；Drew et al.，1979；尹泰龙等，1978)。

生物学特别是森林的发育过程是复杂多变的。有研究指出，3/2 乘则存在着理论上的不一致性和经验上的不精确性(Sprugel，1984；Zeide，1985、1987、1992；Weller，1987)，这些研究认为这一定律是错误的，而这也许是林分密度控制图不够精确的原因。

(6)3 类林分密度指标间相互关系

林学家已提出许多以树冠重叠为依据的竞争指标，旨在预估树冠的水平扩展。因此，把树冠面积作为林木大小(S)的函数，若不考虑树冠重叠误差，可以由单株树冠预估面积(CA)来估计林分密度，即：$N\propto 1/CA$，故最大密度林分存在 $CA\times N=$常数。但 CA 与 D 之间无固定的函数关系，一般通过 $CA\propto CW^2$ 再建立 CW 与 S 的关系。

纵观上述的后 3 类林分密度指标，均根据预先确定的林木大小与林木株数之间关系来描述。在完全郁闭的林分中，林木株数与平均树冠预估面积和平均冠幅相关。在这种林分中，林木大小与林木株数(N)的关系等价于林木大小指标(S)和平均冠幅间的线性关系(如 TAR、CCF)或相对生长关系(如 RS、3/2 乘则及 SDI)。换言之，通常把 $CW-S$ 关系视为线性或幂函数关系。因此，在完全郁闭的林分中有以下关系成立：

$$N^{-1}=a+bS+cS^2 \quad (a,\ b,\ c>0) \quad 或 \quad N^{-1}=KS^{\beta} \quad (K,\ \beta>0) \tag{6-27}$$

式中　K，a，b，c——常数；

　S——林木大小指标。

下面以相对生长关系为例予以说明。假设最大密度林分中林木的平均冠幅($\overline{CW}$)与平均大小(S)满足：

$$\overline{CW}=aS^{b} \tag{6-28}$$

基于这种假设下推导出的林分密度有：SDI、RS 和 3/2 乘则等，区别在于林木大小的指标。SDI 是以林分平均胸径(D_g)为自变量而导出的，单位面积内所有林木平均占有面积($\overline{TA}$)与株数满足：

$$N^{-1}=\overline{TA}=\frac{\pi}{40\ 000}aD_g^{2b}=KD_g^{\beta} \tag{6-29}$$

RS 则根据假设：

$$\overline{CW}=a\times H_D \tag{6-30}$$

则：

$$N^{-1}=\overline{TA}=\frac{\pi}{40\ 000}aH_D^{\ 2}=\frac{K}{10\ 000}H_D^{\ 2} \tag{6-31}$$

由式(6-29)可导出：

$$RS=K^{1/2}=\frac{\sqrt{\dfrac{10\ 000}{N}}}{H_D} \tag{6-32}$$

3/2 乘则是假设：

$$\overline{CW}=a\times v^{-1/3} \tag{6-33}$$

由式(6-33)可得：

$$N^{-1}=\frac{\pi}{40\ 000}a\,v^{-2/3}=K\,v^{-2/3} \tag{6-34}$$

现进一步假设树木各测树因子 D、H_D 和 v 之间满足相对生长关系，即：$H\propto D^{p}$，$v\propto D^{q}$，则根据上面的假设很容易证明 SDI、RS 和 3/2 乘则之间是一致的(李凤日，1995)。

6.1.2.3　单木竞争指标

(1)基本概念

林分密度指标是反映整个林分的平均拥挤程度。林分内不同大小的单株木所拥有的生长空间是不同的，它们各自承受着不同的竞争压力，而单株木所承受的竞争压力的不同，则导致林分内林木生长产生分化。因此，为描述单株木的生长动态，引入了单木竞争指标(individual tree competition index)。

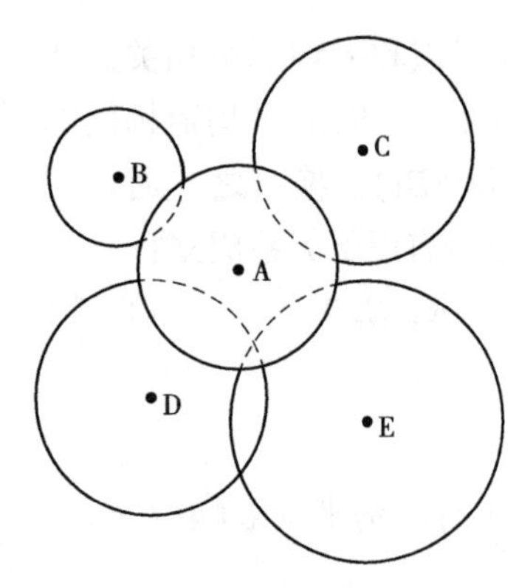

图 6-5　树木竞争示意图
(A 为对象木)

①林木竞争。在林分内由于树木生长不断扩大空间而使林分结构发生变化，而林分的生长空间是有限的，于是树木之间展开了争取生长空间的竞争，竞争的结果导致一些树木死亡，一些树木勉强维持生存，另一些树木得到更大的生长空间，这种现象称为林木竞争。林木竞争分为种内竞争和种间竞争。

②竞争指标。竞争指标是描述某一林木由于受周围竞争木的影响而承受竞争压力的数量尺度。它是反映林木间竞争激烈程度的数量指标。

③对象木。对象木是指计算竞争指标时所针对的树木(如图 6-5 中的 A 树)。

④竞争木。竞争木是指对象木周围与其对象木有竞争关系的林木(如图 6-5 中的 B、C、D、E 树)。

⑤影响圈(或影响面积)。影响圈是指林木潜在生长得以充分发挥时所需要的生长空间，常以自由树的树冠面积表示。

⑥自由树。自由树是指其周围没有竞争木与其争夺生长空间、可以充分生长的林木。

评价单木竞争指标的优劣主要考虑以下 5 个标准(关玉秀等，1992)：竞争指标的构造具有一定的生理和生态学依据；对竞争状态的变化反应灵敏，并具有适时可测性或可估性；能准确地说明生长的变差；构成因子容易测量；竞争指标的计算尽量简单。

从实际应用角度来说，由于研究目的和应用环境的差异，没有必要要求所有竞争指标都能满足上述 5 条标准，但满足上述标准的指标一定具有良好的性能。

(2) 几种常见的单木竞争指标

根据竞争指标中是否含有对象木与竞争木之间相对位置(距离因子)，可将竞争指标分为两类，即与距离无关的竞争指标及与距离有关的竞争指标。

①与距离无关的单木竞争指标。该类指标包括相对大小(Rx)、相对林木断面积的面积比(APg_i)、冠长率(CR)和大于对象木的断面积和(BAL)，具体定义如下：

a. 相对大小(Rx)。林木的相对大小反映对象木在林分中的等级地位，通常采用对象木的大小与林分平均值、优势木平均值或林木最大值之间的比值来表示。

$$Rx_m = \frac{x_i}{x_m} \quad Rx_{\text{dom}} = \frac{x_i}{x_{\text{dom}}} \quad Rx_{\max} = \frac{x_i}{x_{\max}} \tag{6-35}$$

式中　x——林木变量，如直径，树高或冠幅；

x_m，x_{dom}，$x_{\max}$——分别表示变量 x 的林分平均值、优势木平均值、最大值。

当 Rx 值较大时，该林木具有较大的生长活力，在竞争中处于较有利的地位。

b. 相对林木断面积的面积比(APg_i)。Tóme et al. (1989) 提出采用相对断面积作为比例的林木生长空间作为竞争指标。

$$APg_i = \frac{10\,000}{N} \times \frac{g_i}{\bar{g}} \tag{6-36}$$

式中　g_i——林木断面积；

$\bar{g}$——林分中林木平均断面积；

N——每公顷株数。

c. 冠长率(CR)。林木的冠长率用来描述单株木过去的竞争过程(Daniels et al., 1986；Soares et al., 2003)。

$$CR=\frac{Cl}{H} \tag{6-37}$$

式中　Cl——冠长；

H——树高。

d. 大于对象木的断面积和(BAL)。Wykoff et al. (1982)首次采用林分中大于对象木的所有林木断面积之和表示了林木竞争。

Schröder et al. (1999)将 BAL 与相对植距(RS)相结合提出了相对竞争指标(BAL_{mod})。

$$BAL_{mod}=\frac{1}{RS}\left(1-\frac{BAL}{BAS}\right) \tag{6-38}$$

式中　RS——相对植距；

BAL——单位面积林分中大于对象木的所有林木断面积之和；

BAS——单位面积林分总断面积。

②与距离有关的单木竞争指标。这类竞争指标一般以对象木、竞争木的大小及两者之间的距离为主要因子计算单木竞争指标。该类指标包括 Hegyi 简单竞争指标、面积重叠指数(AO_i)、竞争压力指数(CSI_i)、潜在生长空间指数(APA)。具体定义如下：

a. Hegyi 简单竞争指标。Hegyi(1974)直接使用对象木与竞争木之间的距离及竞争木与对象木的直径之比构造了一个单木竞争指标，称为简单竞争指标，其表达式为：

$$CI_i = \sum_{j=1}^{N}(D_j/D_i)/DIST_{ij} \tag{6-39}$$

式中　CI_i——对象木 i 的简单竞争指标；

D_i——对象木 i 的直径；

D_j——对象木周围第 j 株竞争木的直径($j=1,2,\cdots,N$)；

$DIST_{ij}$——对象木 i 与竞争木 j 之间的距离。

近年来，一些学者基于 GIS 以 Voronoi 图(图 6-7)来确定竞争单元，并提出用 Voronoi-Hegyi 竞争指数分析种群竞争关系的新方法(汤孟平等 2007；李际平等，2015；田猛等，2015)。基于 Voronoi 图的 Hegyi 竞争指数既克服了用固定半径或株数确定竞争单元时尺度不统一的缺陷，又可进行种内、种间的竞争分析。

b. 面积重叠指数(AO_i)。林分中林木生长空间的度量值可以作为反映林木生长竞争的一种指标，其空间大小主要取决于其本身的大小、竞争木与对象木之间的距离以及相邻木之间的远近等因素。面积重叠指数是第一个基于对象木与其竞争木共享影响圈所构建的与距离无关的单木竞争指标。影响圈是指林木所能获得(或竞争)立地资源的生长空间(Opie，1968)。一般假设当影响圈相互重叠时，林木之间的发生竞争，并将相邻树木的影响面积与对象木的影响面积出现重叠的树木作为竞争木。影响面积、重叠面积及计算累计重叠面积的权重不同，会出现不同的面积重叠指数。

通常，将林木之间的影响面积作为林木胸径或自由树树冠半径的线性函数。绝大多数的面积重叠指数(AO_i)可用以下通式表达：

$$AO_i = \sum_{j=1}^{n} \frac{AO_{ij}}{AI_i} R_{ji}^m \tag{6-40}$$

式中 AO_{ij}——对象木 i 与竞争木 j 影响圈的重叠面积；

AI_i——第 i 株对象木的影响圈面积；

R_{ji}——竞争木 j 与对象木 i 的林木大小(如胸径、树高或树冠半径等)比率；

m——幂指数。

c. 竞争压力指数(CSI_i)。Arney(1973)认为某林木的生长空间可以表达为其胸径函数，最大生长空间的面积等于具有同样胸径自由树的树冠面积。在这个基础上提出了竞争压力指数，即

$$CSI_i = 100\left(\frac{\sum AO_{ij} + A_i}{A_i}\right) \tag{6-41}$$

式中 CSI_i——对象木 i 的竞争压力指数；

AO_{ij}——竞争木 j 与对象木 i 最大生长空间的重叠面积(图 6-6)；

A_i——对象木 i 的最大生长空间面积。

d. 潜在生长空间指数(area potentially available index，APA)。树木的正常生长需要一定的生存空间，对象木实际占有的有效空间与其理论上需要的空间大小之比就能真实地表现其竞争状态。作为点密度的测度，Brown(1965)首先定义了 APA。林分中每株树的生长空间(APA)可采用多边形分割法(如距离平分法、对象木与竞争木大小比例法、Voronoi 图等)确定的面积计算。近年来，每株树 APA 主要采用 Voronoi 图(图 6-7)或加权 Voronoi 图计算(汤孟平等，2007；李际平等，2015)。

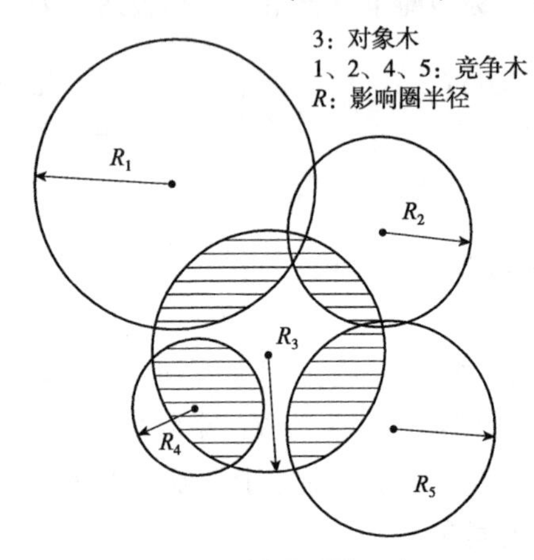

图 6-6　树冠重叠示意

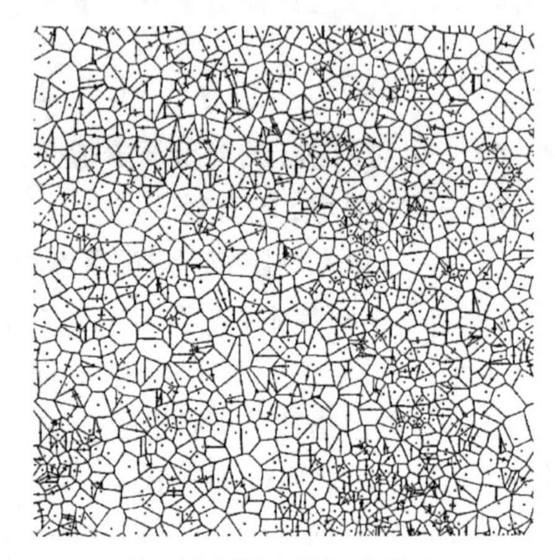

图 6-7　天目山常绿阔叶林固定样地 Voronoi 图

(汤孟平等，2007)

6.1.3　全林分模型

全林分模型产生于欧洲，早在 19 世纪 80 年代中期，德国的林学家采用图形的方法模拟森林的生长量和林分产量，这种方法一直沿用了很长时间，进而产生了更有效编制收获表的方法。但是，数学模型及模拟技术的迅速发展却始于电子计算机的出现。

林分生长和收获模型的发展与数学、计算机技术的发展是分不开的。

全林分模型可分为两类：固定密度模型和可变密度模型，两者的区别在于是否将林分密度(SD)作为自变量。森林的生长和收获取决于年龄、立地、林分密度 3 个主要因子。使用图解法很难表示这 3 个因子对林分生长和收获的共同影响。因此，早期的林分生长和收获模型都是针对某一特定密度条件下的预估模型或收获表，如正常收获表及经验收获表。直到 20 世纪 30 年代后期，采用多元回归方法将林分密度引入收获预估模型中，才首次建立了可变密度收获模型。但是，由于模型中的林分密度估计是建立在正常林分的基础上的，所以，其实用意义不强。到 20 世纪 60 年代之后，才出现了具有实际应用意义的可变密度林分生长和收获模型。

6.1.3.1　林分生长和收获模型概述

最早的一些林分生长和收获预估模型是利用图解法编制某一特定密度状态林分(如正常林分)的收获表。后来，将林分密度指标引入生长模型中，形成了模型构造复杂、适用范围较大的可变密度林分生长模型。近几十年来，由于计算技术和统计理论的迅速发展和应用，各国采用回归模型建立了许多形式各异的林分生长和收获预估模型，并制成了相应的预估系统软件，这不仅提高了工作效率，也提高了林分生长量和收获量预估的准确度。另外，模型的研究已从传统的回归建模向着包含某种生物生长机理的生物生长模型方向发展，这种模型克服了传统回归法所建立的模型在应用时不能外延的缺点，可以合理地预估未来林分生长和收获量，它不仅可以模拟林分的自然生长过程，还可以反映一些经营措施对林木生长的影响。

6.1.3.2　可变密度的全林分模型

林分密度是影响林分生长的重要因素之一，而林分密度控制又是营林措施中的一项有效手段。所以，为了预估在不同林分密度条件下林分生长动态，有必要将林分密度因子引入全林分模型。常用林分密度指标见 6.1.2.2。早期的可变密度的全林分模型实际上为经验回归方程，而从 20 世纪 70 年代末开始将林分密度因子引入适用性较大的理论生长方程，20 世纪 80 年代末、90 年代初出现了基于生物生长机理的林分生长和收获模型。

由于现实林分在其生长过程中，林分密度并非保持不变，用林分密度指标衡量林分密度时，同一林分在不同年龄时的林分密度指标在不断地变化，由此给使用固定密度收获模型带来了一些问题。因此，可变密度收获预估模型更具优势。

以林分密度为主要自变量反映平均单株木或林分总体的生长量和收获量动态的模型，称为可变密度的全林分模型(variable-density growth and yield model)。该类模型可以预估各种密度林分的生长过程，所以它是合理经营林分的有效工具。由于林分密度随林分年龄而变化，并且林分密度对林分生长的影响又比较复杂(图 6-8)。对于图 6-8 中所示的曲线簇，很难找出一个形式简单的模型进行准确描述。因此，通常采用先拟合含林分密度自变量的林分收获量方程，再依此导出相应

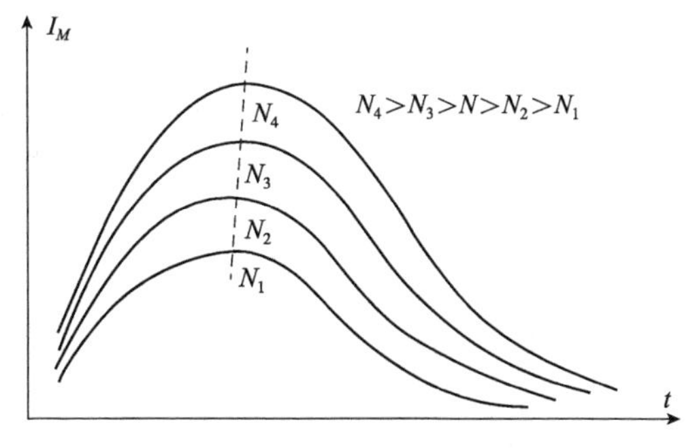

图 6-8　同密度林分蓄积生长量与年龄的关系

的林分生长量方程。但是，随着全林分模型研究的不断深入，在模型系统中同时包含林分生长模型和收获模型，并保证了模型所预估的林分生长量和收获量的一致性。

有林分密度的收获预估模型主要用于现实收获量的直接预测，建模所使用的数据一般取自临时标准地资料。根据建模方法的不同可划分为以下 3 种：

(1)基于多元回归技术的经验方程

20 世纪 30 年代，Mackinney et al.（1937）、Schumacher(1939)、Machinney et al.(1939)等学者采用多元回归的方法建立了可变密度收获模型。他们提出林分收获量为林龄倒数的函数，且最先加入林分密度因子来预测林分收获。如 Machinney et al.(1939)建立的火炬松天然林可变密度收获预估模型为：

$$\ln M=b_0+b_1t^{-1}+b_2SI+b_3SDI+b_4C \tag{6-42}$$

式中 M——单位面积林分蓄积量；

t——林分年龄；

SI——地位指数；

SDI——Reineke 林分密度指数；

C——火炬松组成系数(火炬松断面积与林分总断面积之比)；

$b_0\sim b_4$——方程待定参数。

这一研究开创了定量分析林分生长和收获量的先河，类似的研究方法沿用至今。之后，许多研究者采用多元回归技术来预测林分生长或收获量。这类可变密度收获模型的基础模型为 Schumacher(1939)蓄积收获曲线：

$$M=\alpha_0 e^{-\alpha_1/t} \quad 或 \quad \ln M=\alpha_0-\frac{\alpha_1}{t} \tag{6-43}$$

基于上式构造的可变密度收获模型的一般形式为：

$$\ln M=\beta_0+\beta_1t^{-1}+\beta_2f(SI)+\beta_3f(SD) \tag{6-44}$$

式中 M——单位面积上林分收获量；

t——林分年龄；

$f(SI)$——地位指数 SI 的函数；

$f(SD)$——林分密度 SD 的函数；

$\alpha_0\sim\alpha_1$，$\beta_0\sim\beta_4$——方程参数。

式(6-44)称作 Schumacher 收获模型。最早的模型中，$g(SD)$的估计建立在正常林分的基础上的，所以模型的实用意义不大。但是，后期的 Schumacher 收获模型中将林分密度作为变量，构建了真正的可变密度收获模型。

迄今为止许多学者均采用这一模型形式，构建了不同树种的全林分可变密度收获模型。现列出几个以 Schumacher 模型为基础的收获方程：

①美国火炬松天然林(Clutter et al.，1972)(英制单位)。

$$\ln M=2.8837-21.236/t+0.0014441SI+0.95064\ln G \tag{6-45}$$

②台湾二叶松人工林(冯丰隆等，1986)。

$$\ln M=2.8897614-5.31486/t+0.004749SI+0.0062714G \tag{6-46}$$

③大兴安岭兴安落叶松天然林(蒋伊尹等，1989)。

$$\ln M=0.7402-14.14/t+0.04523SI+1.1850\ln G \tag{6-47}$$

这些 Schumacher 收获模型的共性为：以林分收获量的对数($\ln M$)作为因变量，将林龄的倒数为预测变量，林分蓄积量随着年龄(t)的增加而增大，呈典型的“S”曲线(存在渐进值 a_0)。收获曲线的基本形状由 Schumacher 蓄积收获曲线中的参数 a_1 来决定；通过再参数化的方法，将 Schumacher 收获曲线的对数渐进参数 α_0 作为地位指数(SI)和林分密度(SD)的函数，从而导出下面的收获模型。

$$\alpha_0 = \beta_0 + \beta_2 f(SI) + \beta_3 f(SD) \tag{6-48}$$

详细剖析 Schumacher 收获模型可知，其林分蓄积连年生长量(dM/dt)达到最大时的年龄 $t_{Z\max} = \beta_1/2$。若 Schumacher 收获模型中 $f(SD)$ 与年龄、立地无关，则各树种 Schumacher 收获模型的 $t_{Z\max}$ 与立地、密度无关，这与实际不符。因此，后来许多研究者对 Schumacher 收获模型作了修正，以克服这一不足。典型实例是 Langdon(1961)为湿地松建立的收获方程及 Vimmerstedt(1962)发表的白松人工林收获方程，其一般形式为：

$$\ln M = \beta_0 + \beta_1 t^{-1} + \beta_2 f(SI) + \beta_3 f\left(\frac{SI}{t}\right) + \beta_4 f\left(\frac{SD}{t}\right) \tag{6-49}$$

式中　$f(SI/t)$——某些 SI/t 比值的函数；

　　$f(SD/t)$——某些 SD/t 比值的函数。

在式(6-49)中由于包含了 SI/t 及 SD/t 两个变量，故此式所反映的生长规律与林分实际生长规律相符，即林分材积连年生长量达到最大时年龄与立地、密度有关。

(2)林分蓄积预估方程

仿照单株立木材积方程式：$V=f(g, h, f)$，一些直接预测方程将林分收获量作为林分断面积(G)和优势木平均高(H_T)的函数，而不是年龄、地位指数的直接函数。这种公式一般称之为林分蓄积方程。这种方程的一般表达式为：

$$M = b_1 G H_T \quad 或 \quad M = b_0 + b_1 G H_T \tag{6-50}$$

式中　H_T——林分优势木平均高；

　　$b_0 \sim b_1$——方程参数。

由于林分蓄积方程中的 $H_T = f(t, SI)$，因此这类方程间接体现了 $M = f(t, SI, SD)$ 之关系。

(3)基于理论生长方程的林分收获模型

由于理论生长方程具有良好的解析性和适用性，近 30 年来，各国倾向于将稳定性较强的林分密度指标引入适用性广的理论生长方程，来建立林分生长和收获预估模型。许多研究者采用这些理论方程拟合林分生长量和收获量，都取得较好的结果，这也说明这些方程具有较强的通用性和稳定性。从 20 世纪 70 年代开始，许多研究者开始研究这些方程中的参数与林分密度或单木竞争之间的关系，并将林分密度指标引入这些方程之中，预估各种不同密度林分的生长过程，这样建立的收获模型具有较好的预估效果，使模型也具有更强的通用性。

现以理查德(Richards)方程为例说明利用这种方法建模的基本思路。理查德生长方程基本形式为：

$$y = A(1 - e^{-kt})^b \tag{6-51}$$

式中　A——渐进参数；

　　k——与生长速率有关的参数；

b——形状参数。

分析式(6-51)中各参数 A、k 和 b 与地位指数(SI)和林分密度(SD)之间的关系并建立函数关系，如将最大值参数作为立地的函数：$A=f(SI)$；而生长速率参数主要受林分密度的影响，与 SI 相关不紧密，故 $k=f(SD)$；关于形状参数 b 与立地条件和林分密度的关系尚无定论。根据所建立的函数关系，采用再次参数化的方法引入地位指数(SI)和林分密度(SD)变量来构造林分生长和收获预估模型。

以这种方法成功地建立可变密度收获模型的实例如下：

①美国赤松天然林收获模型(Rose et al., 1972)(英制单位)。

$$M=0.005\,45\times SI\times G\times(1-e^{-0.019\,79t})^{1.389\,40} \tag{6-52}$$

式中 G——林分每公顷断面积；

SI——地位指数；

t——林分年龄。

②马尾松人工林断面积预估模型(唐守正，1991)。通过分析林分断面积生长方程中的渐近值(A)与地位指数(SI)的关系、生长速率参数(k)与林分密度的关系，将立地因子和林分密度引入式(6-51)，建立了马尾松人工林断面积(G)预估模型。

$$G=30.1204SI^{0.177\,138}\{1-\exp[-0.005\,249\,47(SDI/1000)^{4.957\,45}(t-2.5)]\}^{0.199\,976} \tag{6-53}$$

林分蓄积(M)预测模型为：

$$M=G\times H_D\times[0.364\,45+1.942\,72/(H_D+2.0)] \tag{6-54}$$

式中 t——林分年龄；

SI——地位指数(基准年龄 $t_I=20$ 年)，$SI=H_T(-7.7156/t_I+7.7156/t)$；

SDI——林分密度指数，$SDI=N\times(20/D_g)^{-1.73}$；

H_D——林分平均高；

H_T——林分优势木平均高。

③长白落叶松人工林的断面积生长预估模型(李凤日，2014)。通过分析黑龙江省长白落叶松人工林断面积生长曲线，发现式(6-51)的渐进参数 A 主要与立地条件(SI)有关，林分密度(SD)主要影响林分断面积生长速度。因此，方程中的参数 k 则主要与林分密度(SD)有关，而与立地条件(SCI)无关。关于形状参数 b 与立地条件和林分密度之间并无明显关系。

长白落叶松人工林的断面积生长预估模型为：

$$G=31.8983SI^{0.2401}\{1-\exp[-3.9417(SDI/10\,000)^{4.4350}(t-5)]\}^{0.2184} \tag{6-55}$$

林分蓄积量(M)预测模型为：

$$M=G\times H_D\times\left(\frac{26.0310}{H_D+39.8071}\right) \tag{6-56}$$

式中 G——林分每公顷断面积；

SDI——林分密度指数，$SDI=N\times(15/D_g)^{-1.6252}$；

SI——地位指数(基准年龄为 30 年)，导向曲线为 $H_T=17.1688\,(1-e^{-0.0613A})^{1.2800}$；

t——林分年龄；

H_D——林分平均高；

N——林分每公顷株数，株/hm^2。

从表面上看，式(6-56)并未包括林分密度因子，但模型中的林分断面积主要由*SDI*所决定。因此，林分密度对收获模型的作用是通过影响林分断面积的变化而间接体现。在预估林分蓄积量时，首先要根据*SDI*值计算林分断面积，再由式(6-56)计算林分蓄积量。

(4)林分断面积和蓄积预估模型联立估计

通常认为，回归模型自变量的观测值不含有任何误差，而因变量的观测值含有误差。因变量的误差可能有各种来源，如抽样误差、观测误差等。但是在实际问题中，某些自变量的观测值也可能含有各种不同的误差，统称这种随机误差为度量误差。当回归模型中自变量和因变量二者都含有度量误差时称为度量误差模型。在度量误差模型中由于二者都含有度量误差，使得通常回归模型参数估计方法不再适用(唐守正等，2009)。

实际上式(6-54)和式(6-55)可以表达为以下非线性联立方程组：

$$\begin{cases} G=a_0SI^{a_1}\{1-\exp[-k_0(SDI/10\,000)^{k_1}(t-5)]\}^b \\ M=G\times H_D\times d_0/(H_D+d_1) \end{cases} \tag{6-57}$$

联立方程组式(6-57)中，林分断面积G作为第一个方程的因变量在第二个方程中以自变量的形式出现，即G既是因变量又是自变量。因此，在式(6-57)中无法按常规来划分自变量和因变量。为了明确起见，采用内生变量和外生变量来代替通常使用的因变量和自变量。对比度量误差的术语，内生变量是含随机误差的变量，而外生变量是不含随机误差的变量。式(6-57)中，G和M为内生变量，而SI、t、SDI和H_D为外生变量。由于联立方程组中各方程间随机误差的相关性，其参数估计不能采用普通的最小二乘法，而应采用二步最小二乘法或三步最小二乘法(Borders，1986、1989)。唐守正等(2009)提供了估计非线性误差变量联立方程组模型的参数估计方法。

基于1990—2005年复测的1140块落叶松人工林固定标准地数据，利用ForStat 3.0软件所提供的非线性误差变量联立方程组模型的参数估计方法对于式(6-56)中的参数进行估计，并建立了长白落叶松人工林林分断面积和蓄积预估模型：

$$\begin{cases} G=31.8983SI^{0.2401}\{1-\exp[-3.9417(SDI/10\,000)^{4.4350}(t-5)]\}^{0.2184} \quad R^2=0.9963 \\ M=G\times H_D[26.0310/(H_D+39.8071)] \quad R^2=0.9798 \end{cases} \tag{6-58}$$

这种联立方程组建模方法不仅考虑了传统解释变量(自变量)和被解释变量(因变量)观测值中含有的度量误差，还能保证林分断面积和蓄积生长模型中参数的最小方差线性无偏估计量。

6.1.3.3 相容性林分生长与收获方程

Buckman(1962)发表了美国第一个根据林分密度直接预估林分生长量方程，然后对生长量方程积分而求出相应的林分收获量的可变密度收获预估模型系统。后来，Clutter(1963)引入生长和收获模型的相容性观点，基于Schumacher生长方程提出了相容性林分生长量模型与收获量模型。Sullivan et al.(1972)对模型进行了改进，指出两者间的互换条件，并建立了在数量上一致的林分生长和收获模型系统，从而基本上完善了这类相容性生长和收获预估模型系统，这类模型建模方法如下：

①将现在林分蓄积量(M_1)或断面积(G_1)作为现在林分年龄(t_1)、地位指数(S)或优势木平均高(H_T)及林分密度(通常使用断面积或初植株数)的函数而导出。

②将收获模型对年龄求导数，即dM/dt或dG/dt，建立与收获模型相一致的生长模型。

③利用所收集的固定标准地复测数据拟合生长模型，求出模型中各参数的估计值。

④将生长量预估方程积分求出相应的林分收获量模型。

Sullivan et al.(1972)提出的建模方法如下：

首先根据相应的关系，假设3个基本方程，即

$$M_1=f(SI,\ t_1,\ G_1) \tag{6-59}$$

$$M_2=f(SI,\ t_2,\ G_2) \tag{6-60}$$

$$G_2=f(t_1,\ t_2,\ SI,\ G_1) \tag{6-61}$$

式中 M_1——现在林分收获量；

G_1——现在林分断面积；

t_1——现在林分年龄；

SI——地位指数；

G_2——未来林分断面积；

M_2——未来林分蓄积量；

t_2——未来林分年龄。

从而可以形成以现在林分的一些变量及预测年龄求未来收获量的公式，即所谓的生长和收获的联立方程：

$$M_2=f(t_1,\ t_2,\ SI,\ G_1) \tag{6-62}$$

Sullivan et al.(1972)提出的相容性生长和收获预估模型系统具体模型如下：

林分收获方程采用Schumacher收获模型：

$$\ln M=b_0+b_1SI+b_2t^{-1}+b_3\ln G \tag{6-63}$$

式中 $b_0\sim b_3$——方程参数。

收获模型[式(6-63)]对年龄(t)求导数，得出林分蓄积生长率：

$$\frac{1}{M}\frac{\mathrm{d}M}{\mathrm{d}t}=-b_2t^{-2}+b_3\left(\frac{1}{G}\frac{\mathrm{d}G}{\mathrm{d}t}\right) \tag{6-64}$$

式(6-63)表示林分蓄积生长率是林分年龄和林分断面积生长率的函数。为了估计断面积生长量($\mathrm{d}G/\mathrm{d}t$)，提出的断面积预估方程为：

$$\ln G=a_0+a_1SI+a_2t^{-1}+a_3\ln G_{20}t^{-1}+a_4t^{-1}SI \tag{6-65}$$

式中 G_{20}——为20年时的林分断面积。

方程(6-65)对年龄求导并经过整理可得到林分断面积生长方程：

$$\frac{\mathrm{d}G}{\mathrm{d}t}=t^{-1}G(a_0+a_1SI-\ln G) \tag{6-66}$$

对式(6-66)积分可得到差分方程：

$$\ln G_2=\left(\frac{t_1}{t_2}\right)\ln G_1+a_0\left(1-\frac{t_1}{t_2}\right)+a_1SI\left(1-\frac{t_1}{t_2}\right) \tag{6-67}$$

对于预测未来的林分蓄积量，式(6-63)可写成：

$$\ln M_2=b_0+b_1SI+b_2t_2^{-1}+b_3\ln G_2 \tag{6-68}$$

将式(6-67)代入式(6-68)中，可导出与收获模型相一致的蓄积生长模型：

$$\ln M_2=b_0+b_1SI+b_2t_2^{-1}+b_3\left(\frac{t_1}{t_2}\right)\ln G_1+b_4\left(1-\frac{t_1}{t_2}\right)+b_5\left(1-\frac{t_1}{t_2}\right) \tag{6-69}$$

式中　$b_4=b_3a_0$；

　　$b_5=b_3a_1$。

当 $t_2=t_1$ 时，式(6-69)可还原为现在的收获量公式(6-63)。因此，这种建模方法保证了生长量模型与收获量模型之间的相容性，以及未来与现在收获模型之间的统一性。由于这类模型是以林分断面积(G)为密度指标，而断面积随林分年龄而变化。所以建模时，要求利用固定标准地复测数据来估计断面积生长方程式(6-67)或蓄积生长方程式(6-69)中的参数。

应该指出，这一模型系统符合一些林分生长预测模型的逻辑性。考察式(6-67)有：

a. 当 t_2 趋向于 t_1 时，$\ln G_2$ 趋向于 $\ln G_1$。

b. 当 t_2 趋向于∞时，$\ln G_2$ 趋向于 a_0+a_1SI，即模型保持未来林分断面积具有上渐进线，符合林分生长规律。

c. 预测值满足相容性原则。假设以 t_1、t_2 和 y_1 预测未来的林木大小 G_2，而第二个结果是根据 t_2、t_3 和 G_2 得到的另一个未来林木大小值 $G_3(t_3>t_2>t_1)$。G_3 的预测值与以 t_1、t_2 和 y_1 为自变量所得到的估计值相同。

因此，这种建模方法在美国及加拿大等国家已广泛采用。

Sullivan et al. (1972)提出的相容性生长和收获方程系统，实际上可以表达为以下线性联立方程组：

$$\begin{cases}\ln M_1=b_0+b_1SI+b_2t_1^{-1}+b_3\ln G_1\\ \ln G_2=\left(\dfrac{t_1}{t_2}\right)\ln G_1+a_0\left(1-\dfrac{t_1}{t_2}\right)+a_1SI\left(1-\dfrac{t_1}{t_2}\right)\\ \ln M_2=\ln M_1+b_2(t_2^{-1}-t_1^{-1})+b_3(\ln G_2-\ln G_1)\end{cases} \tag{6-70}$$

与式(6-57)一样，在联立方程组式(6-69)中，$\ln M_1$、$\ln G_2$ 和 $\ln M_2$ 为内生变量，而 SI、t_1 和 t_2 为外生变量。中国林业科学研究院开发的 ForStat 3.0 软件(唐守正等，2009)中的线性度量误差模型模块提供了联立方程组式(6-70)中参数的估计方法。

基于 1990—2000 年复测两次 150 块固定标准地数据，利用 ForStat 3.0 软件所提供的参数估计方法对线性联立方程组式(6-70)的参数进行估计，并建立了大兴安岭落叶松天然林相容性林分生长和收获模型系统。系统中林分蓄积生长预测模型为：

$$\ln M_2=1.769\,74+0.020\,368SI-18.414\,10t_2^{-1}+1.017\,11\left(\frac{t_1}{t_2}\right)\ln G_1+ \\ 4.0500\left(1-\frac{t_1}{t_2}\right)+0.300\,57SI\left(1-\frac{t_1}{t_2}\right) \tag{6-71}$$

式中　SI——地位指数(基准年龄为 100 年)。

设 $t_2=t_1=$(即预测间隔期为 0 年)，此时 $G_2=G_1=G$，可以得到与式(6-71)一致的预估现在收获量的方程：

$$\ln M=1.769\,74+0.020\,368SI-18.414\,10t_2^{-1}+1.017\,11\ln G \tag{6-72}$$

相应的林分断面积生长预测模型为：

$$\ln G_2=\left(\frac{t_1}{t_2}\right)\ln G_1+3.981\,88\left(1-\frac{t_1}{t_2}\right)+0.030\,633SI\left(1-\frac{t_1}{t_2}\right) \tag{6-73}$$

式(6-71)~式(6-73)可以预测林分生长和收获量。例如，某一兴安落叶松天然林年龄为95年，地位指数为16.1 m，林分断面积为15.0 m^2。由式(6-72)估计的现在林分蓄积量为：

$$\ln M = 1.769\,74 + 0.020\,368(16.1) - 18.414\,10(95)^{-1} + 1.017\,11\ln(15.0)$$
$$= 4.6582 \quad M = 105.4\ m^3/hm^2$$

为了预测10年后(即年龄105年时)的收获量，将 $t_1 = 95$、$t_2 = 105$、$SI = 16.1$(注意：地位指数在预测间隔期内不发生变化)和 $G_1 = 15.0$ 代入式(6-71)中，得

$$\ln M_2 = 1.769\,74 + 0.020\,368(16.1) - 18.414\,10(105^{-1}) + 1.017\,11(95/105)\ln(15.0)$$
$$+ 4.0500(1 - 95/105) + 0.300\,57(16.1)(1095/105) = 4.80 \quad M_2 = 121.5\ m^3/hm^2$$

同样，也可以采用式(6-73)预测105年时的林分断面积(G_2)，并将其代入式(6-72)来预测未来10年后的林分收获量。

$$\ln G_2 = (95/105)\ln(15.1) + 3.981\,88(1 - 95/105) + 0.030\,633(16.1)(1 - 95/105)$$
$$= 2.8294$$

$$G_2 = 16.9348\ m^2/hm^2$$

$$\ln M = 1.769\,74 + 0.020\,368(16.1) - 18.414\,10(105)^{-1} + 1.017\,11\ln(16.9348) = 4.80$$

$$M = 121.5\ m^3/hm^2$$

因为在这一相容的模型系统中所估计的方程系数保证了数值上的一致性，所以这两种预测林分生长和收获的方法得到了相同的结果。

6.1.3.4 全林整体生长模型

在林分生长和收获模型的相容性基础上，唐守正(1991)把相容性概念推广到全部模型系之间的相容，并提出了全林整体生长模型的概念，即全林整体模型是描述林分主要调查因子及其相互关系生长过程的方程组，使得由整体模型推导的各种林业用表是相互兼容的。

全林整体生长模型利用地位指数(SI)和林分密度指数(SDI)作为描述林分立地条件和林分密度测度的指标。林分的主要测树因子考虑：每公顷断面积(G)、林分平均胸径(D_g)、每公顷株数(N)、林分平均高(H)、优势木平均高(H_T)、形高(FH)和蓄积量(M)，各变量之间有一些是统计关系，而另一些是函数关系。该模型系统由3个基本函数式和五个统计模型构成。

由于影响林分生长的因子很多，林分生长的机理又比较复杂，因此，试图用一个方程(组)来描述各种状态下林分的生长过程是不现实的。尤其是当采用可变密度的生长方程指导和评价林分经营实践(如间伐)时，上述模型的准确性会下降。因此，上述模型的适用性的强弱是相对的。所以，当采用林分生长和收获预估模型预测林分生长量和收获量时，要求其预估期不宜太长，应尽量短些为宜。

6.1.4 林分直径分布模型

在现代森林经营管理的决策中，不仅需要全林分总蓄积量，而且，更需要掌握全林分各径阶的材积(或材种出材量)的分布状态，进而为经营管理的经济效益分析决策提供依据。因此，对于同龄林，广泛采用以直径分布模型为基础研建林分生长和收获模型的方法。

同龄林分和异龄林分的典型直径分布不同，可依据林分直径分布的特征选择直径

分布函数。当前普遍认为 Weibull 和 β 分布函数具有较大的灵活性和适应性，这两个分布函数既能拟合单峰山状曲线及反"J"形曲线，并且拟合林分直径分布的效果较好，所以已应用在林分生长和收获模型中。顺便指出，对于异龄林分，在建立以直径分布函数为基础的林分生长收获模型中，其直径分布函数的参数估计不应使用林分年龄变量，可以间隔期(如 t 年)代替建立参数动态估计方程，其他方法与同龄林基本相同。

在林分生长和收获预测方法中，又可分为现实林分生长和收获预测方法及未来林分生长收获预测方法。两者相比，现实林分生长和收获预测方法较为简单，而未来林分生长收获预测方法要复杂些，因为未来林分生长和收获预测与林分密度的变化有关，即在这个预测方法中要有林分密度的预测方程。

6.1.4.1　一元和二元分布函数

当单独考虑直径或树高时，可用一元分布函数来拟合。这里主要介绍常用的两个分布，即一元正态分布和一元 Weibull 分布。

(1)一元正态分布

一元正态分布(monistic normal distribution)是最常用、最重要的一种分布。设随机变量 X 的概率密度函数为：

$$f(x)=\frac{1}{\sigma\sqrt{2\pi}}e^{-\frac{(x-\mu)^2}{2\sigma^2}} \tag{6-74}$$

则称该随机变量服从一元正态分布。正态分布除了前面介绍的特点，即偏度和峰度均为零之外，分布模型中的参数 μ 和 σ 分别是分布的数学期望和总体方差。所以正态分布概率密度函数式(6-74)的拟合非常简单，只要计算出样本均值和样本方差，作为数学期望和总体方差的估计，代入式(6-74)即可。一元正态分布的累积分布函数：

$$F(x)=P(X<x)=\int_{-\infty}^{x}f(t)\mathrm{d}t=\frac{1}{\sigma\sqrt{2\pi}}\int_{-\infty}^{x}e^{-\frac{(t-\mu)^2}{2\sigma^2}}\mathrm{d}t \tag{6-75}$$

没有解析解，只能通过数值方法求解，在应用中一般通过查表或计算软件解决，例如，Excel 提供了函数 *Normdist*(x, μ, σ, 1)用于计算 $F(x)$。

(2)一元 Weibull 分布

一元 Weibull 分布(monistic Weibull distribution)也是一种常见的分布。设随机变量 X 的概率密度函数为：

$$f(x)=\begin{cases}\dfrac{c}{b}\left(\dfrac{x-a}{b}\right)^{c-1}e^{-\left(\frac{x-a}{b}\right)^c} & (x>a)\\ 0 \quad (x\leqslant a)\end{cases} \tag{6-76}$$

则称该随机变量服从一元 Weibull 分布。式中，a 称为位置参数，如直径分布最小径阶的下限值；$b(b>0)$称为尺度参数，类似于正态分布中的方差，b 值越大数据越分散；$c(c>0)$称为形状参数，决定了分布的形状，如图 6-9 所示。

Weibull 分布的累积分布函数为：

$$F(x)=P(X<x)=1-e^{-\left(\frac{x-a}{b}\right)^c} \quad (x>a) \tag{6-77}$$

Weibull 分布模型具有很好的灵活性。当 $a=0$，$c=1$ 时，式(6-76)为负指数分布；当 $c<1$ 时，为反"J"形分布；当 $1<c<3.6$ 时，为左偏的山状曲线分布；$c\approx3.6$ 时，Weibull 分

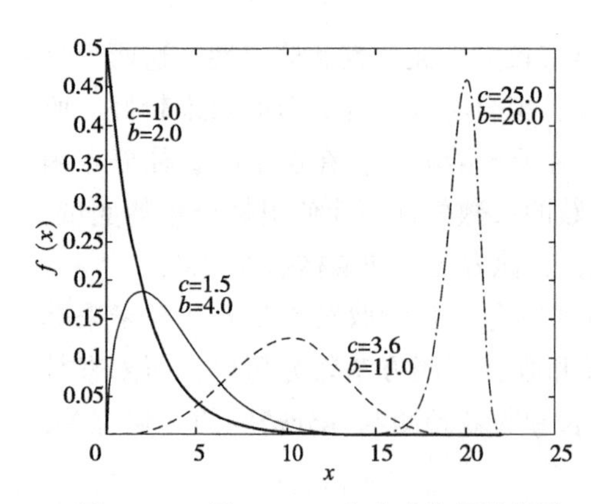

图 6-9　一元 Weibull 分布密度函数曲线
（其中 $a=0$）

布近似于正态分布；$c>3.6$ 时，密度曲线由左偏变为右偏(图 6-9)。$c=2$ 时，式(6-76)为χ^2 分布的特殊情况，即 Rayleigh 分布；当$c\to\infty$ 时，变为单点分布。由于 Weibull 分布的灵活性，它在林业上的应用比较广泛，即使在服从正态分布的情况下，也可以用 Weibull 分布来拟合。

6.1.4.2　林分收获量的参数预估模型(PPM)

参数预估模型是将用来描述林分直径分布的概率密度函数之参数作为林分调查因子(如年龄、地位指数或优势木高和每公顷株数等)的函数，通过多元回归技术建立参数预测方程，用这些林分变量来预测现实林分的林分结构和收获量。参数预估模型的建模方法如下：

①从总体中设置 m 个临时标准地，测定林分的年龄(t)、平均直径(D_g)、平均树高(H)、优势木平均高(H_T)、地位指数(SI)、林分断面积(G)、每公顷株数(N)、蓄积量(M)和直径分布等数据。

②用 Weibull 分布拟合每一块标准地的直径分布，求得 Weibull 分布的参数，并按表 6-2 整理数据。

表 6-2　建立 Weibull 分布参数预估模型(PPM)数据一览表

标准地	Weibull 分布参数			t	SI	N	H_T
	a	b	c				
1	a_1	b_1	c_1	t_1	SI_1	N_1	H_{T_1}
2	a_2	b_2	c_2	t_2	SI_2	N_2	H_{T_2}
…	…	…	….	…	…	…	…
m	a_m	b_m	c_m	t_m	SI_m	N_m	H_{T_m}

③采用多元回归技术建立 Weibull 分布的参数预估方程。

$$\begin{aligned} a&=f_1(t,\ N,\ SI \text{ 或 } H_T) \\ b&=f_2(t,\ N,\ SI \text{ 或 } H_T) \\ c&=f_3(t,\ N,\ SI \text{ 或 } H_T) \end{aligned} \tag{6-78}$$

④利用上式预估各林分的直径分布，并建立树高曲线 $H=f(D)$，结合二元材积公式 $V=f(D,\ H)$ 计算各径阶材积。

⑤将各径阶材积合计为林分蓄积量：

$$Y_{ij} = N_t\int_{D_{Lj}}^{D_{Uj}} g_i(x)f(x,\ \theta_t)\,\mathrm{d}x \tag{6-79}$$

式中　Y_{ij}——第 j 径阶内第 i 林木胸径函数 $g_i(x)$ 所定义的林分变量单位面积值；

N_t——t 时刻的林分每公顷株数；

$g_i(x)$——第 i 林木胸径函数所对应的林分变量，如断面积、材积等。

D_{Lj}和 D_{Uj}——第 j 径阶的下限和上限；

$f(x,\ \theta_t)$——t 时刻的林分直径分布的 pdf 函数。

现例举几个树种的参数预估方程：

①油松人工林(孟宪宇，1985)。

$$\begin{cases} a=-2.9352+0.4537\overline{D}-0.1136t+0.001027N+0.5810H \\ b=3.0242+0.6280\overline{D}+0.1352t-0.0011N-0.6621H \\ c=8.1901+0.2444\overline{D}-9.7661CV_D-0.4243/\ln t-0.00075N \end{cases} \tag{6-80}$$

②红松人工林参数预估模型系统(李凤日，2014)。在这个模型系统中，a 为定值(树木起测直径为 5 cm)，因此不对其进行分析。而 Weibull 分布参数 b 和 c 存在一定的关系，因此，采用似乎不相关(SUR)理论来估算其参数预估模型。

$$\begin{cases} a=5 \\ \ln b=-3.1096-0.00409t+1.9105\ln\overline{D}+0.0549\ln N \\ \ln c=4.1225+1.96475\ln b-0.00794t\pm 2.82872\ln\overline{D}-0.00806\ln N \end{cases} \tag{6-81}$$

③落叶松人工林参数预估模型系统(赵丹丹等，2015)。基于改进的参数预测模型，将林分平均胸径、Weibull 分布参数等作为自变量，以后期直径分布的 Weibull 参数作为约束条件，采用似乎不相关回归(SUR)理论估计参数，构建实质上的直径分布动态预测模型。

$$\begin{cases} a=5 \\ b_1=-8.5776+1.7497\times\overline{D}-0.0353\times\overline{D}^2 \\ c_1=3.0579+1.0602\times b_1 \\ b_2=1.2928+0.0968\times b_1 \\ c_2=1.2892+0.0084\times b_2 \end{cases} \tag{6-82}$$

式中　$\overline{D}$——算术平均直径；

H——林分平均高；

N——每公顷株数；

t——林龄；

CV_D——林分直径变动系数；

a，b，c——Weibull 分布的参数；

b_1、c_1——前期数据 Weibull 参数；

b_2、c_2——复测数据 Weibull 参数。

参数预估模型的主要缺点在于：过分依赖假定的分布类型；因林分直径分布受许多随机因素的影响其形状变化多样，因此由林分调查因子估计分布参数的模型精度较低；与全林分模型的相容性差。

6.1.4.3　林分收获量的参数回收模型(PRM)

参数回收法假定林分直径服从某个分布函数，在确定的林分条件下，由林分的算术平均直径($\overline{D}$)、平方平均直径(D_g)、最小直径(D_{min})与分布函数的参数之间关系采用矩解法“回收”(求解)相应的 pdf 参数，得到林分的直径分布，并结合立木材积方程和材种出材率模型预估林分收获量和出材量。

三参数 Weibull 分布函数采用参数回收模型求解参数 b、c 的方法如下：

分布函数的一阶原点距 $E(x)$ 为林分的算术平均直径($\overline{D}$)，而二阶原点矩 $E(x^2)$ 为林分的平均断面积所对应的平均直径(D_g)的平方值，对于 Weibull 分布函数有：

$$E(x) = \int_a^{\infty} xf(x, \theta)\mathrm{d}x = a + b\Gamma\left(1 + \frac{1}{c}\right) \tag{6-83}$$

$$E(x^2) = \int_a^{\infty} x^2 f(x, \theta)\mathrm{d}x = b^2\Gamma\left(1 + \frac{2}{c}\right) + 2ab\Gamma\left(1 + \frac{1}{c}\right) + a^2 \tag{6-84}$$

即

$$\overline{D} = a + b\Gamma\left(1 + \frac{1}{c}\right) \tag{6-85}$$

$$D_g^2 = b^2\Gamma\left(1+\frac{2}{c}\right) + 2ab\Gamma\left(1+\frac{1}{c}\right) + a^2 \text{ 或 } G = \frac{\pi}{40\ 000}Nb^2\Gamma\left(1+\frac{2}{c}\right) + 2ab\Gamma\left(1+\frac{1}{c}\right) + a^2 \tag{6-86}$$

联立方程以上两式，由林分 $\overline{D}$ 及 D_g 值通过反复迭代可求得尺度参数(b)和形状参数(c)。而位置参数 a 则由下式进行估计：

位置参数 $a(=D_{\min})$ 则作为林分调查因子的函数：

$$a = f_1(t, N, SI \text{ 或 } H_T) \tag{6-87}$$

现以辽宁省长白落叶松人工林资料为例，介绍基于 PRM 的现实林分收获量的间接预测方法。

【例 6-3】已知某长白落叶松人工林平均直径 $D_g = 11.4$ cm，其算术平均直径 $\overline{D} = 11.1$ cm，林分平均高 $H = 13.2$ m，林分优势木平均高 $H_T = 14.8$ m，林分每公顷株数 $N = 2010$ 株/hm^2，林分断面积 $G = 20.52$ m^2/hm^2，林分年龄 $t = 21$ 年。根据林分年龄及优势木平均高，由辽宁省长白落叶松人工林地位指数表查得该林分的地位指数 $SI = 14$ m(标准年龄 $t_I = 20$ 年)。

①三参数 Weibull 分布函数的参数求解。落叶松人工林位置参数 a 预估模型为：

$$\ln a = 0.1471 + 0.7945\ln t - 13.8272(1/\overline{D}) \tag{6-88}$$

将 $t = 21$ 年，$\overline{D} = 11.1$ cm 代入式(6-53)，求出 $a = 3.73$ cm。将 $a = 3.73$ cm，$\overline{D} = 11.1$ cm，$D_g = 11.4$ cm 代入式(6-51)和式(6-52)中，经反复迭代法即可求出 b、c 估计值。在本例中，$b = 8.2253$，$c = 2.9047$。

②径阶林木株数(n_i)估计值。将求出的参数 a、b、c 估计值、林分林木株数 $N = 2010$ 代入下式，即可求出各径阶林木株数(n_i)的估计值：

$$n_i = N\left\{\exp\left[-\left(\frac{L_i - a}{b}\right)^c\right] - \exp\left[-\left(\frac{U_i - a}{b}\right)^c\right]\right\} \tag{6-89}$$

式中 n_i——第 i 径阶内林木株数；

N——林分单位面积株数；

U_i、L_i——第 i 径阶上、下限。

③径阶林木平均高计算。利用树高曲线式(6-88)求算出林分各径阶林木平均高($\overline{H_i}$)估计值：

$$H = 1.3 + 31.6486(1 - \mathrm{e}^{-0.0478D^{0.9402}}) \tag{6-90}$$

④径阶林木材积及材种出材量计算。使用辽宁省长白落叶松人工林二元材积方程

(辽 Q16610—1983) $V=0.000\ 059\ 237\ 2D^{1.865\ 572\ 6}H^{0.980\ 989\ 62}$及相应的材种出材率表(略)，计算出各径阶林木单株平均材积及材种出材率，乘以径阶林木株数即得到径阶材积，径阶材积乘以材种出材率得到材种出材量。各径阶材积之和，以及同名材种出材量之和，得到林分总蓄积量及相应材种出材量(表 6-3)。

表 6-3　落叶松人工林收获量预估表

径阶 (cm)	株数 (株)	树高 (m)	材积 (m^3)	出材量(m^3)		
				坑木	筒电	小径材
4	9	6.4	0.0			0.01
6	124	8.5	1.7			0.79
8	349	10.4	9.0			6.59
10	528	12.1	26.5		5.74	13.18
12	511	13.7	40.6	0.69	20.29	9.25
14	323	15.1	37.6	10.61	12.79	5.38
16	129	16.4	21.0	9.53	4.70	2.10
18	32	17.6	6.9	3.85	1.01	0.53
20	5	18.7	1.3	0.79	0.12	0.08
合计	2010		145.5	25.47	44.65	37.91

注：平均直径 = 11.4 cm，平均高 = 13.2 m，断面积 = 20.52 m^2；Weibull 分布 3 参数：$a=3.73$，$b=8.2253$，$c=2.9047$。

6.1.4.4　直径与树高结构的模拟

(1)直径和树高的一元结构

①林分直径结构概述。在林分内各种大小直径林木按径阶的分配状态，称为林分直径结构(stand diameter structure)，也称林分直径分布(stand diameter distribution)。无论在理论上还是在实际上，林分直径结构是最重要、最基本的林分结构，主要原因有以下几方面：

a. 直径最容易测定，且测定精度高，所以林分直径结构最容易研究。

b. 直径与材积、生物量等呈现幂函数关系，是估算材积、生物量最重要的变量。

c. 林分其他调查因子(如树高、断面积、干形和材积)与直径之间有着密切关系，可依据它们的相关性，利用林分直径结构规律，研究、推断相关因子的结构规律。例如，可以从理论上推导出：当 $y=ax^b$ 或 $y=a+bx$ 关系式成立时(x 为直径，y 为树高、断面积或材积)，如 x 遵从 Weibull 分布，则 y 也遵从 Weibull 分布，这时，两个 Weibull 分布中的相应参数也紧密相关。

d. 林分直径结构与林分材种结构密切相关。林分直径结构是编制林分材种出材量表的基础，同时，也是评估林分经济利用价值及经济效益的重要依据。

由于林分直径结构与其他林分结构关系密切，所以在林分生长收获模型研制中林分直径结构是一个重要的考虑因子，同时在森林经营中经常通过林分直径结构的调控使得林分向健康、优质高产的方向发展。特别是设计抚育间伐方案时，本着去劣留优，兼顾中、大径阶林木的原则，在实施中要考虑林分直径结构和林木空间结构。一个好的抚育间伐设计，应做到扩大保留木的生长空间，保持合理的林分密度，使林分保持健康、快速的生长状态。

②同龄纯林直径结构。在同龄纯林中，每株林木由于遗传性和所处的具体立地条件等因素的不同，会使林木的大小(直径、树高、树冠等)、干形等林木特征因子产生某些差异，在正常生长条件下(未遭受严重自然灾害及人为干扰)，这些差异将会稳定地遵循一定的规律。

各林分直径分布曲线的具体形状虽略有差异，但同龄纯林直径结构一般呈现为以林分算术平均胸径($\bar{D}$)为峰点、中等大小的林木株数占多数、向其两端径阶的林木株数逐渐减少的单峰山状曲线(图 6-10)，近似正态分布。许多林学家利用正态分布函数和 Weibull 分布函数拟合、描述同龄纯林直径分布取得了较好的拟合效果。因此，可认为同龄纯林直径结构近似遵从正态分布。

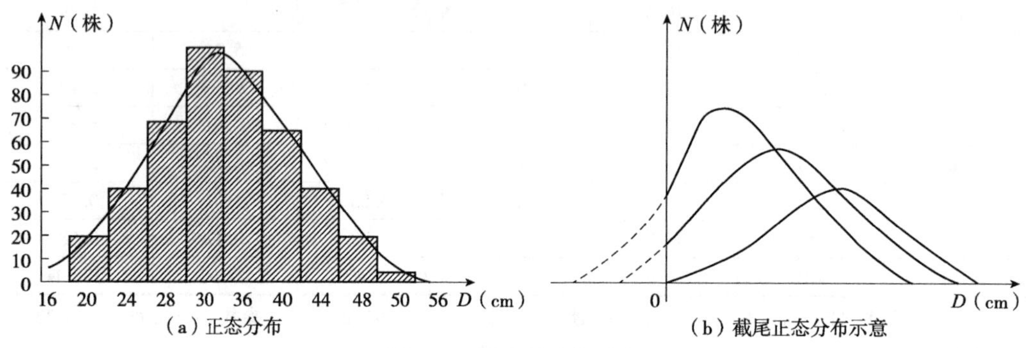

图 6-10　同龄林直径分布

同龄林直径分布曲线的形状随着林分年龄的增加而变化，即幼龄林平均直径较小，直径正态分布曲线的偏度(sk)为左偏(也称正偏，$sk>0$)；其峰度(也称峭度，k)为正值；这种左偏直径分布属于截尾正态分布(truncated normal distribution)，如图 6-10(b)所示。随着林分年龄的增加，林分算术平均直径($\bar{D}$)逐渐增大，直径正态分布曲线的偏度由大变小，峰度也由大变小(由正值到负值)，林分直径分布逐渐接近于正态分布曲线(正态分布曲线的偏度值及峰度值均为零)。

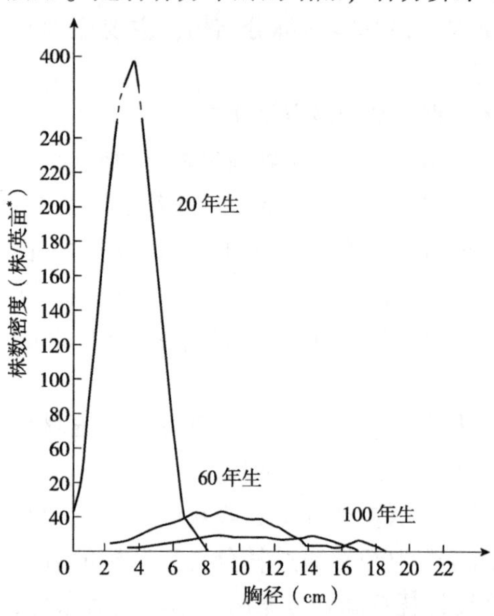

图 6-11　不同年龄栎树林的直径分布

美国学者金利希(Gingrich，1967)曾利用正态分布函数研究美国中部山地硬阔叶林的直径分布时也证实了这一规律，即在年龄较小(直径较小)的林分中，偏度为正，但随着平均直径的加大，其偏度逐渐变小。当算术平均直径($\bar{D}$)达到 20.3 cm 以上时，直径分布接近正态。在平均直径较小的林分中($\bar{D}$=7.6 cm)，峰态较显著，随着平均直径的加大，峰度从正到负，在年龄较大(平均直径较大)时，形成宽而平的分布曲线(图 6-11)，这些变化规律具有一定的普遍性。

注：1 英亩≈0.4 hm^2，下同。

林分直径正态分布规律一般呈现在正常生长条件下的同龄纯林中(未遭严重灾害及人为干扰的林分)。若林分经过强度抚育间伐或择伐，在短期内难以恢复其固有的林分结构，其林分直径结构也将发生变化。经强度择伐的林分，其林分直径结构不服从正态分布。同龄林中，当择伐蓄积量不超过原林分蓄积量的 20%时，其林分直径结构仍近似正态分布。

③异龄林直径结构。在林分总体特征上，同龄林与异龄林有着明显的不同。正如 Daniel(1979)指出的那样，同龄林与异龄林在林分结构上有着明显的区别，就林相和直径结构来说，同龄林具有一个匀称齐一的林冠，在同龄林分中，最小的林木尽管生长落后于其他林木，生长得很细，但树高仍达到同一林冠层；而异龄林分的林冠则是不整齐的和不匀称的；异龄林分中较常见的情况是最小径阶的林木株数最多，随着直径的增大，林木株数开始时急剧减少，达到一定直径后，株数减少幅度渐趋平缓，而呈现为近似双曲线形式的反“J”形曲线，如图 6-12(a)所示。

在同龄林和异龄林这两种典型的直径结构之间，存在着许多中间类型，且林分直径分布曲线的形状与林相类型有些关系。但是，由于异龄林的直径结构受林分自身的演替过程、树种组成、立地条件以及自然灾害、采伐方式及强度等因素的影响，其直径结构曲线类型多样而复杂。有的异龄林几乎所有年龄的林木都有(绝对异龄林)，且在空间占有上不同年龄的林木大致相同。有的异龄林呈现明显的层次(林层)，每个林层的林木类似一个同龄林，这样的异龄林称为复层异龄林。复层异龄林中每个林层的直径结构都是一个单峰分布，接近正态分布，若把不同林层的直径结构放在一起，则成了多峰分布，如图 6-12(b)所示。因此异龄林分直径分布，除了呈典型的反“J”形曲线外，还经常呈现为不对称的单峰或多峰状曲线。

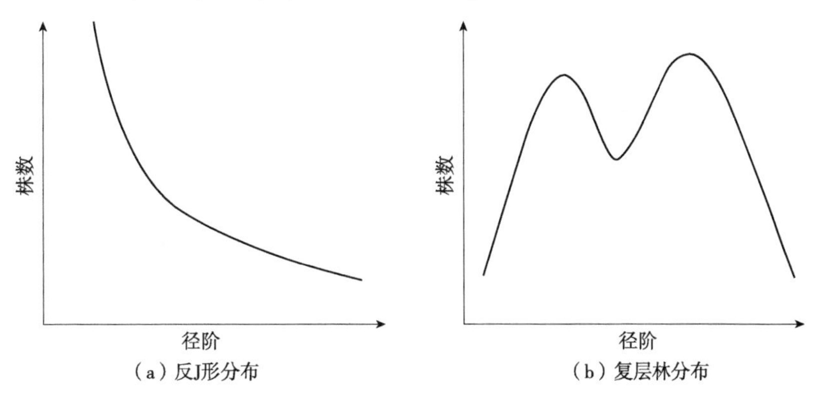

(a) 反J形分布　　(b) 复层林分布

图 6-12　异龄林直径分布

为了研究复层异龄混交林分的直径结构规律，苏联学者特列其亚科夫(1927)提出了“森林分子”学说，主张把复杂林分划分成若干个森林分子进行调查，研究森林分子的结构规律。森林分子是指“在同一立地条件下生长发育起来的同一树种同一年龄世代和同一起源的林木”。若某林分有两个树种，每个树种都分别属于同一年龄世代，则此林分就是由两个森林分子组成。如果某林分有两个树种，其中一个树种只有一个年龄世代，另一个树种则分属两个不同的世代，则此林分由 3 个森林分子组成。显然，一个同龄纯林只由一个森林分子组成。特列其亚科夫的研究以及其他人的大量研究都充分证明，当把复杂林分划分成森林分子后，在每个森林分子内部都存在着与同龄纯林一样的结构规律，这一发现是研究复杂林分结构规律的一个重要进展。

应该指出，有些极端复杂的林分，如热带雨林，划分森林分子是不可能的。

我国对于异龄林分直径结构也进行了较深入地研究，如钱本龙(1984)利用岷山原始冷杉异龄林分 45 个小班全林检尺资料(近 30 万株)对林分直径结构进行了研究，并认为，岷山冷杉林分直径分布为不对称的山状曲线，偏度为正，在平均直径较小(24 cm 以下)的林分中，曲线尖峭，偏度较大；但随着平均直径的加大，峭度从正到负，偏度逐渐变小；平均直径超过 40 cm 的林分，形成了宽而平的分布曲线(图 6-13)。孟宪宇(1988)利用内蒙古大兴安岭兴安天然落叶松林 78 块标准地资料，分析了林分直径结构，其中有 29 块(37%)林分直径分布呈反“J”形曲线，49 块(63%)林分直径分布呈不对称的山状曲线。

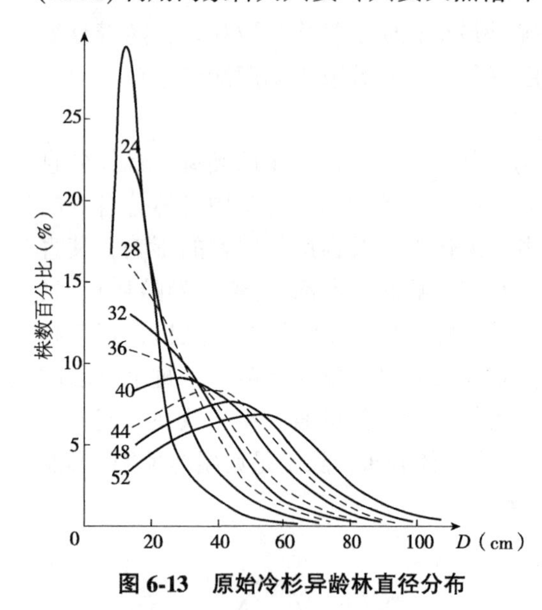

图 6-13 原始冷杉异龄林直径分布

④林分树高结构。树高与材积近似为一次关系，在重要性上仅次于直径。林分内不同树高大小的分配状态称作林分树高结构(stand height structure)，也称林分树高分布(stand height distribution)。前面已经介绍，林分直径结构与林分树高结构关系密切，但这种关系仍是一种概率上的相关关系。实际上，同一林分内相同直径的林木其树高可能相差很大，所以尽管林分直径结构与树高结构关系密切，但直径结构不能代替树高结构，进行树高结构的研究仍是必要的。

(2)直径和树高的二元结构

一般来说，林分中林木直径与树高之间有下列关系：

①林木高与直径之间存在着正相关关系，趋势上直径越大，树高越高。

②在生长的早期，直径与树高生长都比较快，接近直线关系，过了这个阶段直径保持较快的生长速度，树高生长开始变慢，再后来直径保持缓慢生长，树高则基本停止生长。

③对于同龄纯林林分，每个径阶范围内，林木株数桉树高的分布也大致呈单峰曲线，近似于正态分布，反过来也大体如此。

④株数最多的树高接近于该林分的平均高。

生产和科研中经常通过建立树高曲线方程，基于直径来估计树高，常用的模型如：

$$H=a+\frac{b}{D+k} \tag{6-91}$$

$$H=aD^{b} \tag{6-92}$$

式中 H——树高；

D——直径；

a，b，k——参数。

树高和直径的关系只是概率意义上的相关关系，用直径来估计树高，必定会损失很多信息。在林业上之所以在有些情况下通过直径来估计树高，是为了简化某些问题，例如，通过二元材积表导算一元材积表，就是通过直径估计树高实现的，但结果是一元材积表的精度相比二元材积表大大降低，同时材积表的使用范围、使用时限都受很多限制。其优点是可以省去树高测定工作量，因为在实际工作中树高的测定是比较麻烦。这说明，树高含有独立于直径的很多信息，所以研究直径-树高的二维结构是有现实意义的。

6.1.4.5　林分枯损方程

由于所有以径阶分布模型为基础的林分生长和收获预测体系，都需要预期年龄时林分存活木株数的预测值。因此，这类模型预测未来林分生长和收获的关键是相应枯损模型或方程的有效性。林分在自然发育(未受人为干扰)过程中，随着林分年龄和平均直径的增大，林木株数不断减少。为了预测林分的未来株数，建立了许多自然稀疏模型和林分枯损方程。为了区别基于林木大小(平均直径、树高和材积等)所构建的自然稀疏模型，将单位面积林分中存活木的株数与林分年龄的函数关系称为林分枯损方程或存活木函数。

建立林分水平的林木枯损预测方程一般要求固定标准地的复测数据。在不同年龄的林分中设置的临时标准地可以提供一些存活木趋势的信息，但绝大多数林木枯损规律的分析是以复测数据为基础的。在林分枯损方程或存活木函数中，有时也考虑地位指数。但是，许多研究表明地位指数对树木的枯损没有影响。

标准地复测数据通常用于拟合林分中林木枯损的差分方程模型，其模型形式为：

$$N_2=f(t_1,\ t_2,\ N_1) \tag{6-93}$$

式中　N_2——未来 t_2 时刻林分的林木株数；

N_1——现在 t_1 时刻林分的林木株数。

这种模型必须具有以下逻辑特性：若 t_2 等于 t_1 时，N_2 必须等于 N_1；对于同龄林分，若 t_2 大于 t_1 时，N_2 必须小于 N_1；对于同龄林分，若 t_2 充分大时，N_2 必须趋近于 0；预测值满足相容性原则。假设模型以 t_1、t_2 和 N_1 预测未来的林木株数 N_2，然后以 t_2、t_3 和 N_2 预测 t_3 时的 $N_3(t_3>t_2>t_1)$，N_3 的预测值必须与以 t_1、t_2 和 N_1 所得到的估计值相同。

建立林木枯损方程时，一般假设相对枯损率 $\frac{1}{N}\frac{\mathrm{d}N}{\mathrm{d}t}$ 与年龄、林木株数有关，通过对枯损率模型的积分得到林木枯损的差分方程模型。下面介绍几个典型的枯损模型。

①假设相对枯损率为常数(Clutter et al.，1983)。

$$\frac{1}{N}\frac{\mathrm{d}N}{\mathrm{d}t}=-\alpha \tag{6-94}$$

对式(6-94)微分方程积分，并将 $t=t_1$ 时，$N=N_1$ 的初始条件代入，可得：

$$N_2=N_1\mathrm{e}^{-\alpha(t_2-t_1)}\quad(\alpha>0) \tag{6-95}$$

对于在任何年龄、地位指数和林分密度条件下，林木的相对枯损率为不变的常数，则可用式(6-94)，但实际上很少有这种情况。

②假设相对枯损率与年龄(t)和地位指数(SI)有关(Bailey et al.，1985)。

$$\frac{1}{N}\frac{dN}{dt}=-\beta_0+\beta_1 t^{-1}-\beta_2 SI \tag{6-96}$$

通过积分而得的相应的差分方程模型为：

$$N_2=N_1\left(\frac{t_2}{t_1}\right)^{\beta_1}\exp[-(\beta_0+\beta_2 SI)(t_2-t_1)]\quad(\beta_0, \beta_1, \beta_2>0) \tag{6-97}$$

③假设相对枯损率与年龄(t)有关(Pienaar et al., 1981)。

$$\frac{1}{N}\frac{dN}{dt}=-\alpha t^{\gamma} \tag{6-98}$$

对枯损率函数式(6-97)积分，并代入 $t=t_1$ 时，$N=N_1$ 的初始条件，可得

$$\ln N_2=\ln N_1-\beta_1(t_2^{\beta_2}-t_1^{\beta_2})\quad(\beta_1, \beta_2>0) \tag{6-99}$$

式中　$\beta_1=\frac{\alpha}{r+1}$；

$\beta_2=r+1$。

Pienaar et al. (1981)采用式(6-98)为美国佐治亚—佛罗里达平坦林地整地造林的湿地松人工林建立的枯损方程，其参数估计值为：$\beta_1=0.0056025$，$\beta_2=1.3334$。

④假设相对枯损率与年龄(t)和林木株数(N)有关(Clutter et al., 1980)。

$$\frac{1}{N}\frac{dN}{dt}=-\alpha t^{\gamma}N^{\delta} \tag{6-100}$$

对式(6-100)积分，并代入 $t=t_1$ 时，$N=N_1$ 的初始条件，可得以下枯损模型：

$$N_2=[N_1^{\beta_1}+\beta_2(t_2^{\beta_3}-t_1^{\beta_3})]^{\frac{1}{\beta_1}}\quad(\beta_1, \beta_2, \beta_3>0) \tag{6-101}$$

式中　$\beta_1=-\delta$；

$\beta_2=\frac{\alpha\delta}{(\gamma+1)}$；

$\beta_3=\gamma+1$。

Clutter et al. (1980)采用式(6-101)为弃耕地湿地松人工林建立的枯损方程，其参数估计值为：$\beta_1=0.87084$，$\beta_2=0.0000146437$，$\beta_3=1.37454$。

⑤假设相对枯损率与年龄的指数函数成比例(李凤日，1999)。

$$\frac{1}{N}\frac{dN}{dt}=-\alpha e^{rt} \tag{6-102}$$

对枯损率函数式(6-101)积分，并代入 $t=t_1$ 时，$N=N_1$ 的初始条件，可得

$$\ln N_2=\ln N_1-\beta_1(e^{\beta_2 t_2}-e^{\beta_2 t_1})\quad(\beta_1, \beta_2>0) \tag{6-103}$$

式中　$\beta_1=\alpha/\gamma$；

$\beta_2=r$。

⑥假设相对枯损率与年龄(t)的指数函数及和林木株数(N)成比例(李凤日，1999)。

$$\frac{1}{N}\frac{dN}{dt}=-\alpha e^{rt}N^{\delta} \tag{6-104}$$

对式(6-104)积分，并代入 $t=t_1$ 时，$N=N_1$ 的初始条件，可得

$$N_2=[N_1^{\beta_1}+\beta_2(e^{\beta_3 t_2}-e^{\beta_3 t_1})]^{\frac{1}{\beta_1}}\quad(\beta_1, \beta_2, \beta_3>0) \tag{6-105}$$

式中　$\beta_1=-\delta$；

$\beta_2=\frac{\alpha\delta}{\gamma}$；

$\beta_3=\gamma$。

⑦假设相对枯损率与 t、SI 和 N 有关，作为 Clutter et al. (1980)模型的扩展，现增加地位指数(SI)的影响。

$$\frac{1}{N}\frac{\mathrm{d}N}{\mathrm{d}t}=-\alpha t^{r}N^{\sigma}SI^{\lambda} \tag{6-106}$$

对式(6-104)积分，可得存活木差分方程：

$$N_2=\left[N_1^{\beta_1}+\beta_2 SI^{\beta_4}({t_2}^{\beta_3}-{t_1}^{\beta_3})\right]^{\frac{1}{\beta_1}}\quad(\beta_1,\ \beta_2,\ \beta_3,\ \beta_4>0) \tag{6-107}$$

式中　$\beta_1=-\delta$；

$\beta_2=\frac{\alpha\delta}{(\gamma+1)}$；

$\beta_3=\gamma+1$；

$\beta_4=\lambda$。

⑧经验方程(Clutter et al.，1974)。

$$N_2=N_1^{\left(\frac{t_1}{t_2}\right)^{\beta_0 t_1}}\ 或\ \ln N_2=\ln N_1\left(\frac{t_1}{t_2}\right)^{\beta_0 t_1}\quad(\beta_0>0) \tag{6-108}$$

⑨基于扩展 Logistic 方程的枯损模型(张大勇等，1985)。张大勇等(1985)在 Logistic 方程基础上，构建了以下相对枯损率方程。

$$\frac{1}{N}\frac{\mathrm{d}N}{\mathrm{d}t}=-\alpha\left[1-\left(\frac{\gamma}{N}\right)^{\delta}\right] \tag{6-109}$$

对式(6-109)积分，可得存活木的差分方程：

$$N_2=\gamma\left\{1+\left[\left(\frac{N_1}{\gamma}\right)^{\delta}-1\right]\mathrm{e}^{-\alpha\delta(t_2-t_1)}\right\}^{\frac{1}{\delta_1}}\quad(\alpha,\ \gamma,\ \delta>0) \tag{6-110}$$

⑩基于 Korf 方程的枯损模型(江希钿等，2001)。江希钿等(2001)依据 Korf 方程的假设，构建了存活木预估模型。

$$N_2=\left[(\beta_1\mathrm{e}_2^{\beta}\,{t_2}^{-\beta_3})^{-\beta_4}-(\beta_1\mathrm{e}_2^{\beta}\,{t_1}^{-\beta_3})^{-\beta_4}+N_0^{-\beta_4}\right]^{-\frac{1}{\beta_4}}\quad(\beta_1,\ \beta_2,\ \beta_3,\ \beta_4>0) \tag{6-111}$$

6.1.5　单木生长模型

6.1.5.1　树木生长方程

(1)基本概念

生长方程(growth functions)是描述生物个体或种群大小随时间变化的模型。树木生长方程是指描述某树种(组)各调查因子(如直径、树高，断面积、材积、生物量等)总生长量 $y(t)$ 随年龄(t)生长变化规律的数学模型。由于树木生长除遗传特性外，受年龄、立地条件、气候条件、竞争、人为经营措施等多种因子的影响，同一树种的单株树木生长是一个随机过程。因此，树木生长方程所反映的是该树种某调查因子的平均生长过程，也就是随机过程在均值意义上的生长函数。

尽管树木生长过程中由于受环境的影响出现一些波动，但总的生长趋势是比较稳定的，曲线类型包括直线形、抛物线形和“S”形等。典型的树木生长曲线呈现“S”形，又称为“S”形曲线(图 6-14)。早在 100 多年前，萨克斯(Sacks，1873)就用“S”形曲线来描述了树木的生长过程。

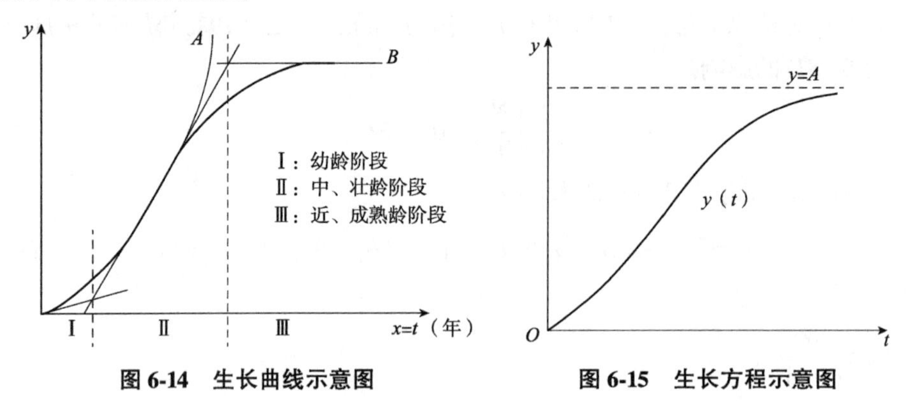

图 6-14　生长曲线示意图　　图 6-15　生长方程示意图

由于树木的生长速度是随树木年龄的增加而变化，即由缓慢—旺盛—缓慢—最终停止。因此，典型的树木生长曲线能明显划分为 3 个阶段：第一段大致相当于幼龄阶段，第二段相当于中、壮龄阶段，第三段相当于近、成熟龄阶段，如图 6-14 所示。

合理的树木生长方程具有以下生物学特性：

①当 $t=0$ 时或 $t=t_0$ 时，$y(t)=0$。此条件称之为树木生长方程应满足的初始条件。

②$y(t)$存在一条渐近线，即 $t\to\infty$ 时，$y(t)=A$。A 为该树木生长极大值(图 6-15)。

③由于树木生长是依靠细胞的增殖不断地增长它的直径、树高和材积，所以树木的生长是不可逆的，使得 $y(t)$是关于年龄(t)的单调非减函数，即 $\mathrm{d}y/\mathrm{d}t\geqslant0$。

④$y(t)$是关于 t 的连续且光滑的函数曲线。

(2)树木生长经验方程和理论方程

树木生长方程作为模拟林木大小随年龄变化的模型，有大量公式可以描述所观察的生长数据及曲线，总体上可划分为经验方程和理论方程(机理模型)两大类。

一个理想的树木生长方程应满足通用性强、准确度高等条件，且最好能对方程的参数给出生物学解释。早期的树木生长方程大多以经验方程为主，近几十年则以理论方程为主。

①树木生长经验方程。经验生长方程是基于所观测的树木各调查因子的生长数据和生长曲线，根据经验选择适宜的数学函数描述其大小随年龄变化的模型。经验方程由于缺乏树木生长的生物学假设，模型中的一些参数无任何生物学意义，逻辑性和普适性较差，局限性较大，仅适合描述所观测的生长数据和数据范围，很难进行外延和推广应用。

经验方程是研究者根据所观察的数据选择比较适宜于数学公式，在方程选择上有较大的人为性。100 多年来，各国学者提出了许多经验方程来模拟单木和林分的总生长过程。表 6-4 中列出了林业建模中常用的一些非典型“S”形经验方程。这些方程的性质并不能全部满足上述树木的 4 个生物学特性，因此采用这些方程模拟树木生长时，所估计的参数和模拟的结果并不一定符合树木生长特性，应尽量避免超出观测数据范围来进行预测。

表 6-4 树木和林分生长模拟中常用的经验方程

方程	数学表达式			性质		
	总生长函数	连年生长函数	参数约束	初始值	拐点	渐近线 $t\to\infty$
柯列尔（Роляср，1878）	$y=a_0t^{a_1}e^{-a_2t}$	$\frac{dy}{dt}=y\left(\frac{a_1}{t}-a_2\right)$	a_0，a_1，$a_2>0$	$t\to0$；$y\to0$	有	$y\to\infty$
HossfeldI	$y=\frac{t^2}{a_0+a_1t+a_2t^2}$	$\frac{dy}{dt}=y^2\left(\frac{2a_0+a_1t}{t^3}\right)$	$a_0>0$；$a_1<0$ $a_0>0$；$a_1>0$	$t=0$；$y=0$ $t=0$；$y=0$	有	$y\to\frac{1}{a_2}$
Freese	$y=a_0t^{a_1}a_2^t$	$\frac{dy}{dt}=y\left(\ln a_2+\frac{a_1}{t}\right)$	a_0，$a_1>0$；$\ln a_2<0$ a_0，$a_1>0$；$\ln a_2>0$ a_0，$a_1>0$；$\ln a_2=0$	$t=0$；$y=0$	有 无 无	$y\to\infty$
Korsun（对数抛物线）	$y=a_0t^{a_1-a_2\ln t}$	$\frac{dy}{dt}=\frac{y}{t}(a_1-2a_2\ln t)$	a_0，a_1，$a_2>0$	$t\to0$；$y\to0$	有	$y\to0$
双曲线	$y=a_0-\frac{a_1}{t}$	$\frac{dy}{dt}=\frac{a_1}{t^2}$	$a_1>0$	$t\to0$；$y\to-\infty$	无	$y\to a_0$
—	$y=a_0-\frac{a_1}{t+a_2}$	$\frac{dy}{dt}=\frac{a_1}{(t+a_2)^2}$	a_1，$a_2>0$	$t=0$；$y=a_0-\frac{a_1}{a_2}$	无	$y\to a_0$
—	$y=a_0-a_1\frac{1}{t}+a_2t$	$\frac{dy}{dt}=a_2+a_1\frac{1}{t^2}$	a_1，$a_2>0$	$t\to0$；$y\to-\infty$	无	$y\to\infty$
对数	$y=a_0+a_1\ln t$	$\frac{dy}{dt}=\frac{a_1}{t}$	$a_1>0$	$t\to0$；$y\to-\infty$	无	$y\to\infty$
指数	$y=a_0-a_1e^{-a_2t}$	$\frac{dy}{dt}=a_2(a_0-Y)$	a_1，$a_2>0$	$t=0$；$y=a_0-a_1$	无	$y\to a_0$
幂函数	$y=a_0t^{a_1}$	$\frac{dy}{dt}=y\frac{a_1}{t}$	a_0，$a_1>0$	$t\to0$；$y\to0$	无	$y\to\infty$
—	$y=a_0+a_1t^{a_2}$	$\frac{dy}{dt}=\frac{a_2}{t}(y-a_0)$	a_1，$a_2>0$；$a_2<1$	$t=0$；$y=a_0$ $t\to0$；$y\to-\infty$	无	$y\to\infty$
—	$y=(a_0+a_1t)^{a_2}$	$\frac{dy}{dt}=\frac{a_1a_2Y}{a_0+a_1t}$	a_1，$a_2>0$；$a_2<1$	$t=0$；$y=a_0^{a_2}$	无	$y\to\infty$
—	$y=\left(a_0+\frac{a_1}{t}\right)^{-a_2}$	$\frac{dy}{dt}=\frac{a_1a_2y}{\left(a_0+\frac{a_1}{t}\right)t^2}$	a_1，$a_2>0$	$t\to0$；$y\to0$	无	$y\to a_0^{-a_2}$

注：y 为调查因子；t 为年龄；ln 为以 e 为底的自然对数；a_0，a_1，a_2 为待定参数；除注明外参数 a_0，a_1，$a_2>0$。

采用经验方程拟合树木生长时，常选择多个函数估计其参数，通过对比分析相关指数(R^2)、残差均方(MSE)等拟合统计量找出比较理想的生长方程。下面以两株解析木的实测数据为例，说明经验方程和理论方程描述树高生长曲线的过程。

【例 6-4】根据小兴安岭地区一株 265 年生天然红松解析木树高生长数据(表 6-3)，采用 SAS 9.4 统计软件估计了柯列尔(Ролясp，1878)方程的参数和拟合统计量：

$$y(t)=0.02547t^{1.50755}e^{-0.004984t}\quad MSE=0.091\quad (R^2=0.9991) \tag{6-112}$$

红松树高生长曲线的原始数据和树高生长经验方程的预测值见表 6-5 和图 6-16。从拟合效果来看，式(6-112)可以很好地描述红松的树高生长，但方程中的参数无生物学意义，无法从专业上做出解释。

表 6-5 一株天然红松解析木树高生长拟合结果

年龄(年)	树高(m)		年龄(年)	树高(m)	
	实际值	预测值		实际值	预测值
10	0.80	0.78	140	22.05	21.80
20	2.20	2.11	150	23.02	23.01
30	4.00	3.70	160	24.00	24.13
40	5.20	5.43	170	24.95	25.15
50	7.70	7.23	180	25.90	26.08
60	8.95	9.05	190	26.80	26.92
70	10.40	10.87	200	27.65	27.67
80	12.00	12.64	210	28.27	28.33
90	13.90	14.37	220	28.80	28.92
100	16.40	16.02	230	29.30	29.42
110	18.10	17.60	240	29.80	29.84
120	19.40	19.09	250	30.30	30.19
130	20.80	20.49	256	30.60	30.37

【例 6-5】一株 92 年生的天然兴安落叶松，采用舒马切尔(Schumacher，1939)方程拟合其树高生长：

$$y(t)=34.8135e^{-20.6992/t}\quad MSE=0.147,\ R^2=0.9978 \tag{6-113}$$

原始数据和按树高生长方程式(6-113)计算的预测值见表 6-6 和图 6-16。从上面实例可看出，虽然这两株树的生长过程差别很大，但分别用不同的生长方程拟合，都取得了良好结果。由此可见，根据具体生长过程特点选定最优方程是十分重要的。

表 6-6 一株兴安落叶松解析木树高生长拟合结果

年龄(年)	树高(m)		年龄(年)	树高(m)	
	实际值	预测值		实际值	预测值
10	4.60	4.39	60	24.70	24.66
20	11.60	12.37	70	26.00	25.90
30	18.10	17.46	80	26.80	26.88
40	21.00	20.75	90	27.60	27.66
50	22.80	23.01	92	27.70	27.80

②树木生长理论方程。在树木生长模型研究中，根据生物学特性做出某种假设，建立关于树木总生长曲线的微分方程或微积分方程，求解后并代入其初始条件或边界条件，从而获得该微分方程的特解，这类生长方程称为理论方程。

与经验方程相比，理论生长方程具有以下特点：逻辑性强；适用性较大；参数可由独立的试验加以验证，即参数可做出生物学解释；从理论上对未来生长趋势可以进行预测。因此，在生物生长模型研究中，多采用理论方程。

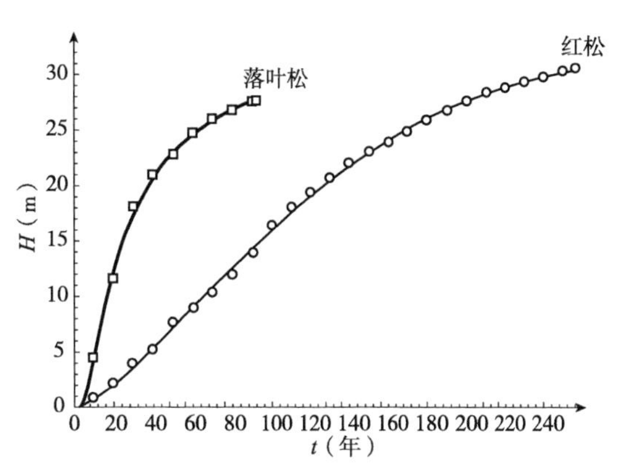

图 6-16　天然红松和兴安落叶松树高生长拟合曲线

许多学者（Grosenbaugh，1965；Pienaar et al.，1973；Causton et al.，1981；Hunt，1982；Zeide，1993；Kiviste，2002；李凤日，1995）分析了理论生长方程的特性。表 6-7 列出了林业上常用的一些典型“S”形（sigmoid）理论生长方程及其特性，主要包括 Schumacher 方程、Korf 方程、Logistic 模型、单分子式（Mitscherlich 式）、Gompertz 方程、Richards 方程及 Hossfeld 等。这些方程基本满足了上述树木生长的 4 个生物学特性。

表 6-7　树木和林分生长模拟中常用的理论生长方程

方程	数学表达式			性质		
	总生长函数	方程假设	参数约束	初始值	拐点	渐近线 $t\to\infty$
Schumacher	$y=Ae^{-\frac{k}{t}}$	$\frac{1}{y}\frac{dy}{dt}=r(\ln A-\ln y)^2$	$r>0$	$t\to0$；$y\to0$	$t=\frac{k}{2}$；$y=\frac{A}{e^2}$	$y\to A$
Johnson-Schumacher	$y=Ae^{-\frac{k}{t+a}}$	$\frac{1}{y}\frac{dy}{dt}=r(\ln A-\ln y)^2$	$r>0$	$t\to0$；$y\to Ae^{-\frac{k}{a}}$	$t=\frac{k}{2}-a$；$y=\frac{A}{e^2}$	$y\to A$
Korf	$y=Ae^{-kt^{-\frac{1}{m-1}}}$	$\frac{1}{y}\frac{dy}{dt}=r(\ln A-\ln y)^m$	$m>1$	$t\to0$；$y\to0$	$t=\left(\frac{k}{m}\right)^{m-1}$；$y=Ae^{-m}$	$y\to A$
单分子式（Mitscherlich）	$y=A(1-e^{-rt})$	$\frac{dy}{dt}=r(A-y)$	$r>0$	$t=0$；$y=0$	无	$y\to A$
Logistic	$y=\frac{A}{1+ce^{-rt}}$	$\frac{1}{y}\frac{dy}{dt}=r\left(1-\frac{y}{A}\right)$	$r>0$	$t=0$；$y=\frac{A}{1+c}$ $t\to-\infty$；$y=0$	$t=\frac{\ln c}{r}$；$y=\frac{A}{2}$	$y\to A$
Gompertz	$y=Ae^{-ce^{-rt}}$	$\frac{1}{y}\frac{dy}{dt}=r(\ln A-\ln y)$	$r>0$ $c>0$	$t=0$；$y=Ae^{-c}$ $t\to-\infty$；$y=0$	$t=\frac{\ln c}{r}$；$y=\frac{A}{e}$	$y\to A$
Richards	$y=A(1-e^{-rt})^{\frac{1}{1-m}}$	$\frac{dy}{dt}=\frac{ry}{1-m}\left[\left(\frac{A}{y}\right)^{1-m}-1\right]$	$r>0$	$t=0$；$y=0$	$t=\frac{\ln\left(\frac{1}{1-m}\right)}{r}$；$y=Am^{\frac{1}{1-m}}$	$y\to A$

（续）

方程	数学表达式			性质		
	总生长函数	方程假设	参数约束	初始值	拐点	渐近线 $t\to\infty$
Hossfeld Ⅳ	$Y=\frac{A}{1+ct^{-k}}$	$\frac{dy}{dt}=k\frac{y}{t}\left(1-\frac{y}{A}\right)$	$k>1$	$t\to0$；$y\to0$	$t=\left[\frac{c(k-1)}{k+1}\right]^{1/k}$； $y=\frac{A}{2}\left(1-\frac{1}{k}\right)$	$y\to A$

注：y 为调查因子；t 为年龄；A 为渐进参数，$A=y_{max}$；r 为内禀增长率或生长速率参数；k 为与生长速率相关的参数；m 为形状参数；c 为与初始条件相关的参数。

③生长方程的拟合实例。上述多数经验方程(表 6-4)和 8 个理论生长方程(表 6-7)，均属于典型的非线性回归模型，估计参数时需采用非线性最小二乘法。许多高级统计软件包，如 SAS、SPSS、R、统计之林(ForStat)等，均提供了非线性回归模型参数估计的方法，下面举例说明树木生长方程的拟合过程。

【例 6-6】根据表 6-8 中天然红松树高生长数据，利用 Richards 生长方程来建立树高生长模型。给定初始参数值：$A=50$，$r=0.01$，$b=1.5$，采用 SAS 9.4 统计软件包中所提供的麦夸特(Marquardt)迭代法，经过 11 步迭代得到的 Richards 方程的参数估计值见表 6-8。

方程的拟合统计量为：

剩余均方：

$$MSE=SSE/(n-3)=2.4119/(26-3)=0.1049$$

剩余标准差：

$$S_{y,x}=\sqrt{MSE}=0.3239(\text{m})$$

相关指数：

$$R^2=0.9990$$

表 6-8　红松树高生长模型参数估计值

参数名	参数渐近估计值	渐近标准误	t 值	p	参数渐近估计值 95% 的置信区间	
					下限	上限
A	34.9415	0.539 450	64.7722	0.0000	33.8256	36.0574
r	0.010 23	0.000 457	22.3650	0.0000	0.009 28	0.0112
b	1.7298	0.064 150	26.9639	0.0000	1.5971	1.8625

红松树高生长方程拟合结果见式(6-112)和图 6-17。

$$H=34.9415(1-e^{-0.010\,23t})^{1.7298} \tag{6-113}$$

天然红松的树高生长曲线反映了该株树的以下生长规律：

a. 树高生长的渐进最大值：$H_{max}=34.9415$ m；树高潜在生长速率：$r=0.010\,23$ (1.023%)，表明其树高生长缓慢；同化作用幂指数：$m=1-1/b=0.422$。

b. 曲线存在一个拐点：$t_I=53.58a$，$H_I=7.85$ m，$\left(\frac{dH}{dt}\right)_{max}$ 0.1904 m。即当树木年龄

达到 53.58 年时，树高连年生长量达到最大，数值为 0.1904 m。

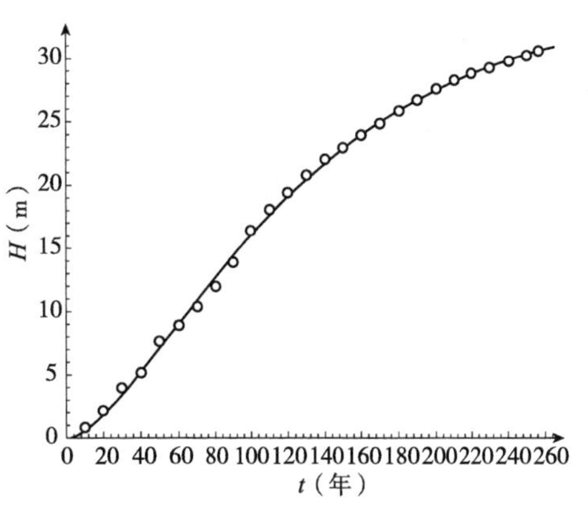

图 6-17　红松树高生长方程拟合结果

6.1.5.2　与距离有关的单木生长模型(DDIM)

依据单木生长模型中所用的竞争指标是否含有林木之间的距离因子，将其分为与距离有关的单木生长模型及与距离无关的单木生长模型。这里首先介绍与距离有关的单木生长模型。

这类模型以与距离有关的竞争指标为基础，来模拟林分内个体树木的生长，并认为林木的生长不仅取决于其自身的生长潜力，而且还取决于其周围竞争木的竞争能力。因此，林木的生长可表示为林木的潜在生长量(即不受其他林木竞争的条件下所能达到的生长量)和竞争指数的函数，即

$$\frac{dD_i}{dt}=f\left[\left(\frac{dH}{dt}\right)_{max}, (CI_i)\right] \tag{6-114}$$

$$CI_i=f_i(D_i, D_j, DIST_{ij}, SD, SI) \tag{6-115}$$

式中　$\frac{dD_i}{dt}$——林分中第 i 株林木(对象木)的直径生长量；

$\left(\frac{dH}{dt}\right)_{max}$——该林分中的单株木所能达到的直径潜在生长量，常以相同立地、年龄条件下自由树的直径生长量表示；

CI_i——第 i 株对象木的竞争指数；

D_i——第 i 株对象木的直径；

D_j——第 i 株对象木周围第 j 株竞争木的直径($j=1, 2, 3, \cdots, N$)；

$DIST_{ij}$——第 i 株对象木与第 j 株竞争木之间的距离；

SD——林分密度；

SI——地位指数。

由于在构造竞争指标时，林木之间的距离是必要因子，所以，DDIM 要求输入各单株木的大小及它们在林地上的空间位置，可用平面直角坐标系表示，形成林木分布图。

与距离有关的单木生长模型组成：①竞争指标的构造和计算；②胸径生长方程的建立；③枯损木的判断；④树高、材积方程以及其他一些辅助方程。

其共同的模型结构为：①要输入初始的林木及林分特征因子，确定每株树的定位坐标；②单木生长是林木大小、立地质量和受相邻木竞争压力大小的函数；③竞争指标为竞争木大小及其距离的函数；④林木的枯损概率是竞争或其他单木因子的函数。

6.1.5.3　与距离无关的单木生长模型(DIIM)

与距离无关的单木生长模型是将林木生长量作为林分因子(林龄、立地及林分密度等)和林木现在的大小(与距离无关的单木竞争指标)的函数，对不同林木逐一或按径阶进行生长模拟以预估林分未来结构和收获量的生长模型。这类模型假定林木的生长取决于其自身的生长潜力和它本身的大小所反映的竞争能力、相同大小的林木具有一样

的生长过程，并假设林分中林木是均匀分布，因此不需考虑树木的空间分布对树木生长的影响。使用这类模型时，不再需要林木的空间位置为模型的输入变量，而仅需要反映每株林木大小的树木清单。

这类模型竞争指标一般由反映林木在林分中所承受的平均竞争指标(即林分密度指标 SD)反映不同林木在林分中所处的局部环境或竞争地位的单木水平竞争因子所组成。其竞争指标一般可表示为：

$$CI_i = f(D_i, \theta_j) \quad (j=1, 2, \cdots, K) \tag{6-116}$$

式中 CI_i——第 i 株对象木的竞争指标；

θ_j——表示林分状态(如平均直径、林分密度、地位指数等)的参数；

K——林分状态参数的个数。

总的来说，由于 DDIM 考虑了林木之间的距离因子，因而在一定程度上反映了不同林木在林分中所处的小生境的差异。从理论上讲，这类模型能较准确地预测林木的生长量及反映当相邻的竞争木被间伐之后对对象木生长的影响。所以，这类模型适于模拟各种不同经营措施下的林分结构及其动态变化的详细信息，估计精度高，提供各种经营措施的灵活性也很大。但是，由于林木所处的竞争环境难以准确衡量，而且，当把林木的空间位置信息引入单木生长模型中时，不仅模型结构复杂、外业工作量很大、成本高。应用这类模型时，需要输入详细的林木空间位置信息而大大限制了它的实用性。这也是这类模型未能在实践中推广应用的主要原因。所以，这类模型尽管在国外研究很多，但在实际工作中应用却很少。

DIIM 仅需以树木清单为输入量，不需要林木位置信息，使外业工作量大大减少。所以，它具有模型构造简单、计算方便及便于在林分经营中实际应用等优点。因此，DIIM 可对不同的植距、间伐和施肥等经营措施的林木或林分的生长进行模拟。但是，由于这类模型所描述的林木生长量完全取决于林木自身的大小，并且导致现在相同大小的林木生长若干年后仍为同样大小的林木的结果，这与林木的实际生长相差较大，而且从生长机理上讲，不考虑林木之间的相对位置对生长空间竞争的影响是不合适的。DIIM 通常采用固定标准地数据，建模成本也大为降低，易在林业生产实际工作中推广应用。

两类模型预估精度的高低，主要体现在两类竞争指标对于生长估计值的准确程度上，而两类竞争指标谁优谁劣，尚无定论。从理论上讲，与距离有关的竞争指标从对象木与竞争木之间的关系和林木在林地上的空间分布格局两个方面进行了考虑，有可能更精确地反映林木的竞争状况，因此，预估生长与收获应该比与距离无关的单木竞争指标更为精确，一些研究结果也证实了这一点。但许多研究者对这两类竞争指标的研究结果表明：在预估生长与收获上与距离有关的单木竞争指标并不比与距离无关的单木竞争指标优越。另外，DIIM 其预估能力或精度并不一定因少了空间信息而降低，而且 DIIM 便于与全林分模型和径阶模型连接。

DIIM 不仅具有 DDIM 同样的预估精度，灵活性以及提供信息的能力，而且大大减少了模型研究和应用的费用。在国外已投入运行的一些林分生长模型模拟软件系统(如 PROGOSIS、STEMS、CACTOS 等)均是以与距离无关的单木模型为基础的，这也说明了与距离无关的单木模型具有更大的应用潜力和发展前景。

6.1.5.4　单木枯损(存活)模型

林木枯损或存活模型是林木生长和收获预估模型系统的重要组成部分。随着森林集约化经营管理的提高，特别是商品林的生产和经营管理，使得人们更加关注林木在未来时刻的生长和存活状态，以便为造林初始密度设计、间伐、主伐等营林生产活动提供有力的依据。按林木生长的三大类模型来划分，林木枯损或存活模型也可有林分、径阶和单木 3 个水平。在林分水平上，通常研究林木存活模型或保留木株数模型，其主要预估林分的林木株数随时间的变化情况。在研究径阶和单木水平时则为枯损模型，预测径阶内林木枯损比率或单木枯损概率。为了获取更为详细的林木生长，林木生长和收获预估研究更加关注单木水平上各种模型的建立，其中单木枯损(存活)模型也得到了广泛的研究。

(1)单木枯损(存活)模型形式

关于径阶或单木的枯损量，通常作为概率函数来处理，即判断每株树木死亡的可能性，然后估计径阶或全林分的枯损量。由于林木枯损的分布是不确定过程，存在着随机波动。所以，这些变量只能通过大量实验和调查数据建立概率统计模型。统计模型范畴很广，包括线性模型、非线性模型、线性混合模型等等，而大多数模型都是以处理定量数据为基础的。由于林业调查的因子在很大程度上都是定性数据。因此，因变量包含两个或更多个分类选择的模型在林业调查数据分析中具有重要的应用价值。Logistic 回归模型就是一种常见的处理含有定性自变量的方法，也是最流行的二分数据模型。二项分组数据 Logistic 回归分析是将概率进行 Logit 变换后得到的 Logistic。线性回归模型，即一个广义的线性模型，这时可以系统地应用线性模型的方法对其进行处理。一个林木枯损的分布可以用“是”或“不是”来表示，所以在选择可能影响林木枯损的因子后，运用 Logistic 回归模型来模拟林木枯损的分布是可行的。

目前，有 3 种函数形式可以拟合两个或者多个因变量分类数据，它们为 Logit、Gompit 和 Probit 概率模型。这 3 种概率模型都能拟合林木枯损的分布概率。由于研究现象的发生概率 $P(Y=1)$ 对因变量 X_i 的变化在 $P(Y=0)$ 和 $P(Y=1)$ 附近不是很敏感，所以需要寻找一个 $P(Y=1)$ 的函数，使它在 $P(Y=0)$ 和 $P(Y=1)$ 附近变化幅度较大，同时希望 $P(Y=1)$ 的值尽可能地接近 0 或 1。以下公式即为寻找到的关于 $P(Y=1)$ 的函数，称为 $P(Y=1)$ 的 Logit 变换。

$$\mathrm{Logit}[P(Y=1)]=\ln\left[\frac{P(Y=1)}{1-P(Y=1)}\right] \tag{6-117}$$

二项分布 Logit 函数形式可由以下公式表示：

$$\ln\left[\frac{P(Y=1)}{1-P(Y=1)}\right]=X\beta=\beta_0+\sum\beta_j X_j=\beta_0+\beta_1 X_1+\beta_2 X_2+\cdots+\beta_p X_p \tag{6-118}$$

Gompit 函数形式可由以下表示：

$$\ln\{-\ln[1-P(Y=1)]\}=\beta_0+\beta_1 X_1+\beta_2 X_2+\cdots+\beta_p X_p \tag{6-119}$$

Probit 函数形式可由以下表示：

$$\Phi^{-1}[P(Y=1)]=\beta_0+\beta_1 X_1+\beta_2 X_2+\cdots+\beta_p X_p \tag{6-120}$$

式中　P——事件发生的概率；

Φ——正态分布的累积分布函数；

β——回归系数；

X——自变量。

为了更加清楚地描述这 3 种函数形式，这 3 种函数可以进一步被写成以下 3 式：

$$P(Y_i)=\frac{1}{1+e^{-X\hat{\beta}}} \quad (6\text{-}121)$$

$$P(Y_i)=1-e^{-e^{X\hat{\beta}}} \quad (6\text{-}122)$$

$$P(Y_i)=\Phi(X\hat{\beta}) \quad (6\text{-}123)$$

为更准确地建立林木枯损模型，在自变量选择时应考虑树种变量、立地质量和竞争变量。

(2)模型参数估计

估计 Logit、Gompit 和 Probit 概率模型回归模型与估计多元回归模型的方法是不同的。多元回归采用最小二乘，将解释变量的真实值与预测值的平方和最小化。而 Logit、Gompit 和 Probit 变换的非线性特使得在估计模型的时候采用极大似然估计的迭代方法，找到系数的“最可能”的估计。这样在计算整个模型拟合度的时候，就采用似然值而不是离差平方和。

回归模型建立后，需要对整个模型的拟合情况做出判断。在 Logit、Gompit 和 Probit 概率模型回归模型中，可采用似然比(likelihood ratio)检验、得分(score)检验和 Wald 检验，其中以似然比检验和得分检验最为常用。一般来讲，常用 AIC 和 SC 来进行模型的比较，其值越小代表模型拟合效果越小，它们的公式分别为：

$$AIC=-2\ln L+2p \quad (6\text{-}124)$$

$$SC=-2\ln L+p\ln\left(\sum f_i\right) \quad (6\text{-}125)$$

$$-2\ln L=-2\sum \frac{w_i}{\sigma^2} f_i \ln \hat{P}_i \quad (6\text{-}126)$$

式中　w_i——第 i 观测值的权重值；

f_i——第 i 观测值的频率值；

σ^2——离散参数。

对于模型的拟合优度可以用 ROC 曲线来评价。ROC 曲线下面积越大，则拟合效果越好。其中，AUC 是描述 ROC 曲线面积的重要指标，其公式为：

$$AUC=[n_c+0.5(t-n_c-n_d)]/t \quad (6\text{-}127)$$

式中　t——不同数据类型的总数目；

n_c——t 中一致的数目；

n_d——t 中不一致的数目；

$t-n_c-n_d$——平局的数目。

6.2　森林经营效应模拟

林地生产力是影响林木生长、发育以及更新的重要方面。在森林管理中，如何维持林地的长期生产力是森林经营管理面临的一个重要问题。各种营林措施会影响生态系统内的养分循环，使林地生产力发生变化；如果经营不当会使地力衰退、甚至出现生态的破坏。造林整地、森林施肥、抚育管理和森林收获等主要措施是森林养分循环的重要影响因素。对于自然生长的林分(如没有人为干扰的天然林)来说，其林分生长主要受树种特性及立地质量和气候环境等自然条件的影响；但对人工林来说，施肥、间伐等经营措施会明显改变林木生长的规律和进程。尽管很多森林生长收获模型都考虑了间伐、施肥等经营措施的影响，但在大部分模型中都很难直接以参数形式将这些经营措施体现出来，而是要通过模型中其他的可控变量如立地质量和林分密度的调整来间接体现。这一过程主要采取在模型中增加一些附加输入变量如施肥对立地质量的影响等方式来适当调整模型信息。因此，这些生长模型在实际应用中的指导性存在不足，例如，目前大部分生长收获模型只有林分密度这一个因子是人们能够直接根据它来调控实际林分生长的，而对于施肥、水分管理等其他人为培育措施则没有参数能够进行直接准确的反应。

生长模型可以模拟和预测森林群落发生、发展的过程、变化的速度和机理，能深入了解环境变化情况下森林植被反应的特点和原因，能为合理地保护和持续利用森林资源提供理论基础、操作依据和数量指标。由于进行和维护长期林地试验既昂贵又耗时，同时，不是所有的营林措施及其组合在不同地形间都可以进行重复实验的。因此，通常是根据生长模型来确定最优森林经营规划。

目前，许多用来做森林经营决策的林分生长模型没有明确说明其中的经营措施。通常假设是由未处理样地获得的方程可以代表处理样地。例如，美国太平洋西北地区不到一半的生长模型含有施肥效应，尽管在该地区广泛使用这种营林措施。目前，营林措施对单木和林分生长的响应研究往往集中在单一的处理上。这种方法对于估计特定营林措施的响应可能是令人满意的，但对不同经营措施之间的交互作用的模拟仍然存在问题。因此，有必要将几种营林措施整合用于生长模型构建。本节将重点介绍林分生长模型中常见的经营措施，包括抚育间伐、植被控制、施肥和遗传改良。

6.2.1 间伐效应

间伐在森林经营管理中起着十分重要的作用。合理的抚育间伐对改善森林林冠层的营养空间以及地下水肥的供应条件，保证林木个体和群体生长，提高森林生产力具有重要的理论和实践意义。研究抚育间伐对森林生长的影响及其模型，是优化抚育间伐作业体系、实现森林生长有效调控的需要。

间伐改变了林分密度、林分平均胸径和林分结构。林木和林分间伐的响应取决于树种、立地质量、林分年龄以及间伐的强度和类型。林分密度的突然改变对林木和林分生长动态的各方面都有影响，其中一些方面受到的影响相对来说较大。在研究间伐对林分生长的影响时运用的模型种类很多，常用到的理论生长模型有 Logistic 方程、Richards 方程、Gompertz 模型、Von Bertalanffy 模型和 Korf 方程等。目前研究间伐对林分生长的影响中用到的模型一般都是在上述几种理论生长模型的基础上，进行参数的扩展和完善，大致有两类，第一类是直接对间伐后的林分建立相应的模型，第二类是在生长和收获的组成模型中以因子或其他形式考虑间伐所产生的效应，在可能的情况下，建立兼容的间伐和未间伐林分的生长和收获模型，如全林整体模型、径阶模型和单木模型。

总之，间伐效应模型对于科学地经营森林，使其向可持续的方向发展提供了依据。但由于具体的林分类型、生长阶段不同，特别是人工林受人为的干涉，造成林木生长和生物量的差异，要找出一种适用于各种林分类型的模型是极其困难的，只能根据各地森林的实际情况，通过不同方法的实践比，选择本地区合适的模型种类。

6.2.2　植被控制效应

在人工林中，植被控制是为了提高商品林的稳定性，对人工林采取保护、利用、发展和清除植被的各种管理措施，达到人工林的健康和持续经营。此外，在商品林中，一些杂草会与树木争夺空间、水、养分和光照。控制杂草对于人工林生长的促进作用是显而易见的。已有大量研究致力于评估林分生长对植被控制的响应。Wanger et al.(2006)总结了加拿大、美国、巴西、南非、新西兰和澳大利亚等国家的长期植被控制研究。大多数的研究表明，有效的植被控制会大幅提高收益。许多植被控制的研究都涉及有限次数的试验处理(通常只是控制与不控制杂草)，从生长模型的角度来看，我们需要对不同水平的杂草控制做出模拟。

6.2.3　施肥效应

施肥是促进林木生长、促进林分发育的重要营林措施。在确定林分不同生长发育阶段的施肥方案时，需要明确施肥对林木及林分生长的影响。因此，施肥与养分管理在森林经营中具有不可代替的作用。在社会公益林建设中，合理的施肥，可提高幼林成活率、加速林分郁闭、提高森林的功能、质量与覆盖率。在现代化商品林生产中，及时地补充养分，可缩短轮伐期，维护林地生产力，提高商品林产量、质量与效益。

林分和立地条件会影响施肥的效果。施肥时的立地指数、断面积、优势高、年龄和株数都会影响施肥效果，且排水性差的立地比其他立地对施肥的响应更明显。一般来说，施肥后能迅速使土壤肥力升高，但长期施肥可能会改变土壤的理化性质，使土壤易出现板结。此外，施肥对土壤养分影响也是比较复杂的。施肥可能会使某些微量元素从土壤溶液中沉淀出来，或形成螯合物使植物不能吸收，氮素也会因施肥以氨的形式挥发。同时，施肥也能使养分大量地积累在植物体内，使养分暂时加以储存，等树木凋亡或落叶时重新回归土壤。冯宗炜等(1985)对亚热带杉木纯林生态系统中营养元素的积累、分配和循环进行研究，研究表明营养元素的年吸收量大于归还量，即使杉木纯林达到主伐年龄期，整个林分处在养分的消耗阶段，在林木体内储存大量营养。另外，施肥也会影响有机质的分解速率，施入氮肥能使 C/N 降低，加快有机质的分解。营养元素如何在植物和土壤中循环是当今研究的热点。植物可获得的养分量与养分利用方式及循环速率有关。不同的元素迁移率不同，因此迁移快的元素可能会随落叶迅速转移到土壤中，这样虽然土壤中该元素含量可能少，但元素的周转期短而不会引起缺乏。这就要求施肥时要对每种元素的循环有所了解，减少不必要的浪费。

6.2.4　遗传改良效应

以往在构建森林生长和收获模型时多注重生长时间(林分年龄)、林木竞争(林分密度)、立地质量(土壤肥力)等因素对林分生长的影响，而忽视了林木本身遗传效应的影响。然而，各国林业科研工作者一直在致力于林木遗传与改良技术的研究，使得林木遗传育种技术一直在不断进步，遗传改良材料不断出现，越来越多的经过遗传改良的林木新品种大规模地应用于林业生产，且实践证明，经过遗传改良的很多树种在树高、胸径、材积等因子方面都具有较高的遗传增益。遗传改良所引起的遗传增益情况比较复杂。

根据相关研究，遗传改良对树高、径级分布均值的作用存在差异。Andersson et al.(2007)和 Kroon et al.(2008)发现，经过改良的欧洲赤松具有更高的树高和更大的胸径比；Vergara et al.(2004)也发现，遗传改良后的湿松的树高和胸径比要显著大于未经过遗传改良的。由此可见，遗传改良会改变原有材料的性状表现，如果继续采用原来建立于未经改良林分上的生长收获模型来预测已经过遗传改良的新林分的未来生长量和收获量势必会造成很大的偏差，带来经营决策上的失误。因此，对采用新的遗传改良材料所建立的林分迫切需要有与之相适应的森林生长收获模型。然而，生长收获模型的建立是一个长周期的过程，需要长期的连续观测数据，无法做到每出现一个改良后的新品种就立即为其建立起相对应的生长收获模型，于是如何使原来建立在未经改良林分上的生长收获模型适应这些新遗传改良材料便日渐成为森林生长收获模型发展中所面临的一个问题。

本章小结

森林生长模型及模拟技术作为研究林分生长变化规律、林木生长收获预估及各种典型森林生态系统对计划性经营反应的一个基本手段，它可以显著缩短研究周期和减少研究费用，已经成为各国争相发展的热点领域。本章从森林生长与收获模型的发展现状、林分密度测定、全林分模型、径阶分布模型、单木生长模型和森林经营效应模拟等方面对森林生长与收获模型涉及的关键问题进行了论述，为实现森林生长与收获模型在多尺度、多目标上的准确预测，为森林经营管理的科学决策提供参考。

思考题

1. 什么是林分生长量与收获量？它们之间有哪些区别？
2. 影响林分生长量和收获量的因子有哪些？
3. 林分密度对林分生长有哪些影响？
4. 合理的抚育间伐对改善森林起到什么作用？
5. 全林分模型可分为哪两类？它们之间有哪些区别？

第 7 章

森林多功能监测与评价

随着人类对森林功能认识的逐步深入，森林多功能经营利用越来越受到关注。如何科学合理地监测和评估森林多功能及其价值，成为林学、生态学和环境学等领域研究的重要内容。本章基于国内外对森林多功能监测与评价的研究成果，以区域(经营单位)森林多功能监测与评价为内容，重点介绍森林多功能的内涵，国内外常用的监测与评价的方法技术。为森林多功能经营及其效果评价提供理论与技术支撑。

7.1 森林多功能监测与评价概述

7.1.1 森林多功能内涵

森林是陆地生态系统的主体，是地球上面积最大、结构最复杂、功能最多和最稳定的陆地生态系统。森林生态系统作为一个复杂的巨系统，以多种方式和机制影响着陆地上的气象、水文、土壤、生物、化学等过程，从而形成了人类可以利用的多种功能，发挥着巨大的经济、生态和社会效益。

7.1.1.1 森林多功能分类

根据联合国《千年生态系统评估报告》，森林功能分为林产品供给、生态保护调节、生态文化服务和生态系统支持 4 类。

林产品供给功能：森林生态系统通过初级和次级生产，提供木材、森林食品、中药材、林果、生物质能源等多种产品，满足人类生产生活需要。地球上全部森林每年的净生产量达 700×10^8 t，占全部陆生植物净生产量的 65%，为人类提供大量木材和林副产品。目前全世界木材年产量超过 30.5×10^8 m^3，其中工业用材占 47%以上。

生态保护调节功能：森林生态系统通过生物化学循环等过程，提供涵养水源、保持水土、防风固沙、固碳释氧、调节气候、清洁空气等生态功能，保护人类生存生态环境。第八次森林资源清查结果显示，我国森林植被总碳储量 84.27×10^8 t，年涵养水源量 5807.09×10^8 m^3，年固土量 81.91×10^8 t，年保肥量 4.30×10^8 t，年吸收污染物量 0.38×10^8 t，年滞尘量 58.45×10^8 t。

生态文化服务功能：森林生态系统通过提供自然观光、生态休闲、森林康养、改善人居、传承文化等生态公共服务，满足人类精神文化需求。

生态系统支持功能：是指森林生态系统通过提供野生动植物的生境，保护物种多样性及其进化过程。

孙鸿烈把森林的功能概况分为3类，即森林的物质生产功能、生态防护功能和社会公益功能(孙鸿烈，2005)。

(1)物质生产功能

森林生态系统是具有物质流、能量流和信息流的自组织反馈系统，物质生产功能是其基本特征。森林是陆地生态系统的主体，具有最高生物生产力，对维持地球上的生命起着重要作用。森林可为人类提供大量林副产品、工业原料和生物质能源等。

(2)生态防护功能

森林具有多种防护功能。①涵养水源。森林具有调节水量净化水质的功能，林木能增加土壤的粗孔隙率，截留天然降水，是天然的蓄水库，从而可以调节河流在洪水期、枯水期流量。同时，大气降水经过森林的过滤起到了水质净化的作用。②防风固沙。森林具有庞大的根系和阻滞风沙的能力，可防止土壤沙化和荒漠的扩延，我国的防护林在固沙、农田防护、江河护岸、护路等方面发挥了巨大的防护作用。③保持水土。降水通过树冠和树干的截留，以及枯枝落叶与森林土壤巨大的持水能力和庞大根系的固土作用，可大大减少水土流失量。同时也起到了保护土壤肥力的作用。④调节气候。森林可以形成森林小气候，对区域性气候具有调节作用。森林可以降低风速、调节温度，提高空气和土壤湿度，减少地表蒸发量和植物蒸腾量，防止干热风、冰雹、霜冻等自然灾害。

(3)社会公益功能

森林能净化空气，防止环境污染，美化环境。林木具有吸收CO_2、放出O_2的作用，地球上的绿色植物每年通过光合作用吸收CO_2约2000×10^8 t，其中森林占了70%，空气中60%的O_2是由森林植物产生的。森林可吸收空气中的有毒气体，具有杀菌、降低噪声等卫生保健功能，是人类理想的康养场所。

7.1.1.2　森林多功能认知

森林多功能的认知是随着人类对森林作用认识的不断深入而逐渐发展的，是社会对森林的功能需求是人与自然之间关系的反映。自1867年以来，Hargen提出森林经营在兼顾木材生产的同时，应满足人们对其他森林服务的需要，国内外很多林业工作者开始致力于对森林多功能经营的研究(亢新刚，2001)。20世纪60年代，为了满足人们对森林的经济需要和生态需求，森林多功能经营思想逐渐形成，森林经营的目标也由主要为经济目标演变成森林生态和社会目标(张德成等，2011)。联合国粮食及农业组织也对森林多功能进行了概括，将森林多功能分为物质生态功能、社会经济功能和生态保护功能，并认为任何单独的一项用途都不能被忽视。随后，关于森林多功能的研究越来越多。

我国在21世纪上半叶确定了我国林业以生态建设为主，建立以森林植被为主体的国土生态安全体系，建设山川秀美的生态文明社会的发展总体战略，加强生态建设，改善生态环境，维护国土安全成为我国新时期经济社会发展对林业的主导需求。很多林业科技人员也开始对森林多功能开展研究。殷鸣放等(2012)认为森林多功能就是在一定空间内，限于森林自身特点和森林环境，森林所具有多种功能的集合。侯元兆等(2010)通过森林供应木材和生态保护两种主要作用对森林多功能进行了阐释。2011 年以来，很多专家学者对森林多功能进行了讨论，认为多功能经营不同于分类经营，应以森林的主导功能经营为主体，进而生产最佳组合的林木产品和生态服务价值，以满足公众对森林的多样化需求(王兵等，2011)。中国森林生态系统服务功能及其价值评估，森林多功能的理论与实践研究得到了空前的发展。

森林多功能是客观存在的，人们根据森林所处的生态区位、自然条件、主导功能和分类经营的要求，通过科学的监测和评价，合理经营，调整系统结构最有效地发挥其功能。

7.1.2　森林多功能监测现状

森林监测是对森林资源自然属性和非自然属性的多次连续的调查。森林多功能监测实质上是一种多内容、多目的的森林资源综合监测，与传统的森林资源侧重于森林面积和蓄积量方面的监测不同，森林多功能监测由于要体现森林的经济、生态及社会等多种功能相关的信息，因此不但要对资源的数量、质量等进行监测，同时还要对森林生态健康和环境状况等方面的因子进行监测，所要监测的因子更加多样，监测的方法和技术更为复杂，所能提供的信息也更为丰富。

随着森林多功能经营理论的发展，森林多功能监测技术受到了重视得到了发展，世界各国都对其原有的森林监测体系进行了一系列优化和改进，使其从单一木材资源监测向多资源多功能综合监测转变。国外开始较早且具有代表性的主要是欧美国家。如美国从 20 世纪 70 年代中期开始，由于公众对生态和野生动物的关注以及法律方面的要求，其森林资源监测开始关注土壤、水质、气候等因素，从 20 世纪 90 年代开始，执行的综合森林资源清查与森林健康监测体系，其核心调查因子达到了 150 多个，其中包含了土壤条件、植被多样性与结构、林下枯落物、臭氧生物指标等许多与森林环境及生态系统健康有关的因子。德国从 20 世纪 80 年代开始，其森林资源监测内容即包含了森林健康、森林土壤和树木营养等方面的调查，并建立了研究森林致害因素及森林生态系统反应机制的固定观测样地体系，并通过不断完善，其森林资源综合监测已涵盖了空气质量、土壤理化性质、树木营养、大气污染物沉降、植物种类及丰富度和覆盖度等诸多方面。其他国家的森林资源监测体系也是综合性越来越强、目标越来越多、多功能方面的监测越来越丰富，如 Coomes et al. (2002)、Allen et al. (2001)分别对新西兰森林碳储量和森林生物多样性进行了监测，Niemela et al. (2005)对欧洲森林在生物多样性保护功能及其他利益方面的冲突进行了监测分析，Schulz et al. (2010)对智利中部旱地森林的景观功能变化进行了监测，Sievanen et al. (2008)对欧洲森林的游憩功能进行了监测，Jakovljevic et al. (2013)对克罗地亚洼地雨林的大气沉降作用进行了监测。但总体上多功能监测深度和广度还不全面。

我国森林资源连续清查(continuous forest inventory，CFI)、森林资源规划设计调查和作业设计等森林资源调查体系，最初主要是侧重于森林面积、蓄积量变化等方面，对森林资源的经济功能关注较多，而对森林生态功能相关的土壤理化性质、空气质量、森林环境情况等生态环境因子的调查和分析很少。随着经济社会的发展和人们生活水平的提高，生态建设和环境保护越来越重视，必然要求森林资源监测能提供更多与森林生态功能相关的信息。为此，我国从第七次森林资源清查开始，在全国森林资源连续清查的内容增加了森林健康、环境状况等方面的监测因子，监测内容和监测技术有了量与质的飞跃，第八、九次森林资源清查工作进一步推进全国主要树种生物量建模，森林生态服务功能监测能力，在此基础上，构建了森林生态连续观测与清查技术体系，将森林资源连续清查与森林生态定位观测网络有机结合，获得了森林多功能监测评价所需的参数(王兵，2015)。2017 年我国颁布了《森林生态系统长期定位观测指标体系》(GB/T 35377—2017)国家标准。为森林多功能监测积累经验，奠定了坚实基础。

目前，森林监测主要基于抽样理论与方法，在调查常规林分调查因子的基础上，监测森林生态环境因子。主要监测指标大体可分为 3 种类型：第一类为土地利用与覆盖监测因子、立地与土壤因子、森林结构特征因子、森林生态功能因子等样地指标；第二类为土壤理化性质、土壤微生物生物量、土壤微量元素和重金属含量、枯枝落叶和植物体养分元素含量等实验指标；第三类为关于森林蓄积量、生物量、碳储量、森林净化能力、森林涵养水源、保育能力、防灾减灾能力、森林生态效益等模型指标。但满足森林多功能经营的监测体系还不够完善(邓成，2015)。

7.1.3　森林多功能评价现状

科学计量和评价森林的多种功能和效益，对森林多功能经营具有重要意义。森林多功能评价包括实物量和价值量评价。在以木材利用为主要产品的时期，森林资源评价主要集中在对木材实物量的计量和评价研究上。最早以森林资源经济评价的森林评价学产生于 19 世纪德国，之后，世界各国相继开展了森林资源的经济功能评价。森林的经济功能评价理论与方法得到了长足发展。从 20 世纪 60 年代开始，世界各国掀起了森林多效益经营模式的热潮，许多国家提出了森林生态和社会功能的评价理论和技术，但主要局限于森林单项功能的评价，同时也逐渐尝试森林综合效益进行计量和评价，如 1980 年联合国粮食及农业组织和联合国环境规划署(UNEP)，首次对热带森林进行了综合性的评估。1983 年，中国林学会开展了森林综合效益评价研究，于 1990 年系统地报道了相关研究成果。1995 年，侯元兆等第一次比较全面地评价了中国森林的涵养水源、防风固沙、净化大气 3 种生态功能价值。后来，随着可持续发展战略成为国际的共识，特别是 1992 年 6 月，联合国在巴西的里约热内卢召开的环境与发展大会，提出的《关于森林问题的原则声明》之后，可持续林业、森林可持续经营理论与技术普及，森林生态服务功能评价得到显著重视。Costanza(1997)对全球生态系统的服务功能价值进行了评价，Dally(1997)对不同地区森林、湿地等生态系统服务功能价值进行了评估。相继世界各国掀起了对生态系统服务功能价值的研究热潮，取得了许多研究成果，尤其是对森林生态服务功能各个单项方面的评价更趋深入，如森林水源涵养功能、土壤保育、固碳释氧、净化大气、生物多样性保护、森林游憩功能评价等，同时，逐渐由单项评价向综合指标体系评价发展。2008 年，国家林业局颁布了《森林生态服务功能评估规范》(LY/T 1721—2008)行业标准。森林经营从木材产量最大化转向生态、经济和社会等多方面目标管理。

我国对森林多功能单项指标评估研究较多，主要集中在森林的水源涵养、森林生产力评价、生物多样性、固碳释氧以及生态旅游功能评价等。森林水源涵养功能评价研究(张彪等，2008；赵磊等，2013；李红振等，2014)。温远光等(1997)、方精云等(1996)、赖日文等(2007)分别利用样地清查法、模型模拟法和遥感估算法对森林生产力进行了评价。李金良等(2003)通过建立生物多样性指标体系对森林生物多样性进行评价。森林碳储量主要通过生物量法(王兵等，2007)和建立生物量与蓄积量关系为基础的碳储量方法(方精云等，2001)。

在单项评估的基础上，逐步定量与定性相结合的方法对森林多功能进行综合评价。森林多功能评价采用层次分析法、经济分析法和数学模型法等。张邦文等(2014)利用专家咨询和模糊层次分析方法确定权重，以森林资源二类调查数据为基础，构建了水土保持等3个方面16个具体指标森林多功能评价体系，薛达元等(1993)、郎奎建等(1993)利用影子工程法和成本替代法对森林的各种生态效益进行了评价；余新晓等(2010)利用非线性理论方法建立森林多功能评价指标体系并建立了生态系统结构与功能的耦合模型。之后，综合指标体系评价发展迅速，郭玉东等(2015)对根河林业局森林生态服务功能价值进行了评估，牛香等(2013)对吉林省森林生态系统服务功能进行了评估。

7.1.4 监测与评价问题与展望

尽管森林多功能监测理论与技术得到了长足发展，但存在评价尺度大小、数据来源不一致、指标体系不完善，方法不统一等诸多问题，森林多功能的监测与评价涉及林学、生态、土壤和环境等多个学科，监测的内容、方法和评价方法相对复杂。目前，我国现有的监测体系框架主要以县市一级为基本监测单位仍偏向于资源监测内容，缺少生态和环境状况的监测内容，只是在国家森林资源监测体系增加了部分生态环境监测因子。森林多功能涉及的内容众多，森林多功能评价采用的基础数据来源不一，从目前来看，我国对森林多功能的评价，所采用的基础数据有来源于森林资源规划设计调查(二类调查)的，也有来源于森林资源连续清查(一类调查)的，两类监测体系的调查数据之间本身就存在差异，造成评价结果不一致。

由于目前的森林多功能评价基础数据多来源于原有的森林资源监测体系，森林生态与环境等多种功能方面的信息反映不足，难以形成统一有效的评价方法体系，难以为森林经营单位的森林多功能经营提供系统的理论指导。因此，构建一套科学合理的评价指标体系至关重要。如何根据我国不同区域的分异规律，在不同的水平上构建统一区域的森林多功能评价指标体系和小班经营单位的评价指标体系，是森林质量精准提升的迫切需要。

7.2 森林多功能监测

森林资源监测是了解森林动态变化和掌握其动态规律的有效手段，森林多功能监测是以调查为基础，对森林的社会经济和生态功能的多次连续的调查或清查。根据监测的内容，确定监测的指标或指标体系，采用科学有效的方法和技术对森林资源状态、发展趋势进行监测，满足对森林资源评价的需要，为合理管理森林资源，实现可持续发展提供决策依据。

森林监测体系是森林多功能效益评价的基础。目前，国际上森林资源监测体系一般分为 3 种方法：一是国家森林资源连续清查；二是利用各省(市)的森林资源清查数据累计全国的方法；三是采用森林经理调查(二类调查)结果累计全国的方法。中国、日本、法国及北欧各国采用第一种方法，加拿大、奥地利等国则通常采用第二种方法，俄罗斯及东欧各国普遍采用第三种方法。

森林资源监测的方法和技术，根据监测手段的不同可以划分为地面样地监测和遥感监测两类。地面样地监测是在监测区域进行系统抽样，布设一定数量的地面样地，通过对样地开展每木调查，进而推算整个区域的森林资源质量和数量。遥感监测主要是通过两期或多期遥感影像提取信息的比较分析，监测森林资源特征信息，实现森林资源的动态监测和评价。

我国森林资源监测工作从 1953 年在国有林区开展森林经理调查，20 世纪 60~70 年代采用了以数理统计为基础的抽样技术，从 70 年代开始完成首次全国范围(未包括台湾、香港和澳门)的森林资源清查(“四五”清查)，在此基础上，建立全国森林资源连续清查体系，完成了到目前为止的第九次全国范围的森林资源连续清查。在每次的清查过程中，适应林业生态建设的需要，陆续开展生态环境、森林健康、景观资源等监测内容，同时也开展了野生动植物、湿地、土地荒漠化和森林生态系统长期定位观测的专项监测。形成了全国、区域、经营单位不同尺度的森林监测体系。

7.2.1 森林资源规划设计调查

森林资源规划设计调查也称森林经理调查，简称二类调查，是以国有林业局(场)、自然保护区、森林公园等企事业或县(旗)行政区划单位调查单位，调查的主要任务和目的是为基层林业生产单位掌握森林资源的现状及动态和区域自然、社会经济条件，综合分析和评价森林资源和经营活动效果，满足编制或修订经营单位的森林经营方案、总体设计和县级林业区划和规划设计。为制定区域国民经济发展规划和林业发展规划，森林分类经营区划，确定森林采伐限额、森林生态效益补偿和森林资源资产化管理等提供科学基础数据。森林资源规划设计调查一般每 10 年调查一次，经营水平高的地区或单位也可 5 年进行一次，两次调查的间隔期也称为经理期。

7.2.1.1 调查内容和指标

(1)调查内容

森林资源规划设计调查包括基本调查内容和专项调查内容。

基本调查内容包括核对森林经营单位的境界线，并在经营管理范围内进行或调整(复查)经营区划；各类林地的面积和各类森林、林木蓄积量调查；与森林资源有关的自然地理环境和生态环境因素调查；森林经营条件、主要经营措施和经营成效调查及其经营数表编制。

专项调查可根据调查单位森林资源特点、经营目标和调查目的以及以往资源调查成果的可利用程度，视情况开展以下专项调查内容与监测：包括森林生长量和消耗量调查；森林土壤调查；森林更新调查；森林病虫害与林火调查；野生动植物资源调查；湿地资源和荒漠化土地资源；森林景观资源；森林生态因子调查；生物量调查和森林多种效益计量与评价调查等。

(2)调查指标

森林资源规划设计调查是在对调查单位进行森林区划的基础上，调查要落实到小班地块，所以小班调查是森林资源规划设计调查最基本调查内容。小班调查共包括立地环境、土地利用、林分特征、森林生态其他，附加 6 个类别 50 多项指标森林资源规划设计调查指标体系(表 7-1)。

表 7-1 森林资源规划设计调查指标体系

指标类别	指　　标
立地环境因子	空间位置、地形地势、土壤/腐殖质、立地类型、立地质量
土地利用因子	权属、地类、工程类别、林种、事权、保护等级
林分特征因子	起源、林层、优势树种(组)、树种组成、平均年龄、平均树高、平均胸径、优势木平均高、郁闭/覆盖度、每公顷株数、枯倒木蓄积量、每公顷蓄积量、散生木株数、平均胸径和蓄积量
森林生态因子	群落结构、自然度、健康状况
其他调查因子	下木植被、天然更新、造林类型
附加因子	用材林近成过熟林可及度； 人工幼林、未成林人工造林地整地方法、规格、造林年度、造林密度、混交比、成活率或保存率及抚育措施； 择伐林小班的直径分布； 竹林小班各竹度的株数和株数百分比； 辅助生产林地小班林地及其设施的类型、用途、利用或保养现状

注：引自《森林资源规划调查设计技术规程》(LY/T 26424—2010)。

7.2.1.2 调查方法

森林资源规划设计调查采用的调查方法是小班调查，查清小班地块的资源信息，通常小班调查采用以下方法：

(1)样地实测法

在小班范围内，通过随机、机械或其他的抽样方法，布设圆形、方形、带状或角规样地，在样地内实测各项调查因子，由此推算小班的各项因子。布设的样地应符合随机原则(带状样地应与等高线垂直或成一定角度)，样地数量应满足精度要求。

(2)目测法

借助调查人员积累的丰富的调查经验辅助各种工具对森林状况较简单的小班可采用此方法。调查前，目测调查人员必须经过 30 块以上的标准地的目测练习，考核各项调查因子达到允许精度要求(目测的数据 80%项次以上)才有资格进行目测调查。小班目测调查时必须深入小班内部，选择有代表性的调查点进行调查。目测调查的观测点数依小班的面积而不同，3 hm^2 以下，1~2 个；4~7 hm^2，2~3 个；8~12 hm^2，3~4 个；13 hm^2 以上，5~6 个。为了提高目测精度，可辅助角规、固定样地以及林业数表进行目测。

(3)航片估测法

利用航空相片(比例尺 1 : 10 000)分别林分类型或树种(组)抽取一定数量有林地小班(50 个以上)判读各小班平均冠径、树高、株数、郁闭度等，同时实测其各小班的相应调查因子，利用判读值和实测值编制航空相片树高、直径、蓄积量表或数量化蓄积量数表或者建立相关模型，估测各小班的调查因子。为了保证估测精度，需要抽取一定数量的小班进行实测验证，要求精度达到 90%以上。

(4) 卫片估测法

利用卫星照片(空间分辨率 3 m 以上)估测小班各调查因子，其主要技术要点包括：

①建立判读标志。根据调查单位的森林资源特点和分布状况，以卫星遥感数据景幅的物候期为单位，每景选择若干条能覆盖区域内所有地类和树种(组)、色调齐全且有代表性的勘察路线。将卫星影像与实地情况对照获得相应影像特征，并记录各地类与树种(组)的影像色调、光泽、质感、几何形状、地形地貌及地理位置(包括地名)等，建立目视判读标志表。

②目视判读。根据目视判读标志，综合运用其他各种信息和影像特征，在卫星影像图上判读并记载小班的地类、树种(组)、郁闭度、龄组等判读结果。对于林地、林木的权属、起源以及目视判读中难以识别的地类，要充分利用已掌握的有关资料或采用询问当地技术人员或现地调查等方式确定。

③判读复核。目视判读采取一人区划判读，另一人复核判读的方式进行，两人的判断值的一致率要达到 90%以上。

④实地验证。室内判读经检查合格后，采用典型抽样方法，抽取不少于小班总数的 5%，且保证小班数大于 50 个，并按照各地类和树种(组)判读的面积比例分配，每个类型不少于 10 个小班，每个类型按照小班面积比例不等概选取。然后进行实地验证。要求各项因子的正判率达到 90%以上。

④蓄积量调查。结合实地验证，典型选取有蓄积量的小班，现地调查其单位面积蓄积量，然后建立判读因子与单位面积蓄积量之间的回归模型，根据判读小班的蓄积量标志值计算相应小班的蓄积量。

7.2.2　森林生态系统定位观测

中国森林生态系统定位研究网络(CFERN)是国家林业和草原局建立的中国陆地生态系统定位研究网络(CTERN)观测与研究网络之一，是我国森林生态功能监测与评价的重要网络。通过在我国典型森林植被区、典型森林地段，建立长期定位观测研究站，开展森林生态系统的组成、结构、生物生产力、养分循环、水循环和能量利用等在自然状态下或某些人为活动干扰下的动态变化格局与过程进行长期观测。目前 CFERN 已发展成为横跨 30 个纬度、代表不同气候带的近百个森林生态站组成的网络，基本覆盖了我国主要典型生态区，涵盖了我国从寒温带到热带、湿润地区到极端干旱地区的最为完整和连续的植被和土壤地理地带系列，形成了由北向南以热量驱动和由东向西以水分驱动的生态梯度的大型生态学研究网络。

经过多年的建设，取得一系列重要成果：颁布了《森林生态系统定位研究站建设技术要求》(LY/T 1626—2005)、《森林生态系统定位观测指标体系》(GB/T 35377—2017)、《森林生态系统长期定位观测方法》(GB/T 33027—2016)、《森林生态系统定位研究站数据管理规范》(LY/T 1872—2010)和《森林生态系统服务功能评估规范》(LY/T 1721—2008)等生态功能评估标准；完成了《中国森林资源及其生态功能四十年监测与评估》(2019)、《退耕还林工程综合效益监测国家报告》(2017)、《东北和内蒙古重点国有林区天然林保护工程生态效益分析》(2017)；完成黑龙江、吉林、山西、上海等省份森林生态连清和生态系统服务功能监测评价研究。

(1)观测指标体系

森林长期定位观测指标体系由 11 类观测指标组成。

①森林水文要素指标。该类指标包括水量、水质 2 类指标：水量指标包括降水量、穿透水量、树干径流量、地表和地下径流量、森林蒸散量等 14 个观测要素；水质指标包括 pH 值、总有机碳、可溶性有机碳和氮、微量元素和重金属元素等 19 个观测要素。

②森林土壤要素指标。该类指标包括土壤理化性质、土壤碳、土壤温室气体通量、土壤微生物等 9 类观测指标，近 100 个观测要素。

③森林气象要素指标。森林小气候要素指标包括风速、风向、气温、大气相对湿度、土壤温湿度、土壤热通量、辐射量、降水量等；微气象法碳通量包括风速、气温、水汽浓度、CO_2 通量等；大气沉降包括大气干沉降和湿沉降；森林调控环境空气质量功能包括森林环境空气质量、空气负离子浓度、二氧化硫和氟化物等植物吸收量。

④森林(竹林)的群落学特征指标。该类指标包括乔木、灌木、草本的生长因子；植被碳储量；昆虫、鸟类和兽类等。

⑤森林生物多样监测指标。该类指标主要监测包括植物种的乔木、灌木、草本层和层间植物的种类、名称、数量、密度等因子；昆虫、鸟类、兽类、两栖及爬行类等野生动物种类、数量和栖居生境等。

⑥其他观测指标包括病虫鼠害、土壤沙化、盐渍化和其他灾害，详见《森林生态系统长期定位观测指标体系》(GB/T 35377—2017)。

(2)观测方法

采用分布式测算的方法进行观测，根据观测指标的不同，野外的具体观测方法不同，主要分如下几类：森林生态系统蒸散发量观测、水量空间分配格局观测、森林配对集水区与嵌套流域观测、森林水质观测、森林生态系统土壤理化性质观测、森林生态系统土壤有机碳储量观测、森林生态系统土壤呼吸观测、森林生态系统土壤动物/酶活性及微生物观测，森林冻土观测、森林常规气象观测、森林小气候观测、森林生态系统微气象法碳通量观测、森林生态系统长期固定样地观测、森林生态系统植被层碳储量观测等涵盖 94 个观测指标的观测方法，详见《森林生态系统长期定位观测方法》(GB/T 33027—2016)、《森林生态系统生物多样性监测与评估规范》(LY/T 2241—2014)。

7.3　森林多功能评价

7.3.1　物质生产功能评价

木材的用途十分广泛，是人类生活中不可或缺的建筑、家具材料及纺织、造纸等重要原料，因此，森林的木材生产功能一直是森林经营的重要任务。

7.3.1.1　木材生产功能评价

(1)评价内容

①森林蓄积量。根据样地监测和调查数据，分别林分类型计算森林单位面积蓄积

量。蓄积量的计算方法很多，一般采用平均实验形数法计算样地中各单木的材积，将各单木材积累加得到各样地的材积，计算各林分类型样地的平均单位蓄积量。平均实验形数计算公式为：

$$V=g\times(h+3)\times f \tag{7-1}$$

式中　V——材积；

g——胸高断面积，m^2；

h——树高，m；

f——平均实验形数，不同的树种取值不同。

②林分出材量。林分的出材量反映森林质量的好坏，出材量的大小不仅受其蓄积量的影响，也受其质量的影响，木材质量评价主要考虑不同干形质量对林木出材率的影响。在确定林分出材率时根据各类样地中不同干形质量林木的出材率及不同干形质量林木比例情况来计算其加权平均值，作为各林分的综合出材率，进而根据其计算各林分类型的出材率及其所占比例、出材量、综合出材率及可生产木材量。

③森林生长量。根据各林分类型的蓄积量、出材量和年龄情况，可计算出各林分类型的年平均蓄积生长量、年木材生产量及全部森林的年平均蓄积生长量、年木材生产量。

(2) 评价方法

为掌握森林的木材生产功能及方便对其未来任一时刻的森林木材生产功能进行预测评价和监测间隔期的森林资源数据，有必要建立森林木材生产功能评价模型。

①单木胸径生长模型。选择目前国内外运用比较广泛的理查兹(Richards)、逻辑斯蒂(Logistic)、单分子式(Mitscherlich)、坎派兹(Gompertz)、修正的威布尔(Modified-Weibull)函数等林木生长理论方程作为基础模型，根据调查数据建立各主要树种的单木胸径生长模型，并对模型进行检验。各基础模型形式如下：

Richard：

$$Y=K[1-\exp(-at)]^b \tag{7-2}$$

Logistic：

$$Y=K/[1+a\times\exp(-bt)] \tag{7-3}$$

Mitscherlich：

$$Y=K[1-\exp(-at)] \tag{7-4}$$

Gompertz：

$$Y=K\times\exp(-a\times e^{-bt}) \tag{7-5}$$

Momdified-Weobull：

$$Y=K[1-\exp(-at^b)] \tag{7-6}$$

式中　Y——林木胸径；

t——林木年龄；

K、a、b——模型参数。

参数 K 为一定的生境条件下林木胸径的最大生长潜力，与林分密度、单木竞争指标、立地质量条件等密切相关。当采用相对直径作为单木竞争指标，并采用地位指数来表示立地条件时，其可用下式来表示：

$$K = a_1 \times N^{a_2} \times RD^{a_3} \times SI^{a_4} \tag{7-7}$$

式中　N——林分密度(每公顷株数)；

RD——单木的相对直径；

SI——地位指数；

a_1、a_2、a_3、a_4——方程参数。

对各树种的胸径生长进行拟合，选择拟合优度最高(决定系数 R^2 最大)、均方误差(MSE)最小的方程作为各树种的最优胸径生长模型，并对其进行适用性检验和预估精度计算。不同树种拟合模型不同。

②林分材积生长模型。采用 $V=a_0D^{a1}$ 幂函数方程形式来建立各主要树种的单木材积-直径关系模型。由各主要树种的最优直径生长模型及材积-直径关系模型，推导出各树种的单木材积生长模型，用单木材积生长模型中，单木相对直径 $RD=1$ 时的平均木的单株材积，乘以林分株数即可将其转化为林分各树种的材积生长模型。

③木材经济价值预估模型。由林分的材积生长模型可预估各个时期的林分材积，从而根据出材率计算林分的出材量，出材量乘以木材的市场价格即为木材价值，因此可有森林木材价值计算公式为：

$$W = V \times r \times p \tag{7-8}$$

式中　V——林分材积；

r——林分出材率；

p——木材的市场价格。

将各树种的林分材积生长模型及林分的出材率、预测期的木材市场单价代入式(7-8)中便为森林的木材生产价值预估模型。

7.3.1.2　其他林产品生产功能评价

根据经营区域实际经营情况，其木材之外的其他林产品的生产功能按面积、株数、产量、单价进行核算评价。建立其他林产品生产功能评价模型及经济价值估算模型，主要是建立产量与立地、年龄、生长等因子间的相关关系模型，用于产量估算。根据产量及经济价值估算模型计算出其他林产品的年均产量、平均每公顷年产量。按照平均市场价格，计算各种林产品年均经济价值和平均每公顷经济价值。

7.3.2　森林生态功能评价

森林生态功能多种多样，其评价是一个复杂的过程。根据评价的尺度(全国、区域或森林经营单位)，涉及数据的来源、评价内容和指标以及评价方法。在具体评价过程中，推荐参考《森林生态系统服务功能评估规范》(LY/T 1721—2008)。

7.3.2.1　森林生态功能评价数据来源和测算方法

通常，生态功能评价采用的数据森林生态长期连续定位的监测数据，森林资源连续清查数据、森林资源规划设计调查数据以及生物多样性监测、荒漠化监测和林业重点生态工程监测等相关数据，根据评价的对象(全国、区域或森林经营单位)，按照林分类型或树种(组)、龄组、立地条件等，采用分布式测算的方法进行评价(图 7-1)。

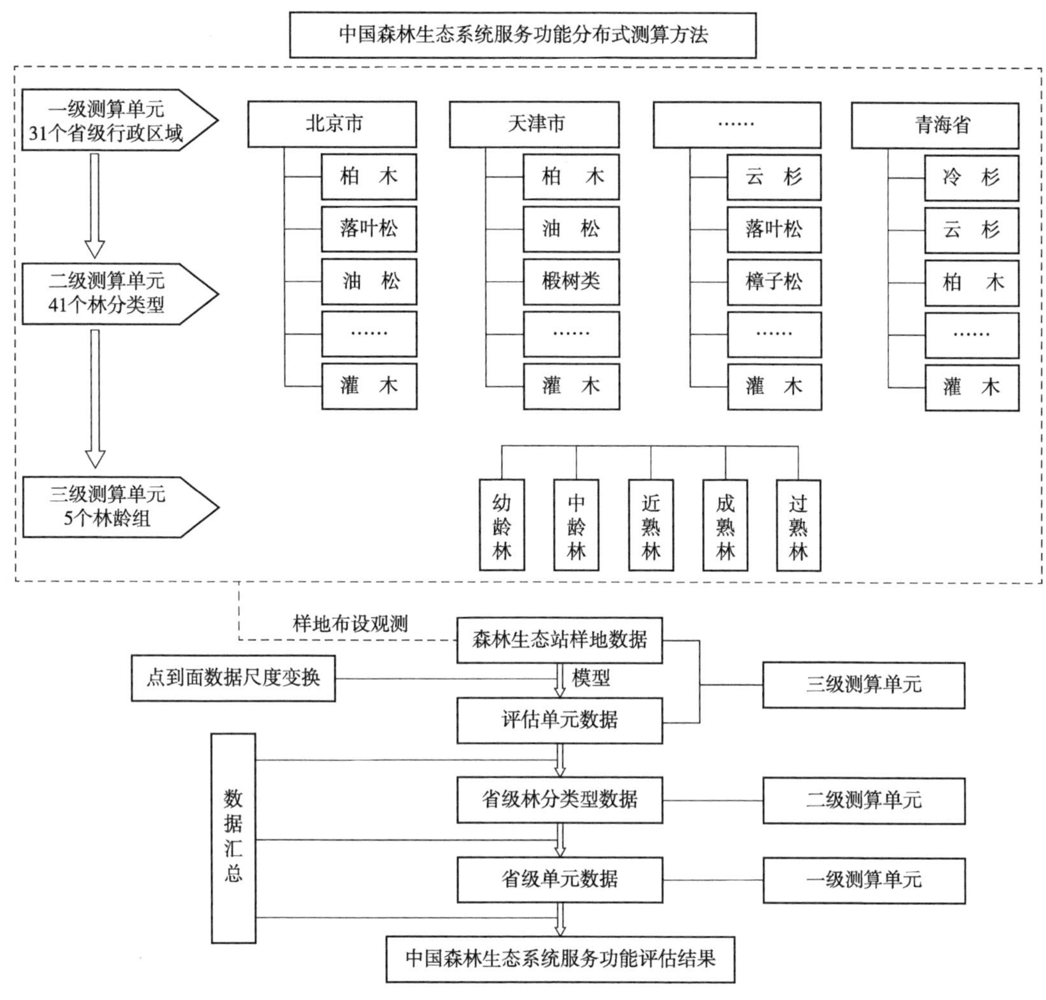

图7-1　森林生态功能评估测算方法

7.3.2.2　森林生态功能评价指标

根据中华人民共和国林业行业标准森林生态系统服务功能评估规范，森林生态功能包括水源涵养、土壤保育、固碳释氧、积累营养物质、净化大气、森林防护、生物多样性保护和森林游憩8个生态功能类型共14个指标构成的生态功能评价指标体系(图7-2)。根据以上评价指标体系，本章重点介绍以下生态功能。

7.3.2.3　森林生态功能评价方法

(1)水源涵养功能评价

森林水源涵养功能主要包括调节水量和净化水质。森林水源涵养量的计算方法较多，主要有土壤蓄水能力估算法、综合蓄水能力法、林冠截留剩余量法、水量平衡法、降水储存量法、地下径流增长法、多因子回归法等(张彪等，2009)。最常用的方法是水量平衡法，能够准确反映森林的现实年水源涵养量。从水量平衡角度，某区域森林调节水量的总量为降水量与森林的蒸散及其他消耗的差值。森林在调节水量的同时在一定程度上也净化了水质，涵养水源的价值采用替代工程法，即通过其他措施(修建水库)达到与森林涵养水源同等作用时所需的费用。计算公式为：

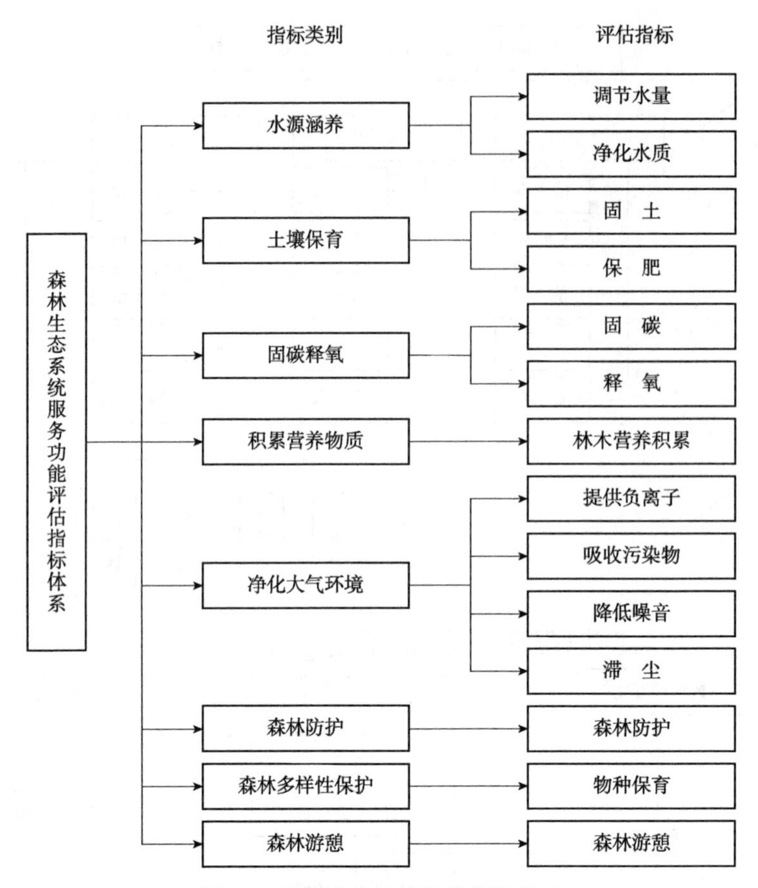

图 7-2　森林生态功能评价指标体系

①调节水量。

$$G_{调}=10A(P-E-C) \tag{7-9}$$

$$U_{调}=10C_{库}\times A(P-E-C) \tag{7-10}$$

②净化水质。

$$G_{水质}=10K\times A(P-E-C) \tag{7-11}$$

$$U_{水质}=10K\times A(P-E-C) \tag{7-12}$$

式中　$G_{调}$——林分调节水量，m^3/年；
$U_{调}$——林分调节水量价值，元/年；
P——降水量，mm/年；
E——林分蒸散量，mm/年；
C——地表径流量，mm/年；
$G_{水质}$——林分水质净化量，m^3/年；
$U_{水质}$——林分净化水质价值，元；
$C_{库}$——水库建设单位库容投资额，元；
K——水的净化费用，元/t；
A——林分面积，hm^2。

(2)土壤保育功能评价

森林中活地被物层和枯落物层截留降水，降低水滴对表土的冲击和地表径流的侵蚀作用；同时林木根系固持土壤，防止土壤崩塌泻溜，减少土壤肥力损失以及改善土壤结构的功能。保育土壤的价值量评估采用影子价格法，即按市场化肥的平均价格对有林地比无林地每年减少土壤侵蚀量中氮、磷、钾的含量进行折算，得到的间接经济效益。故保育土壤功能的价值量评估公式为：

①森林固土量。森林固土量常通过有林地的侵蚀模数和无林地的差值来估算，计算公式为：

$$G_{固土}=A(X_1-X_2) \tag{7-13}$$

$$U_{固土}=A\times C_{土}(X_2-X_1)/\rho \tag{7-14}$$

式中　$G_{固土}$——林分固土量，t/年；

X_2——无林地土壤侵蚀模数，t/(hm^2·年)；

X_1——林地土壤侵蚀模数，t/(hm^2·年)；

$U_{固土}$——林分固土价值，元/年；

$C_{土}$——挖取和运输单位体积土方所需费用，元/m^3；

ρ——林地土壤容重，t/m^3；

A——林分面积，hm^2。

②森林保肥量。土壤流失在带走大量表土的同时也带走表土中大量的土壤养分，如氮、磷、钾、有机质等营养物质，导致土壤肥力下降。因此森林的保肥能力是通过计算有林地固持土壤量中氮、磷、钾、有机质等营养物质的数量。计算公式为：

$$G_{氮}=A\times N(X_2-X_1) \tag{7-15}$$

$$G_{磷}=A\times P(X_2-X_1) \tag{7-16}$$

$$G_{钾}=A\times K(X_2-X_1) \tag{7-17}$$

$$G_{有}=A\times M(X_2-X_1) \tag{7-18}$$

$$U_{肥}=A(X_2-X_1)(N\times C_1/R_1+P\times C_1/R_2+K\times C_2/R_3+M\times C_3) \tag{7-19}$$

式中　A——林分面积，hm^2；

X_2——无林地土壤侵蚀模数，t/(hm^2·年)；

X_1——林地土壤侵蚀模数，t/(hm^2·年)；

$G_{氮}$、$G_{磷}$、$G_{钾}$、$G_{有}$——减少的氮、磷、钾、有机质流失量，t/年；

N、P、K、M——土壤的氮、磷、钾、有机质含量，%；

R_1——磷酸二铵化肥含氮量，%；

R_2——磷酸二铵化肥含磷量，%；

R_3——氯化钾化肥含钾量，%；

C_1——磷酸二铵化肥价格，元/t；

C_2——氯化钾化肥价格，元/t；

C_3——有机质价格，元/t。

(3)固碳释氧功能评价

森林通过森林植被、土壤动物和微生物固定碳素、释放氧气的功能。其评价指标有固碳和释氧，固碳又分为植被固碳和土壤固碳。

森林碳汇计算方法常用有 3 种方法：第一种是净初级生产力(NPP)实测数据，根据森林植被光合作用和呼吸作用方程计算固碳量，称为 NPP 实测法；第二种是根据蓄积量和生物量的函数关系，再根据森林植被光合作用和呼吸作用方程计算固碳量，称为 BEF 模型法；第三种是 NEE 通量观测法，也称涡度相关法，是通过大气湍流原理测定森林界面的 CO_2 的变化，计算 CO_2 通量。3 种方法各有其优缺点，适用的尺度范围也有一定的局限性。

NPP 法是国际上最早使用也公认误差最小的碳汇估测方法。固碳释氧功能的价值量评价通常采用市场价值法和影子价格法，即固碳量乘以固碳价格，释氧量乘以工业制氧价格，进而计算出该地区森林固碳制氧成本。具体方法如下：

①森林固碳量。植物固碳是根据植物光合作用的方程式及 NPP，计算出森林吸收 CO_2 的量。因为林木生长时，每形成 1 t 生物量(干物质)，需吸收 1.63 t CO_2，并放出 1.2 t 氧气。因此 CO_2 中碳的含量为 27.27%，也即每 3.667 t CO_2 可转换为 1 t 碳。计算公式：

$$G_{碳}=1.63R_{碳}\times A\times B_{年}+A\times F_{土壤} \tag{7-20}$$

$$U_{碳}=A\times C_{碳}\times(1.63R_{碳}\times B_{年}+F_{土壤}) \tag{7-21}$$

式中 $G_{碳}$——林分固碳量，t；

$U_{碳}$——林分固碳价值，元；

$R_{碳}$——CO_2 中碳的含量，27.27%；

$B_{年}$——林分净生产力，t/hm^2；

$F_{土壤}$——林分土壤固碳量，t/hm^2；

A——林分面积，hm^2。

②森林释氧量。根据植物光合作用化学反应式，森林植被没积累 1 g 干物质，可以释放 1.19 g O_2。所以森林每年释氧量采用以下计算公式：

$$G_{氧气}=1.19A\times B_{年} \tag{7-22}$$

$$U_{氧}=1.19C_{氧}\times A\times B_{年} \tag{7-23}$$

式中 $G_{氧气}$——林分释氧量，t/年；

$C_{氧}$——氧气价格，元/t；

$U_{氧}$——林分释氧价值，元/年；

$B_{年}$——林分净生产力，$t/(hm^2\cdot 年)$；

A——林分面积，hm^2。

(4)积累营养物质功能评价

森林营养物质积累是指森林每年吸收(增加)氮、磷、钾等营养物质的功能。森林植物通过生化反应，在大气、土壤和降水中吸收氮、磷、钾等营养物质并贮存在体内各器官的功能。森林植被的积累营养物质功能对降低下游面源污染及水体富营养化有重要作用。

营养物质积累功能的价值量评估同保育土壤功能的价值量评估，采用影子价格法，即按市场化肥的平均价格对林木氮、磷、钾的含量进行折算，得到的间接经济效益。故营养物质积累功能的价值量评估公式为：

$$G_{氮}=A\times N_{营养}\times B_{年} \tag{7-24}$$

$$G_{磷}=A\times P_{营养}\times B_{年} \tag{7-25}$$

$$G_{钾}=A\times K_{营养}\times B_{年} \tag{7-26}$$

$$U_{营养}=A\times B_{年}(N_{营养}\times C_1/R_1+P_{营养}\times C_1/R_2+K_{营养}\times C_2/R_3) \quad (7\text{-}27)$$

式中　$G_{氮}$——林分固氮量，t/年；

$G_{磷}$——林分固磷量，t/年；

$G_{钾}$——林分固钾量，t/年；

$N_{营养}$、$P_{营养}$、$K_{营养}$——林木氮、磷、钾元素含量,%；

$B_{年}$——林分净生产力，t/(hm² · 年)；

A——林分面积，hm²；

$U_{营养}$——林分营养物质积累价值，元/年；

R_1、R_2、R_3——磷酸二铵化肥含氮量、磷酸二铵化肥含磷量、氯化钾化肥含钾量,%；

C_1、C_2——磷酸二铵化肥和氯化钾化肥价格，元/t。

(5)净化大气环境功能评价

森林净化大气环境主要指提供负离子、吸收大气中(二氧化硫、氟化物、氮氧化物、重金属)等污染物和滞尘量。森林生态系统对大气污染物(如二氧化硫、氟化物、氮氧化物、粉尘、重金属等)的吸收、过滤、阻隔和分解，以及降低噪声、提供负离子和萜烯类(如芬多精)物质功能。空气负离子就是大气中的中性分子或原子，在自然界电离源的作用下，其外层电子脱离原子核的束缚而成为自由电子，自由电子很快会附着在气体分子或原子上，特别容易附着在氧分子和水分子上，而成为空气负离子。森林的树冠、枝叶的尖端放电以及光合作用过程的光电效应均会促使空气电解，产生大量的空气负离子。植物释放的挥发性物质如植物精气等也能促进空气电离，从而增加空气负离子浓度。净化大气环境功能的价值量评估采用市场价值法，即对净化大气环境功能的价值进行直观的评估。评价方法如下：

①提供负氧离子量。采用森林内负氧离子浓度或个数进行评价，具体计算公式为：

$$G_{负离子}=5.256\times 10^{15}\times Q_{负离子}A\times H/L \quad (7\text{-}28)$$

$$U_{负离子}=5.25\times 10^{15}A\times H\times K_{负离子}\times(Q_{负离子}-600)/L \quad (7\text{-}29)$$

式中　$G_{负离子}$——林分提供负离子个数，个/年；

$Q_{负离子}$——林分负离子浓度，个/cm³；

H——林分高度，m；

L——负离子在空气中存在的时间，min；

A——林分面积，hm²；

$U_{负离子}$——林分提供负离子的价值，元/年；

$K_{负离子}$——负离子生产费用，元/个。

②吸收污染物量。按照《森林生态系统服务功能评估规范》(LY/T 1721—2008)采用如下公式计算：

a. 吸收二氧化硫量：

$$G_{二氧化硫}=Q_{二氧化硫}\times A \quad (7\text{-}30)$$

$$U_{二氧化硫}=K_{二氧化硫}\times Q_{二氧化硫}\times A \quad (7\text{-}31)$$

式中　$G_{二氧化硫}$——林分吸收二氧化硫量，t/年；

$U_{二氧化硫}$——林分吸收二氧化硫价值，元/年；

$K_{二氧化硫}$——二氧化硫治理价格，元/kg；

$Q_{二氧化硫}$——单位面积林分吸收二氧化硫量，kg/(hm² · 年)；

A——林分面积，hm²。

b. 吸收量氟化物：

$$G_{氟化物}=Q_{氟化物}\times A \tag{7-32}$$

$$U_{氟化物}=K_{氟化物}\times Q_{氟化物}\times A \tag{7-33}$$

式中 $G_{氟化物}$——林分吸收氟化物量，t/年；

$U_{氟化物}$——林分吸收氟化物价值，元/年；

$K_{氟化物}$——氟化物治理价格，元/kg；

$Q_{氟化物}$——单位面积林分吸收氟化物量，kg/(hm² · 年)；

A——林分面积，hm²。

c. 吸收氮氧化物量：

$$G_{氮氧化物}=Q_{氮氧化物}\times A \tag{7-34}$$

$$U_{氮氧化物}=K_{氮氧化物}\times Q_{氮氧化物}\times A \tag{7-35}$$

式中 $G_{氮氧化物}$——林分吸收氮氧化物量，t/年；

$U_{氮氧化物}$——林分吸收氮氧化物总价值，元/kg；

$K_{氮氧化物}$——氮氧化物治理价格，元/kg；

$Q_{氮氧化物}$——单位面积林分吸收氮氧化物量，kg/(hm² · 年)；

A——林分面积，hm²。

d. 吸收重金属量：

$$G_{重金属}=Q_{重金属}\times A \tag{7-36}$$

$$U_{重金属}=K_{重金属}\times Q_{重金属}\times A \tag{7-37}$$

式中 $G_{重金属}$——林分吸收重金属量，t/年；

$U_{重金属}$——林分吸收重金属价值，元/年；

$K_{重金属}$——重金属污染治理价格，元/kg；

$Q_{重金属}$——单位面积林分吸收重金属量，kg/(hm² · 年)；

A——林分面积，hm²。

③滞尘量。

$$G_{滞尘}=Q_{滞尘}\times A \tag{7-38}$$

$$U_{滞尘}=K_{滞尘}\times Q_{滞尘}\times A \tag{7-39}$$

式中 $G_{滞尘}$——林分滞尘量，t/年；

$U_{滞尘}$——林分滞尘价值，元/年；

$K_{滞尘}$——降尘清理价格，元/kg；

$Q_{滞尘}$——单位面积林分滞尘量，kg/(hm² · 年)；

A——林分面积，hm²。

(6)物种多样性保育功能评价

森林保护生物多样性功能是指森林生态系统为生物物种提供生存与繁衍的场所，从而对其起到保育作用的功能。它包括所有不同种类的动物、植物、微生物及其所拥有的基因及生物与生存环境所组成的生态系统。它是人类社会生存和可持续发展的基础。通常分为 3 个不同的层次，生态系统多样性、物种多样性和遗传基因多样性。本章内容主要介绍物种多样性的保育功能评价方法。

按照《森林生态系统生物多样性监测与评估规范》(LY/T 2241—2014)。森林物种多样性保护功能，采用 Shannon-Wiener 指数、濒危指数和特有种等进行评价。Shannon-Wiener 指数的计算公式为：

$$H' = -\sum_{i=1}^{S} P_i \lg P_i \tag{7-40}$$

式中　P_i——某物种 i 的个体数在总体中所占的比例；

S——样地内的种数。

根据调查数据，统计研究区域监测年份共有森林乔木、灌木、草本的种数，以及森林乔木层、灌木层和草本层 Shannon-Wiener 指数，濒危和特有物种数量。计算森林物种多样性价值。公式如下：

$$U_{总} = \left(1 + 0.1\sum_{m=1}^{x} E_m + 0.1\sum_{n=1}^{y} B_n + 0.1\sum_{r=1}^{z} O_r\right) S_{生} \times D \times A \tag{7-41}$$

$$D = (1+d)^N \tag{7-42}$$

式中　$U_{总}$——林分物种保育价值，元/(hm^2·年)；

E_m——评估林分(或区域)内物种 m 的濒危分值；

B_n——评估林分(或区域)内物种 n 的特有种指数；

O_r——评估林分(或区域)内物种 r 的古树年龄指数；

x——计算濒危指数物种量；

y——计算特有种指数物种量；

z——计算古树年龄指数物种量；

$S_{生}$——单位面积物种多样性保育价值量，kg/(hm^2·年)；

D——贴现率指数；

d——评估时期的贴现率；

N——评估时期距离所用单位面积物种多样性保育价值量制定时期的年数；

A——林分面积，hm^2。

(7) 森林防护功能评价

森林是抵御自然灾害的重要屏障，可极大地减少自然灾害所造成的损失，有效保护人民群众的生命财产安全，促进当地经济社会的快速持续发展。森林防护主要指防风固沙林、农田牧场防护林、护岸林、护路林等防护林降低风沙、干旱、洪水、台风、盐渍、霜冻、沙压等自然危害的功能。

不同森林防护类型抵御自然灾害的能力存在差异，而且不同的森林的防护类型其防护功能也不同，其监测因子和评价方法各异。徐洁等(2019)基于 RWEQ 模型评估了防风固沙型重点生态功能区防风固沙服务的空间格局，利用 HYSPLIT 模型模拟了防风固沙型重点生态功能区防风固沙服务的空间流动路径，从生态系统服务流动的角度建立了防风固沙型重点生态功能区及其防风固沙服务受益区之间的时空联系。研究评出我国防风固沙型重点生态功能区，2010 年防风固沙型重点生态功能区的防风固沙总量为 5.55×10^{12} kg。魏立峰(2017)利用森林资源连续清查的固定样地调查数据，结合卫星遥感判读和定位监测，获取工程区生态状况的空间静态信息、动态信息，建立森林固沙因变量类型，分别计算不同环境、不同林分类型的固沙面积因变量，对沙源工程区森林的防风固沙功能价值进行评估，得出京津风沙源治理工程区森林防风固沙价值量为 827 073.75 万元。王珍(2010)针对福建省沿海木麻黄防护林，估算木麻黄防林防风固沙，改善区域小气候的价值，农田保护增收增产、抵御台风等方面的防护价值。宝金山等(2012)研究得出内蒙古通辽森林的防风固沙价值 155 834.9 万元，护田增产、护牧增草 45 319.3 万元。

通常，农田防护林森林防护的实物量可折算为农作物产量，单位：t/年；防风固沙林可折算为牧草产量，单位：t/年；海岸防护林可折算为其他实物量。

森林防护功能价值量计算的计算公式为：

$$U_{防护}=A\times Q_{防护}\times C_{防护} \tag{7-43}$$

式中　$U_{防护}$——森林防护价值，元/年；

$Q_{防护}$——由于农田防护林、防风固沙林等森林存在增加的单位面积农作物、牧草等年产量，kg/(hm^2·年)；

$C_{防护}$——农作物、牧草等价格，元/kg；

A——林分面积，hm^2。

7.3.3　森林社会公益功能评价

森林社会公益功能是指森林为人类社会提供的除物质生产和生态服务功能之外的各种直接、间接或隐藏的功能和作用。森林社会效益的评价方法的研究有其深厚的理论基础，是一种生态、经济、社会、文化的复合系统和系统工程。一般主要指森林游憩(森林康养)、森林科学文化价值、国防价值和增加社会就业等方面的功能。本章主要介绍森林游憩、森林科学文化价值和增加社会就业功能的评价。

7.3.3.1　森林游憩功能评价

森林为人类提供休闲、娱乐和康养的场所，森林游憩使人消除疲劳、愉悦身心、有益健康。人们对森林游憩的需求在日益增长，森林游憩功能的开发有着广阔的发展前景和巨大的发展潜力。森林游憩的经济价值包括 5 个组成部分：生产者支出和生产者剩余、消费者支出和消费者剩余、选择价值、遗产价值、存在价值。从实际利用的角度，森林游憩的经济价值可分为利用价值和非利用价值(陈应发，1994)。

目前，森林游憩功能评价常用的方法有旅行费用法(CTM)和条件价值法(CVM)。旅行费用法把游憩费用作为一种替代物来考量旅游者对旅游资源的评价。条件价值法是一种对公共物品(如空气、土地、环境等)进行价值评估的方法。该方法主要通过问卷调查法直接向问卷者调查，获得旅游者的实际支付意愿，从而对商品或服务的价值进行计算。

(1)旅行费用法

旅行费用法的基本原理主要是根据游憩者的旅行费用即往返交通费、门票费、餐饮费、住宿费、摄影费、购买纪念品和土特产的费用等资料，确定森林游憩服务的消费者剩余，并以此来估算该项服务的价值。旅行费用法的实质是一种费用-效益的分析方法，其最大贡献是对消费者剩余的创造性应用(王海春，2009)。

评价方法包括基本内容包括：对前来旅游的游客进行调查，以获得游客的出发地点和花费情况等数据；按不同出发区域把游客归类，计算出各出发区游客人次及旅游率，并进行相关分析；通过游客人次与旅行费用数据拟合需求曲线；对需求曲线进行积分，求出各个出发区的消费者剩余，进行积分，求出总消费剩余作为森林游憩的价值。计算公式为：

$$CS = \int_{p}^{pm} Y(x)\,\mathrm{d}x \tag{7-44}$$

式中　CS——森林游憩价值(消费者剩余)；

x——总旅行费用；

$Y(x)$——游憩需求曲线；

pm——出发区旅游人次为 0 时的旅行费用；

p——从最近的出发区出发往返于游憩区的旅行费用。

旅行费用法计算的价值没有考虑时间的价值，因此在评价时还要考虑从出发区回到出发区的时间(包括游憩时间和休息时间)，其时间价值依据各地区的每周工作小时数和每小时的平均工资来计算。

(2)条件价值法

条件价值法属于直接性经济评价方法，是在假想的市场情况下，通过直接调查和询问游憩者或公众对森林景区内环境改善或资源保护措施等的人均支出意愿(*WTP*)来评价森林的游憩价值。不仅可以评价森林的游憩价值、生态价值，还可以评价森林的文化价值、历史精神价值等无形的效益。

评价的基本内容包括问卷设计(游客旅行基本情况、支付意愿、个人概况)；抽样调查(随机抽样和面对面访谈)；调查数据统计分析(游客量预测和支付意愿测算)；游憩价值计算。计算公式为：

$$V = WTP \times Q - V_t = \frac{v}{q} \times Q - V_t \tag{7-45}$$

式中　V——评估值；

WTP——人均支付意愿；

Q——当年的游客人数；

v——调查价值量；

q——调查人数；

V_t——景区内其他经营收入。

7.3.3.2　森林文化功能评价

森林的文化功能是森林对人的身心健康和全面发展所产生的有利影响，尤其是侧重于对人的精神的影响。认识和发挥森林的文化功能，对于满足人们对绿色生产和生活中的精神需求具有不可替代的重要作用。

(1)森林文化功能内涵

森林的文化功能在内涵上可主要概括为以下 6 个方面：

①景观美学功能。森林具有色彩美、形态美、声音美等；森林能给人带来美的体

验并且能够激发人们的情感；森林美还是一种社会美，人们可以通过景观的人工改变来提高森林的美。

②启迪认知功能。森林对人类的认知和智慧具有启迪作用，森林对文学、科学、教育和宗教等有着重要的启示作用。

③历史地理功能。古树、名木、纪念林、园林以其自身的特性展示着历史；植物带的分布和树种的地理名片效应有着地理指示功能。

④身心保健功能。森林通过林内的空气、色彩、声音、气味和环境发挥对人的身心保健功效；人们可以通过制定标准等措施促进保健功能发挥。

⑤品格塑造功能。树木和森林有着寓意品格的功能；森林通过对民俗、图腾、传统文化等的作用影响着民族性格的形成。

⑥助游宜居功能。对森林助游宜居功能的利用在中国有着悠久的传统，根据历史和现实的需要我们可以通过各种手段更好地发挥森林的作用(宋军卫，2012)。

(2)森林文化功能评价方法

关于森林文化功能的评价方法因学者研究的具体内容，研究的角度不同各异，宋军卫(2012)以北京植物园为研究对象，构建了包括景观美学、启迪认知、历史地理、身心保健、品格塑造、游憩人居6个一级指标和21个二级指标的评价指标体系，利用专家咨询法确定了各项指标的权重系数，提出了森林文化功能模糊综合评价方法。朱霖等(2015)采用条件价值评估法，调研受访者对森林文化的认同程度，评估了北京妙峰山森林文化价值。姚先铭等(2007)从森林促进科学技术进步、文化和教育方面采用投资成本法和享乐价格法(HPM)，评价了广州市森林文化功能价值。李忠魁等(2010)从森林的教育价值、科研价值、古树名木价值、宗教环境和文物古迹环境等方面，分别采用调查统计法、费用支出法、市场价值法等方法，以山东省为例，研究和探讨了森林文化功能的评价。

总之，森林文化功能的评价主要采用指标评价法、条件价值法和综合模型评价法等。

7.3.3.3 森林创造就业功能评价

森林资源是林业的物质基础，随着林业产业、生态和文化三大体系的逐步建立和完善，为人们创造了大量的就业机会，对经济社会可持续发展做出现实的和潜在的贡献。

(1)森林创造就业功能

森林无论提供的生态功能方面，还是经济功能方面，都需要进行经营管理和保护培育森林，需要一定数量的管理和技术人员，以落实执行城市森林政策、法规，有计划制定规划和计划方案，开展各种经营活动；提供科学研究场所，森林生长、发育规律的研究，科学地采取经营、培育、保护新技术的研发，需要更多的科技人员投入。组织有专业知识的人来从事这项工作；还有其他如森林游憩、森林康养等第三产业的发展均需要吸引社会人员参与，带动了地区经济的发展，为社会提供了就业机会。

(2)森林就业功能评价

森林创造的就业效益由两部分组成：一是林业系统职工就业效益，即直接效益；二是为其他相关领域提供的就业效益，即间接效益。目前，对森林提供就业机会的评价主要采用投入产出法和指数法，森林创造就业效益的价值计算方法如下：

①直接效益价值。

$$U_{直} = \sum R_i \times W_i \tag{7-46}$$

式中　$U_{直}$——直接效益价值；

R_i——第 i 年林业系统就业人数；

W_i——第 i 年林业系统各行业平均工资。

②间接效益价值。

$$U_{间} = \sum \rho \times R_i \times W_i \tag{7-47}$$

式中　$U_{间}$——间接效益价值；

R_i——第 i 年林业系统就业人数；

ρ——增值系数，一般取 2；

W_i——第 i 年各行业平均工资。

把直接效益价值和间接效益价值相加作为森林创造就业功能的价值。

本章小结

森林多功能监测与评价是分析和阐明森林多功能经营效果的重要手段。本章主要讲解了森林多功能监测与评价的基本理论、现状及其存在的问题，为森林资源恢复、保护与经营过程的监测和评价提供参考。

思考题

1. 如何对森林功能进行分类？
2. 如何进行森林监测？
3. 谈谈你对森林监测与评价的未来发展方向的看法。
4. 森林资源规划设计调查的内容和指标有哪些？
5. 木材生产功能评价的内容有哪些？

下篇

森林经营方法篇

第 8 章

森林经营区划与调查

8.1 概　述

8.1.1　森林经营、区划与调查概述

森林经营是伴随着林业学科的产生而出现的，其内涵也伴随着学科的发展而丰富。森林经营是一个复杂、长期的过程，它包含了造林、抚育、保护、采伐及更新等众多调整、促进森林生长发育的技术和管理措施。

森林经营(forest management)是以森林和林地为对象，以提高森林质量，建立健康稳定、优质高效的森林生态系统为目标，为修复和增强森林的供给、调节、服务、支持等多种功能，持续获取森林生态产品和木材等林产品而开展的一系列贯穿于整个森林生长周期的保护、培育和利用森林的活动(国家林业局，2016)。

区划(division)即区域划分，是对地域差异性和相同性的综合分类，它是揭示某种现象在区域内共同性和区域之间差异性的手段。这种划分的地域范围(或称地理单元)，其内部条件、特征具有相似性，并有密切的区域内在联系性，各区域都有自己的特征，具有一定的独立性。

调查(survey)是人们对事物进行感性认识的方法，它要求人们深入现场进行考察，通过观察、实验、访谈和问卷等方法获取事物的相关信息。

森林调查(forest inventory)是对用于林业的土地进行其自然属性和非自然属性的调查，主要有森林资源状况、森林经营历史、经营条件及未来发展等方面的调查。其目的是为了掌握森林资源的数量、质量、动态变化及其与自然环境和经济、经营等条件之间的依存关系，更好地为林业区划、规划、计划、各种专业设计和经营，指导林业生产提供基础资料，以便制订国家、地方、经营单位的林业发展规划、林业生态建设、产业发展和年度计划，达到实现森林资源的科学经营、有效管理、持续利用，充分发挥森林多种功能的目的。

8.1.2　森林经营的空间单位

国土空间是指国家主权与主权权利管辖下的地域空间，是国民生存的场所和环境，包括陆地、陆上水域、内水、领海、领空等。国土空间规划是对一定区域国土空间开

发保护在空间和时间上做出的安排，包括总体规划、详细规划和相关专项规划。其中，相关专项规划是指在特定区域流域、特定领域为体现特定功能对空间开发保护利用做出的专门安排。

当前，国土空间主要指自然生态空间、城镇空间(即建设空间)和农业空间。其中生态空间主要是针对具有自然属性、以提供生态服务或生态产品为主体功能的国土空间，包括森林、草原、湿地、河流、湖泊、滩涂等各类生态要素，如图 8-1 所示。

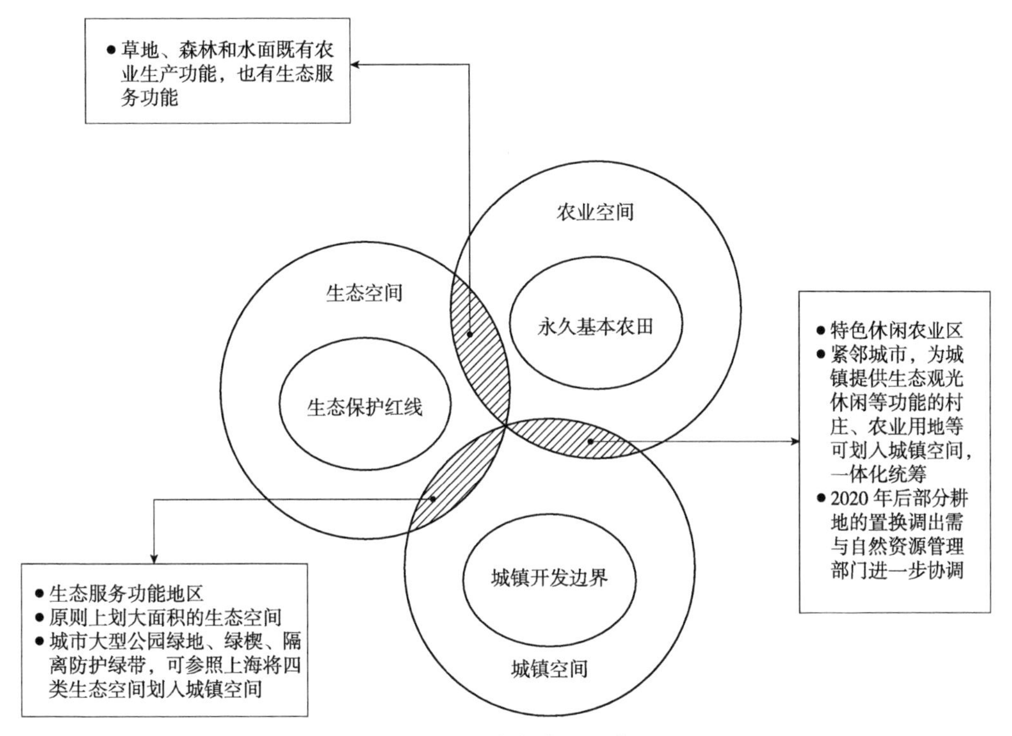

图 8-1　国土空间关系示意图

林业区划是根据林业的特点，在研究有关自然、经济和技术条件的基础上，分析、评价林业生产的特点与潜力，按照地域分异规律进行分区划片，进而研究其区域的特点，生产条件以及优势和存在的问题，提出其发展方向、生产布局和实施的主要措施与途径，以便因地制宜，扬长避短，发挥区域优势，为林业建设的发展和制定长远规划等提供基本的依据。

根据全国林业区划工作组《全国林业发展三级区区划办法》(2007)，中国林业区划采用三级分区体系。

一级分区为自然条件区。旨在反映对我国林业发展起到宏观控制作用的水热因子的地域分异规律，同时考虑地貌格局的影响。通过对制约林业发展的自然、地理条件和林业发展现状进行综合分析，明确不同区域今后林业发展的主体对象，如乔木林、灌木林、荒漠植被；或者林业发展的战略方向，如开发、保护、重点治理等。

二级分区为主导功能区。以区域生态需求、限制性自然条件和社会经济对林业的发展的根本要求为依据，旨在反映不同区域林业主导功能类型的差异，体现森林功能的客观格局。

三级分区为布局区。包括林业生态功能布局和生产力布局。旨在反映不同区域林业生态产品、物质产品和生态文化产品生产力的差异性，为实现林业生态功能和生产力的区域落实。

通过一、二、三级区划，将形成一套完整、科学、合理的符合我国国情的全国林业发展区划体系，对全国林业发展进行分区管理和指导，从而提高全国林业发展水平。这不仅是实施以生态建设为主的林业发展战略的重要举措，也是构建完备的林业生态体系、发达的林业产业体系和繁荣的生态文化体系的迫切需要。

中国的林业区划共划分为 10 个一级区、62 个二级区。具体见表 8-1。

表 8-1　中国林业区划表

一级区名称	二级区名称
Ⅰ大兴安岭寒温带针叶林限制开发区	$Ⅰ_1$ 大兴安岭西北部特用林区 $Ⅰ_2$ 伊勒呼里山北部防护用材林区 $Ⅰ_3$ 伊勒呼里山南部防护用材林区
Ⅱ东北中温带针阔混交林优化开发区	$Ⅱ_1$ 大兴安岭东部防护林用材林区 $Ⅱ_2$ 松辽平原西部防护经济林区 $Ⅱ_3$ 松辽平原东部防护林区 $Ⅱ_4$ 东北东部山地用材林防护区 $Ⅱ_5$ 三江平原防护特用林区 $Ⅱ_6$ 长白山南部防护用材林区
Ⅲ华北暖温带落叶阔叶林保护发展区	$Ⅲ_1$ 辽东、胶东半岛环渤海湾防护经济林区 $Ⅲ_2$ 燕山长城沿线防护林区 $Ⅲ_3$ 黄淮海平原防护用材林区 $Ⅲ_4$ 鲁中南低山丘陵防护林区 $Ⅲ_5$ 太行山伏牛山防护林区 $Ⅲ_6$ 汾渭谷地防护经济林区 $Ⅲ_7$ 晋陕黄土高原防护经济林区 $Ⅲ_8$ 陇东黄土高原山地防护用材林区
Ⅳ南方亚热带常绿阔叶林、针阔混交林重点开发区	$Ⅳ_1$ 秦巴山地特用防护林区 $Ⅳ_2$ 大别山、桐柏山用材防护林区 $Ⅳ_3$ 四川盆地防护经济林区 $Ⅳ_4$ 两湖沿江丘陵平原防护用材林区 $Ⅳ_5$ 云贵高原东部中海拔山地防护林区 $Ⅳ_6$ 华东华中低山丘陵用材经济林区 $Ⅳ_7$ 华南亚热带用材林防护林区 $Ⅳ_8$ 台湾北部防护用材林林区
Ⅴ南方热带季雨林、雨林限制开发区	$Ⅴ_1$ 藏东南特用经济林区 $Ⅴ_2$ 滇西南经济特用林区 $Ⅴ_3$ 滇南经济特用林区 $Ⅴ_4$ 粤桂南部防护经济林区 $Ⅴ_5$ 台湾南部防护用材林区 $Ⅴ_6$ 海南岛防护特用林区 $Ⅴ_7$ 南海诸岛防护林区

（续）

一级区名称	二级区名称
Ⅵ云贵高原亚热带针叶林优化开发区	Ⅵ$_1$ 滇西北特用防护林区 Ⅵ$_2$ 滇东北川西防护林区 Ⅵ$_3$ 滇西南特用经济林区 Ⅵ$_4$ 滇中防护用材林区 Ⅵ$_5$ 滇南用材经济林区
Ⅶ青藏高原东南部暗针叶林限制开发区	Ⅶ$_1$ 三江流域防护用材林区 Ⅶ$_2$ 横断山区防护林区 Ⅶ$_3$ 川西特用用材林区 Ⅶ$_4$ 藏南特用用材林区
Ⅷ蒙宁青森林草原治理区	Ⅷ$_1$ 呼伦贝尔高原防护林区 Ⅷ$_2$ 锡林郭勒高原防护林区 Ⅷ$_3$ 大兴安岭东南丘陵平原防护经济林区 Ⅷ$_4$ 阴山防护特用林区 Ⅷ$_5$ 黄河河套防护用材林区 Ⅷ$_6$ 鄂尔多斯高原防护经济林区 Ⅷ$_7$ 青东陇中黄土丘陵防护经济林区
Ⅸ西北荒漠灌草恢复治理区	Ⅸ$_1$ 阿尔泰山防护用材林区 Ⅸ$_2$ 准噶尔盆地防护经济林区 Ⅸ$_3$ 准噶尔荒漠保护区 Ⅸ$_4$ 天山防护特用林区 Ⅸ$_5$ 南疆盆地荒漠恢复区 Ⅸ$_6$ 河西走廊防护经济林区 Ⅸ$_7$ 南疆盆地绿洲防护经济林区 Ⅸ$_8$ 阿拉善高原荒漠草原恢复区
Ⅹ青藏高原高寒植被与湿地重点保护区	Ⅹ$_1$ 昆仑山阿尔金山保护恢复区 Ⅹ$_2$ 祁连山防护特用林区 Ⅹ$_3$ 柴达木—共和盆地防护经济林区 Ⅹ$_4$ 羌塘阿里高寒植被湿地保护区 Ⅹ$_5$ 江河源湿地保护区 Ⅹ$_6$ 藏南谷地防护经济林区

森林区划是森林经营管理工作的重要内容之一，也是调查规划的基础工作，合理的区划对森林资源调查及其经营管理具有重要的意义。森林区划是针对林业生产的特点，根据自然地理条件，森林资源以及社会经济条件的不同，将整个林区进行地域上的划分，将林区区划为若干不同的单位。其目的是为了便于调查、统计和分析森林资源的数量和质量；便于组织各种经营单位；便于长期的森林经营利用活动，总结经验，提高森林经营水平；便于实施各种科学管理技术，经济核算等工作。在我国，国有林区森林区划系统为：林业局—林场—林班—小班，对较大的林场，在林场与林班之间可增划营林区。

从森林经营的视角来看，森林区划还不能满足实施各种经营措施的需要。因为在同一林场(或者在同类型的森林资源经营和管理单位)范围内，森林的类型多种多样，经营目标各异、立地条件、资源的组成和结构等也有许多差异，它们的经营方针、目的和经营措施也不相同，因此，必须根据森林的作用、立地条件和经营措施的差异，将林地组织成一些经营的空间单位，形成完整的经营措施体系，因地因林制宜地开展森林经营活动。

森林经营的空间单位主要有 4 种：全国森林经营分区、林种区、经营类型和经营小班。

8.1.2.1　全国森林经营分区

依据全国主体功能区定位和《中国林业发展区划》成果，遵循区域发展的非均衡理论，统筹考虑各地森林资源状况、地理区位、森林植被、经营状况和发展方向等，把全国划分为大兴安岭寒温带针叶林经营区、东北中温带针阔混交林经营区、华北暖温带落叶阔叶林经营区、南方亚热带常绿阔叶林和针阔混交林经营区、南方热带季雨林和雨林经营区、云贵高原亚热带针叶林经营区、青藏高原暗针叶林经营区、内蒙古及西北草原荒漠温带针叶林和落叶阔叶林经营区共 8 个经营区。各经营区按照生态区位、森林类型和经营状况，因地制宜确定经营方向，制定经营策略，明确经营目标，实施科学经营。

8.1.2.2　林种区

(1) 林种区的概念

林种区是在林业局或林场的范围内，在地域上相连接，经营方向相同，林种相同，以林班线为境界的地域空间。在同一个林场中，森林在社会和经济中的作用(即林种)可能不同，经营措施体系也不完全相同。因此，为了合理经营森林，有必要根据森林的作用划出各林种所占的区域范围，也即林种区。

(2) 划分林种区的依据

根据《森林法》第九章第八十三条，按照用途可以分为防护林、特种用途林、用材林、经济林和能源林。

(3) 森林分类

按照森林分类经营的理论，可以把防护林、特种用途林、用材林、经济林和能源林归并为两类：公益林和商品林。其中，商品林包括用材林、经济林和能源林；公益林包括防护林和特种用途林。

《森林法》第四十七条、第四十八条和第五十条明确规定：国家根据生态保护的需要，将森林生态区位重要或者生态状况脆弱，以发挥生态效益为主要目的的林地和林地上的森林划定为公益林。未划定为公益林的林地和林地上的森林属于商品林。下列区域的林地和林地上的森林，应当划定为公益林：

①重要江河源头汇水区域。

②重要江河干流及支流两岸、饮用水水源地保护区。

③重要湿地和重要水库周围。

④森林和陆生野生动物类型的自然保护区。

⑤荒漠化和水土流失严重地区的防风固沙林基干林带。

⑥沿海防护林基干林带。

⑦未开发利用的原始林地区。

⑧需要划定的其他区域。

同时，国家鼓励发展下列商品林：

①以生产木材为主要目的的森林。

②以生产果品、油料、饮料、调料、工业原料和药材等林产品为主要目的的森林。

③以生产燃料和其他生物质能源为主要目的的森林。

④其他以发挥经济效益为主要目的的森林。

在保障生态安全的前提下，国家鼓励建设速生丰产、珍贵树种和大径级用材林，增加林木储备，保障木材供给安全。

在经营过程中，开展分类经营，采取不同的经营措施。对商品林，可采取集约经营方式，加大投入，最大限度实现各种经营目标。对于公益林，采用粗放经营的方式，在保护优先的前提下，发挥森林的生态服务功能。

8.1.2.3　经营类型

在同一林种区内，各小班的自然特点和经营目的往往有很大的差别，不能用同一的经营方式和经营措施。因此，在划分林种区后，还需要根据小班特点，将经营方向和经营目标相同的小班组织起来，采取系统的经营利用措施，这种组织起来的单位，称为经营类型或称作业级。因此，经营类型就是在同一林种区内，由一些在地域上不一定相连，但经营方向和目标相同，采取相同的经营措施的许多小班组合起来的一种经营空间单位。

在我国，经营类型是编制森林经营规划(方案)的基本单位。通常按照经营类型设立经营目标，建立一套森林作业法和完整的经营措施技术体系(组织经营类型的依据和方法，详见第9章)。

8.1.2.4　经营小班

经营类型是以统一的经营目的和统一的林学技术体系组成的小班集合体，在森林经营水平较高的林场，如人工林丰产林区、科研实验区、大型水库周围的护岸林、有特殊价值的珍贵树种林分等，有时需要以小班为单位，分别单独设计经营利用措施。

(1)经营小班的概念

在林种区范围内，直接以一个或相邻几个调查小班组织起来的经营空间单位，称为经营小班。

1880年，瑞士学者毕奥莱提出了小班经营法。他指出，小班经营法就是直接以一个或相邻几个调查小班组织起来，作为独立的经营单位，单独采取统一的经营技术体系，相同的经营措施组织经营单位的方法。

(2)经营小班区划

应用小班经营法组织森林经营时，必须首先做好经营小班的区划工作。这就要求在森林经理调查工作中，结合小班区划工作，将在地域上相连接的若干个调查小班合并划为经营小班，并在现地划定小班线和埋设小班标桩。

区划经营小班的面积不宜过大，国外一般3~10 hm^2，具体区划经营小班的条件如下：

①经营目的、经营利用方式相同，作业条件基本一致。

②土壤和肥力等级基本一致。

③同一立地类型或林型、坡向、坡度、坡位基本相似。

④小班最小面积在 0.5 hm^2 以上。德国在小班内还进一步划分细班，如小块林中的空地、中幼龄林分中的成片老树、保留的小片母树林、珍稀树木群、侵蚀的沟谷、陡坡及崩塌地段等，面积一般在 0.5 hm^2 以下。

⑤小班经营法特别适用于天然异龄复层混交林的经营。

8.1.3 森林经营的时间单位

森林经营活动贯穿于整个森林生长周期，经营措施的制定与林龄密切相关，因此，必须了解森林经营有关的时间单位。与森林经营相关的时间单位主要有：树木年龄、龄级、林分年龄、龄组、经营周期等。

8.1.3.1 树木年龄

树木自种子萌发后生长的年数为树木年龄(age of tree)。确定树木年龄可靠的方法是伐倒树木，查数根颈部位的年轮数。对于轮生枝明显的树种，如油松、马尾松等针叶树种，在年龄不大时，可通过查数轮生枝轮的方法确定树木年龄。但应注意，我国南方某些树种，如思茅松，1 年内可生长出两轮以上的枝轮，在这种情况下，要认真判别次生枝轮，否则难以确定树木的准确年龄。在伐树比较困难的地区，也可以利用生长锥钻取胸高部位的木芯，查数年轮数，此为胸高年龄(age at breast height)，再加上树木生长到胸高时的年数，即为该树木的年龄。另外，在欧美一些国家，有时在森林调查、编制经营数表及营林工作中，直接使用林木胸高年龄，而不用树木全年龄，这样的做法简化了树木年龄的测定方法，而且应用效果也很好。对于人工林而言，确定树木年龄可以查阅造林档案。

8.1.3.2 龄级

由于树木生长及经营周期较长，确定树木的准确年龄又很困难，而且林分内树木的年龄经常不是完全相同的，因此，林分年龄不是以年为单位，而常以龄级(age class)为单位表示。

龄级是对林木年龄的分级，由小到大以罗马数字等表示。各龄级所包括的年数称为龄级期限，它与树种，起源等有关，一般规定，慢生树种以 20 年为一个龄级，如云杉、红松等；生长速度中等的树种以 10 年为一个龄级，如马尾松等；生长较快的树种以 5 年为一个龄级，如杉木、杨树等；生长很快的树种以 2~3 年为一个龄级，如桉树、泡桐等。关于龄级期限国家已有统一的规定，可查阅《国家森林资源连续清查技术规定》。

8.1.3.3 林分年龄

林分是内部特征相同且与四周相邻部分有显著区别的小块森林，这种小块森林称为林分(stand)。由于林分是由许多树木构成的，因此，林分年龄必然与组成林分的树木的年龄有关。

根据组成林分的树木的年龄，可以把林分划分为同龄林(even-aged stand)和异龄林(uneven-aged stand)。同龄林是林木的年龄相差不超过一个龄级的林分。按照这个划分标准，一般人工营造的林分可为同龄林，另外，在火烧迹地或小面积皆伐迹地上更新起来的林分有可能成为同龄林。树龄完全相同的林分称为绝对同龄林(absolute even-aged stand)；而组成林分的林木年龄相差不足一个龄级的林分又称为相对同龄林(relative even-aged stand)。绝对同龄林多见于人工林。

异龄林是林木的年龄相差在一个龄级以上的林分。在异龄林中，又将由所有龄级的林木所构成的林分称作全龄林(all aged stand)，即全龄林的林木年龄分布范围包含有幼龄、中龄、成熟龄及过熟龄的林木。阴性树种构成的天然林，尤其是择伐后恢复起来的林分，通常为异龄林，多数天然林分，一般为异龄林。与同龄林相比异龄林的防护作用和对风、雪等自然灾害和病虫害的抵抗能力强，但是经营管理技术等相对复杂。

林分年龄是组成林分的树木的平均年龄，其具体的表示和计算方法为：

①对于绝对同龄林分，林分中任何一株林木的年龄就是该林分年龄。

②而对于相对同龄林或异龄林，通常以林木的平均年龄表示林分年龄。计算林分平均年龄一般有两种方法，即算术平均年龄和加权平均年龄。

通常情况下，当查定年龄的林木株数较少时，往往采用算术平均年龄；当查定年龄的林木株数较多时，采用断面积加权的方法计算平均年龄。对于异龄林计算林分平均年龄，在一般情况下其意义不大，因为对异龄林，仍应以主要树种或目的树种的年龄为主，制定经营措施。对于复层林，通常按林层分别树种记载年龄，而以各层优势树种的年龄作为林层的年龄。

8.1.3.4　龄组

为了便于开展不同经营措施和规划设计的需要，在森林资源调查中，把各个龄级再归纳为更大范围的阶段，称为龄组，通常由幼到老分为幼龄林、中龄林、近熟林、成熟林和过熟林。

划分龄组的一般方法是：把达到轮伐期的哪一个龄级加上更高一个龄级的林分划为成熟林龄组；超过成熟林龄组的各龄级为过熟林龄组；比轮伐期低一个龄级的林分为近熟林龄组。其他龄级更低的林分，若龄级数为偶数，则一半为幼龄林，一半为中龄林；如果龄级数为奇数，则幼龄林比中龄林多分配一个龄级。

8.1.3.5　经营周期

在森林经营中，经营周期是指一次收获到另一次收获之间的间隔期。它在森林经营中起着重要作用，关系到生产计划、经营措施等一系列生产活动的安排。

经营周期主要指轮伐期和择伐周期(回归年)。它们主要用于用材林、薪炭林、经济林等林种中。轮伐期用于同龄林、择伐周期用于异龄林森林经营中。

(1)轮伐期(rotation)

轮伐期是一种生产经营周期，是为了实现永续利用伐尽整个经营单位内全部成熟林分之后，可以再次采伐成熟林分的间隔时间，或者说是采伐完经营单位全部林分所需要的时间。它表示这种采伐—更新—培育—再采伐—再更新—再培育，进行周而复始、长期经营、永续利用的生产周期。

在森林经营中，轮伐期具有十分重要的作用，体现在以下方面：

①轮伐期是确定利用率的依据。一般情况下，只有当经营单位(经营类型)内各龄级结构均匀，且面积相等，完全满足法正林状态时才有可能使年伐量等于年生长量，以实现该森林经营单位内的永续利用。在年龄结构均匀的条件下，可以应用公式 $P=2/u\times100\%$ 计算采伐利用率。

②轮伐期是划分龄组的依据。在森林经营中，如果主伐年龄等于轮伐期，即采伐后立即更新，可以利用轮伐期来划分龄组。

③轮伐期是确定间伐的依据。轮伐期不仅对主伐量有直接关系，而且对间伐量也有影响。因为木材产量主要是由主伐量、补充主伐量和间伐量 3 部分构成。轮伐期确定后，明确了经营单位的经营目的和目的材种。这样林分在到达轮伐期以前，可以适当安排几次间伐，结合间伐可以生产部分木材。由此可见，林分间伐次数、间伐量比重等都和轮伐期的长短有关系。

影响轮伐期长短的因素主要有：森林成熟龄、经营单位的龄级结构及林况。

(2)择伐周期(cutting cycle)

在异龄林经营中，采伐部分达到成熟的林木，使其余保留林木继续生长，到林分恢复至伐前的状态时，所用的时间称为择伐周期，也称回归年。

影响择伐周期长短的因素主要有：树种特性、择伐强度、立地条件和经营水平。

(3)全周期森林经营

森林经营贯穿于整个森林生长周期，是以培育健康稳定、优质高效的森林生态系统为目标，提高森林质量，增强森林多种功能，持续获取森林的供给、调节、服务、支持等生态产品而开展的一系列林业生产经营管理活动。

由于森林经营是一个长期持续的过程，不同年龄阶段实施的经营措施不同，有的经营措施(如森林保护)贯穿于整个森林生长周期，因此，根据不同森林类型、不同生长阶段制定的森林作业法，应该贯穿于从森林建立、培育到收获利用的森林经营全周期，一经确定应该长期持续执行，不得随意更改。

8.2 森林多功能经营区划

森林具有供给、调节、文化和支持等多种功能。森林多功能区划是根据森林资源的主导功能、生态区位、利用方向等，采用系统分析或分类方法，将某林区经营的森林区划为若干个具有不同功能的区域，实行分区经营管理，从整体上发挥森林多功能特性的管理方法或过程。森林功能区划是森林经营规划的重要组成部分，对于森林经营单位组织森林经营类型、依据功能区确定环境约束条件及经营措施都有重要的意义。

8.2.1 森林多功能与分类

森林生态系统作为一个复杂的巨系统，以多种方式和机制影响着陆地上的气象、水文、土壤、生物、化学等过程，从而形成了人类可以利用的多种功能，发挥着巨大的经济社会和生态效益。森林功能是系统的属性，是系统运动和变化过程中以物质、能量、信息等形态向系统外的输出，是不以人的意志为转移的客观存在。

理论上，每一片森林都是多功能的，但从人类利用的角度，森林的多个功能的重要性是不同的，即存在一个或多个主导功能。

根据联合国《千年生态系统评估报告》，森林的功能可以分为供给、调节、文化和支持四大类。

①供给功能。供给功能指森林生态系统通过初级和次级生产提供给人类直接利用的各种产品，如木材、食物、薪材、生物能源、纤维、饮用水、药材、生物化学产品、药用资源和生物遗传资源等。

②调节功能。调节功能指森林生态系统通过生物化学循环和其他生物圈过程调节生态过星和生命支持系统的能力。除森林生态系统本身的健康外，还提供许多人类可直接或间接利用的服务，如净化空气、调节气候、保持水土、净化水质、减缓自然灾害、控制病虫害、控制植被分布和传粉等。

③文化功能。文化功能指通过丰富人们的精神生活、发展认知、大脑思考、生态教育、休闲游憩、消遣娱乐、美学欣赏、宗教文化等，使人类从森林生态系统中获得的精神财富。

④支持功能。支持功能指森林生态系统为野生动植物提供生境，保护其生物多样性和进化过程的功能，这些物种可以维持其他的生态系统功能。

在我国，传统上将森林功能分为 5 类(五大林种)：用材林、防护林、经济林、薪炭林和特种用途林。在此基础上，按主导功能的不同将森林(含林地)分为生态公益林和商品林两个类别。生态公益林是以保护和改善人类生存环境、维持生态平衡、保存物种资源、科学实验、森林旅游、国土安全等需要为主要经营目的的森林，包括防护林和特种用途林。商品林是以生产木材、竹材、薪材、干鲜果品和其他工业原料等为主要经营目的的有林地、疏林地、灌木林地和其他林地，包括用材林、薪炭林和经济林。

8.2.2　功能区划的原则

森林功能区划与自然区划、生态功能区划一样，遵循以下原则：

(1)空间分异原则

将地理空间划分为不同的区域，保持区域内区划特征的最大相对一致性、区域间区划特征的差异性。区域的分异原则是生态区划的理论基础，也是森林功能区划最基本的原则。

(2)层次性原则

按区域内部的差异划分具有不同特征的次级区域，从而形成反映区划要素空间分异规律的区域等级系统。

(3)发生学原则

根据区域生态环境问题、生态环境敏感性与生态服务功能与森林生态系统结构、过程、格局的关系，确定区划中的主导因子和区划依据。如森林生态系统的土壤保持功能的形成与降水特征、土壤结构、地貌特点、植被覆盖、土地利用等许多因素相关。

(4)突出主导功能的原则

按照森林的主体功能、生态区位及森林类型，针对森林经营中存在的突出问题，遵循森林生长演替的自然规律，科学进行区划。如划定具有重要保护价值的生物多样性(如地方特有种、濒危种、残遗种)显著富集的区域及珍稀、受威胁或濒危生态系统区域、野生动物重要栖息地等。

(5) 可持续性原则

森林功能区划的目的是实现森林资源的可持续经营，发挥森林的多种功能，促进森林经营单位的可持续发展。

(6) 社区发展原则

划出对当地社区的传统文化特性具有重要意义的区域、特殊景观的区域、旅游观光资源区域等，以保护当地社区从森林中获得效益和利益。

8.2.3 区划因子和标准

根据我国《森林资源规划设计调查技术规程》(GB/T 26424—2010)，按照森林主导功能进行划分。其中多功能林则根据同时具有 2 个或 2 个以上的主导功能条件进行区划。

8.2.4 森林经营区划步骤

(1) 区划条件分析及数据库建立

森林多功能区划通常需要图面资料和属性资料，图面资料包括林相图、地形图(等高线图)、河流图、道路图、驻点图等，属性资料主要是二类资源调查小班属性数据库等。收集以上资料后，根据不同的经营单位对区划的条件进行量化分析并建立森林多功能区划的限制性条件数据库，见表 8-2。

表 8-2 多功能森林经营区划条件数据库示例

区域	功能描述	条件	亚林种
湖泊	以涵养水源，改善水文状况，调节区域水分循环，防止河流、湖泊淤塞为主要目的	湖泊周围自然地形第一层山脊内，或平地 200 m 以内	水源涵养林
河流	防止河岸、湖岸冲刷坍塌，固定河床为主要目的	堤岸、干渠两侧各 50 m 范围内	护岸林
道路	以保护公路免受风、沙、水、雪侵害为主要目的	林区、山区国道及干线铁路路基与两侧的山坡或平坦地区各 200 m 以内	护路林
		林区、山区的省、县级道路两侧各 50 m 以内、其他地区 10 m 范围内	
村	以满足人类生态需求、美化环境为主要目的	村周边 150 m 以内	环境保护林(人居环境)
旅游区	以满足人类生态需求、美化环境为主要目的	旅游点为中心周边 150 m 范围属于游憩开发区域；以旅游点为中心，山脊线迎坡面属于游憩景观保护区	风景林
特殊规划点	保护历史及文化流传，名胜古迹		名胜古迹纪念林
坡地	以减缓地表径流、减少冲刷、防止水土流失、保持和恢复土地肥力为主要目的	依据坡度、土壤和分水岭	水土保持林

(2) 缓冲区分析

根据知识库条件，利用 GIS 软件工具，基于林相图、等高线图等矢量图层和栅格图层，对区域中所包含的要素(湖泊、河流、居民点、道路、旅游区、自然保护区、古树等等)进行分层建立其周围一定宽度范围内的缓冲区多边形图层，然后将各个缓冲区多边形图层叠加，进行分析而得到所需结果。

(3) 区划交互划定

根据缓冲区图层，进行图层叠加分析，按照不同的约束条件，并结合经营目标、树种特性、立地条件、作业技术将区域内小班进行分类，划分不同的功能区。只包括一个主导功能的约束条件，即为该主导功能对应的森林；包括多个功能对应的约束条件，划为多功能林。最后将每个小班归类到以下 3 类 4 种经营区中：

Ⅰ. 生态公益林保护经营区：具有保护性质的功能区域，实行严格保护。

Ⅱ-1. 生态服务为主导功能的兼用林经营区，可进行经营性采伐的生态公益林区域。

Ⅱ-2. 林产品生产为主导功能的兼用林，可进行收获性采伐，但受一定条件和经营措施限制。

Ⅲ. 商品林集约经营区。

(4) 森林多功能区划图制作

将以上信息进行汇总，制作森林多功能区划图。

8.3　森林经营调查

森林调查是森林经理的主要研究内容之一，也是森林资源数据采集的主要手段。森林调查是对用于林业的土地进行其自然属性和非自然属性的调查，主要有森林资源状况、森林经营历史、经营条件及未来发展等方面的调查。其目的是为了掌握森林资源的数量、质量、动态变化及其与自然环境和经济、经营等条件之间的依存关系，更好地为林业区划、规划、计划、各种专业设计和经营指导林业生产提供基础资料，以便制订国家、地方、经营单位的林业发展规划、林业生态建设、产业发展和年度计划，达到实现森林资源的科学经营、有效管理、持续利用，充分发挥森林多种功能的目的。

8.3.1　森林调查分类体系

纵观世界各国森林资源调查的历史，森林调查可以分为 3 种：①国家森林资源调查与监测方法；②利用各省(州)的森林资源调查信息统计全国的方法；③根据森林经理调查结果累计全国的方法。

我国森林资源调查工作在充分借鉴国外经验的基础上，按照森林资源调查的对象、目的和范围将森林调查划分为 3 类 1 种：①全国森林资源连续清查，也称森林资源监测，简称一类调查；②森林经理调查，也称森林资源规划设计调查，简称二类调查；③作业设计调查，也称作业调查包括伐区设计调查、造林设计调查、抚育采伐设计，简称三类调查；④专业调查，如土壤调查、病虫害调查、木材消耗量调查、更新调查、各类工程调查、多资源调查、森林防火调查、森林数表的编制调查等。

各种森林资源调查的比较见表 8-3。

表 8-3 3 类森林资源调查特征表

类别	名称	单位	方法	要求	目的
一类调查	全国森林资源连续清查	全国、省、大区	抽样调查为主设固定样地，5 年 1 次	快速、及时准确查清森林资源	编制中长期的林业计划方针和政策
二类调查	森林经理调查	林业局林场或旗县林业基地	目测、实测、抽样相结合，10 年 1 次	查清小班地块的现有资源	编制经营方案和总体设计
三类调查	作业设计调查	林场的作业地段	实测结合抽样，1 年 1 次	作业地全面详查	施工作业设计

8.3.2 森林经营调查方法

3 类森林调查的方法、要求和目的都不同，就森林经营而言，与之关系密切的有森林经理调查和作业设计调查。

8.3.2.1 森林经理调查的概念、目的、任务与内容

(1) 森林经理调查的概念

森林经理调查也称森林资源规划设计调查，简称二类调查，是以国有林业局(场)、自然保护区、森林公园等森林经营单位或县级行政区域为调查单位。以满足森林经营方案、总体设计、林业区划与规划设计需要而进行的森林资源调查。每 10 年开展 1 次调查。

(2) 森林经理调查的目的

森林经理调查的目的是为科学经营和管理森林、制定区域国民经济发展规划和林业发展规划、进行森林分类经营区划、森林经营和执行各种林业方针政策效果评价等提供基础数据，其调查成果是建立或更新森林资源档案，制定森林采伐限额，进行林业工程规划设计和森林资源管理的基础，是实行森林生态效益补偿和森林资源资产化管理，指导和规范森林科学经营的重要依据。

(3) 森林经理调查的任务

调查的主要任务是查清森林、林地和林木资源的种类、数量、质量与分布，客观反映调查区域自然、社会经济条件，综合分析与评价森林资源与经营管理现状，提出对森林资源培育、保护与利用意见。

(4) 森林经理调查的内容

森林经理调查的内容包括：①核对森林经营单位的境界线，并在经营管理范围内进行或调整(复查)经营区划；②调查各类林地的面积；③调查各类森林、林木蓄积量；④调查与森林资源有关的自然地理环境和生态环境因素；⑤调查森林经营条件、前期主要经营措施与经营成效。在此基础上，对是否开展森林生长量和消耗量调查、森林土壤调查、森林更新调查、森林病虫害调查、森林火灾调查、野生动植物资源调查、生物量调查、湿地资源调查、荒漠化土地资源调查、森林景观资源调

查、森林生态因子调查、森林多种效益计量与评价调查、林业经济与森林经营情况调查、提出森林经营、保护和利用建议等内容的调查，应依据森林资源特点、经营目标和调查目的，以及以往资源调查成果的可利用程度，由森林经理调查工作会议具体确定。

8.3.2.2　森林经理调查方法与技术

(1)调查前的准备工作

主要包括组织准备、物质准备和技术准备。组织准备主要是在接受调查任务后，开展组织动员，进行人力配备及分配任务等工作；技术准备是收集各种材料、制定调查技术方案、调查人员培训、练习各种调查表格的应用及仪器操作技能等；物质准备主要包括财务、装备、物资供应、运输线路等工作。

特别需要指出的是，应提前准备和检验当地适用的立木材积表、形高表(或树高-断面积-蓄积量表)、立地类型表、森林经营类型表、森林经营措施类型表、造林典型设计表等林业数表。为了提高调查质量和成果水平，可根据条件编制、收集或补充修订立木生物量表、地位指数表(或地位级表)、林木生长率表、材种出材率表、收获表(生长过程表)等。

(2)小班区划方法

根据实际情况，可分别采用以下方法进行小班区划：

①采用测绘部门绘制的当地最新的比例尺为1∶(10 000~25 000)的地形图到现地进行勾绘。对于没有上述比例尺的地区可采用由1∶50 000放大到1∶25 000的地形图。

②使用近期拍摄的(以不超过两年为宜)、比例尺不小于1∶25 000或由1∶50 000放大到1∶25 000的航片、1∶100 000放大到1∶25 000的侧视雷达图片在室内进行小班勾绘，然后到现地核对，或直接到现地调绘。

③使用近期(以不超过1年为宜)经计算机几何校正及影像增强的比例尺1∶25 000的卫片(空间分辨率10 m以内)在室内进行小班勾绘，然后到现地核对。

注意：空间分辨率10 m以上的卫片只能作为调绘辅助用图，不能直接用于小班勾绘。现地小班调绘、小班核对以及为林分因子调查或总体蓄积量精度控制调查而布设样地时，可用GPS确定小班界线和样地位置。

8.3.2.3　小班调查

根据森林经营单位森林资源特点、调查技术水平、调查目的和调查等级，可采用不同的调查方法进行小班调查。小班调查应充分利用上期调查成果和小班经营档案，以提高小班调查精度和效率，保持调查的连续性。

(1)小班调查内容

小班调查是二类调查中涉及地域最广、工作量最大的一项工作。为了合理地开展森林资源经营管理工作，必须将森林资源信息落实到每个林分中，小班调查就是将各种林分调查因子落实到每个林分中。

①土地类型调查。土地类型(以下简称地类)是根据土地的覆盖和利用状况综合划定的类型，包括林地和非林地2个一级地类。其中林地8个二级地类、15个三级地类；非林地5个二级地类、4个三级地类，地类划分的最小面积为0.067 hm^2，见表8-4。

表 8-4　地类划分表

一级	二级	三级
林地	有林地	纯林
		混交林
林地	疏林地	
	灌木林地	国家特别规定灌木林地
		其他灌木林地
	未成林地	未成林造林地
		未成林封育地
	苗圃地	
	无立木林地	采伐迹地
		火烧迹地
		其他无立木林地
	宜林地	宜林荒山荒地
		宜林沙荒地
		其他宜林地
	林业辅助生产用地	生产设施用地
		科研及森林保护用地
		沼泽地
		其他辅助生产用地
非林地	耕地	
	牧草地	
	水地	
	未利用地	
	建设用地	工矿建设用地
		城乡居民建设用地
		交通建设用地
		其他用地

②小班调查因子。应分别商品林和生态公益林小班按地类调查或记载不同调查因子。小班调查因子是指在调查时对各小班应进行记录的因子。依据国家林业局 2003 年颁布《森林资源调查规划设计主要技术规定》，主要调查的小班因子见表 8-5。

表 8-5　小班调查因子

1. 空间位置	林业局(县)、林场(分场、乡、镇、管理站)、作业区(工区、村)、林班、小班等
2. 权属	分别林地所有权和使用权、林木所有权和使用权调查记录
3. 地类	按地类划分系统中最后一级地类调查记录
4. 工程类别	分别天然林资源保护工程、退耕还林工程、环京津风沙源治理工程、三北与长江中下游等重点地区防护林建设工程、野生动植物保护和自然保护区建设工程、速生丰产用材林工程、其他工程填写
5. 事权	生态公益林(地)分为国家级或地方级

（续）

6. 保护等级	生态公益林（地）分为特殊保护、重点保护和一般保护
7. 地形地势	记录小班地貌、平均海拔、坡度、坡向和坡位等因子
8. 土壤/腐殖质	记录小班土壤名称（记至土类）、腐殖质层厚度、土层厚度（A+B层）、质地、石砾含量
9. 下木植被	记录下层植被的优势和指示性植物种类、平均高度和覆盖度
10. 立地类型	查立地类型表确定小班立地类型
11. 立地等级	根据小班优势木平均高和平均年龄查地位指数表，或根据小班主林层优势树种平均高和平均年龄地位级表确定小班的立地等级； 对疏林地、无立木林地、宜林地等小班可根据有关立地因子查数量化地位指数表确定小班的立地等级
12. 天然更新	调查小班天然更新幼树与幼苗的种类、年龄、平均高度、平均根径、每公顷株数、分布和生长情况，并评定天然更新等级
13. 造林类型	对适合造林的小班，根据小班的立地条件，按照适地适树的原则，查造林典型设计表确定小班的造林类型
14. 林种	按林种划分技术标准调查确定，记录至亚林种
15. 起源	按主要生成方式调查确定
16. 林层	商品林按林层划分条件确定是否分层，然后确定主林层； 并分别林层调查记录郁闭度、平均年龄、株数、树高、胸径、蓄积量和树种组成等测树因子； 除株数、蓄积量以各林层之和作为小班调查数据以外，其他小班调查因子均以主林层的调查因子为准
17. 群落结构	公益林根据植被的层次多少确定群落结构类型
18. 自然度	根据干扰程度记录
19. 优势树种组	分别林层记录优势树种（组）
20. 树种组成	分别林层用十分法记录
21. 平均年龄	分别林层，记录优势树种（组）的平均年龄； 平均年龄由林分优势树种（组）的平均木年龄确定
22. 平均树高	分别林层，调查记录优势树种（组）的平均树高； 在目测调查时，平均树高可由平均木的高度确定； 灌木林设置小样方或样带估测灌木的平均高度
23. 平均胸径	分别林层，记录优势树种（组）的平均胸径
24. 优势木平均高	在小班内，选择3株优势树种（组）中最高或胸径最大的立木测定其树高，取平均值作为小班的优势木平均高
25. 郁闭/覆盖度	有林地小班用目测或仪器测定各林层林冠对地面的覆盖程度，取小数二位； 灌木林设置小样方或样地估测并记录覆盖度，用百分数表示
26. 每公顷株数	记录活立木的每公顷株数
27. 散生木	分树种调查小班散生木株数、平均胸径，计算各树种材积和总材积
28. 每公顷蓄积量	分别林层记录活立木每公顷蓄积量
29. 枯倒木蓄积量	记录小班内可利用的枯立木、倒木、风折木、火烧木的总株数和平均胸径，计算蓄积量

（续）

30. 健康状况	记录林地卫生、林木(苗木)受病虫害危害和火灾危害以及林内枯倒木分布与数量等状况；林木病虫害应调查记录林木病虫害的有无以及病虫害种类、危害程度；森林火灾应调查记录森林火灾发生的时间、受害面积、损失蓄积量
31. 调查日期	记录小班调查的年、月、日
32. 调查员姓名	由调查员本人签字

(2)小班测树因子调查方法

①样地实测法。在小班范围内，通过随机、机械或其他的抽样方法，布设圆形、方形、带状或角规样地，在样地内实测各项调查因子，由此推算小班调查因子。布设的样地应符合随机原则(带状样地应与等高线垂直或成一定角度)，样地数量应满足第6章的精度要求。

②目测法。当林况比较简单时采用此法。调查前，调查员要通过30块以上的标准地目测练习和一个林班的小班目测调查练习，并经过考核，各项调查因子目测的数据80%项次以上达到允许的精度要求时，才可以进行目测调查。

③航片估测法。航片比例尺大于1∶10 000可采用此法。调查前，分别林分类型或树种(组)，抽取若干个有蓄积量的小班(数量不低于50)，判读各小班的平均树冠直径、平均树高、株数、郁闭度等级、坡位等，然后到实地调查各小班的相应因子，编制航空相片树高表、胸径表、立木材积表或航空相片数量化蓄积量表。为保证估测精度，必须选设一定数量的样地对数表(模型)进行实测检验，达到90%以上精度时方可使用。

④卫片估测法。当卫片的空间分辨率达到3 m时可采用此法。其技术要点为：

a. 建立判读标志。根据调查单位的森林资源的特点和分布状况，以卫星遥感数据景幅的物候期为单位，每景选择若干条能覆盖区域内所有地类和树种(组)、色调齐全且有代表性的勘察路线。将卫星影像特征与实地情况对照获得相应影像特征，并记录各地类与树种(组)的影像色调、光泽、质感、几何形状、地形地貌及地理位置(包括地名)等，建立目视判读标志表。

b. 目视判读。根据目视判读标志，综合运用其他各种信息和影像特征，在卫星影像图上判读并记载小班的地类、树种(组)、郁闭度、龄组等判读结果。对于林地、林木的权属、起源，以及目视判读中难以区别的地类，要充分利用已掌握的有关资料、询问当地技术人员或到现地调查等方式确定。

c. 判读复核。目视判读采取一人区划判读，另一人复核判读方式进行，二人在“背靠背”作业前提下分别判读分别填写判读结果。当两名判读人员的一致率达到90%以上时，二人应对不一致的小班通过商议达成一致意见，否则应到现地核实。当两判读人员的一致率达不到90%以上时，应分别重新判读。对于室内判读有疑问的小班必须全部到现地确定。

d. 实地验证。当室内判读经检查合格后，采用典型抽样方法选择部分小班进行实地验证。实地验证的小班数不少于小班总数的5%(但不低于50个)，并按照各地类和树种(组)判读的面积比例分配，同时每个类型不少于10个小班。在每个类型内，要按照小班面积大小比例不等概选取。各项因子的正判率达到 90%以上时为合格。

e. 蓄积量调查。结合实地验证，典型选取有蓄积量的小班，现地调查其单位面积的蓄积量，然后建立判读因子与单位面积蓄积量之间的回归模型，根据判读小班的蓄积量标志值计算相应小班的蓄积量。

各种小班调查方法允许调查的小班测树因子详见 2003 年国家林业局颁布的《森林资源规划设计调查主要技术规定》。

8.3.3　林业专业调查方法

各项林业专业调查应尽量收集生产、科研等单位及该地区过去的调查材料和科研成果，并认真研究、分析、充分利用，这样可以节省人力物力。对于需要而又不足的部分要进行现地调查。因此，在调查前首先要收集和研究以往的调查材料，包括有关图面材料。只有在了解过去调查成果、精度及方法后，才有利于提出和制订今后调查的重点和方法。

在开展调查前还应进行踏查。通过踏查可以了解调查地区内的基本情况及工作条件等，以便部署工作。在踏查的基础上，便可根据该地区的具体情况确定林业专业调查的内容。调查的对象、要求不同，因而在调查方法上也不能一样。但就其调查方式来看，主要采取标准地或样方调查，标准木或样地调查以及路线调查与标准地调查相结合的调查方法。有的项目调查使用其中一种，有的需要几种方式结合使用。

(1)标准地、标准木调查

标准地及标准木调查是林业专业调查的主要方式之一。标准地分临时标准地和永久性标准地两种；根据选设方式不同又可分为典型选设和随机选设两种。在外业调查期间究竟应设置哪类标准地，决定于调查的内容、目的和任务。例如，为了研究各种经营措施，可设置永久性标准地进行长期观测。如果以前设置过这样的标准地，应尽量利用。其他临时标准地，不做长期观测用。对于编制调查数表、生长量调查等，一般都采用标准地或标准木调查方法。在进行各项专业调查时，不同项目设置的标准地能结合在一起的应尽量结合在一起，使一块标准地能起着多项的作用。

(2)样方调查

有些项目的调查，如植被调查、更新调查等也采取小型标准地即样方调查。在标准地内 4 角各设一块 1 m×1 m 样方进行植被调查和更新调查，标准地中心设一块 5 m×5 m 样方进行灌木调查。设置好样方后，要估测一下总盖度、营养苗(即仅带枝叶的营养体)及生殖苗(具花或果实的苗)的平均高度。主要调查记载林内有哪些植被种(草本)其生长状况分布情况、高度、覆盖度；林缘的植物情况、是否有地被物(苔藓、地衣)以及死地被物(枯枝落叶层)的情况。记录样方内所出现的全部植被名称。对每种植被进行以下数量指标调查：

①密度。密度是与多度意义相近的一个指标。它是指单位面积内某种植物的个体数目。测时即数每一平方米样方内所测植物的株/丛数。

②盖度。指植物地上部分(枝叶)的垂直投影，以覆盖面积的百分比表示。盖度可分种盖度(又称分盖度)、层盖度及总盖度(又称群落盖度)。由于植物枝叶相互重叠，各种之种盖度之和常大于总盖度，因而要求测定每种植物的种盖度。

③高度。植物高度说明植物的生长情况及竞争和适应能力。对每种植物种高度的测定，应分营养苗及生殖苗分别测定，注意测量的自然高度，取平均值。

④物候相。即指植物随气候条件按时间有规律的变化而表现出的按一定顺序的发育期，可分营养期、花蕾期、开花期、结实期和果后营养期等几个阶段。

⑤生产力。生产力指植物的生长状况，它是一个相对指标，可分强、较强、中等、较弱及弱等级填写。

(3)路线调查与标准地调查相结合的调查方法

路线调查的目的是通过路线调查掌握较全面的情况，同时为重点详细调查即标准地调查提供依据。路线调查与标准地调查相结合的调查方法、是一种点和面相结合、简单与详细相结合的调查方式。如立地类型调查、病虫害调查、土壤调查等，都是采用这种调查方法。

路线调查时，路线的选择十分重要。路线的选择，应以通过各种不同地形、地势和各种有代表性的林分地段为原则。这样可以全面掌握林区的特点和各调查对象的分布情况。调查记载的内容视调查项目的具体要求、条件而定，一般采用目测方法，必要时做一些简单的实测调查。

在路线调查的基础上进行标准地调查，标准地应设在有代表性的地段，并进行实测和详细记载，以便取得较精确的资料。

8.3.4 多资源调查

森林资源除林木资源外，还应包括森林地域空间内的动物资源、植物资源、土地资源、水资源、气候资源、游憩资源和其他资源。在我国，多资源调查(multi-resources inventories)是指对野生动植物、游憩、水资源、放牧和地下资源等进行的调查。森林中的各种资源，它们是一个有机整体，即是一个结构和功能繁多而又复杂的生态系统。林木资源与其他资源互为环境、相互影响。为正确评价森林多种效益，发挥森林的各种有效性能，满足森林经营方案、总体设计、林业区划与规划设计的需要，有必要在森林分类经营的基础上进行多资源调查。

多资源调查是森林永续利用从木材永续到森林多种效益永续过渡时期逐渐发展起来的森林调查项目。世界各国对多资源调查的类型归属不完全一致。在我国的有关规程中，多资源调查仍属二类调查中的专业调查范畴。多资源调查的内容与方法具体如下：

(1)野生经济植物资源调查

野生植物是森林生态系统主要组成部分，是物种多样性、遗传多样性重要资源库；经济植物资源是林业经济基础重要组成部分，调查其数量、质量和生长状况，为保护及开发利用提供科学依据。野生经济植物资源是指在森林中，野生的具有较高经济价值的植物资源；或是那些除可提供主要林产品外，还可提供其他具有较高经济价值附产品的植物资源。野生经济植物类别按用途分为药用、食用、美化观赏和工业原料4个类别。常见的野生经济植物有：

①药用类。黄波罗、大叶小檗、刺五加、五味子、黄芪、黄芩、百合、桔梗、车前、狭叶荨麻、独活、白鲜、苍术、升麻、铃兰、木通、穿地龙、杜仲、山茱萸、金

鸡纳树、樟脑、人参、贝母等。

②食用类。红松、山核桃、榛子、山梨、山丁子、茶藨子、悬钩子、蓝果忍冬、笃斯越橘(蓝莓)、猕猴桃、山葡萄、东方草莓、黄花萱草、蕨菜荼、刺老芽等。

③美化观赏类。稠李、暴马丁香、梓树、山刺玫、忍冬、杜鹃等。

④工业原料类。蜜源植物、纤维类植物、芳香类植物，如油桐、乌桕、漆树、紫胶、橡胶树等。

野生植物资源调查在我国一般采用标准地、样地、样方、样木、标准枝或路线调查等方法，通过调查这些植物资源的种类、分布、蕴藏量、培育和利用状况、经济效益及其开发条件等，为植物资源合理的采集、加工、大力发展种植业，充分发挥森林植物资源的生态效能，社会效能和经济效能，制定森林植物资源的经营利用规划提供依据。

(2)野生动物资源调查

自新中国成立至 20 世纪 90 年代初，我国进行过多项(次)的区域性或专项的野生动物资源的调查，如大熊猫调查等，但却未开展过全国性的野生动物资源调查。直到 1995 年，由国家林业局组织，相继开展了主要动物资源的全国性调查。国家林业局选择了资源消耗比较严重或濒危程度较高的 252 种陆生野生动物(其中包括国家重点保护物种 153 个)作为调查对象，开展了全国性野生动物资源调查。但直到目前，我国野生动物调查尚未制度化，也没有专业的调查队伍。

野生动物调查主要内容：野生动物的种类、数量、组成、动向、分布及可利用的情况和群体的自然区域；确定不同种类野生动物对食物和植被的需要；评价维持野生动物和种群的各种生境单位。这对制定野生动物的保护方案和措施，发展林区养殖业及狩猎是有积极意义的。

野生动物资源种类很多，调查的方式方法也不完全一致，调查方式主要采用抽样调查，样地总面积一般不小于动物栖息地的 10%。对脊椎动物群体的调查方法分为 3 类：直接调查法、间接调查法和比例方法。

①直接调查法。直接调查是指对动物或鸟类本身的计数，主要包括轰赶调查、空中监视调查和航空摄影和红外相片调查等。

②间接调查法。间接调查是把除动物计数以外的各种观测记录下来，群体估测是从动物存在的间接证据推论出来的，包括鸣叫计数、足迹计数、粪堆计数等方法。

③比例方法。该方法是以一个群体的已测定的变化为基础，例如，捕捉了已知数量的猎鸟，加上环志释放，当以后某一时间内再看到或猎捕到这些鸟时，则环志鸟的总数与其中再捕鸟数的比可用于估计群体的大小。包括林肯指数、凯勒克尔比率等方法。

(3)湿地资源调查

湿地是一种独特的生态系统，在蓄水调洪、改善生态、调节气候、净化水源、繁育物种、消减污染以及发展经济等方面均发挥着极为重要的作用。湿地资源专项调查，是由于特殊和专项需要而对湿地资源进行的调查。我国湿地资源调查起步较晚，1995—2001 年完成的第一次全国性的湿地调查，计划每 5 年进行 1 次。但尚未形成一支稳定的湿地资源调查队伍。

湿地资源调查内容主要包括：湿地的类型、面积与分布；湿地的水资源状况；湿地利用状况；湿地的生物多样性及其珍稀濒危野生动植物资源状况；湿地周边地区的社会经济发展对湿地资源的影响；湿地的管理状况和研究状况以及影响湿地动态变化的主要环境因子等。

湿地资源调查是以典型调查为基础，综合运用遥感、地理信息系统、全球定位系统、数据库等高新技术，对湿地资源及其生态环境进行定期调查，查清湿地资源的现状，掌握湿地资源的动态变化，并逐步实现对湿地资源及其生态环境全面、准确、及时的分析评价，为湿地资源的保护、管理和合理利用提供完整统一、及时准确的宏观数据支持。

(4)放牧资源调查

在许多林区都有放牧资源，主要指草本植物，此外还包括一些灌木的枝、叶、果实等。它随立地、牲畜等级及季节而变化。调查的主要内容包括：草场的面积、种类、立地、利用系数、载畜量(头数)、利用情况、发展畜牧业等。

对多数植被最好的调查时期通常是接近生长季节的末期，因为在此期间，植物品种最容易辨认，而且草饲料总量和嫩枝叶量最大。主要采用抽样调查方法，抽样可在航片或地形图上布样点，也可结合在一起使用。调查也可采用分层抽样的方法，放牧资源较多的草地、湿地、灌丛、开阔的河岸为一类，资源较少的林地为另一类。样地可用圆形或矩形，对特殊的调查，也可用点状其大小应视变动系数而定。变动系数大时，如果样地面积小，为保证精度则样点数会大量增加，调查效率下降。

确定牧草数量可用割取样地牧草、目测法等方式测定。在牧场分析中，常用目测法与割取称重相结合的方法一起使用。牧草数量单位为 kg/hm^2。

(5)水资源和渔业资源调查

森林资源与水资源密切联系在一起，从某种意义上讲如果没有森林也就没有水。水不仅是天然动力资源，也是钓鱼、游泳、划船和其他以水为基础的旅游活动场所，还是城市、工业、农业用水及生活用水的重要来源。

水资源调查的内容包括：降水、地表和地下水补给和排泄、水域面积、水量(流量和流速)、水质(沉积物总量、化学性质、生物学性质及温度)、水生生物和生态状况及水生生态环境评价、地表水景观的环境、人为活动对水的污染、生产和生活对水的利用情况等。

渔业资源的调查是在水资源调查的基础上进行的，调查的内容包括：养殖面积、种类、习性、鱼龄、生长发育状况，现有量、负载量、生产量等。

水资源和渔业资源调查可采用路线调查、抽样调查和查阅水文资源等方法；对鱼群可采用直接调查法进行捕捞调查。

(6)荒漠化、沙化与石漠化土地资源调查

荒漠化、沙化与石漠化土地资源调查是为查清我国荒漠化、沙化和石漠化土地资源的分布、面积、特点以及土地退化现状和动态变化而开展的一项专项调查工作。

①荒漠化。荒漠化是指包括气候变异和人为活动在内的种种因素造成的干旱、半干旱和亚湿润干旱地区的土地退化。按造成土地荒漠化的主要自然因素，主要划分为以下荒漠化类型：

a. 风蚀。风蚀指由于风的作用使地表土壤物质脱离地表被搬运现象及气流中颗粒对地表的磨蚀作用。

b. 水蚀。水蚀指由于大气降水，尤其是降雨所导致的土壤搬运和沉积过程。

c. 盐渍化。盐渍化指地下水、地表水带来的对植物有害的易溶盐分在土壤中积累引起的土壤生产力下降。

d. 冻融。冻融指温度在 0 ℃左右及其以下变化时，对土体所造成的机械破坏作用。

荒漠化程度反映土地荒漠化的严重程度及恢复其生产力和生态系统功能的难易状况。各类型荒漠化的程度分为轻度、中度、重度和极重度 4 级。

②沙化。土地沙化是指由于各种因素形成的、以沙质地表为主要标志的土地退化。土地沙化监测范围内的土地分为沙化土地、有明显沙化趋势的土地和非沙化土地 3 个类型。

a. 沙化土地。沙化土地指流动沙地(丘)、半固定沙地(丘)、固定沙地(丘)、露沙地、沙化耕地、非生物治沙工程地、风蚀残丘、风蚀劣地、戈壁九大类。

b. 有明显沙化趋势的土地。有明显沙化趋势的土地指干旱、半干旱和亚湿润干旱地区。由于土地过度利用或水资源匮乏等原因形成的临界于沙化的土地。草地、林地上的土壤表层为土质，原生土壤剖面基本完整，尚无明显的风蚀和流沙堆积形态，但植被严重退化，土壤表层腐殖质基本丧失；耕地上以偶见流沙点或风蚀斑为标志。

c. 非沙化土地。非沙化土地指沙化土地和有明显沙化趋势的土地以外的其他土地。

沙化土地按沙化程度分为轻度、中度、重度和极重度 4 级。

③石漠化。石漠化指在热带、亚热带湿润和半湿润地区岩溶极其发育的自然背景下，受人为活动的干扰，使地表植被遭受破坏，造成土壤严重侵蚀，基岩大面积裸露，砾石堆积，地表呈现似荒漠化景观的土地退化乃至土壤消失的现象，按程度分为非石漠化土地、潜在石漠化土地和石漠化土地 3 个类型。

荒漠化、沙化和石漠化土地资源调查和分析的主要内容包括：调查各类型沙化土地和有明显沙化趋势土地的分布、面积和动态变化情况；调查不同类型及不同程度的荒漠化土地的分布、面积和动态变化情况；分析自然和社会经济因素对土地荒漠化、沙化和石漠化过程的影响，对土地荒漠化、沙化和石漠化状况、危害及治理效果进行分析评价，为防沙治沙和防治荒漠化提出对策与建议，为国家决策服务。

荒漠化、沙化和石漠化土地调查一般采用卫星遥感影像判读和地面调查相结合的方法，并对荒漠化敏感地区、沙尘暴灾情和石漠化程度开展专题调查，对一些典型区域开展定位监测。

(7) 景观资源调查

景观资源调查是进行风景区规划设计，开展森林旅游不可缺少的基础工作。它是多资源调查的重要组成部分，要按照美学原则和开放旅游的要求调查。其调查内容包括自然景观(如地质地貌、水文、气象、动物、植物等)和人文景观(历史古迹、民族风情、宗教、近代现代革命文物和文化建设等)。在调查时可按下列类型进行：

①乔灌林景观的调查。以山区垂直植物带谱或不同林分类型为单位，调查和记载可供旅游观赏价值的景观。

②观赏植物景观调查。应记载种类、分布范围与数量、花期、可采程度。

③林区地貌景观调查。山景调查包括悬崖、陡壁、怪石、雪山、溶洞等。对特异山(石)景，还应记录奇峰怪石的位置、生成原因、数量、分布特点、外形大小；溶洞深度、广度、位置、形成原因，洞内景物特点及可览度；对雪山应调查位置、面积、坡度、海拔、积雪厚度；可远眺海、湖、河流、原野、林海、沙漠、日出、日落、云海、雾海等景观的场所。

④水文景观调查。水文景观包括海湾、湖泊、瀑布、溪流、泉眼等。要调查它们的位置、海拔、形成原因、当地名称、水质、景观特点、可利用价值及可览度等。

⑤人文景观调查。人文景观调查的对象包括历史古迹、民族风情、宗教、革命文物等，要调查记载它们的种类、名称、位置、景观、美丽的传说及故事等；风景区力求包含最多的风景要素(景素)，并应考虑人工置景的需要以及容纳游客规模所必需的面积、场所、食宿等需要，同时还要考虑开放景区带来的污染问题及预防措施。

根据以上调查，可以依据风景区所含景素等级和各景群的可览度对整个风景区进行综合评价，确定风景区的等级。各等级的评价标准如下：

第一级：奇景。奇景是由众多举世罕见的绝妙的上上景(景素第一级)组成的景群，足以吸引世人仰慕，使游人为之倾倒，有如临仙境之感，如湖南张家界、四川黄龙寺等。

第二级：胜景。胜景是由上上景和景象美妙较为少见的上景(景素第二级)组成的景群，令游人叹为观止、流连忘返；或由众多不同性质的上景组成景群，多景相连，丰富多彩而引人入胜，如安徽黄山。

第三级：美景。美景是以上上景和上景为主景，加上其他景素共同组成的风景区，环境幽雅，令游人心旷神怡，眷恋不舍。

第四级：佳景。佳景是以山水森林为环境，有楼、台、亭、榭或其他古建筑名胜和历史陈迹、美丽的神话；或有珍奇动物、奇花异草、古树、珍稀树木、名药、佳果等；或有泉池水面等。佳景可使游人得到文化教育和充分休息，可以增长知识、陶冶情操。

第五级：怡景。怡景是指在城镇、工矿附近，由大片林木构成的森林环境，或有山、水、高大建筑陪衬。区内有各种文化娱乐设施，环境幽静，使人得到充分休息和娱乐，以解劳烦。

风景资源调查可采用路线调查、典型调查、抽样调查、查阅历史文献、座谈访问和景物实际调查等方法。

本章小结

森林经营是贯穿于整个森林生长周期的保护、培育和利用的一系列活动的总称，而森林区划和调查是科学合理经营的基础。本章在简述国土空间基本概念的基础上，重点介绍森林经营的空间单位和区划方法、森林经营周期以及森林多功能区划等。并从森林经营的角度出发，特别阐述森林经理调查及各种专业调查的内容和方法，可为科学制定森林经营措施提供数据支撑。

思考题

1. 简述森林经营、森林区划、森林调查的定义。
2. 什么是经营小班？如何区划经营小班？
3. 森林经营的空间单位有哪些？
4. 森林经营的时间单位有哪些？
5. 谈谈你对森林多功能及经营的理解。
6. 林业专业调查的方法有哪些？
7. 多资源调查的主要内容有哪些？

第 9 章

组织经营单位

在森林区划和调查的基础上，将经营目的和内部特征一致的小班，制订相应的经营制度和经营措施，组织成为长期的经营单位，可简化规划设计和执行经营管理过程，为编制森林经营方案提供有利条件。

组织经营单位一般是指林种区、经营区、经营类型和经营小班。建立各种组织经营单位是组织经营基础，森林经理工作中的一项极其重要的基础工作，也是森林经营方案编制中的一个重要环节。森林经营单位设置地合理与否，直接影响着森林经营单位的组织方法和各级经营单位相互间的关系；进而影响森林资源的统计，森林资源的调整(包括森林采伐限额的确定)以及森林的采伐、更新、培育、管护等一系列的森林经营措施的设计和执行，影响森林经营方案的设计水平以至整个森林经营的水平。

9.1 经营单位的层次结构

在林业局(林场)范围内，森林区划重点是地域上的划分，由于经营目的和森林资源丰富多样且具有多种功能。为了实现森林资源经营与管理目标，根据森林资源特点、功能、经营目的以及经营利用措施的不同，把小班组织成具有不同功能的等级单位，确定它们的经营目的，并订出相应的经营制度及经营措施，使其成为长期的组织经营单位。

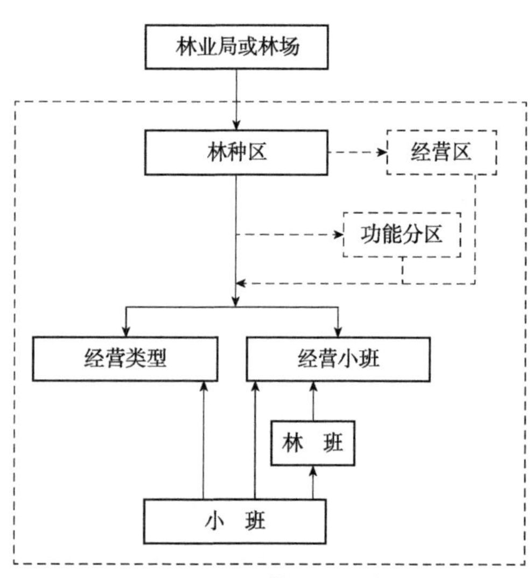

图 9-1 经营单位层次图

组织经营单位需要遵循经营方针和因地制宜的原则，统一经营目的和经营措施的一种形式，在地域上具有明确的森林管理边界和命名，为森林经营规划设计和生产服务。

从我国林业生产调查设计部门颁布的规程、标准等资料来看，我国现设置 4 种经营单位：林种区、经营区、经营类型、经营小班(陈平留，1992)。经营单位层次如图 9-1 所示。一般而言，林业局(林场)范围内，林种区比经营区涉及的地域范围大一些。但在同一个经营区内，树种组成、林分起源、生长和林况不同，有必要分别组织经营类型或经营小班，制定统一的森林经营方针、经营措施和林学技术计算方法，结合成一个总体。

(1)林种区

在林业局或林场范围内的森林资源，由于它们处的具体位置和立地条件不同，它们的生长情况在国民经济中的作用也不一样，经营方向也不相同，反映在不同的林种上，根据林种所占的地区范围，划出不同的经营单位，在森林经理中称为林种区，林种区命名冠以林种名称。林种区是对行政管理区的补充，有关的森林资源的统计，通常以林种区为单位汇总。

林种区的划分是以林班为单位进行的，林种区的界线可以和行政管理区界线一致或营林区界线一致，一个林业局或林场可能包括一个林种区或几个林种区。一个林种区通常是地域上相互连接的，以林班线为境界的地域范围划定的经营单位，但有时由于地形变化较大，在一个林场内，同一林种区并没有连成一片，而是被其他林种区隔成几片。

(2)经营区

在林业局或林场范围内，根据森林用途及经营强度，采取同一经营制度和利用制度的所有林分或地段的经营实体，称为经营区。同一个经营区，包括一个或多个林班，但不允许分开区划一个林班，通常在地域上尽可能相互连接。

林种区与经营区含义基本相同，可用林种命名经营区，如防护林经营区、用材林经营区、经济林经营、特用林经营区等。但经营区还可以细分，例如，用材林经营区还可划分为集约经营区和常规经营区等。

经营区和林种区都是森林经理对象内，森林经营方向、经营水平一致的地域范围，是行政区划的补充，也是森林资源以及经营措施的统计汇总单位。

在某些林业局或林场范围内，受面积限制，有可能全林场只有一个林种区，也未设经营区，为了进一步细化，将森林功能一致，地域上一般相互连接的林班，以林班线为境界的地域范围，划定功能分区。功能分区的作用与经营区的设定原则是一致的，在我国经营区组织、使用没有统一的标准，可依据林业局或林场的资源状况和管理水平，灵活地组织经营区和功能分区，但它也应该是一个相对永久固定的经营单位，不应随着经营措施不同而改变。

(3)经营类型

通常是在林种区或经营区(森林功能分区)内，组织经营类型，从空间来看，森林经营类型是组织起来的小班集合体，在地域上不一定是相连接的，采取统一的经营措施，也称为作业级，它是不仅具有统一作业技术，而且可作为永续利用的森林生产组织单位。

(4)经营小班

经营小班依据林分特点、自然条件及经营目的，将地域相连的若干调查小班合并而成，设为固定的经营小班，在现地上区分出班界线和埋设标桩，设计相应地从现阶段直至采伐的经营措施，每个经营小班均设计一套与其经营目标和林分特点相适应的森林作业法。这种按经营小班设计一套经营措施，并按小班实施经营措施的经营方式，称为小班经营法。小班经营法也称小班法和小班经理法。小班经营法是组织森林经营的一种技术方法，也是编制森林经营方案的主要组成部分。

小班经营法适用于森林经营水平较高的林区，以及用材基地的人工林和次生林地区，建立永久性的林业区划系统。经营小班的面积不宜过大，一般为 3～10 hm^2。在一个经营小班内，由于部分林分因子的差异，需要采取不同的经营措施时，应划分细班。

1976 年，黑龙江伊春带岭林业实验局区划了经营小班，平均面积约 25 hm^2；1987 年，在湖北崇阳桂花林场南山分场开展小班经营法试点，小班平均面积为 2.6 hm^2。

法国学者顾尔诺(1847)提出异龄林集约择伐的检查法，后经瑞士学者毕奥莱(1880)在瑞士西部天然异龄针阔混交林进行检查法应用，至今试验研究已持续百年。

检查法是一种择伐作业方式，不设作业级，以林班或固定小班为作业对象，面积 12～15 hm^2，林班是基本区划单位，以林分为基础，确保各项作业在空间上的秩序性和时间上的连续性，各项作业都是定期反复实施，最终保留最优的林木。根据林分蓄积量的状态、组成及各径级分配确定木材收获量。我国吉林汪清林业局与北京林业大学在云冷杉林也开展了检查法的应用研究。

9.2 组织经营类型

在林业局或林场范围内，虽然森林资源在一个林种区内，经营方向一致，但也可能林种区所包含的各小班的树种组成、优势树种、生产力和林木的生长特点不同，所采取的经营措施也有差别。为了对森林进行科学的经营管理，把具有相同林分特点和经营方向的小班组织成一个经营单位，以便采取相同的林学技术和经营措施，这种组织起来的单位，称为经营类型或作业级。

9.2.1 经营类型组织原则与依据

组织经营类型是根据各小班的自然特点和经营目的(方向)，将相同的小班组织起来一种经营单位，以便采取相同的经营措施。经营类型是一个多变量的复合系统，科学合理地组织经营类型，经营类型组织原则与依据应用具有以下特点：

(1)科学性

符合生态学、林学和森林经营管理学等相关学科的原理。

(2)规范性

依照国家、行业及地方的相关法律法规和标准规范的相关规定，见表 9-1。

表 9-1 部分法律法规和标准规程

法规或标准名	编号或发布(修订)时间
中华人民共和国森林法	2019 年修订
中华人民共和国森林法实施条例	2000 年
全国森林经营规划(2016—2050 年)	2016 年 6 月
生态公益林建设技术规程	GB/T 18337.3—2001
森林经营方案编制与实施纲要(试行)	2006 年
简明森林经营方案编制技术规程	LY/T 2008—2012
森林经营方案编制与实施规范	LY/T 2007—2012
生态公益林经营类型划分规程	DB11/T 655—2009

（续）

法规或标准名	编号或发布(修订)时间
造林技术规程	GB/T 15776—2006
低效林改造技术规程	LY/T 1690—2007
森林采伐作业规程	LY/T 1646—2005
森林防火工程技术标准	LYJ 127—1991

(3) 目的性

坚持以森林可持续经营理论为指导，科学合理地划分经营类型，细化经营方向，落实经营技术措施，制定各经营类型的总目标和阶段性目标，提高森林经营和管护水平。

(4) 独特性

从经营目的到主要树种、作业法、轮伐期、采伐量和经营措施等，各经营类型都应有其特点。

(5) 可操作性

经营类型组织应便于应用，在一个林场或营林区内组织经营类型数量的多少，除取决于林分差异、经济条件、经营目的以及面积的不同外，还取决于森林经营水平。

每一个经营类型，都需要一套完整的经营措施体系。一般经营水平越高，组织的经营类型数量也越多；反之，则经营类型数量少一些。

(6) 时效性

组织经营类型不应随意改变，在林木不同的生长阶段，依据经营目的配套相应的经营技术措施；只有组织经营类型的因子改变时，经营类型才可改变。

9.2.2 组织经营类型的因子

组织经营类型与经济条件和经营水平有关，主要依据优势树种(组)、林分起源、立地质量、经营目的 4 个因子，也兼顾其他因子(如林龄、采伐方法)，相关的研究有很多，可进一步阅览文献。

(1) 优势树种(组)

林分或有林地小班之间，最显著的差异是树种不同，各树种的生物生态特性、材质和效益也不相同，经营目的也不一样。因此，需要分别组织不同的经营单位。如果一个林场内优势树种较多，将生物学特性近似的树种，归类成树种组，组织经营单位。如混交林用优势树种(组)为代表；混交比重相同时，主要树种(组)优先，过渡树种(组)其次。优势树种(组)是划分经营类型的首要因素，若林木组成比较单一，相应经营类型也简单。优势树种(组)可参照《森林资源规划设计调查技术规程》(GB/T 26424—2010)。

灌木林有明确的经营目的，或在森林分布上限的灌木林，以及必要的过渡性次生灌木林，也可组织经营类型。

(2) 立地质量

立地质量综合评价气候、土壤和生物等林地所处自然立地条件影响林地生产潜力高低的指标。通常采用地位级和地位指数评价立地质量，立地指数通常应用于同龄林或相对同龄林分评定地位质量。

优势树种(组)或主要树种(组)相同，而立地质量不同，表现在地位级、地位指数(级)不同时，小班(林分)的林地生产力则有较大差别：立地条件好、地位级或立地指数高，林木生长快，单位面积蓄积量高；反之，立地条件差、林地生产力低，林木生长慢，单位面积的蓄积量也低，可划分为不同的经营类型。

立地质量评价与树种密切相关，同一林地，对于不同的树种而言，很可能是不同的地位级。在北京市地方标准《生态公益林经营类型划分规程》(DB11/T 655—2009)中，采用立地类型代替了立地质量作为经营类型划分因子，立地类型一段时间内变化不显著，作为组织经营类型的因子更为合适。

(3)林分起源

优势树种(组)相同，而森林起源不同，则林木的寿命、材质、生长快慢、生产率和防护效能等均不相同。因此森林起源不同时，分别组织的经营类型。

根据林分起源方式，森林可分为天然实生林、天然萌生林、人工实生林、人工萌生林、飞播林5个类型。

(4)经营目的

由于森林经营上的需要，可以根据经营目的不同，划分为不同的经营类型。

如野胡桃林，主要经营目的不是为了取材，而是为了发展木本油料。有时为国民经济的某种需要而组织一些经营类型，如大径级用材林经营类型等。

9.2.3 经营类型的命名

有林地经营类型根据立地类型、优势树种(组)、森林起源和林种等级进行命名，具体命名方法为：立地类型+优势树种(组)+森林起源+林种等级，如低山油松人工水源涵养林。疏林地、未成林地、无立木林地和宜林地达到有林地标准后，再加以命名。除此之外，作业级也可根据树种命名或根据树种并结合林分的特点命名。

灌木林地依据第一层林冠中株数密度最大的灌木和立地类型、起源、林种等级进行命名。

9.2.4 经营类型的数量

一个林场内组织经营类型数量的多少，除取决于4个条件之外，还取决于经营水平的高低。一般经营水平越高，组织经营类型的个数也就越多，每个经营类型都需要一套完整的经营措施体系。经营类型是技术设计和规划设计的单位，从经营目的到主要树种、作业法、轮伐期、经营措施等，各经营类型都应有其特点，每个经营类型都要对主伐年龄、计算采伐量、设计经营措施等做出规定。在组织经营类型时，要避免划分得过于零散，不切合实际需要，使得森林经营工作组织和实施极端复杂化。

9.2.5 组织经营类型的问题

(1)经营类型持续性

在一个林业生产单位的经营范围内，经营类型应反映森林经营全过程以及营林技术措施的连续性和统一性。森林经营的全过程，即造林、育林至森林的采伐利用应是一个完整的有序的经营系统。森林经营中的三大要素森林生态环境、树种的生物学特性、培育措施之间是相互制约相互促进、互为补充、不可分割的。经营类型概念的最早提出是作为同龄林永续利用所采取的基本单位，在组织经营类型时，要考虑规模大小和较为完整的年龄序列。对于更大范围的应用，如人工混交林、天然林的应用，在实践中还应不断地加强理论研究。

有林地小班应根据优势树种(组)、起源、立地类型和经营目的来组织经营类型，对于林种区的无林地小班，也要按其立地条件和经营目的分别归到相应的经营类型，以便后续设计经营类型配套森林经营措施时，一并加以考虑。苗圃地和辅助生产林地，不划分经营类型。

(2)经营措施类型

经营类型组织工作步骤是通过外业森林资源调查，在内业经过森林资源统计分析，确定经营类型，然后按经营类型进行归类统计，计算采伐量，并规划设计各种经营措施等。组织经营类型主要是应用龄级法经营森林的过程，龄级法在世界各国普遍采用。

我国有些林区在组织森林经营措施类型时，以小班目前需要进行的经营措施归类，也称经营类型，如主伐型、抚育型、改造型、封育型等，实质上这些只是阶段性的经营措施类型，不是长期经营的单位，应称为“经营措施类型”。

9.3　案例介绍

根据森林资源的主导功能、生态区位和森林需求分析结果，依据《全国森林资源经营管理分区施策导则》《森林经营方案编制与实施纲要》《县级森林可持续经营规划编制指南》《森林经营方案编制及实施规范》和《简明森林经营方案编制技术规程》等一系列指导性文件，将经营区内森林划分为若干个独立的功能区域，即森林功能分区，在此基础上，以小班为单元组织经营类型和相应的森林经营配套措施。

9.3.1　林场概况

北京十三陵林场始建于 1962 年，为国有公益林场。林场交通便利，林区范围内蕴藏着极其丰富的森林、自然和人文景观资源，不仅有举世闻名的世界文化遗产明十三陵、居庸关长城，还有十三陵水库、沟崖自然风景区、蟒山国家森林公园等旅游景区，是北京重要的风景名胜旅游区和重点防火区。

北京十三陵林场现有 6 个分场，分别为南口分场、长陵分场、蟒山分场、龙山分场、沟崖分场和北郝庄分场，分场下设 40 分区。

十三陵林场辖区面积 8562 hm^2，森林覆盖率达 80.9%，全部为国家级重点公益林和一级森林防火区，林种全部为特种用途林中的风景林。据 2014 年的森林资源调查数据统计分析，现有林分面积 6926.5 hm^2，其中人工林面积 5578.7 hm^2，天然林面积 1347.8 hm^2。

林场森林活立木总蓄积量为 210 739.2 m^3。在森林总蓄积量中，人工林占绝对优势，蓄积量为 196 539.8 m^3，占 93.5%，而天然林的蓄积量为 13 698.3 m^3，占 6.5%，疏林地、散生木及四旁树的蓄积量为 501.1 m^3，仅占活立木总蓄积量的 0.2%。

从树种结构分析，以针叶林为主，针叶林、阔叶林和混交林的面积比例分别是

56.8%、19.5%、23.7%，蓄积量比例分别是68.3%、8.0%、23.7%。林分优势树种为侧柏、油松、柞树、刺槐、山杨及其他阔叶树等，侧柏林面积4340.9 hm^2，占林分总面积的62.7%，蓄积量148 762.8m^3，占林分总蓄积量的70.8%，

从林分的龄级分析，幼龄林面积4222.6 hm^2，占总面积的61.0%，蓄积量105 260.8 m^3，占全林场蓄积量的50.1%；中龄林面积4854.6 hm^2，占总面积的26.8%，蓄积量71 588.9 m^3，占全林场蓄积量的34.1%；而近熟林、成熟林、过熟林的面积和蓄积量所占的比重相对较小。

9.3.2　森林功能分区

(1)森林功能分区原则与依据

十三陵林林场森林资源的只有一个风景林林种区，所以，针对林场的实际情况，进一步进行森林功能分区，细化经营单位，以便于经营规划。森林功能分区原则与依据如下：

①必须掌握林场自然条件(地貌、地形、土壤等情况)、可及度、社会条件，结合林场及周边实际道路情况。

②全面考虑社会需求，明确森林经营发展方向。

③以保护生态为目的，分析区域生态环境敏感性及生态服务功能重要性，明确分区功能，最终实现森林可持续发展。

(2)功能分区

为了便于开展森林经营管理工作，实现林业经营转变，结合林场的地形地貌、可及度、森林景观功能与特点，把森林功能区划为生态涵养区、森林景观区、森林游憩区、辅助功能区四大功能区。

生态涵养区位于林场北部和东部，地势相对偏远，可及度稍差的上口、牛蹄岭以及东河滩等12个分区，总面积2269.7 hm^2，提高森林生态质量和保障森林生态安全为主要经营目标；森林景观区主要分布于十三陵风景区周边以及G6、G7高速公路两侧以及十三陵水库周边、花园、长陵、汉包山等25个分区，总面积5369.4 hm^2，着力打造森林景观的丰富度与多样性；森林游憩区包括3个分区：沟崖Ⅰ分区、沟崖Ⅱ分区和蟒山分区，总面积895.5 hm^2，以提高本区的游憩服务功能，加强公园的森林景观和基础设施建设及生态文化建设，为市民提供休闲游憩场所；辅助功能区包括场部和苗圃，总面积26.9 hm^2，主要是林业辅助生产建设用地，开展生产配套、苗木培育等辅助性生产活动以及相关设施建设。

9.3.3　组织经营类型

9.3.3.1　组织原则与依据

根据各小班的自然特点和经营目的(方向)，将相同的小班组织起来，以便采取相同的经营措施，这种组织起来的单位称为森林经营类型。经营类型是一个多因素、多变量、多角度的复合系统，而选择科学合理的经营类型划分依据是经营类型划分的关键。

(1)科学性

符合生态学、林学和森林经营管理学等相关学科的原理。

(2)规范性

依照国家、行业及地方的相关法律法规和标准规范的相关规定《生态公益林经营类型划分规程》(DB11/T 655—2009)。

(3)目的性

坚持以森林可持续经营理论为指导，科学合理地划分生态公益林经营类型，细化经营方向，落实经营技术措施，制定各经营类型的总目标和阶段性目标，提高生态公益林经营和管护水平。

(4)可操作性

符合十三陵林场森林资源的现状和发展趋势，便于制定经营技术措施和组织生产。

9.3.3.2 组织经营类型的因子

(1)优势树种(组)

林分或有林地小班之间，最显著的差异是树种(组)不同。其他条件相同的情况下，树种(组)不同时，森林的效能也不相同。在防护林或特种用途林中，为了充分发挥森林的有效作用，也需要按不同树种(组)，划分为不同的森林经营类型。所以，树种(组)的不同是划分生态公益林经营类型的首要因素。

根据北京市十三陵林场的实际情况，将优势树种划分为：侧柏、油松、柞树、黄栌、刺槐、栾树、其他阔叶树。

(2)立地类型

优势树种(组)或主要树种(组)相同，而立地类型不同，表现在地位级、地位指数(级)不同时，小班(林分)的自然生产力则有较大差别，可划分为不同的生态公益林经营类型。立地类型差异不明显，宜划分为同一个生态公益林经营类型。

根据《北京市森林资源规划设计调查操作技术细则》(2014)，结合林场实际，将林场划分为14种立地类型，分别为：低阳薄坚、低阳薄松、低阳中坚、低阳中松、低阳厚、低阴薄坚、低阴薄松、低阴中坚、低阴中松、低阴厚、中低山阶地、平原沙地、冲积平原。

(3)林分起源

树种(组)相同，而森林起源不同，则林木的寿命、生产率和防护效能等均不相同。因此森林起源不同时，可划分为不同的生态公益林经营类型。

根据林分起源方式，森林可分为天然林、人工林等2种类型。天然林是指由天然下种或萌生形成的森林、林木、灌木林；人工林是指由人工直播(条播或穴播)、植苗、分殖或扦插造林形成的森林、林木、灌木林。林场的林分起源以人工林为主，人工林面积占比80.5%；天然林面积占比19.5%。

(4)经营目的

由于生态公益林经营上的需要，可以根据经营目的不同，划分为不同的生态公益林经营类型。将在经济条件好、交通方便的林区，经营目的往往是划分生态公益林经营类型主要依据之一。经营目的差异不明显，宜划分为同一个生态公益林经营类型。

林场全部为风景林，主要按照风景林的经营目的与特点对森林进行经营管理，为进一步细化森林经营，将森林功能分区，各功能分区经营目标见表9-2。

表 9-2 林场功能分区结果 单位：hm^2

功能类型	序号	分区	经营方向
生态涵养区	1	武空山分区	总面积 2269. 7 hm^2，以生态涵养功能为主，经营以近自然经营思想为指导，以森林抚育、封山育林等工程为措施开展经营活动
	2	牛蹄岭Ⅰ分区	
	3	牛蹄岭Ⅱ分区	
	4	半壁店分区	
	5	上口分区	
	6	上口西沟分区	
	7	铁帽山分区	
	8	上口东区分区	
	9	珍水泉分区	
	10	半截沟分区	
	11	沙岭分区	
	12	东河滩分区	
森林景观区	1	侨委分区	总面积 5369. 4 hm^2，以远观森林景观功能为主，经营以低效林改造、森林抚育等工程为措施开展经营活动
	2	吕西沟分区	
	3	四桥子分区	
	4	居庸关分区	
	5	东园分区	
	6	花园分区	
	7	南站分区	
	8	虎峪分区	
	9	太平庄分区	
	10	思陵分区	
	11	虎山分区	
	12	定陵分区	
	13	德胜口分区	
	14	燕子口分区	
	15	康陵分区	
	16	长陵分区	
	17	泰陵分区	
	18	麻峪房子分区	
	19	龙山分区	
	20	大水泉分区	
	21	汉包山分区	
	22	清凉洞Ⅰ分区	
	23	清凉洞Ⅱ分区	
	24	景陵分区	
	25	德陵分区	

（续）

功能类型	序号	分区	经营方向
森林游憩区	1	沟崖Ⅰ分区	总面积895.5 hm^2，以近景游憩功能为主，以低效林改造、森林抚育等工程为措施开展经营，加大游憩辅助设施建设
	2	沟崖Ⅱ分区	
	3	蟒山分区	
辅助功能区	1	苗圃分区	总面积26.9 hm^2，林业辅助生产建设用地，开展生产配套、苗木培育等辅助性生产活动以及相关房屋设施建设
	2	场部分区	

注：总面积8561.5 hm^2。

9.3.3.3 组织经营类型结果

将林场按功能区进行经营类型划分，根据树种（组）、立地类型、起源、经营目的4个经营类型划分因子，结合坡度、林分密度等级、龄组等因子，林场总共划分32种经营类型，结果如下。

（1）生态涵养区

灌木林、低阳侧柏天然风景林、低阳侧柏人工风景林、低阴侧柏天然风景林、低阴侧柏人工风景林、低阳刺槐人工风景林、低阴刺槐人工风景林、平原沙地刺槐人工风景林、平原洼地国槐人工风景林、低阳白皮书人工风景林、中低山油松人工风景林、低阴油松人工风景林、低阳油松人工风景林、低阳油松天然风景林、低阳其他阔叶树天然风景林、低阳其他阔叶树人工风景、低阴其他阔叶树天然风景林、低阴其他阔叶树人工风景林、低阳黄栌人工风景林、低阴黄栌人工风景林、低阴栎类天然风景林，总共21种经营类型。

（2）森林景观区

灌木林、中低山侧柏人工风景林、低阳侧柏人工风景林、低阳侧柏天然风景林、低阴侧柏人工风景林、低阴侧柏天然风景林、平原耕地侧柏人工林、中低山刺槐人工风景林、低阳刺槐人工风景林、低阴刺槐人工风景林、中低山油松人工风景林、低阳油松人工风景林、低阴油松人工风景林、平原沙地油松人工林、低阳黄栌人工风景林、低阴黄栌人工林、低阳栾树人工风景林、低阳栾树天然风景林、低阴栾树人工风景林、低阴栾树天然风景林、低阳其他阔叶树人工风景林、低阳其他阔叶树天然风景林、低阴其他阔叶树人工风景林、低阴其他阔叶树天然风景林、低阳栎类天然风景林、低阴栎类天然风景林、低阳栎类人工林、低阳臭椿天然风景林，总共28种经营类型。

（3）森林游憩区和辅助功能区

中低山辅助生产林地、低阳侧柏人工风景林、低阳侧柏天然风景林、低阴侧柏天然风景林、低阴侧柏人工风景林、低阳栾树人工风景林、低阳栾树天然风景林、低阴栾树人工风景林、低阴栾树天然风景林、低阳油松人工风景林、低阴油松人工风景林、低阳白皮松人工风景林、低阴白皮松人工风景林、低阳五角枫人工风景林、低阳黄栌人工风景林，总共15种经营类型。

本章小结

组织经营单位与确定经营方针和合理地组织林业生产活动密切相关。在林业局(林场)经营管理单位内，按森林用途，经营强度等，划分林种区、经营区；按林分的树种组成以及生长和林况等差异，组织经营类型或经营小班，并配套完整的经营制度。组织经营单位是森林经理工作中的一项极其重要的基础工作，也是森林经营方案编制的重要环节。本章主要介绍了经营单位的层次关系、组织经营类型的方法，并附有案例说明。

思考题

1. 我国现设置的森林经营单位有几种？
2. 简述经营类型的作用。
3. 组织经营类型的主要因子有哪些？
4. 试述经营类型命名要点。

第 10 章

森林经营方案编制

10.1 森林经营方案的概念与作用

10.1.1 森林经营方案的定义

森林经营方案是森林经营主体为了科学、合理、有序地经营森林，充分发挥森林的生态、经济和社会效益，根据森林资源状况和社会、经济、自然条件，编制的森林培育、保护和利用的中长期规划，以及对生产顺序和经营利用措施的规划设计。针对一定地域内的森林资源按时间顺序和空间秩序安排林业生产措施的技术性文件。它是在森林区划、森林资源调查的基础上，通过一系列科学论证而编制成的。

10.1.2 森林经营方案作用

森林经营方案是森林经营主体和林业主管部门经营管理森林的重要依据。编制和实施森林经营方案是一项法定性工作，森林经营主体要依据经营方案制订年度计划，组织经营活动，安排林业生产；林业主管部门要依据经营方案实施管理，监督检查森林经营活动。

森林经营方案的编制与实施要有利于优化森林资源结构，提高林地生产力；有利于维护森林生态系统稳定，提高森林生态系统的整体功能；有利于保护生物多样性，改善野生动植物的栖息环境；有利于提高森林经营者的经济效益，改善林区经济、社会状况，促进人与自然和谐发展。

10.1.3 森林经营方案编制与应用

17~18 世纪，森林经营方案理念逐渐在以法德为首的欧洲国家形成并完善起来。最早的森林经营方案起源于法国路易十四时期颁布的法令，被称为"柯尔柏"，其对森林资源的分配区划是按照面积将灌木或外形矮小的矮林与中等高度的林木进行规划。欧洲其他国家也制定了与森林经营方案形式上类似的文件。美国的森林经营方案的编制起源于 1905 年(郭正福，2012)。

自新中国成立以来，1951 年，以长白山林区为对象编制的森林经营方案是我国最早编制的森林经营方案(韦希勤，2007)。1953 年，长白山林区 48 个施业区编制了施业案(森林经营方案)；1954 年，小兴安岭林区制定第一个森林施业案；1955—1957 年，小兴安岭全部和大兴安岭绝大部分，以及牡丹江和完达山脉等部分林区编制森林施业案。西北白龙江林区、西南的泯江上游林区、四川西北部、云南在 20 世纪六七十年代又出现了森林经营利用规划，这些指导规划文件已具有森林经营方案的性质。我国林业部门在 1986 年颁布的关于森林经营方案的原则技术规定掀起了全国大范围对森林经营方案编制工作的潮流(寇文正，1997)。

森林经营方案是国家规定编制的法定性文件，为了明确森林经营方案的编制，全国人民代表大会常务委员会在 1984 年颁布的《森林法》，并在 1998 年、2009 年和 2019 年分别进行了修正，第五十三条规定：国有林业企业事业单位应当编制森林经营方案，明确森林培育和管护的经营措施，报县级以上人民政府林业主管部门批准后实施。重点林区的森林经营方案由国务院林业主管部门批准后实施。国家支持、引导其他林业经营者编制森林经营方案。编制森林经营方案的具体办法由国务院林业主管部门制定。由此可以看出《森林法》为森林经营方案赋予了法律地位。

2006 年，国家林业局发布《森林经营方案编制与实施纲要》(试行)(以下简称《纲要》)，2012 年发布《森林经营方案编制与实施规范》(LY/T 2007—2012)和《简明森林经营方案编制技术规程》(LY/T 2008—2012)以及 2018 年国家林业和草原局印发《关于加快推进森林经营方案编制工作的通知》和 2019 年印发《东北内蒙古重点国有林区森林经营方案审核认定办法》(试行)，这些相关的行业标准和政府文件都充分体现了森林经营方案在森林生产经营活动中的重要性，并详细阐述了森林经营方案的概念、内涵和作用。

10.1.4 森林经营方案编制研究进展

10.1.4.1 国外森林经营方案编制研究

目前，国外的许多地区都有开展对森林经营方案编制的研究工作，伴随着现代科学技术的发展，各国的森林经营方案不断地纳入了新的内容。

(1)纳入不同研究内容

森林生态系统在全球气候不断变化的大环境下，受到的影响是不可忽视的。有研究表明，北方森林对气候变化的响应极为敏感，加拿大作为北方森林面积覆盖比较广泛的国家，在编制森林经营方案时，考虑和融入气候变化的影响成为一个重要的研究方向。在加拿大不列颠哥伦比亚中南部地区，Nitschke et al. (2008)将气候变化纳入景观森林经营方案的编制中，把火灾可能性、火势、生态系统和物种对气候变化的脆弱性加以建模，以求实现森林生态系统健康。加拿大育空地区的森林经营规划也将气候变化纳入其中，以此适应和应对气候变化对森林经营的影响 Ogden et al. (2008)。Borecki et al. (2017)也在森林经营方案的编制中建议充分考虑气候变化对森林生态系统的影响。在罗马尼亚，研究者在欧洲云杉(*Picea abies*)林的森林经营方案中，着重考虑了气候变化在内的环境条件，以此确定森林经营方针，以达到改善森林生态系统稳定性的目的(Tudoran et al.，2020)。此外，森林经营方案也包括将水、碳、木材价值等因子内容纳入其中(Baskent et al.，2010；Dong et al.，2018)。

近年来，越来越重视生物多样性的保护，并将生物多样性保护、高保护价值森林经营等内容纳入森林经营方案的编制(Ezquerro et al.，2019；Jaszczak et al.，2018)。

(2)建立森林经营方案模型

Kaloudis et al. (2008)为了克服森林经营方案编制的复杂性以及应对森林火灾和减

少火灾对森林生态系统的影响，根据森林经营目标，提出了基于目标驱动的森林经营方案决策支持系统概念设计模型(FMP-DSS)，并且应用于火灾风险降低决策支持系统的开发，该概念模型也可用于森林病虫害防治系统。在土耳其建立以森林多功能为目标的森林经营方案模型，包括木材生产、森林保护以及水资源利用的不同目标组合的模型(Misir et al., 2007)。Sivrikaya et al. (2010)基于 GIS 开发的森林经营方案模型(ETCAPKlasik)，可在同龄林、异龄林和灌木林中应用。ETCAPKlasik 模型方便获取森林野外调查数据，图示森林的林层结构、年龄结构以及样地等信息，可以显著地提高森林野外调查和森林经营方案编制效率。在葡萄牙，当地政府出台了整合多个小型非工业森林所有者的单独森林经营方案并且设立了相应的森林干预区(AFI/ZIF)，为了满足森林调整的需要，通过问题识别、问题建模和解决问题提出了可用于支持 AFI 经营方案的方法措施(Martins et al., 2007)。

(3)参与式方法与指标网络相结合

意大利的森林经营管理方案也分为 3 个级别，国家制定宏观的森林经营方案，相应单位制定较为详细的森林经营方案，以此提高森林经营管理的效率。Santopuoli et al. (2012)提出指标网络的建立，可以清晰明了地展现指标之间的关系。每个参与者建立第一个网络，将所有参与者的网络数据转换为矩阵后进行处理，指标网络的参数包括网络的大小、网络的密度、网络中心性、引入次数和介数中心性。网络节点的大小体现指标值、连线粗度表示指标间的作用强度，并且将参与式方法和指标网络结合起来，可以进一步推动森林经营方案的编制和可持续森林管理。芬兰在过去的 20 年里编制森林经营方案的过程中，进行了大量的规范性方案研究，但是参与性在森林经营方案的应用只取得了一定的进展(Tikkanen, 2018)。

10.1.4.2　国内森林经营方案编制研究

在我国，根据《纲要》依法从事森林资源经营管理，经营范围确定，产权清晰的单位或组织作为森林经营方案的编制单位。森林经营方案编制单位依据相关技术要求和森林资源实际发展情况获取有关数据，数据来源通常采用森林资源规划设计调查(二类调查)数据。森林经理调查获取的信息包括森林资源面积、蓄积量、野生动植物信息、森林经营管理信息(抚育、采伐、更新等)、森林生态功能信息(森林旅游、碳汇、森林灾害等)以及一些涵盖森林生长、利用的信息(张文, 2009)。

为了贯彻执行《森林法》的相关规定，《纲要》中明确说明了森林经营方案的编制单位按照所有制性质以及经营规模将森林经营单位分为了 3 类(表 10-1)，并进一步说明编制的森林经营方案的深度和广度的差异(表 10-2)。

表 10-1　三类单位编制森林经营方案要求

经营单位	单位性质、规模	编制方案深度和广度
一类单位	国有林业局、国有林场、国有森林经营公司、国有林采育场等国有林经营单位	森林经营方案
二类单位	达到一定规模的集体林组织和非公有制经营主体	简明森林经营方案
三类单位	其他集体林组织或非公有制经营主体，以县为编案单位	规划性质的森林经营方案

表 10-2　3 类森林经营方案编制内容差异表

编制内容	方案类型		
	森林经营方案	简明森林经营方案	规划性质森林经营方案
森林资源与经营评价	有	有	有
森林经营方针与经营目标	有	经营目标与布局	方针、目标、布局
森林功能区划、森林分类与经营类型	有	无	功能区划、森林分类
森林经营	有	有	有
非木质资源经营	有	无	无
森林健康与保护	有	森林保护	有
森林经营基础设施建设与维护	有	基础设施维护	无
投资估算与效益分析	有	效益分析	有
森林经营生态与社会影响评估	有	无	有
方案实施的保障措施	有	无	无

森林经营方案编制所涉及的内容较多也较为全面和完善，而简明森林经营方案和规划性质森林经营方案在内容上针对其重要性有所取舍。由此可见，森林资源与经营评价、森林经营的目标、森林经营以及森林保护、效益分析等方面都是森林经营方案所必须规划的内容(表 10-2)。

许多学者都对森林经营方案的编制进行了一定的研究。徐高福(2008)、彭方有(2011)在千岛湖的森林经营方案编制中，将森林认证机制的引入作为研究目标，提出了满足木材认证要求的森林经营方案的编制理念等。张宝库(2009)把 GIS 应用在四川省平武县木座乡的森林经营方案编制中，将 GIS 技术作为主要手段，分析森林资源现状、存在问题等方面，根据生物多样性保护和环境恢复的先后顺序，研究分析对森林经营方案的内容，编制了乡级森林经营方案。杨晔(2019)也将 GIS 应用在安徽绩溪扬溪国有林场的森林经营方案编制中，利用 GIS 对林场林地质量等级和林道设置状况进行了评价，在此基础上制定了林场的森林经营方针及生态功能区划。侯田田(2016)通过森林资源现状效果评价、经营目标、经营区划、经营体系建立为主要内容，研究分析了北京市西山试验林场的森林资源现状及特点和以往的森林经营管理措施，开展了森林经营方案编制工作。与此同时，杨廷栋(2016)将可视化模拟技术应用在森林经营方案的编制中工作中，通过建立森林经营方案的三维可视化模拟系统，使得森林经营方案的编制更加具有科学性和可靠性。姜黎黎(2016)在辽宁省的森林经营方案编制中利用辅助设计系统，优化了在传统的森林经营方案编制过程中的技术手段，使森林经营方案编制的技术更加智能化、科学化，大大提高了编制的效率，将智慧林业、数字林业进一步推进。在南方集体林的森林经营方案编制研究中，孟楚(2016)以问卷调查形式进行森林多功能需求分析、建立多功能评价指标体系，完成了参与式森林多功能经营方案的编制。魏淑芳等(2017)在社区集体林森林经营方案编制中，表明参与式方法促进居民参与到森林经营方案的编制，居民的支持是成功编制森林经营方案的重要因素之一。韦家甫(2017)在广西河池大山塘国有林场采用 2004—2013 年的森林资源二类调查数据，根据林场资源特点、经营目标编制了森林经营规划方案。谢阳生等(2019)的多功能森林经营方案编制方法包含了多功能森林经营区划、森林作业发设计、可持续采伐量计算等内容。

综上所述，随着林业经济和现代科学技术的发展，森林经营方案的编制工作越来越得到重视，许多学者开展了关于森林经营方案的研究工作，根据森林经营目标、权属、未来发展状况编制了适合某一地区的森林经营方案。与此同时随着"智慧林业""数字林业"等概念的提出，在森林经营方案的编制中也运用了一定了信息技术手段，将传统的技术手段进行优化，减少了大量的外业和内业工作，提高了森林经营方案编制的科学性和编制效率。

10.2　森林经营方案的编制程序

编制森林经营管理方案首先要确定森林经理的对象，也就是编案单位，它是从事森林经营、管理，范围明确，产权明晰的单位或组织。

编案程序是由主管部门给森林经营方案编制单位下达计划任务书，编案工作组应以编案单位为主、林业规划设计单位、林权所有者代表及林业主管部门代表和社区代表共同参加。

(1)编案准备

组建编案小组，基础资料收集。确定主要技术经济指标等，编写工作方案和技术方案。

(2)调查评价

进行编案补充调查，对上一经理期森林经营方案执行情况进行总结；对本经理期的经营环境、森林资源现状、经营需求趋势和经营管理要求等方面进行系统分析，明确经营目标、编案深度与广度及重点内容，以及森林经营方案需要解决的主要问题。

(3)规划设计

在分析评价的基础上，以上位森林经营规划或相关林业规划为宏观指导，进行经营类型设计、森林经营项目规划和时空安排，形成经营方案的主要成果。

(4)公告公示

对森林采伐、抚育、改造等经营规划应进行公告、公示，征求利益相关者的意见。

(5)审批备案

编制成果经承担规划设计的单位签署意见后，由编案单位和林业主管部门共同论证。论证由指定的专业委员会或专家小组执行，可采用召开论证会或函审的方式；论证人员应由技术专家、管理者代表、业主代表、相关部门和相关利益者代表等组成。

森林经营方案编制成果经林业主管部门批准后、实施、存档备案。

10.3　森林经营方案规划期

(1)森林经理期

森林经营主体为实现其阶段目标任务，在一定时段内按照既定的经营方针、目标与任务，对所属森林资源进行资源调整、配置的适宜时间间隔期。

(2)森林经营方案规划期

森林经营方案规划期为一个森林经理期，一般为10年。以工业原料林为主要经营对象的编案单位经理期可为5年。

10.4 编案内容

森林经营方案的基本内容一般包括：

①森林资源状况、经营环境、经营需求趋势和经营条件评估。

②确定经营目标与主要经济技术指标。

③明确森林类别(公益林/商品林)、森林林种区或经营区。

④组织经营单位(经营类型/经营小班)。

⑤森林培育规划与作业安排。

⑥森林采伐规划与作业安排。

⑦森林多资源利用规划与安排。

⑧森林资源及生物多样性保护规划。

⑨森林经营成本、管理成本和投资概算与效益分析。

10.5 检查与修订

森林经营方案编成并由上级主管部门审查批准后交付编案单位执行。编案单位应建立健全有关技术管理的各项规章制度和有关森林资源管理、森林经营的档案制度，以保证方案的贯彻实施。

森林经营方案经过一定施业时期以后，森林资源本身和森林结构会由于各种经营措施和自然原因的影响而发生消长变化；同时社会经济的发展也会对林业提出新的要求。因此有必要对原来编制的森林经营方案在定期检查评定其执行情况的基础上加以修订。此项定期性工作通常称作森林经理复查与修订，简称修订。通过检查与修订工作，确定今后的经营利用措施。

本章小结

科学编制森林经营方案，是加强森林的科学经营，实现森林可持续发展的重要手段；是森林经营主体制定年度计划、组织经营活动和林业主管部门实施森林资源管理、监督的重要依据。本章简述森林经营方案编制的应用情况，介绍了森林经营方案的主要内容、编制程序等。

思考题

1. 森林经营方案编制有哪些主要内容？
2. 从网上获取公示的某林业局或林场森林经营方案，了解编案的主要内容。

第11章

森林经营作业

国家林业局2016年编制的《全国森林经营规划(2016—2050)》指出，森林作业法是根据特定森林类型的立地环境、主导功能、经营目标和林分特征所采取的造林、抚育、改造、采伐、更新等一系列技术措施的综合。那么从造林开始，到最后的收获以及更新的整个过程中涉及的一系列技术措施都可以纳入森林经营作业技术的范畴。林分作业法(silvicultural system)指森林在整个生命周期经营期间所有抚育(含间伐)、收获和更新的全部过程(沈国舫，2011)，所以森林作业法是森林经理学科的最贴近实践的业务内容(于政中，1993)。由于地域和林情的巨大差异，世界上的林分作业法差异较大(Haase et al.，2007)。我国较早的作业法研究从20世纪50年代开始，然而几十年来我国基本从速生人工林经营采伐为主，大部分地区几乎只有皆伐作业，作业法体系概念和技术要素界定都较为模糊，原因之一是当前我国的森林经营规划在不同的森林类型下设计不同的作业法措施，还存在重造林轻经营的现象(赵华等，2010)。进一步梳理森林经营作业技术，促进森林经营水平和技术的提升，对于今后森林资源经营管理具有重要的意义。

鉴于此，本章立足森林经营全过程，从林地抚育管理技术、森林抚育技术、森林采伐技术和森林更新技术4个方面系统阐述森林经营作业技术。在森林经营过程中的病虫害防治技术、林火管理技术在此章不做讨论。另外，本章着重从单一技术措施上阐述森林经营的具体作业技术措施，而具体在整合集成相关措施的森林经营模式则在本书第13章详细阐述。

11.1 林地抚育管理

11.1.1 松土除草

松土除草是幼龄林抚育中必不可少的一项工作。无论是人工林还是天然林、用材林还是商品林，只要条件许可，都要积极开展这一工作。松土可改善土壤结构，除草是清除无益杂草。集约经营的林分与精耕细作的农田，松土除草的意义是一样的。松土除草与其他森林抚育措施均属合理人工干预。有时候人们会过分强调“保持自然生态平衡”，对一些简单有效的抚育措施持怀疑态度，如允许草与幼树自然竞争，这是不对的。从生态学的角度来看，在人的积极参与下形成的生态平衡才是人们所需要的。

11.1.1.1　松土除草的作用

主要是清除与幼林竞争的各种植物，排除杂草、灌木对水、肥、气、热的竞争，排除杂草、灌木对林木生长的危害。杂草往往适应性强，容易繁殖，具有快速占领营养空间，夺取并消耗大量水分、养分的能力。杂草、灌木的根系发达、密集，分布范围广，又常形成紧实的根系盘结层，阻碍幼树根系的自由伸展。有些杂草甚至能够分泌有毒物质，直接危害幼树的生长。一些杂草、灌木作为某些森林病害的中间寄主，是引起森林病害发生与传播的重要媒介。未除草的幼林地，林木的径生长和高生长会降低 1/5～1/3。

11.1.1.2　松土除草的一般方式与方法

松土与除草一般可同时进行。松土除草的方式一般有全面法、带状法、块状法。一般应与整地方式相适应。也就是全面整地的，进行全面松土除草；局部整地的进行带状或块状松土除草。但这些都不是绝对的。有时全面整地可以采用带状或块状抚育，而局部整地也可全面抚育。具体采用哪种方法，还要考虑林木生长状况、林地环境、当地劳力和经济情况来决定。

松土与除草也可根据实际情况单独进行。湿润地区或水分条件良好的幼林地杂草灌木繁茂，可只进行除草(割草、割灌)而不松土，或先除草割灌后，再进行松土；干旱、半干旱地区或土壤水分不足的幼林地，为了有效地蓄水保墒，往往以松土为主。除草一般要求是连根拔出，原则是“除早、除小、除了”。但对萌生性、根蘖性弱的草可采用割除的办法。在炎热干旱季节，杂草灌木的适当庇荫，可降低地表温度和地面辐射热，使幼树免受日灼危害，因而在干旱高温季节不宜中耕除草。除草用的工具除了锄头、镰刀、铲子等外，割草机现在用的也较多。松土的工具一般是锄、锨等，株行距整齐的人工林也可用新式步犁或小型机耕犁。松土除草同时进行时，最好把草翻压在土层里，当作绿肥增加土壤有机质，达到一举多效的作用。

松土的深度应根据幼林生长情况和土壤条件确定。苗木根系分布浅，松土不宜太深；土壤质地黏重、表土板结或幼龄林长期缺乏抚育，而根系再生能力又较强的树种，可适当深松；特别干旱的地方，可深松一些。总的原则是：(与树体的距离)里浅外深；树小浅松，树大深松；沙土浅松，黏土深松；湿土浅松，干土深松。一般松土除草的深度为 5～15 cm，加深时可增加到 20～30 cm。据研究，竹类松土深度大于 30 cm，出笋量比不松土增加 80%，并且不会导致出笋量在 1～2 年内下降。

11.1.1.3　松土除草的年限、次数

松土除草的持续年限应根据造林树种、立地条件、造林密度和经营强度等具体情况而定。一般可连续进行数年，直到幼林郁闭为止。生长较慢的树种应比速生树种的抚育年限长些，如东北地区落叶松、樟子松、杨树可为 3 年；水曲柳、紫椴、黄波罗、核桃楸可为 4 年；红松、红皮云杉、冷杉可为 5 年。干旱地区，植被茂盛的林分，抚育的年限应长些；造林密度小的幼林通常需要较长的抚育年限。速生丰产林整个栽培期均须松土除草，但后期不必每年都进行。每年松土除草的次数，一般为 1～3 次。松土除草的具体时间须根据杂草灌木的形态特征和生活习性、造林树种的年生长规律和

生物学特性，以及土壤的水分、养分状态确定。

11.1.1.4 松土的特殊方式——深翻抚育

深翻抚育是松土的一种形式。深翻深度一般为25~40 cm。实践证明，深翻抚育不仅使松土层加深，还使心土层、犁底层的土与耕作层的土交换，从而不仅增强土壤通气性和蓄水能力、改善土壤理化性质，而且能减少病虫害、促进土壤熟化、有效利用矿质元素、提高土壤肥力。试验表明，造林后3~4年对林地深翻抚育，可有效地促进幼林地下部分和地上部分生长。以杉木林为例，深翻比不深翻的林分早2年郁闭，树高、树径生长量在第2年可提高1倍左右。在我国杉木林区，对于土壤坚实而生长不良的杉木幼林，通常每隔3~4年在秋冬季进行一次深翻抚育。

11.1.1.5 化学除草剂的应用

手工除草，劳动强度大，工作效率低，成本高；机械除草，需购置设备、维修设备，成本也较高。利用化学除草剂除草则具有工效高、成本低的特点。使用化学除草剂除草要了解化学除草剂的类型，做到药剂选择得当、使用方法正确，才能收到良好效果。

(1)化学除草剂的分类

现今市场上的除草剂种类非常多，使用时要区别种类，正确选择。从不同方面分析，除草剂有以下分类方法：按化学结构可以分为无机化合物除草剂和有机化合物除草剂；按作用方式可以分为选择性除草剂和灭生性除草剂；按除草剂在植物体内的移动情况可以分为内吸型除草剂和触杀型除草剂；按使用方法可以分为茎叶处理剂和土壤处理剂。

(2)化学除草剂的选择性

有的化学除草剂只能选择性地杀死某些植物称为选择性除草剂，如有的能杀草而不伤林木；有的化学除草剂对所接触的植物体都能杀死，称为灭生性除草剂。除草剂的选择性与灭生性之间不是绝对的，是相比较而言。选择性除草剂，只有在一定条件下，才具有选择性，如果剂量过大，或选择不当，也会伤害其他植物。灭生性除草剂如果使用剂量小，也具有一定的选择性。合理的使用方法，也可影响选择性，如百草枯或草甘膦用于植树前，可杀死已萌生或正在生长的杂草，同时它们在土壤中即迅速钝化，因此可安全植树，这就形成时差选择。又如醚类除草剂，施入后在土壤表层下形成1~2 cm深的药层，杂草幼芽穿过这个药层再遇阳光时便死亡，而林木的根系一般分布较深，碰不到药剂，不会受到药害；在果园内应用均三氮苯类除草剂，并不是由于它们对果树有选择性，而是由于果树根深，吸不到药，才保证安全，这就是位差选择。因此，在使用除草剂时，必须根据药剂的性能和当时的条件，采用适当剂量，适时施药并且方法得当，才能收到良好的除草且不危害林木生长的效果。

内吸型是指除草剂进入植物体内之后，能够随着植物代谢物一起移动而转移到没有接触药剂的部分，如根、生长顶端等处，从而引起这些部位的一系列生物代谢的变化，导致杂草死亡。触杀型除草剂只在植物与药剂接触的部位起毒杀作用，不能在植物体内移动传导，植物体内某一部分接触到药剂即能受毒或死亡，而没有接触到药剂的部位则无影响。

(3) 化学除草剂的使用方法

①茎叶处理法。把除草剂溶液直接喷洒在正在生长的杂草茎叶上以达到杀死杂草的方法。多用触杀型除草剂。使用的喷雾器有机动喷雾器和背负式喷雾器两种。喷雾前要准备好配药容器和过滤纱布等，然后按单位面积施药量和应加水的比例，计算出水和药的数量。用药量要根据容器的大小确定，称的水量要求准确。把称好的药剂倒在纱布上，在有水的容器中搅动药剂至完全溶解为止，然后按比例加入所需水量进行稀释，即配成药液。药水要现配现用，不宜久存，以免失效。往茎叶上喷洒时雾点应细而均匀。

②土壤处理法。即除草剂直接和土壤接触杀死杂草。多用内吸性除草剂。使用的方法是，采用喷雾、泼浇、撒毒土等方法将除草剂施到土壤上，使除草剂在土壤中形成一定厚度的药层，让杂草种子、幼芽、幼苗根部或杂草其他部分接触吸收除草剂而死亡。土壤处理法一般用于清除以种子萌发的杂草或某些多年生杂草。

a. 喷雾法。使用常规喷雾器把除草剂药液均匀地喷洒在土壤表面或表层，要求药剂直接接触土壤，药液量根据土壤湿度而定，一般干旱地区用量大，较湿润土壤使用中量，其雾滴直径为250~500 μm，施药时喷头距离土壤30 cm左右。喷雾处理法有表面封闭式和表层混合式两种形式。表面封闭式即药液喷洒在土壤表面后不再翻动土壤，利用毒土层杀死萌动出土的草芽。表层混合式即药液均匀喷洒在土壤表面，然后再耙一下表层土壤，使药液在土层3~5 cm处形成药土层，利用除草剂的挥发性在土壤中杀死草芽。

b. 泼浇法。将药剂配制成较稀的药液，装入喷壶或水车，搅拌均匀后泼洒在土壤表面。

c. 毒土法。将除草剂与湿润的细土或细沙土按一定比例均匀混合，撒在土壤上。

(4) 化学除草剂的淋溶性和残效性

淋溶性指除草剂进入土壤后，除一部分被植物吸收、被微生物分解外，还有一部分渗入土壤深层继续保持药性。这部分药剂容易造成对苗木的药害。在土壤沙性强、有机质少、水源充足、药剂的水溶性大的条件下，淋溶性就越严重，为防止危害，施药量要适当减少。

残效性是指除草剂按要求杀死杂草后在土壤中和植物表面继续产生药性作用的时间。残效期短的除草剂，应在杂草萌发盛期施用；残效期长的药剂，可适当提前一点时间使用。了解残效性就要注意预防所使用的除草剂，在残效期内对其他生物的危害。大多数除草剂的残效期在20~30 d。一般用药量大，残效期相应延长。不同地区、不同条件残效期长短不一样，如五氯酚钠在通常剂量下，残效期5~7 d，在强光下3~5 d就失去效果；而西玛津在我国东北地区残效期可达2年之久，而在我国南方只有2~3个月。

(5) 化学除草剂使用注意事项

①施前要了解药性和使用方式，要计算作业面积、准确称取用药量，注意保证效果和防止药害。

②要选择晴天施药，施后12~18 h内无大雨，才能保证药效；采用喷施应注意风向，做到喷雾方向与顺风方向一致或与风向成斜角，背风喷药时要退步移动。

③喷洒要均匀周到，速度适当，避免重喷和漏喷。

④施后在药剂有效期内，不要中耕松土，以免影响药效。

⑤操作人员必须戴手套、口罩，防止药剂接触皮肤、口腔，操作完毕要洗手，最好洗一次澡。

11.1.2　灌溉与排水

11.1.2.1　林地灌溉

(1)干旱的危害与灌溉的作用

干旱对树木的危害很大，它能破坏树木体内的水分平衡，能使树木生长减弱或停止，能造成植株矮小、林分产量降低。干旱林区树木嫩枝、根部的延伸，直径的生长，种子的发育，都会由于水分供应不足而受到限制，因此这里的树木大都低矮。一些地区重造轻管形成的低质低效林，相当一部分是由于不及时灌溉造成的。扩大灌溉面积是加速林业发展的重要措施。

林地缺水是一些地方林业生产的制约因子。水是土壤肥力的四大要素之一，灌溉是补充林地土壤水分的有效措施。林地灌溉对提高幼林成活率、保存率，加速林分郁闭，促进林木快速生长具有十分重要的作用。灌溉使林木维持较高的生长活力，激发休眠芽的萌发，促进叶片的扩大、树体的增粗和枝条的延长，以及防止因干旱导致顶芽的提前形成。在盐碱含量过高的土壤上，灌溉可以洗盐压碱，改良土壤。

水是组成植物体的重要成分，也是光合作用的原料。在林地干旱的情况下进行灌溉，可改变土壤水势、改善林木生理状况，使林木维持较高的光合和蒸腾速率，促进干物质的生产和积累。据研究，在干旱的 4~6 月对毛白杨幼林进行灌溉，可提高叶片的生理活性，增加光合速率，增加叶片叶绿素和营养元素的含量，可使毛白杨幼林胸径和树高净生长量分别提高 30%以上。

(2)林地灌溉时期与灌水量

①灌溉时期。林地是否需要灌溉要根据气候特点、土壤墒情、林木长势来判断决定。从林木年生长周期来看，幼林可在树木发芽前后或速生期之前灌溉，使林木进入生长期有充分的水分供应，落叶后是否冬灌可根据土壤干湿状况决定；从气候情况看，如北方地区 7~9 月降水集中，一般不需要灌溉；从林木长势看，主要观察叶的舒展状况、果的生长状况。据对 4 年生泡桐幼树不同月份的灌溉试验表明，在 7~9 月灌溉，既不能显著影响土壤含水量，也不能显著影响泡桐胸径和新梢生长；在 4~6 月灌溉可以显著提高土壤含水量，而且 4 月灌溉还可以显著地促进胸径和新梢的生长。

②灌水量。林地灌溉一般比农田难度大，要科学计算灌水量，避免浪费。灌水量随树种、林龄、季节和土壤条件不同而异。工作中计算灌水定额，常用蒸腾系数作依据，即植物生产 1 g 干物质所消耗的水分的量作为需水量，同时要考虑地下水供应量和降雨量。合理灌溉得最好依据是生理指标状况，如叶片水势、细胞液浓度、气孔导度等，因为它们能更早地反映植株内部的水分状况。但是，这方面研究目前成熟的经验、方法比较少。一般要求灌水后的土壤湿度达到相对含水量的 60%~80%即可，并且湿土层要达到主要根群分布深度，这种方法比较简单实用，只要用烘干法算出土壤含水量，再根据土层厚度算出单位面积土重，就能大概算出单位面积的灌

水量。对林分灌溉时还要注意掌握合理的灌水流量，灌水流量是单位时间内流入林地的水量。灌水流量过大，水分不能迅速流入土体，造成地面积水，既恶化土壤的物理性质，又浪费用水。

(3) 林地灌溉水源

地势比较平缓林区的一般采用修渠引水灌溉，水源来自河流与水库。有地下水资源，其他条件允许，也可打井取水灌溉。但是由于林业用地的复杂性，干旱半干旱地区的很多地方不具备引水、取水灌溉的条件。黄土高原的大部分地区多年平均降水量为300~600 mm，而且降水的时空分布极不平衡，雨季相对集中于7~9月，春旱严重，伏旱和秋季干旱的发生率也很高。因此汇集天然降水几乎成为这些地区林业用水的唯一来源。人工集水作为灌溉水源的方式人们研究得比较多。王斌瑞等(1996)在年降水量不足400 mm的半干旱黄土丘陵区，根据不同树种对水分的生理要求与区域水资源环境容量采用了径流林业配套措施，人工引起地表径流并就地拦蓄利用，把较大范围的降水以径流形式汇集于较小范围，使树木分布层内的来水量达到每年1000 mm以上，改善了林木生长的土壤水分条件，加速了林木生长。集水技术为林业生产开辟了新的水资源，使其所收集的水被储存在土壤层中。如能就近修筑贮水窖，则可使雨季的降水集中起来，供旱季使用。

(4) 节水灌溉方式

传统的灌溉方式有漫灌、畦灌、沟灌。漫灌要求土地平坦，用水量大，且容易引起局部冲刷和灌水量多少不均。畦灌需将土地整为畦状后进行灌水，应用方便，灌水均匀，节省用水，但要求作业细致，投工较多。沟灌在株行距整齐的人工林方可采用。近年来在一些速生丰产林和城市森林公园开始较多采用节水灌溉。目前，我国重点推广的节水灌溉技术有：管道输水技术、喷灌技术、微灌技术、集雨节水技术、抗旱保水技术等。

①低压管道输水灌溉。低压管道输水灌溉又称管道输水灌溉，是通过机泵和管道系统直接将低压水引入田间进行灌溉的方法。这种利用管道代替渠道进行输水灌溉的技术，既避免了输水过程中水的蒸发和渗漏损失，又节省了渠道占地，能够克服地形变化的不利影响，省工省力。一般可节水30%，节地5%。

②喷灌。它是利用专门设备把水加压，使灌溉水通过设备喷射到空中形成细小的雨点，像降雨一样湿润土壤的一种方法。它的优点是能适时适量地给林木提供水分，比地面灌溉省水30%~50%；水滴直径和喷灌强度可根据土壤质地和透水性大小进行调整，能达到不破坏土壤的团粒结构，保持土壤的疏松状态，不产生土壤冲刷，使水分都渗入土层内，避免水土流失；可以腾出占总面积3%~7%的沟渠占地，提高土地利用率；适应性强，不受地形坡度和土壤透水性的限制。施行喷灌的技术要求：风力在3~4级及以上时应停止喷灌，刮风增加蒸发，影响喷灌的均匀度；一般情况下水喷洒到空中，比在地面时的蒸发量就大，如在午后或干旱季节，空气相对湿度低，蒸发量更大，水滴降至地面前可以蒸发掉10%以上，因此，可以在夜间风力小时进行喷灌，可减少蒸发损失。

③微灌。微灌有滴灌、雾灌、渗灌、小管出流灌溉、微喷灌等方式。滴灌是利用滴头(滴灌带)将压力水以水滴状或连续细流状湿润土壤进行灌溉的方法，它可用电脑

控制自动化运行。雾灌技术是近几年发展起来的一种节水灌溉技术，集喷灌、滴灌技术之长，因低压运行，且大多是局部灌溉，故比喷灌更为节水、节能，雾化喷头孔径较滴灌滴头孔径大，比滴灌抗堵塞，供水快；渗灌是利用一种特制的渗灌毛管埋入地表以下 30~40 cm，压力水通过渗水毛管管壁的毛细孔以渗流形式湿润周围土壤的一种灌溉方法；小管出流灌溉：是利用直径 4 mm 的塑料管作为灌水器，以细流状湿润土壤进行灌溉的方法；微喷灌是利用微喷头将压力水以喷洒状湿润土壤的一种灌溉方法。

(5) 特殊立地类型林地的灌溉方式

①盐碱林地的灌溉改良技术。我国有近 1×10^8 hm^2 的盐碱地，其中内陆和滨海地区均有不少中低产的盐碱林地。据试验含盐量 0.1%以上的盐碱地，只有少量树种可以适应；含盐量 0.3%以上的盐碱地，只有个别树种可以适应。据江苏省调查资料，盐碱地上种的杨树要经过灌溉压碱才能正常生长。盐碱土的冲洗改良技术内容包括冲洗前的平整土地、冲洗地段田间排灌渠系统和畦田的布置、冲洗排水技术、耕翻等环节。冲洗定额的总水量需分次灌入畦田，在土质较轻或透水性良好的土壤上，采用较小的分次定额（1050~1500 m^3/hm^2）和较多的冲洗次数，脱盐效果较好；在土壤质地黏重，透水性差的情况下，则宜采取较大的分次定额（1500~2100 m^3/hm^2）。冲洗灌溉有间歇冲洗和连续冲洗两种办法。间歇冲洗是为了延长渗水在土层中的停留时间，增加盐分的溶解，在硫酸盐盐土上，间歇冲洗效果较好；以氯化物为主的盐土，可采取前次灌水渗入后，立即进行第二次灌水。冲洗的顺序一般为先低处后高处、先含盐重后盐轻、先近沟后远沟。

②黄土丘陵沟壑林地的径流林业技术。该地区降水季节集中、水土流失严重，引水灌溉非常困难，采用径流林业技术，实施集水灌溉是行之有效的办法。常用的有修水窖、地膜覆盖、反坡梯田整地、鱼鳞坑整地等；在退耕还林工作中，甘肃省采用漏斗式、扇形式径流集水技术，取得了一定的成效；如地膜覆盖是将树盘整成内低外高的反坡形，然后选用相应规格的地膜进行自上而下的或自外而内的盖在树盘上，地膜覆好后用细土将四周及开缝处压实压严，以不透风跑墒为度，四周留 0.1 m 左右以便雨水渗入树坑内，补充土壤水分。

③塔里木沙漠公路防护林咸水滴灌技术。新疆维吾尔自治区南部的塔里木盆地，中央地带是我国面积最大的流动性沙漠塔克拉玛干沙漠。20 世纪 80 年代沙漠腹地发现大型油气田，1995 年塔里木沙漠公路建成。塔克拉玛干沙漠腹地年均降水量只有 10.7 mm，夏季气温最高 43.2 ℃，全年约有一半时间为风沙天气。为确保塔里木沙漠公路安全运行，经过 10 年的先导试验，2003 年，塔里木沙漠公路防护林生态工程正式启动。在极端干旱的流动沙漠中植树造林，人们形容为“在沙漠里种活一棵树，要比养活一个孩子还难”。中国科学院新疆生态与地理研究所等部门的技术人员，研究出了“优选树种、咸水滴灌”的配套技术。筛选出能够适应塔克拉玛干沙漠生存条件的 88 种植物，将红柳、梭梭、沙拐枣作为防护林的主要树种栽在沙漠公路两旁，混合栽植其他植物，优化配置。然后每隔 4 km 钻凿一眼机井，配备一台小型柴油发电机，抽取公路沿线储量巨大的地下咸水，对各类树木、植物进行根部滴灌。如今已初见成效，沙漠腹地出现了逾 400 hm^2 的绿洲，人们称之为“生态工程激活死亡之海”。

11.1.2.2 林地排水

(1)排水的原因与效果

为了改变沼泽化林地与水湿森林地段的生境条件，实施林地排水是经营森林的一项重要工作。我国东北、西南等林区有较多的积水林地。在积水林地，土壤毛细管中充满了水，空气不能自由地进入土壤，造成好气性细菌少，所以有机质分解慢、养分供应不足，林木的根系会因氧气不足而窒息死亡；在水湿林地，林木根系分布很浅，容易风倒；这一切都会使林木生长缓慢甚至死亡，森林更新也非常困难。林地经过排水，减少了土壤水分，改善了土壤营养与热量条件，因而可较大的提高林分生产力。在强力排水影响下，材积连年生长量的提高随树种而不同，松林与云杉林提高 2~3 倍，桦木林提高 1~2 倍，黑赤杨林提高 0.5 倍。幼龄林与干材林的生长在排水后显著加快，而成熟林对排水的反应很小。表 11-1 说明了林地沼泽化是造成森林生产力低下的重要原因。

表 11-1　60 年生的兴安落叶松林不同水湿程度的 3 个林型的林木生长状况

林型	土壤水湿程度	树高(m)	胸径(cm)	材积(m^3)
灌木蕨类落叶松林	排水良好	25.5	20.7	0.4674
薹草落叶松林	季节性积水	19.9	15.6	0.2165
杜香泥炭藓落叶松林	死水沼泽	5.7	4.8	0.0059

(2)实施林地排水的前提条件

有下列情况之一的林地，必须实施林地排水：①林地地势低洼，降雨强度大时径流汇集多，且不能及时疏导，形成季节性过湿地或水涝地；②林地土壤渗水性不良，表土以下有不透水层，阻止水分下渗，形成过高的假地下水位；③林地临近江河湖海，地下水位高或雨季易淹涝，形成周期性的土壤过湿。

(3)林地排水的方式

排水分为明沟排水和暗沟排水。明沟排水是在地面上挖掘明沟，排除径流。暗沟排水是在地下埋置管道或其他填充材料，形成地下排水系统，将地下水降低到要求的深度。一般排水沟的间距在 100~250 m 为宜。泥炭层下面为沙土时，排水沟的间距应大于黏土和壤土。泥炭层越厚，沟间距应越小。

(4)林地排水的技术要求

多雨季节或一次降雨过大造成林地积水成涝，应挖明沟排水；在河滩地或低洼地，雨季时地下水位高于林木根系分布层，则必须设法排水，可在林地开挖深沟排水；土壤黏重、渗水性差或在根系分布区下有不透水层，由于黏土土壤孔隙度小、透水性差，易积涝成灾，必须搞好排水设施；盐碱地深层土壤含盐量高，会随水的上升而达地表层，若经常积水，造成土壤次生盐渍化，必须利用灌水淋溶。我国幅员辽阔，南北雨量差异很大，雨量分布集中时期也各不相同，因而需要排水的情况各异。一般来说，南方较北方排水时间多而频繁，尤以梅雨季节要进行多次排水。北方 7、8 月多涝，是排水的主要季节。例如，我国南方总结出的低洼易涝渍害林地防涝治渍的水管理技术是：渍水低产地的初步治理采用明沟排水为主，辅助以田间墒沟或鼠道等临时排水治渍措施，高标准治理采用明沟排涝和暗管排水治渍相结合的措施。

11.1.3　林地培肥

目前世界上一些地方的自然土壤肥力有下降的趋势，也包括部分林地。主要原因是长期以来人们从土壤中索取的多，而对土壤管护的少，甚至只知索取而从不培肥土壤。土壤退化过程分类见表 11-2。我国土壤总的情况是：普遍缺氮、严重缺磷、局部缺钾。从可持续发展考虑，要想长期、高效地利用土壤资源，就必须在利用土壤的同时，更加注重保护和培育土壤。保护土壤资源，就是要用、养得当，让土壤肥力得到维持与提高。土壤培肥是指采取各种方法培育肥沃土壤，促进土壤肥力发展，以满足农林业生产需要的用地措施。林地培肥从广义上讲有多方面的内容，包括对土壤的施肥、林地中森林枯落物的保存、栽植绿肥作物、林木的混交、不同植物的轮作和间作、整地与中耕、保持水土等。本节仅从林地施肥、栽植绿肥作物、保护林地枯落物 3 方面对林地培肥进行阐述。

表 11-2　联合国粮食及农业组织公布的土壤退化过程分类

土壤物质位移引起的退化		土壤性质恶化引起的退化	
水蚀	风蚀	化学退化	物理退化
表土丧失	表土丧失	养分和有机质的丧失	压实、结壳和泥糊作用
地体变形	地体变形	盐渍化	渍水
	吹落	酸化	有机土下陷
		污染	

11.1.3.1　林地施肥

在现代林业生产中，肥料的作用越来越显得重要，特别是在商品用材林的经营中，合理施肥已成为提高林木产量和质量的一项重要措施。国外，瑞典林地施肥的总面积已超过林地总面积的 2/3，加拿大、芬兰都很重视林地施肥。我国林地施肥起步较晚，但目前在速生丰产林中施肥已较普遍，效果也很显著。如江苏的杨树用材林，20 世纪 90 年代以前很少有人施肥，经实验，施肥后生长速度可增加 30% 以上，经济效益明显提高，现在林农对杨树施肥已较普遍；在一些生态公益林，通过林地培肥措施，如栽植绿肥作物、保护林地枯落物等，可使林木生长旺盛，多种效益更充分地发挥。林地施肥要遵从营养元素归还学说、营养元素最小养分律、报酬递减律、因子综合作用律等；要考虑植物营养特性即植物营养临界期、植物营养最大效率期。

(1) 林地施肥的必要性

从事林业生产和经营的土地一般比较贫瘠，往往是种不了其他作物的才去种树；间伐、修枝、森林主伐(特别是皆伐)、伐区清理等会造成大量有机质和营养元素的输出，能使林地营养物质循环的平衡受到影响；一些林地多代连续培育某种针叶树纯林，使得包括微量元素在内的各种营养物质极度缺乏，地力衰竭，理化性质变坏；一些地方受自然或人为的因素影响，归还土壤的森林枯落物数量有限或很少，以致某些营养元素流失严重。另外一些轮伐期短的速生丰产林，如桉树林生长快、产量高，光合作用效率高，单位生物量对水、肥的利用率明显高于其他树种，如不注意林地管理，就会造成土壤养分过多消耗、导致地力衰退。

林木所含化学元素可多达几十种，但并不都是所必需，并不都需通过施肥来满足需要、促进生长。对树木生长起决定作用的是土壤中相对含量最少的养分因子，其道理如装水的木桶(图 11-1、图 11-2)。施肥时，要考虑短板效应，如盐土中林木富含钠，海滩上的林木富含碘，这两种林地就不必施钠和碘。

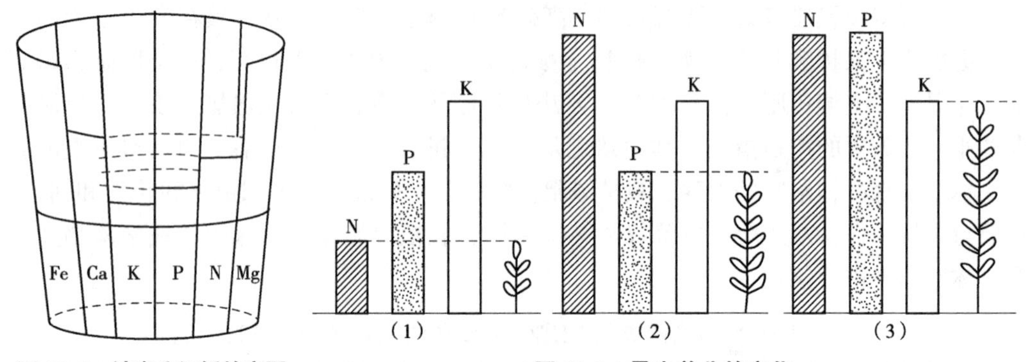

图 11-1 缺素症短板效应图

图 11-2 最少养分的变化

判断植物必需的营养元素应满足以下标准：这种元素对植物的营养生长和生殖生长是必需的；缺少该元素植物会显示出特殊的症状(缺素症)；这种元素必须对植物起直接营养作用。研究表明，林木生长需要碳、氢、氧、氮、磷、钾、硫、钙、镁、铁、铜、锰、钴、锌、钼和硼等十几种元素。在这些元素中，碳、氢、氧是构成一切有机物的主要元素，占植物体总成分的 95%以上，其他元素只占植物体总成分的 4%左右。碳、氢、氧从空气和水中获得，其他元素主要从土壤中吸收。植物对碳、氢、氧、氮、磷、钾、硫、钙、镁等需求量较多，故这些元素称为大量元素；对铜、锰、钴、锌、钼、硼等，需要量很少，这些元素称为微量元素。铁从植物需要量来看，比镁少得多，比锰大几倍，所以有时称它为大量元素，有时称它为微量元素。植物对氮、磷、钾这 3 种元素需要量较多，而这 3 种元素在土壤中含量又较少，因此，人们生产含有这 3 种元素的肥料较多，氮、磷、钾又称为肥力三要素。

施肥具有增加土壤肥力，改善林木生长环境，改善林地理化、生物性质的良好作用，通过施肥可以达到加快幼林生长，提高林分生长量，缩短成材年限，促进母树结实以及控制病虫害发生发展的目的。施肥还可使幼林尽快郁闭，增强林木的竞争力和林分抵御灾害的能力。据研究，落叶松林年养分吸收量 197. 384 kg/hm^2，但其归还量仅占吸收量的 61. 64%；30 年至 75 年生的鹅耳枥、水青冈林每年每公顷吸收 92 kg 的氮素，归还量却只有 62 kg；杉木微量元素的年归还量为年吸收量的 66. 4%；马尾松林氮、磷、钾的归还系数也只是吸收系数的 23%、26%和 29%。归还量与吸收量的差距，需要施肥给予补充。日本重视幼林施肥，用柳杉林做试验，使它的轮伐期从 40 年缩短到 35 年。芬兰的试验表明，对林地施肥可使林木生长量增加 30%。我国许多地方给母树施肥，使种子的产量增加、质量提高。

(2)林木缺素诊断

林木缺素诊断是预测、评价肥效和指导施肥的一种技术工作，常用的有土壤分析法、叶片诊断法等。

①土壤分析法。分别在某一树种生长正常地点及出现缺素症状的地点，各取5~25份土样，按土壤学的方法，测定各种营养元素的含量，对比两地土样养分含量差异，进行营养分析，即可得知土壤中哪些营养元素缺乏。

②叶片诊断法。植物缺乏某一营养元素，叶片会表现出一些症状，利用这一现象进行缺素症判断，指导合理施肥，称为叶片诊断法。这一方法简便易行，运用得比较多。

杨树缺素时叶片呈现以下特征：缺氮整个叶片由绿色变为黄褐色，一般从下部叶开始黄化，逐步向上扩展，严重时叶片薄而小，植株生长缓慢；缺磷根系发育不良，次生根形成少，地上部分表现为生长缓慢，茎叶生长不良，叶片深绿色、发暗、无光泽，下部叶片和茎基部呈紫红色，严重时叶片焦枯而脱落；缺钾植株开始表现生长速度缓慢，叶脉和叶缘之间出现黄绿色，甚至出现溃疡，严重时整个树冠叶片变黄；缺钙植株根系生长不良，茎和根尖的分生组织受阻，严重时幼叶卷曲、茎软，逐渐萎蔫枯死；缺锰叶片失绿，出现杂色斑点，老的叶片叶脉之间变成鲜明的黄色，但叶脉仍为绿色，并出现溃疡块。

果树缺铜时常发生"梢枯"，甚至死亡，顶端芽常呈丛生状，叶脉间淡绿到亮黄色，树干上常排出胶体物质。果树缺铁时：苹果新梢顶端的叶子先变成黄白色，严重时叶子的边缘逐渐干枯，最后变成褐色而死；柑橘新叶叶片很薄，呈淡白色，但网状叶脉仍呈绿色；桃树叶脉间变成淡黄色或白色。

(3)林地施肥方法及技术要求

①肥料的种类及作用。直接或间接供给林木所需养分，改善土壤理化、生物性状，可以提高林木产量和质量的物质称肥料。从林木干重所含某种元素多少，林木对某种元素所需量的多少，可将肥料分为大量元素肥料、中量元素肥料、微量元素肥料。大量元素肥料为氮、磷、钾肥；中量元素肥料为硫、钙、镁肥；微量元素肥料为铁、硼、锌、钼、铜、锰、氯肥。从肥料的来源、性质、作用可分为有机肥料、无机肥料、微生物肥料。

有机肥料是以含有机物为主的肥料，如堆肥、厩肥、绿肥、泥炭(草炭)、腐殖酸类肥料、人粪尿、家禽粪、海鸟粪、油饼和鱼粉等。有机肥料含多种元素，故称完全肥料。有机肥料中的有机质施入土壤，要经过土壤微生物分解，通过矿化过程、腐殖化过程才能被林木吸收，故又称迟效肥料；有机肥料肥效长，故又称长效肥料。有机肥料作用的特点是：培肥土壤效果显著，有利于形成良好的土壤结构；提供有机营养物质和活性物质，如胡敏酸、维生素、酶及生长素等可促进植物新陈代谢，刺激作物生长，能明显地提高作物产量和质量；有机肥料在矿化腐解过程中产生的CO_2可提高林地CO_2浓度，增强光合效率；有机肥料中既有大量元素，又有微量元素，能够为林木提供多种养料，经常使用有机肥料的土壤，一般不易发生微量元素缺乏症。

无机肥料又称矿物质肥料，它包括化学加工的化学肥料和天然开采的矿物质肥料，如氮、磷、钾、硫、钙、镁、铁、硼、锌、钼、铜、锰、氯肥等。氮肥等为化学加工肥料，磷肥多为天然开采的矿物质肥料。无机肥料作用的特点是：主要成分能溶于水，或者容易变为能被植物吸收的部分，肥效快；营养元素含量比例高，使用起来省工省力；长期使用易造成土壤板结。

微生物肥料是指含有大量活的有益微生物的生物性肥料，如“5406”抗生菌肥、固氮菌剂、磷细菌肥料、钾细菌肥料、菌根真菌肥料等。微生物肥料的作用特点：它本身并不含有植物生长所需要的营养元素，它是以微生物生命活动的进行来改善作物的营养条件，发挥土壤潜在肥力，刺激植物生长，抵抗病菌对植物的危害，从而提高植物生长量。

②林地施肥方法。在林业生产中，根据使用方法肥料可分为 3 种：种肥、基肥和追肥。种肥、基肥是在造林整地、播种、插条、移植或造林之前施用。森林经营中的林地施肥主要是追肥。施追肥又分为撒施、条施(沟施)、灌溉施肥、飞机施肥和根外追肥等方式。追肥方式如下。

撒施：撒施是把肥料直接均匀撒在地面上或与干土混合后均匀撒在地面上，盖土或灌溉。撒施肥料时，要避免撒到林木叶子上。撒施追肥以性质较稳定的肥料为宜。

条施：又称沟施，是在林木行间或近根处开沟，将肥料施入沟内，然后盖土。既可液体追肥也可干施。液体追肥，先将肥料溶于水，浇于沟中；干施时为了撒肥均匀，可用干细土与肥料混合后再撒于沟中，最后用土将肥料加以覆盖。沟的深度依肥料性质和林木根系发育状况而定，一般 7~10 cm 为宜。沟施的优点是养分集中在根系附近，利用率高，避免挥发或淋失，但花费的时间和人力较多。

灌溉施肥：肥料随同灌溉水进入林地的过程称为灌溉施肥。也可将肥料溶解于水中，浇在行间沟或穴内，浇后盖土。如有滴灌设施，可将肥料溶于水中，通过管道设施以水滴方式浇灌。灌溉施肥可以节省肥料的用量和控制肥料的入渗深度，同时可以减轻施肥对环境的污染。在干旱年份或干旱地区浇灌效果最好。

根外追肥：又称叶面追肥，根外追肥是把速效肥料溶于水中，然后喷施于林木的叶子上。根外追肥的优点是效果快，能及时供给林木所需的营养元素。根外追肥一般在急需补充磷、钾或微量元素时应用。根外追肥一般要喷 3~4 次，才能取得较好效果。如果喷后两日内降雨，雨后应再喷一次。根外追肥的不足是，喷到叶面上的肥料溶液容易干，林木不易全部吸收利用，根外追肥利用率的高低，很大程度上取决于叶子能否重新被湿润。根外追肥的施肥效果不能完全代替土壤施肥，它只是一种补充施肥方法。

飞机施肥：飞机施追肥不受地面交通条件限制，节省劳力，施肥周期短，适宜大面积林区采用。飞机施肥在发达国家和地区应用较为普遍。如瑞典在近熟林时期用飞机追施氮肥，每亩施 9 kg 左右，可使林木生长量增加 15%左右。飞机施追肥要选择晴朗天气，要选用颗粒大的尿素或硝酸钙等化肥。因肥料颗粒大，易落到地面，效果好。

③林地施肥技术要求。林地施肥一定要注意提高肥料利用率，提高经济效益，做到合理施肥。在实施过程中，要遵循以下技术要求：

a. 明确施肥目的。以促进林木生长为主要目的时，应考虑林木的生物学特性，以速效养分与迟效养分相配合，适时施肥；以改土为目的时，则应以有机肥为主。

b. 按土施肥。依据土壤质地、结构、pH 值、养分状况等，确定合适的施肥措施和肥料种类。如缺乏有机质和氮的林地，以施氮肥和有机质为主；红壤、赤红壤、砖红壤林地及一些侵蚀性土壤应多施磷肥；酸性沙土要适当施钾肥；沙土施追肥的每次用量要比黏土少，等等。减少土壤 pH 值可施硫酸亚铁，提高土壤 pH 值可施生石灰。

c. 按林木施肥。不同的树木有不同的生长特点和营养特性，同一种林木在不同的生长阶段营养要求也有差别。阔叶树对氮肥的反应比针叶树好；豆科树木大都有根瘤，它们对磷肥反应较好；橡胶树要多施钾肥；幼树主要是营养生长，以长枝叶为主，对氮肥的用量较高；母树施以磷、钾为主的氮磷钾全肥，可以提高结实量和种子的质量。

d. 根据气候施肥。在气候诸因素中，温度和降水对施肥的影响最大。它们不仅影响林木吸收养分的能力，而且对土壤中有机质的分解和矿物质的转化，对养分移动及土壤微生物的活动等都有很大影响。如氮肥在湿润条件下利用率高，雨后施追肥宜用氮肥；磷肥叶面喷洒时，在干热天气条件下效果好，等等。一般土壤温度在6~38 ℃，随着温度的升高，根系吸收养分的速度加快。最适宜根系吸收养分的温度是15~25 ℃。光照充足，光合作用增强，同时对养分的吸收量也多，因此随着光照增加可适当增加施肥量。

e. 根据肥料特性施肥。不同的肥料其养分含量、溶解性、酸碱性、肥效快慢各不相同。选用时要根据肥料的性质与成分，根据土壤肥力状况，做到适土适肥、用量得当。用量少，达不到施肥的目的；用量过多，不仅造成浪费，还会造成污染等副作用。磷矿粉、生石灰仅适用于酸性土壤，石膏、硫黄仅适用于碱性土壤；改良碱性土，宜选用酸性无机肥料，同时大量施用有机肥；改良酸性土，宜选用碱性肥料和接种土壤微生物，配以大量有机肥。

11.1.3.2 栽种绿肥作物改良土壤

(1)栽种绿肥作物的作用

在林地上引种绿肥作物既能增进土壤肥力又可改良土壤结构，其主要作用是：

①扩大有机肥源。种植绿肥可增加林地有机肥料。

②增加土壤氮素。豆科植物具有生物固氮能力，一般每亩林地每年可增加氮素2.5~7.5 kg，高的可达11 kg，相当于施尿素3.5~10.0 kg。

③富集与转化土壤养分。有的绿肥植物根系入土较深，可以吸收土壤底层的养分，使耕层土壤养分丰富起来，如十字花科的绿肥植物对土壤中难溶性磷酸盐有较强的吸收能力，可提高土壤有效磷的含量。

④改善土壤结构和理化性质。绿肥腐解过程中所形成的腐殖质，能促使土壤团粒结构的形成，改变黏土和沙土的耕性，增加土壤的保肥保水能力，提高土壤微生物的活性，提高土壤缓冲作用；

⑤有些绿肥植物还可固沙、保土、防杂草以及提供饲料和其他副产品。

(2)绿肥作物栽植方式

①先在贫瘠的无林地上栽植绿肥作物或对土壤有改良作用的树种，使土壤得到改良后再进行目的树种造林。

②在造林的同时种植绿肥作物，绿肥作物与造林树种混生或间作。

③在主要树种或喜光树种的林冠下混植固氮作物或固氮小乔木，以提高土壤肥力。

④在低产低效林改造时，可伐除部分原有树种，间种绿肥植物或改良土壤树种。如河南民权的申集林场对沙地加杨低价值林改造时，采用隔行伐掉加杨栽植刺槐，或在加杨林下栽植紫穗槐均起到了良好的效果。

11.1.3.3 林内枯落物的培肥作用

森林枯落物富含氮、磷、钾和灰分元素，尤其是叶子含量很高，见表 11-3。林内自然状态下的养分循环，森林枯落物起着重要作用，这种循环能使灰分元素及其他营养元素在土壤中富集，被人们称为森林的自肥现象。发挥森林的自肥作用，就要保护好林内枯落物。

表 11-3 华北地区主要森林类型的枯落物所含氮、磷、钾的数量

森林类型(树种)	阔叶树种						针叶树种			
	刺槐	山杨	白桦	椴树	元宝枫	栓皮栎	落叶松	侧柏	云杉	油松
枯落物所含氮、磷、钾(kg/t)	20.4	18.6	18.3	18.1	14.0	13.4	16.2	16.0	14.5	12.1

森林枯落物对林地的作用不仅体现在提供营养元素，而且表现为多方面的培肥作用，具体如下：

①枯落物在土壤中分解后，自身可以增加土壤营养物质的含量，还可产生活性物质，提高林木对土壤钙、镁、钾、磷的利用率。

②枯落物在林内可保持土壤水分，减少水土流失。在雨季 1 kg 枯枝落叶可吸水 2~5 kg，饱和后多余的水渗入土壤中，减少了地表径流。由于枯落物的存在，提高了林地土水保持能力。

③枯落物转化为腐殖质时，能促使土壤团粒结构的形成，使土层疏松，提高土壤对水分和养分的保持能力和供应能力。

④枯落物可缓和林内土壤温度的变化。枯落物能适当地阻止地面长波辐射，并将土壤与温度变幅大的空气隔开，使林地趋于冬暖夏凉，这可延长林木根的生长。

⑤枯落物可以防止林内杂草滋生。枯落物的覆盖能抑制林地杂草的生长，限制土壤种子库杂草种子的萌发和杂草植株的形成。

由以上几点可以看出，森林枯落物能够协调林地水、肥、气、热关系，提高土壤肥力。因此在营林中，要禁止焚烧或搂取林内枯落物，应及时将枯落物与表土混杂，加速分解转化，最大限度地发挥其作用。

11.1.4 林地间作

林地间作又称林内间作，指在林内间种其他植物，充分利用自然条件，使之形成既有利于目的树种生长，更好发挥林分生态效益，又能增加短期收益的复合型植物群落的营林措施。林地间作可以达到以耕代抚(在间作区对间作作物进行中耕、除草、施肥等耕作措施时，也等于对林木进行抚育，达到促进林木的生长的效果)、以副促林、一林多用、一地多用的效果，这无论从生物学或经济收益方面看都具有重要意义。林地间作的主要目的之一是改善和保护林地条件，为林木生长创造良好的条件。

我国林内间作历史较长，以前间种作物主要是粮食、蔬菜，因此人们说起林下种植常称为林农间作；当今林下种植多种多样，间种作物不仅有粮、菜，还有药材、花卉、牧草、编织条等，所以称林地间作更有概括性、更为合适。林地间作可以说是农林复合经营的一部分。农林复合经营指在同一土地上将农作物生产与林业、畜牧业生产同时或交替结合起来，使土地总生产力得以提高的经营措施。农林复合经营一般以农为主，因此又称农用林业、农林业。林地间作则是以林为主，这一点特别重要。

11.1.4.1　林地间作的优点

(1)提高林地光能利用率

由于提高了覆盖度，增加了群落总叶面积，从而扩大了立体用光幅度，减少了漏光，提高了反射光的利用。因此，单位面积林地的光能利用率得到提高，单位面积的生物产量增加。

(2)有效利用地力

间作后林地作物根系总容积增大。林木和间种作物根系性质不同，它们在土壤中的分布层次和吸收营养物质、营养元素的种类、数量也不完全相同，从而能更充分的利用地力。如泡桐与小麦间作，泡桐根系多分布在 40 cm 以下的土层中，而小麦则多分布在 30 cm 以上的土层中。

(3)保护或提高土壤肥力

覆盖林地的作物，其枝叶和浅表土层的根系，在雨季可起到保持水土的作用，减少地表径流，保护土壤肥力。死掉的根、枯落的枝叶可转化为土壤腐殖质。

(4)促进林木生长

依据林木和间作植物的生物学特性，利用种间共生互补的生态学原理选择林下植物，可促进林木生长。如广为采用的林下种植养地作物——紫花苜蓿、紫穗槐、花生，东北地区的林参间作，均能促进林木的生长，主要绿肥作物养分含量见表 11-4。另外，对林下植物较精细的管理，如除草、松土、施肥等，被人们称作对林木的以耕代抚，也可促进林木生长。如对间种作物进行耕作，能促进林木根系向土壤深处伸展，扩大其吸收面。

表 11-4　主要绿肥作物养分含量

种类	鲜重(g/kg)				干重(g/kg)		
	水分	N	P_2O_5	K_2O	N	P_2O_5	K_2O
紫云英	88.0	3.8	0.8	2.3	27.5	6.6	19.1
紫花苜蓿	—	5.6	1.8	3.1	21.6	5.3	14.9
草木樨	80.0	4.8	1.3	4.4	28.2	9.2	24.0
萝卜	90.8	2.7	0.6	3.4	28.9	6.4	36.0
田菁	80.0	5.2	0.7	1.5	26.0	5.4	16.8
紫穗槐	60.9	13.2	3.6	7.9	30.2	6.8	18.7
黄荆	—	—	—	—	21.9	5.5	14.3
葛藤	84.0	5.0	1.2	8.7	31.8	7.8	55.5
蚕豆	80.0	5.5	1.2	4.5	27.5	6.0	22.5
光叶紫花苕子	84.4	5.0	1.3	4.2	31.2	8.3	26.0

(5) 可增加经济效益

林地间作弥补了林业生产周期长、见效慢的弱点，可获得早期效益，达到以短养长的效果。黄淮海平原的桐粮间作、枣粮间作，林粮双丰收，深受群众欢迎。我国南方的胶茶间作，上层是橡胶树，第二层是药用树种肉桂、萝芙木，第三层是茶树，最下层是砂仁，这样把喜光和耐阴程度不同、生长高度不同、根系深浅不同的植物结合起来，上层橡胶林冠的适当遮阴，能减轻春寒对茶叶的危害，下层茶树冠层可以起到削弱风力及蓄积地面热量的作用，从而可以有效地减轻橡胶树寒害，其结果可使橡胶产量增加 10%，茶叶产量增加 10%以上，还可获得一些药材收入。

11.1.4.2 林地间作注意事项

根据各地实践经验，在进行林地间作时应注意以下几个问题。

(1) 坚持以林为主

历史上一些林农间作，顾农不顾林，最终造成树毁农业减产。现今一些退耕还林地段，林下种植作物后，顾经济效益不顾生态效益，顾眼前利益不顾长远利益。当林下作物与树木发生矛盾时，树让路于间作植物，这种主次颠倒的短期行为，必将极大地损坏退耕还林工程的作用。所以，无论是用材林还是公益林，林地间作时，必须坚持以林为主。

(2) 间种作物的特性必须与林内树种的特性错位互补

速生喜光树种宜间作矮秆耐阴作物，如刺槐间作花生。深根性树种宜间作浅根性作物，如旱柳与玉米间作，旱柳根系深扎，根幅相对较小，玉米根在表层，两者之间水肥矛盾小。在陕西靖边尔德井村试验，同样条件下，柳树和玉米间作，玉米平均亩产在 800 kg 以上，而杨树与玉米间作，玉米平均亩产只有 500 kg 左右。林内宜间作耐旱作物；宜间作绿肥作物。

林内不宜间作耗水量大的作物；不宜间作消耗某营养元素量大的特性与树种相同的作物；不宜间作生物化学作用上与林木有相克作用的作物，如月桂属植物产生的生化抑制物质酚化合物能使黑云杉受害，紫菀属植物产生的生化抑制物质能使糖槭受害。

(3) 注意保护树木

在对间种作物进行经营管理时，必须保证树木不受机械损伤或不受大的机械损伤。如中耕及收获时要注意加强对林木的保护。

11.1.4.3 林地间作形式

由于林地间作可以达到以短养长、以耕代抚、加快林木生长等作用，总之可提高营林收益、部分解决育林资金，所以许多营林单位和个人都把它作为扩大林业生产、发展多种经营的重要形式，积极采用和推广。各地在工作实践中总结出了许多林地间作的形式，常见的有以下几种。

(1) 林林混交型

用材树种和经济林树种混交或经济林树种之间混交。这种形式很多，仅与茶树混交的就有许多的形式。常见混交的用材树种有泡桐、杉木、杨树、侧柏、刺槐、竹等；经济林树种有橡胶、乌桕、荔枝、板栗、山茱萸、杏、苹果、紫穗槐、黄荆等。

(2) 林农间作型

这是一种比较常见的林农结合形式，林木在与作物混合种植时，有些是不规则的散生状态，有的是按一定的株行距有规律排列的。间作的农作物要选择适应性强、矮秆、较耐阴、有根瘤、根系水平分布的种类，豆科植物为最好。树种要选择冠窄、干通直、枝叶稀疏、冬季落叶、春季放叶晚、根系分布深的树木，如泡桐、杨树、臭椿、香椿、池杉、沙枣等。

(3)林牧间作型

林牧间作是指在林分内种植牧草。林木能够调节气候、改善环境，给牧草创造良好的生长环境条件；牧草可以发展畜牧业，同时一些牧草可以当作绿肥作物，提高土壤肥力，促进林木生长。牧草选择应以苜蓿等豆科类植物为主。

(4)林药间作型

我国的多数中草药都生长在森林内，很多药用植物具有耐阴的特点，甚至有的只能在庇荫的条件下才能生长。所以，林药间作在我国有着特别广阔的发展前景。例如，东北地区林参(人参)间作，不仅使每平方米林地可增加收益1.60元以上，而且还促进了林木的生长。其他的如华北地区的泡桐与牡丹间作，亚热带地区的杉木林下间作黄连，热带地区的橡胶林下间种砂仁、生姜，半干旱的三北地区杨树与甘草间种等都收到了较好的效果。

11.2　森林抚育

11.2.1　森林抚育目标

改善森林树种组成、年龄和空间结构，提高林地生产力和林木生长量，促进森林、林木生长发育，丰富生物多样性，维护森林健康，充分发挥森林多种功能，协调生态、社会、经济效益，培育健康稳定、优质高效的森林生态系统。

11.2.2　森林抚育方式确定原则

根据森林发育阶段、培育目标和森林生态系统生长发育与演替规律，应按照以下原则确定森林抚育方式：

①幼龄林阶段由于林木差异还不显著而难于区分个体间的优劣情况，不宜进行林木分类和分级，需要确定目的树种和培育目标。

②幼龄林阶段的天然林或混交林由于成分和结构复杂而适用于进行透光伐抚育，幼龄林阶段的人工同龄纯林(特别是针叶纯林)由于基本没有种间关系而适用于进行疏伐抚育，必要时进行补植。

③中龄林阶段由于个体的优劣关系已经明确而适用于进行基于林木分类(或分级)的生长伐，必要时进行补植，促进形成混交林。

④只对遭受自然灾害显著影响的森林进行卫生伐。

⑤条件允许时，可以进行浇水、施肥等其他抚育措施。

⑥确定森林抚育方式要有相应的设计方案，使每一个作业措施都能按照培育目标产生正面效应，避免无效工作或负面影响。

⑦同一林分需要采用两种及以上抚育方式时，要同时实施，避免分头作业。

11.2.3 主要的抚育方式

11.2.3.1 透光伐

(1)适用条件

透光伐主要解决幼龄林阶段目的树种林木上方或侧上方严重遮阴问题。所谓严重遮阴与树种的喜光性有关。只有当上方或侧上方遮阴妨碍目的树种高生长时才认为是严重遮阴。通常满足下列 2 个条件之一：

①郁闭后目的树种受压制的林分。

②上层林木已影响下层目的树种林木正常生长发育的复层林，需伐除上层的干扰树时。

(2)控制指标

采取透光伐抚育后的林分应达到以下要求：

①林分郁闭度不低于 0.6。

②在容易遭受风倒雪压危害的地段，或第一次透光伐时，郁闭度降低不超过 0.2。

③更新层或演替层的林木没有被上层林木严重遮阴。

④目的树种和辅助树种的林木株数所占林分总株数的比例不减少。

⑤目的树种平均胸径不低于采伐前平均胸径。

⑥林木株数不少于该森林类型、生长发育阶段、立地条件的最低保留株数。分森林类型、生长发育阶段、立地条件的最低保留株数由各省确定。

⑦林木分布均匀，不造成林窗、林中空地等。

11.2.3.2 疏伐

(1)适用条件

疏伐主要解决同龄林密度过大问题。合理密度与树种年龄、立地质量、树种组成有关。各地要编制并依据本地不同立地条件的最优密度控制表进行疏伐。在没有最优密度控制表的地方，推荐满足以下 2 个条件之一：

①郁闭度 0.8 以上的中龄林和幼龄林。

②天然、飞播、人工直播等起源的第一个龄级，林分郁闭度 0.7 以上，林木间对光、空间等开始产生比较激烈的竞争。

符合条件②的，可采用以定株为主的疏伐。

(2)控制指标

采取疏伐抚育后的林分应达到以下要求：

①林分郁闭度不低于 0.6。

②在容易遭受风倒雪压危害的地段，或第一次疏伐时，郁闭度降低不超过 0.2。

③目的树种和辅助树种的林木株数所占林分总株数的比例不减少。

④目的树种平均胸径不低于采伐前平均胸径。

⑤林木分布均匀，不造成林窗、林中空地等。

⑥采伐后保留株数应不少于该类森林类型、生长发育阶段、立地条件的最少保留株数。

11.2.3.3　生长伐

(1)适用条件

生长伐主要是调整中龄林的密度和树种组成，促进目标树或保留木径向生长。各地要编制并依据本地不同立地条件的最优密度控制表或目标树最终保留密度(终伐密度)表进行生长伐。在没有最优密度控制表或目标树终伐密度表的地方，推荐下述 3 个条件之一：

①立地条件良好、郁闭度 0.8 以上，进行林木分类或分级后，目标树、辅助树或Ⅰ级木、Ⅱ级木株数分布均匀的林分。

②复层林上层郁闭度 0.7 以上，下层目的树种株数较多且分布均匀。

③林木胸径连年生长量显著下降，枯死木、濒死木数量超过林木总数 15%的林分。

符合条件③的，应与补植同时进行。

(2)控制指标

采取生长伐抚育后的林分应达到以下要求：

①林分郁闭度不低于 0.6。

②在容易遭受风倒雪压危害的地段，或第一次生长伐时，郁闭度降低不超过 0.2。

③目标树数量，或Ⅰ级木、Ⅱ级木数量不减少。

④林分平均胸径不低于采伐前平均胸径。

⑤林木分布均匀，不造成林窗、林中空地等。对于天然林，如果出现林窗或林中空地应进行补植。

⑥采伐后保留株数应不少于该类森林类型、生长发育阶段、立地条件的最少保留株数。

11.2.3.4　卫生伐

(1)适用条件

符合以下条件之一的，可采用卫生伐：

①发生检疫性林业有害生物。

②遭受森林火灾、林业有害生物、风折雪压等自然灾害危害，受害株数占林木总株数 10%以上。

(2)控制指标

采取卫生伐抚育后的林分应达到以下要求：

①没有受林业检疫性有害生物及林业补充检疫性有害生物危害的林木。

②蛀干类有虫株率在 20%(含)以下。

③感病指数在 50(含)以下。感病指数按《造林技术规程》(GB/T 15776—2016)有关规定执行。

④除非严重受灾，采伐后郁闭度应保持在 0.5 以上。采伐后郁闭度在 0.5 以下，或出现林窗的，要进行补植。

11.2.3.5　补植

(1)适用条件

符合以下条件之一的，可采用补植：

①人工林郁闭成林后的第一个龄级，目的树种、辅助树种的幼苗幼树保存率小于80%。

②郁闭成林后的第二个龄级及以后各龄级，郁闭度小于0.5。

③卫生伐后，郁闭度小于0.5的。

④含有大于25 m^2 林中空地的。

⑤立地条件良好、符合经营目标的目的树种株数少的有林地。

符合条件⑤的，应结合生长伐进行补植。

(2)控制指标

采取补植抚育后的林分应达到以下要求：

①选择能与现有树种互利生长或相容生长、并且其幼树具备从林下生长到主林层的基本耐阴能力的目的树种作为补植树种。对于人工用材林纯林，要选择材质好、生长快、经济价值高的树种；对于天然用材林，要优先补植材质好、经济价值高、生长周期长的珍贵树种或乡土树种；对于防护林，应选择能在冠下生长、防护性能良好并能与主林层形成复层混交的树种。

②用材林和防护林经过补植后，林分内的目的树种或目标树株数不低于每公顷450株，分布均匀，并且整个林分中没有半径大于主林层平均高1/2的林窗。

③不损害林分中原有的幼苗幼树。

④尽量不破坏原有的林下植被，尽可能减少对土壤的扰动。

⑤补植点应配置在林窗、林中空地、林隙等处。

⑥成活率应达到85%以上，3年保存率应达80%以上。

11.2.3.6 人工促进天然更新

(1)适用条件

在以封育为主要经营措施的复层林或近熟林中，目的树种天然更新等级为中等以下、幼苗幼树株数占林分幼苗幼树总株数的50%以下，且依靠其自然生长发育难以达到成林标准的，可采用人工促进天然更新。

(2)控制指标

采取人工促进天然更新抚育后的林分应达到以下要求：

①达到天然更新中等以上等级。

②目的树种幼苗幼树生长发育不受灌草干扰。

③目的树种幼苗幼树占幼苗幼树总株数的50%以上。

11.2.3.7 修枝

(1)适用条件

符合以下条件之一的用材林，可采用修枝：

①珍贵树种或培育大径材的目标树。

②高大且其枝条妨碍目标树生长的其他树。

(2)控制指标

采取修枝抚育后的林分应达到以下要求：

①修去枯死枝和树冠下部1~2轮活枝。

②幼龄林阶段修枝后保留冠长不低于树高的2/3、枝桩尽量修平，剪口不能伤害树干的韧皮部和木质部。

③中龄林阶段修枝后保留冠长不低于树高的1/2、枝桩尽量修平，剪口不能伤害树干的韧皮部和木质部。

11.2.3.8　割灌除草

(1)适用条件

符合以下条件之一的，可采用割灌除草：

①林分郁闭前，目的树种幼苗幼树生长受杂灌杂草、藤本植物等全面影响或上方、侧方严重遮阴影响的人工林。

②林分郁闭后，目的树种幼树高度低于周边杂灌杂草、藤本植物等，生长发育受到显著影响的。

(2)控制指标

采取割灌除草抚育后的林分应达到以下要求：

①影响目的树种幼苗幼树生长的杂灌杂草和藤本植物全部割除；提倡围绕目的树种幼苗幼树进行局部割灌，避免全面割灌。

②割灌除草施工要注重保护珍稀濒危树木、林窗处的幼树幼苗及林下有生长潜力的幼树幼苗。

11.2.3.9　浇水

(1)适用条件

符合以下条件之一的，可采用浇水：

①400 mm降水量以下地区的人工林。

②400 mm降水量以上地区的人工林遭遇旱灾时。

(2)控制指标

采取浇水抚育后的林分应达到以下要求：

①浇水采用穴浇、喷灌、滴灌，尽可能避免漫灌；提倡采用滴灌或喷灌等节水措施。

②浇水后林木生长发育良好。

11.2.3.10　施肥

(1)适用条件

符合以下条件之一的，可采用施肥：

①用材林的幼龄林。

②短周期工业原料林。

③珍贵树种用材林。

(2)控制指标

采取施肥抚育后的林分应达到以下要求：

①追肥种类应为有机肥或复合肥。

②追肥施于林木根系集中分布区，不超出树冠覆盖范围，并用土盖实，避免流失。

③施肥应针对目的树种、目标树，或Ⅰ级木、Ⅱ级木、Ⅲ级木。

④应经过施肥试验，或进行测土配方施肥。

11.2.4 采伐剩余物处理

采伐剩余物处理应达到以下要求：

①伐后要及时将可利用的木材运走，同时清理采伐剩余物，可采取运出，或平铺在林内，或按一定间距均匀堆放在林内等方式处理；有条件时，可粉碎后堆放于目标树根部鱼鳞坑中。坡度较大情况下，可在目标树根部做反坡向的水肥坑(鱼鳞坑)并将采伐剩余物适当切碎堆埋于坑内。

②对于感染林业检疫性有害生物及林业补充检疫性有害生物的林木、采伐剩余物等，要全株清理出林分，集中烧毁，或集中深埋。

11.2.5 抚育作业中的生物多样性保护

11.2.5.1 野生动物保护

森林抚育活动中，应采取以下措施保护野生动物：

①树冠上有鸟巢的林木，应作为辅助木保留。

②树干上有动物巢穴、隐蔽地的林木，应作为辅助木保留。

③保护野生动物的栖息地和动物廊道。抚育作业设计要考虑作业次序和作业区的连接与隔离，以便在作业时野生动物有躲避场所。

11.2.5.2 野生植物保护

森林抚育活动中，应采取以下措施保护野生植物：

①国家或地方重点保护树种，或列入珍稀濒危植物名录的树种，要标记为辅助树或目标树保留。

②在针叶纯林中的当地乡土树种应作为辅助树保留。

③保留国家或地方重点保护的植物种类。

④保留有观赏和食用药用价值的植物。

⑤保留利用价值不大但不影响林分卫生条件和目标树生长的林木。

11.2.5.3 其他保护措施

森林抚育活动中，还应采取以下措施保护生物多样性：

①森林抚育作业时要采取必要措施保护林下目的树种及珍贵树种幼苗、幼树。

②适当保留下木，凡不影响作业或目的树种幼苗、幼树生长的林下灌木不得伐除(割除)。

③要结合除草、修枝等抚育措施清除可燃物。

④抚育采伐作业按照《森林采伐作业规程》(LY/T 1646—2005)和《短轮伐期和速生丰产用材林采伐作业规程》(LY/T 1724—2008)有关规定执行。

11.3 森林采伐

森林采伐类型包括主伐、抚育采伐、低产(效)林改造采伐、更新采伐和其他等五种类型。

11.3.1　主伐

主伐是指为获取木材而对用材林中成熟林和过熟林分所进行的采伐作业。主伐分为皆伐、渐伐和择伐 3 种方式。

11.3.1.1　皆伐

皆伐是指将伐区上的林木一次全部伐除或几乎伐除的主伐方式。在皆伐迹地上的更新方式多采用人工更新，形成的新林一般为同龄林。

(1)适用范围

①人工成、过熟同龄林或单层林或天然针叶林。

②中小径林木株数占总株数的比例小于 30%的人工成、过熟异龄林。

(2)技术要求

①皆伐一般采用块状皆伐或带状皆伐，采伐年龄执行《森林资源规划设计调查主要技术规定》，皆伐面积最大限度见表 11-5。

表 11-5　皆伐面积限度表

坡度(°)	≤5	6~15	16~25	26~35	>35
皆伐面积限(hm^2)	≤30	≤20	≤10	南方≤5；北方不采伐	不采伐

②需要天然更新或人工促进天然更新的伐区，采伐时保留一定数量的母树、伐前更新的幼苗、幼树以及目的树种的中小径林木。

③伐区周围应保留相当于采伐面积的保留林地(带)。应保留伐区内的国家和地方保护树种的幼树幼苗。

④伐后实施人工更新，或人工更新与天然更新相结合，但要达到更新要求。

11.3.1.2　渐伐

渐伐是指在较长时间内(通常为一个龄级)，分数次将成熟林分逐渐伐除的主伐方式。实践中往往分 2 次渐伐、3 次渐伐或 4 次渐伐，典型的 4 次渐伐包括预备伐、下种伐、受光伐和后伐。

(1)适用范围

①天然更新能力强的成、过熟单层林或接近单层林的林分。

②皆伐后易发生自然灾害(如水土流失)的成、过熟同龄林或单层林。

(2)技术要求

①渐伐一般采用 2 次或 3 次渐伐法。采伐年龄参照同一树种皆伐测算的主伐年龄。

②上层林木郁闭度小、伐前天然更新等级中等以上的林分，可进行 2 次渐伐。

a. 受光伐采伐林木蓄积量的 50%；保留郁闭度 0.4 左右。

b. 后伐视林下幼树的生长情况，接近或达到郁闭时，伐除上层林木。

③上层林木郁闭度较大，伐前天然更新等级中等以下的林分，可进行 3 次渐伐。

a. 下种伐采伐林木蓄积量的 30%，保留郁闭度 0.5 左右。

b. 受光伐采伐林木蓄积量的 50%；保留郁闭度 0.3 左右。

c. 后伐视林下幼树的生长情况，接近或达到郁闭时，伐除上层林木。

④全部采伐更新过程一般不超过 1 个龄级期。

⑤采伐时，寻找具有幼苗幼树的林中空地作为基点，由此向外扩大采伐，每公顷布设 3~4 个基点，或者用带状方式进行，带宽以种子飞散距离为依据确定，一般为 1~2 倍树高。

⑥对采伐木的选择应有利于林内卫生状况，维护良好的森林环境，有利于树木结实、下种和天然更新，有利于种子落地发芽、幼苗和幼树的生长。

11.3.1.3 择伐

择伐是指在一定地段上，每隔一定时期，单株或群状地采伐达到一定径级或具有一定特征的成熟林木的主伐方式。

(1)适用范围

异龄林；复层林；为形成复层异龄结构或为培育超大径级木材的成、过熟同龄林或单层林；竹林；其他不适于皆伐和渐伐的森林。

(2)技术要求

①择伐可采用径级作业法，单株择伐或群状择伐。凡胸径达到培育目的林木蓄积量占全林蓄积量超过 70%的异龄林，或林分平均年龄达到成熟龄的成、过熟同龄林或单层林，可以采伐达到起伐胸径指标的林木。

②择伐后林中空地直径不应大于林分平均高，蓄积量择伐强度不超过 40%，伐后林分郁闭度应当保留在 0.5 以上。

③回归年或择伐周期不应少于 1 个龄级期，下一次的采伐量不应超过这期间的生长量。

④下一次采伐时林分单位蓄积量应高于本次采伐时的林分单位蓄积量。

⑤首先确定保留木，将能达到下次采伐的优良林木保留下来，再确定采伐木。

⑥竹林采伐后应保留合理密度的健壮大径母竹。

11.3.2 抚育采伐

抚育采伐是指从幼林郁闭起，到主伐前一个龄级为止，为促进留存林木的生长，对部分林木进行的采伐，简称抚育伐，又称间伐或抚育间伐。具体参见 11.2.3 一节。

11.3.3 低产(效)林改造采伐

低产(效)林改造采伐是指对生长不良、经济效益或生态效益很低的各种低产(效)林分，通过砍伐低产(效)林木，引进优良目的树种，提高林分的经济效益或生态效益，使之成为高效林分的一种采伐类型。低产(效)林改造采伐包括低产用材林改造采伐和低效防护林改造采伐。改造采伐方式主要包括皆伐改造、择伐改造和综合改造等。

11.3.3.1 低产用材林改造采伐

(1)适用范围

低产用材林改造采伐对象为立地条件好、有生产潜力并且符合下列情况之一的用材林：

①郁闭度 0.3 以下。

②经多次破坏性采伐、林相残破、无培育前途的残次林。

③多代萌生无培育前途的萌生林。

④有培育前途的目的树种株数不足林分适宜保留株数 40%的中龄林。

⑤遭受严重的火烧、病虫害、鼠害、雪压、风折、雷击等自然灾害且没有复壮希望的中幼龄林。

(2)采伐方式

①皆伐改造。适于生产力低、自然灾害严重的低产林，进行带状或块状皆伐。

②择伐改造。适于目的树种数量不足的低产林。伐除非目的树种，无培育前途的老龄木、病腐木、濒死木等。

(3)技术要求

①坡度不大于 5°时一次皆伐改造面积不大于 10 hm^2，坡度 6°~15°时不大于 5 hm^2。坡度 16°~25°时不大于 3 hm^2。超过 25°的山地进行带状皆伐改造，顺山带适用于水土流失较小的缓坡地带，横山带或斜山带适用于有水土流失可能的地带。对于遭受易传染的病虫灾害的林分，应采用块状皆伐改造。

②择伐改造应保留有培育前途的中小径木，林下或林中空地补植耐阴的树种。

③改造后及时更新，更新期不超过 1 年。

11.3.3.2　低效防护林改造采伐

(1)适用范围

低效防护林改造采伐对象为下列情况之一的防护林：

①年近中龄而仍未郁闭，林下植被覆盖度小于 0.4。

②单层纯林尤其是单一针叶树纯林，林下植被覆盖度小于 0.2，土壤结构差，枯枝落叶层厚度小于 0.5 cm。

③遭受严重的病虫鼠害或其他自然灾害、病腐木超过 20%。

④因不适地适树或种质低劣，造林树种或保留的目的树种选择不当而形成的小老树林。

⑤林木生长不良、林分结构(如树种结构、层次结构、密度结构等)差而达不到防护和景观效果的林带。

(2)采伐方式

①皆伐改造。遭受严重自然灾害的林分或林带采用皆伐方式进行改造。

②择伐改造。主要以群状或单株的方式采伐低效林内的部分林木。

③综合改造。没有成林希望的林分、林带，伐除小老树，补植适宜树种。

(3)技术要求

①为防止水土流失，皆伐改造一般以带状进行；在坡度较大地区，采伐带走向与等高线平行；采伐带上应保留目的树种的幼苗、幼树，同时对保留带进行抚育。对于遭受易传染的病虫灾害的林分或林带，应采用块状皆伐；对于采伐遭受严重病虫害的低效禁伐林，需要特别审批。

②择伐改造强度不应大于伐前蓄积量的 25%。

③林分改造采伐后应及时造林或采取封山育林等措施。

④林带改造采伐后，根据需要进行造林。

11.3.4 更新采伐

更新采伐包括林分更新采伐和林带更新采伐。林分更新采伐主要包括渐伐、择伐和径级择伐等采伐方式；林带更新采伐主要包括全带采伐、断带采伐和分行采伐等方式。

11.3.4.1 林分更新采伐

(1)适用范围

林分更新采伐是指防护林中，主要树种平均年龄达到更新采伐龄的同龄林，或大径木蓄积比达70%~80%的异龄林。

(2)采伐方式

①同龄林更新采伐一般采用多次渐伐或择伐方式。

a. 上层林木郁闭度小、伐前更新中等以上的林分，可进行2~3次渐伐，分为准备伐、下种伐、受光伐和后伐。

b. 上层林木郁闭度大、伐前更新中等以下的林分，实行择伐更新。

②异龄林更新采伐采用径级择伐，严格按起伐径级进行。

(3)技术标准

①防护林主要树种的更新采伐年龄参照表11-6。

②渐伐强度第一次控制在伐前林木蓄积量的25%以内，以后每次小于保留木的50%，最后视林下幼树的生长情况，接近或达到郁闭时，伐除上层林木。

③径级择伐后最大林中空地的平均直径不应超过周围林木平均高度的2倍，平均择伐强度不超过伐前林木蓄积量的25%，回归年(采伐间隔期)应大于一个龄级期。

④禁伐林不进行更新采伐。

表11-6 主要树种的更新采伐年龄

<table>
<tr><th>树种</th><th>地区</th><th>起源</th><th>更新采伐年龄(年)</th><th>树种</th><th>地区</th><th>起源</th><th>更新采伐年龄(年)</th></tr>
<tr><td rowspan="4">红松、云杉、铁杉</td><td rowspan="2">北方</td><td>天然</td><td>161</td><td rowspan="4">杨、桉、楝、泡桐、木麻黄、枫杨、槐树、白桦、山杨</td><td rowspan="2">北方</td><td>天然</td><td>61</td></tr>
<tr><td>人工</td><td>121</td><td>人工</td><td>31</td></tr>
<tr><td rowspan="2">南方</td><td>天然</td><td>121</td><td rowspan="2">南方</td><td rowspan="2">人工</td><td rowspan="2">26</td></tr>
<tr><td>人工</td><td>101</td></tr>
<tr><td rowspan="4">落叶松、冷杉、樟子松</td><td rowspan="2">北方</td><td>天然</td><td>141</td><td rowspan="4">桦木、榆、木荷、枫香</td><td rowspan="2">北方</td><td>天然</td><td>81</td></tr>
<tr><td>人工</td><td>61</td><td>人工</td><td>61</td></tr>
<tr><td rowspan="2">南方</td><td>天然</td><td>121</td><td rowspan="2">南方</td><td>天然</td><td>71</td></tr>
<tr><td>人工</td><td>61</td><td>人工</td><td>51</td></tr>
<tr><td rowspan="4">油松、马尾松、云南松、思茅松、华山松、高山松</td><td rowspan="2">北方</td><td>天然</td><td>81</td><td rowspan="4">栎(柞)、栲、椴、水曲柳、胡桃楸、黄波罗</td><td rowspan="4">不分南北</td><td rowspan="2">天然</td><td rowspan="2">121</td></tr>
<tr><td>人工</td><td>61</td></tr>
<tr><td rowspan="2">南方</td><td>天然</td><td>61</td><td rowspan="2">人工</td><td rowspan="2">71</td></tr>
<tr><td>人工</td><td>51</td></tr>
<tr><td>杉木、柳杉、水杉</td><td>南方</td><td>人工</td><td>36</td><td>毛竹</td><td>南方</td><td>人工</td><td>7</td></tr>
</table>

注：未列树种更新采伐年龄由省(自治区、直辖市)林业主管部门另行规定。

11.3.4.2　林带更新采伐

(1)适用范围

①达到或超过防护成熟年龄的防护林带。

②生长停滞、林内卫生状况极差、防护效益严重下降的防护林带。

(2)采伐方式

①对短窄林带进行全带采伐。

②对宽林带、主林带、海防基干林带实行分行、断带采伐。

③对长林带实行断带采伐。

(3)技术标准

①主要树种的更新采伐年龄参照表 11-6。

②全带采伐时，同期采伐林带的带间保留带不少于 2 条，相邻林带的采伐时间间隔不低于 5 年。

③分行采伐时每行采伐长度不超过 50 m，采伐行中保留行长度不应低于采伐行长度，相邻伐带采伐间隔不低于 5 年。

④断带采伐中每采伐段不超过 1 km，保留段不少于采伐段长度的 2 倍，保留带宽度不应低于采伐段宽度，相邻段采伐间隔时间不低于 5 年。

⑤采伐林带应与主风方向基本垂直。

11.3.5　其他采伐

其他采伐是指除上述四种类型外因其他特殊原因进行的林木采伐。其适用范围主要包括：

①工程建设及征占用林地采伐林木。

②薪炭林、经济林、特用林采伐。

③修建森林防火隔离带、森林病虫害防治隔离带及边防公路、巡逻路等项目应采伐林木等。

④散生木和四旁树采伐。

11.4　森林更新

11.4.1　更新方式

11.4.1.1　人工更新

下列情况可采用人工更新：

①改变树种组成。

②皆伐迹地。

③皆伐改造的低产(效)林地。

④原集材道、楞场、装车场、临时性生活区、采石场等清理后用于恢复森林的空地。

⑤工业原料林、经济林更新迹地。

⑥非正常采伐(盗伐)破坏严重的迹地。

⑦其他采用天然更新较困难或在规定时间内不能达到更新要求的迹地。

11.4.1.2　人工促进天然更新

在下列情况下，完全依靠自然力在规定时间内达不到更新标准时，应采取人工辅助办法，促进天然更新：

①渐伐迹地。

②补植改造或综合改造的低产(效)林地。

③采伐后保留目的树种天然幼苗、幼树较多，但分布不均匀、规定时间内难以达到更新标准的迹地。

11.4.1.3　天然更新

下列情况下，可采用天然更新：

①择伐、渐伐迹地。

②择伐改造的低产(效)林地。

③采伐后保留目的树种的幼苗、幼树较多，分布均匀，规定时间内可以达到更新标准的迹地。

④采伐后保留天然下种母树较多，或具有萌蘖能力强的树桩(根)较多，分布均匀，规定时间内可以达到更新标准的迹地。

⑤应保持自然生长状态，并立地条件好，降雨量充足，适于天然下种、萌芽更新的迹地。

上述条件之外或完全依靠自然力在规定时间内达不到更新要求时，宜采取人工辅助办法，促进天然更新：

⑥补植改造或综合改造的低产(效)林地。

⑦采伐后保留目的树种天然幼苗、幼树较多，但分布不均匀的采伐迹地。

⑧其他适合于天然更新的采伐迹地。

11.4.2　更新要求

11.4.2.1　更新时间

①采伐后的当年或者次年内应完成更新造林作业。

②对未更新的旧采伐迹地、火烧迹地、林中空地等，由森林经营单位制定规划，限期完成更新造林。

11.4.2.2　技术标准

(1)成活率

一般要求人工更新当年株数成活率达到85%以上，但西北地区及年均降水量在400 mm以下的地区应达70%以上(含70%)。人工促进天然更新的补植当年成活率达85%以上。

(2)保存率

①皆伐更新迹地第3年幼苗幼树保存率达80%以上，但西北及年均降水量在400 mm以下的地区株数保存率应达65%以上(含65%)。

②择伐迹地更新频度达 60%以上；渐伐迹地更新频度达 80%以上。

(3)合格率

当年成活率合格的更新迹地面积应达到按规定应更新的伐区总面积的 95%；第 3 年保存率合格的更新迹地面积应达到按规定应更新的伐区总面积的 80%。

(4)成林年限

迹地更新标准执行《造林技术规程》(GB/T 15776—2016)、《封山(沙)育林技术规程》(GB/T 15163—2018)和《生态公益林建设 导则》(GB/T 18337.1—2001)规定的成林年限和成林标准。

11.4.2.3　技术要求

森林更新应正确选择更新方式；科学确定树种和树种配置，适地适树适种源；良种壮苗、细致整地、合理密度、精心管护、适时抚育。具体执行《造林技术规程》(GB/T 15776—2016)、《封山(沙)育林技术规程》(GB/T 15163—2018)和《生态公益林建设技术规程》(GB/T 18337.3—2001)相关规定。

本章小结

森林经营中的作业设计是由一定资质的林业专业技术人员依据可靠的调查资料，按照森林经营单位的经营理念、经营思路和经营目标编制的，具有一定的科学性合理性。一经林业主管部门批复，具有一定的约束力，在森林经营当中起着重要的作用。按照作业设计实施森林经营作业，可以避免森林破坏性的采伐，健康持续地经营森林，按照经营单位的经营理念实现经营目标。提高作业设计质量，加强实施作业设计的管理、监督、检查是其保证。本章主要介绍了森林经营作业的相关内容，包括森林抚育、采伐及更新。

思考题

1. 森林抚育方式确定原则是什么？
2. 主要的抚育方式有哪些？
3. 什么是主伐和皆伐？它们之间有哪些区别？
4. 森林更新的方式有哪些？
5. 森林更新有哪些要求？

第 12 章

森林经营决策与优化

森林经营优化决策的研究主要是利用各种决策优化方法进行各种森林措施的优化安排，如造林、抚育间伐、收获调整等。森林经营优化决策是一项复杂的系统工程，难以通过人脑的简单思维来实现。因此，这项研究的开展也是伴随着计算机技术的发展而发展的。

1989 年采用线性规划方法开展了异龄林的收获调整和多目标决策研究，利用专家系统方法建立了造林辅助决策系统。1994 年采用动态规划方法，开展了落叶松人工林抚育间伐优化研究，解决了以往研究中优化间隔期需要人为控制的问题。同时，在森林收获调整中，利用线性规划建立了逐步约束模型，实现多方案的选优。1995 年，开展了杉木人工林计算机辅助经营研究，综合考虑不同立地指数、竞争、不同间伐时间、间伐强度及间伐次数对杉木生长的影响，对杉木人工林生长进行动态预测，并反馈在合理最优密度下的间伐时间和间伐强度，通过及时抚育间伐控制立木株数来保证林木始终处于最优生长空间；并对其进行经济效益分析，从而辅助指导杉木人工林的经营活动。2004 年，把林分空间结构引入林分择伐规划，以林分择伐后保持理想的空间结构作为总目标，包括混交、竞争和分布格局 3 个子目标，以林分结构多样性、生态系统进展演替和采伐量不超过生长量为主要约束条件，建立了林分择伐空间优化模型。2006 年，开展了森林经营决策模拟研究，应用 Weibull 分布、Monte Carlo 方法和随机分布方法对林分的直径结构进行模拟；利用数学分析和统计方法计算林分经营决策因子；根据林分经营决策因子的决策准则，建立森林经营决策模型，然后对其进行检验，由此构建了森林经营决策模拟系统(FMDSS)。2010 年，开展了基于景观规划和碳汇目标的森林多目标经营规划研究，以森林可持续经营的三个主要指标(木材产量、碳贮量和生物多样性)为目标，在景观层次上基于潜在天然植被，建立了森林景观多目标经营规划模型；在林分层次上，基于径阶生长模型，建立了林分经营(采伐)多目标规划模型，为森林多目标经营尤其是应对气候变化的森林经营提供决策工具和依据。

12.1　森林经营决策优化模型

所谓最优化就是在一定条件下，寻求使目标最大(小)的决策，一般解决优化问题的方法就是建立数学模型，求解最优的策略。优化模型通常采用数学规划模型，它可以分为连续优化模型和离散优化模型，在连续优化模型中，线性规划和目标规划在森林经营决策中最为常用。

12.1.1　线性规划模型

线性规划（Linear Programming，LP）是森林经营管理中最常用的优化算法（Buongiorno，2003）。线性规划的最终目的是尽最大可能合理分配资源。在线性规划中，规划问题可以被表示成为满足某些约束条件的最大化或最小化目标函数：

目标函数：

$$\max(\min)\ Z = \sum_{j=1}^{n} c_j x_j \tag{12-1}$$

约束条件可写为：

$$\begin{cases} \sum_{j=1}^{n} a_{ij} x_j \begin{pmatrix} \leqslant \\ = \\ \geqslant \end{pmatrix} b_j & (i = 1,\ 2,\ \cdots,\ m) \\ x_j \geqslant 0 & (j = 1,\ 2,\ 3,\ \cdots,\ n) \end{cases} \tag{12-2}$$

式中　Z——目标函数值；

x_j——决策变量，在森林经营规划中，x_j 可以作为面积或采取第 j 项措施的面积百分比；

c_j——价值系数，主要用于表示采取第 j 项措施后决策变量增加或减少的程度；

a_{ij}——约束方程的系数，它反映了采取经营措施 j 后，决策变量增加或减少的效果；

b_j——资源限定值，它可以确定决策变量应满足的最大要求，或森林经营人员的最大工作时间等。

满足约束条件的解 $x = (x_1,\ x_2,\ \cdots,\ x_n)$，称为线性规划问题的可行解，所有可行解构成的集合称为问题的可行域，记为 R。可行域中使目标函数达到最小值或最大值的可行解称为最优解。

线性规划模型的求解主要有图解法和单纯形法。图解法主要用于 3 个变量以下的线性规划问题的求解。3 个变量以上的线性规划问题就要用单纯形法的求解。随着计算机技术的发展，出现了很多求解线性规划的软件，如 LINDO 和 LINGO、GIPALS、GLPK、Matlab、Excel 等。

12.1.2　目标规划模型

目标规划是在线性规划的特例，最早由 Charnes et al.（1961）描述了其原理，而 Field et al.（1973）首次将其引入林业问题中。之后，众多学者将其应用森林规划研究中（Díaz-Balteiro，2003），并取得了很好的效果。Mendoza 对目标规划算法和在森林规划问题中的改进进行了详细综述（Mendoza，1987）。无论是公益林还是商品林，在森林经营过程中，都需要考虑其多个经营目标，如考虑生态效益最大，还要考虑经济效益最大，同时还要考虑社会效益最大等等，有些目标是一致的，如蓄积量大、生物量也大、碳储量也大，有些目标是相反的，如采伐面积越大、森林覆盖率就越小。因此，在林业生产经营活动中，经常需要对多个目标的方案、计划、项目等进行选择，只有对各种目标进行综合权衡后，才能做出合理的科学决策。多目标规划方法就是解决森林多目标经营的有效方法。目标规划有两种，一种是目的规划(goal programming)，另一种是多目标规划(multi-objective programming)。

12.1.2.1　目的规划模型的一般式

线性目标规划的基本形式可以用下面的公式表示(汪应洛，1998)。

目标函数为：

$$\min z = \sum_{l=1}^{l} P_l \sum_{k=1}^{k} (w_{lk} - d_k^- + w_{lk}^+ d_k^+) \tag{12-3}$$

$$\begin{cases} \sum_{j=1}^{n} c_{kj}x_j + d_k^+ - d_k^- = g_k & (k = 1, 2, \cdots, K) \\ \sum_{j=1}^{n} a_{ij}x_j \leqslant (=, \geqslant) b_i & (i = 1, 2, \cdots, m) \\ x_j \geqslant 0 & (j = 1, 2, \cdots, n) \\ d_k^+, d_k^- \geqslant 0 & (k = 1, 2, \cdots, K) \end{cases} \tag{12-4}$$

与线性规划模型相比，式中增加了 d^+、d^-、P_l、w_{lk}4 个变量，以及由 d^+、d^-表示的约束条件。d^+、d^-为正、负偏差变量，正偏差变量 d^+表示决策值超过目标值的部分，负偏差变量 d^-表示决策值未达到目标值的部分，决策值不可能既超过目标值同时又未达到目标值，因此恒有式(12-5)成立。

$$d^+ \times d^- = 0 \tag{12-5}$$

P_l 为优选因子，凡要求第一位达到的目标赋予优先因子 P_1，次位的目标赋予优先因子 P_2，并规定 $P_l \gg P_{l+1}$，其中(l=1，…L)。表示 P_l 比 P_{l+1}有更大的优先权。即首先保证 P_1 目标的实现，这时可不考虑次级目标，而 P_2 级目标是在实现 P_1 级目标的基础上考虑的，以此类推，若要区别具有相同优先因子的两个目标的差别，这时可分别赋予它们不同的权系数 w_j，这些都由决策者按具体情况而定。目标规划的目标函数(准则函数)是按各目标约束的正、负偏差变量和赋予相应的优先因子而构造的。当每一目标值确定后，决策者的要求是尽可能缩小偏离目标值，因此目标规划的目标函数只能是 $\min z = f(d^+, d^-)$。其基本形式有 3 种：

Ⅰ. 要求恰好达到目标值，即正、负偏差变量都要尽可能地小，这时

$$\min z = f(d^+, d^-) \tag{12-6}$$

Ⅱ. 要求不超过目标值，即允许达不到目标值，就是正偏差变量要尽可能地小，这时

$$\min z = f(d^+) \tag{12-7}$$

Ⅲ. 要求超过目标值，即超过量不限，但必须是负偏差变量要尽可能地小，这时

$$\min z = f(d^-) \tag{12-8}$$

对每一个具体目标规划问题，可根据决策者的要求和赋予各目标的优先因子来构造目标函数。

12.1.2.2　多目标规划模型

如果每个目标并没有给出期望达到的目标值，那么可以用多目标规划求解。直接

解决多目标问题较困难，于是想办法将多目标问题化为较容易求解的单目标问题。将多目标化为单目标后按照线性规划问题或者非线性规划问题求解。多目标规划问题就是寻找非劣解(或称为有效解)问题，如何寻找非劣解(或称为有效解)可以采用将多目标化为单目标处理求解。下面介绍多目标规划的几个关键问题。

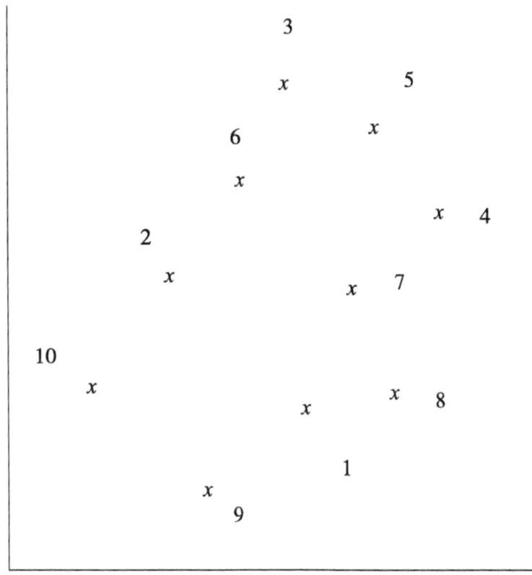

图 12-1 非劣解示意

(1)非劣解问题

在考虑单目标最优化问题时，只要比较任意两个解对应的目标函数值后就能确定谁优谁劣(目标值相等时除外)，在多目标情况下就不能作这样简单的比较来确定谁优谁劣了。例如，有两个目标都要求实现最大化，这样的决策问题，若能列出 10 个方案，各方案能实现的不同的目标值如图 12-1 所示。从图中可见，对于第 1 个目标来讲方案④优于②，而对于第 2 个目标则方案②优于①，因此无法确定谁优谁劣，但是它们都比方案⑤、⑨劣，方案⑤、⑨之间又无法相比。在图 12-1 中 10 个方案，除方案③、④、⑤以外，其他方案都比它们中的某一个劣，因而称②、⑥、⑦、⑧、⑨、⑩为劣解，而③、④、⑤之间又无法比较谁优谁劣，但又不存在一个比它们中任一个还好的方案，故称这 3 个方案为非劣解(或称为有效解)。由此可见在单目标最优化问题时，对最优和非劣可以不区分；但在多目标最优化问题时，这两个概念必须加以区别。

(2)多目标化单目标问题

要求若干目标同时都实现最优往往是很难的，经常是有所失才能有所得，那么问题的失得在何时最好，各种不同的思路可引出各种合理处理得失的方法，将多目标化为较容易求解的单目标或双目标问题。由于化法不一，就形成多种方法。

①化多为少法。化多为少法又包含主要目标法、线性加权和法、平方和加权法、理想点法、乘除法、功效系数法等。将多目标化为单目标后可以按照线性规划问题求解。

a. 主要目标法。解决主要问题，并适当兼顾其他要求。这类方法主要有优选法和数学规划法。

优选法在实际问题中通过分析讨论，抓住其中 1~2 个主要目标，让它们尽可能地好，而其他目标只需要满足一定要求即可，通过若干次试验以达到最佳。

数学规划法可以举例说明，假设有 m 个目标 $f_1(x)$，$f_2(x)$，…，$f_m(x)$ 要考察，其中方案变量 $x \in R$(约束集合)，若以某目标为主要目标，如 $f_1(x)$ 要求实现最优(最大或最小)，而对其他目标只需要满足一定要求即可，如 $f_i' \leqslant f_i(x) \leqslant f_i''(i=2, \cdots, m)$。其中当 $f_i'=-\infty$ 或 $f_i''=\infty$ 就变成单边限制，这样问题便可化成求下述非线性规划问题，即新的目标函数为 $\max(\min) f_i(x)$。原来的约束条件基础上增加 $f_i' \leqslant f_i(x) \leqslant f_i''(i=2, \cdots, m)$ 约束条件即可。

b. 线性加权和法。若有 m 个目标 $f_i(x)$，分别给以权系数 $\lambda_i(i=1, 2, \cdots, m)$，然后作新的目标函数(也称效用函数)。

$$U(x)=\sum_{i=1}^{m}\lambda_i f_i(X)^{\varphi} \tag{12-9}$$

该方法的难点是如何找到合理的权系数，使多个目标用同一尺度统一起来，同时所找到的最优解又是好的非劣解，在多目标最优化问题中不论用何方法，至少应找到一个非劣解(或近似非劣解)，其次，因非劣解可能有很多，如何从中挑出较好的解，这个解有时就要用到另一个目标。下面介绍几种选择特定权系数的方法。

α 法：先以两个目标为例，假设一个目标是要求采伐量 $f_1(x)$ 为最小，另一个目标是蓄积量 $f_2(x)$ 为最大它们都是线性函数，都以 m^3 为单位，R 也为线性约束，即

$$R=\{X \mid Ax\leqslant b\} \tag{12-10}$$

式中 X——决策变量；

A——技术系数矩阵；

b——资源约束列向量。

上述约束条件下，只考虑第 1 个目标优化时的最优解，将最优解带入目标 1 得到 f_1^{*0}，带入目标 2 得到 f_2^0；同样只考虑第 2 个目标优化时的最优解，将最优解带入目标 1 得到 f_1^0，带入目标 2 得到 f_2^{*0}。c 可为任意的常数($c\neq0$)。列方程组：

$$\begin{cases}-\alpha_1 f_1^{*0}+\alpha_2 f_2^0=c\\ -\alpha_1 f_1^0+\alpha_2 f_2^{*0}=c\\ \alpha_1+\alpha_2=1\end{cases} \tag{12-11}$$

解方程组得到 α_1、α_2。此时新的目标函数为：

$$\max U(x)=\alpha_2 f_2(x)-\alpha_1 f_1(x) \tag{12-12}$$

上述约束条件不变。此时两个目标就变成一个目标了，按照线性规划求解即可。同理如果决策问题是 m 个目标时，用同样方法得到 α_1，α_2，$\cdots$，α_m。

对于有 m 个目标 $f_1(x)$，$\cdots$，$f_m(x)$ 的情况，不妨设其中 $f_1(x)$，$\cdots$，$f_m(x)$ 要求最小化，而，$f_{k+1}(x)$，$\cdots$，$f_m(x)$ 最大化，这时可构成新目标函数。

$$\max_{x\in R}U(x)=\max_{x\in R}\left\{-\sum_{i=1}^{R}a_i f_i(x)+\sum_{i=k+1}^{m}a_i f_i(x)\right\} \tag{12-13}$$

λ 法：当 m 个目标都要求实现最大时，可用下述加权和效用函数，即

$$\max U(x)=\sum_{i=1}^{m}\lambda_i f_i(x) \tag{12-14}$$

其中 λ_i 取 $\lambda_i=1 / f_i^0$，则

$$f_i^0=\max_{x\in R}f_i(x) \tag{12-15}$$

目标函数量纲不一致时，需要对目标函数进行无量纲化处理。

c. 平方和加权法。设有 m 个目标规定值 f_1^*，$\cdots$，f_m^*，要求 m 个目标函数 $f_1(x)$，$\cdots$，$f_m(x)$ 分别与规定的目标值相差尽量小，若对其中不同值的要求相差程度不完全一样可用不同的权重表达，可用下述评价函数作为新的目标函数，约束条件保持不变。

$$\max U(x)=\sum_{i=1}^{m}\lambda_i[f_i^{(x)}-f_i^*] \tag{12-16}$$

要求其中 λ_i 可按照要求相差程度分别给出权重。

d. 理想点法。有 m 个目标 $f_1(x)$，…，$f_m(x)$，每个目标分别有其最优值。

$$f_i^0=\max_{x\in R}f_i(x)=f_i(x^i) \tag{12-17}$$

若所有 $x^i(i=1, 2, \cdots, m)$ 都相同，设为 x^0，则令 $x=x^0$ 时，对每个目标都能达到其各自的最优点，一般来说这一点是做不到的，因此对向量函数 $F(x)$ 来说：

$$F(x)=[f_1(x), \cdots, f_m(x)]^T \tag{12-18}$$

向量 $f^0=(f_1^0, \cdots, f_m^0)^T$ 只是一个理想点(即一般达不到它)。理想点法的核心是定义一定的模，在这个模意义下找一个点尽量接近理想点，即

$$\|F(x)-f^0\|\rightarrow\min\|F(x)-f^0\| \tag{12-19}$$

对于不同的模，可以找到不同意义下的最优点，这个模也可看作评价函数，一般定义模是：

$$\|F(x)-f^0\|-\left\{\sum_{i=1}^{m}[f_i^0-f_i(x)]^P\right\}^{\frac{1}{p}}=L_P(x) \tag{12-20}$$

p 一般取值在[1, ∞]，当取 $p=2$ 时，这时即为欧氏空间中向量 $F(x)$ 与向量 F 的距离要求模最小，也就是要找到一个解，它对应的目标值与理想点的目标值距离最近。理想点法求出的解一定是非劣解，自然它在目标值空间中就是有效点。

e. 乘除法。当在 m 个目标 $f_1(x)$，…，$f_m(x)$ 中，不妨设其中 k 个 $f_1(x)$，…，$f_k(x)$ 要求实现最小，其余 $f_{k+1}(x)$，…，$f_m(x)$ 要求实现最大，并假定 $f_{k+1}(x)$，…，$f_m(x)>0$

可用下述评价函数作为新的目标函数，约束条件保持不变。

$$\max U(x)=\frac{f_1(x)-f_2(x)\cdots f_k(x)}{f_{k+1}(x)\cdots f_m(x)} \tag{12-21}$$

f. 功效系数法——几何平均法。设在 m 个目标 $f_1(x)$，…，$f_m(x)$ 中，其中 k_1 个目标要求实现最大，k_2 个目标要求实现最小，k_3 个目标是过大不行，过小也不行，$k_1+k_2+k_3=m$。对于这些目标 $f_i(x)$ 分别给以一定的功效系数(即评分) d_i，d_i 是在[0, 1]之间的某一数，当目标最满意达到时取 $d_i=1$；当目标最满意没有达到时取 $d_i=0$，描述 d_i 与 $f_i(x)$ 的关系式称为功效函数，可表示为 $d_i=f_i[f_i(x)]$，对于不同类型目标应选用不同类型的功效函数。

a 型：当 f_i 越大，d_i 也越大；当 f_i 越小，d_i 也越小。

b 型：当 f_i 越小，d_i 也越大；当 f_i 越大，d_i 越小。

c 型：当 f_i 取适当值时，d_i 最大；而 f_i 取偏值(即过大或过小)时，d_i 最小。

具体功效函数构造法可以很多，有直线法(图 12-2)、折线法(图 12-3)、指数法(图 12-4)。

有了功效函数后，对每个目标都有相应的功效函数，目标值可转换为功效系数，这样每确定一方案 x 后，就有 m 个目标函数值 $f_1(x)$，…，$f_m(x)$；然后用其对应的功效函数转换为相应的功效系数 d_1，…，d_m 并可用它们的几何平均值

$$D=\sqrt[m]{d_1d_2\cdots d_m} \tag{12-22}$$

为评价函数，显然 D 越大越好，$D=1$ 是最满意的，$D=0$ 是最差的，该评价函数有一个好处，一个方案中只要有一个目标值太差，如 $d_i=0$，就会使 $D=0$，这个方案不会被考虑。

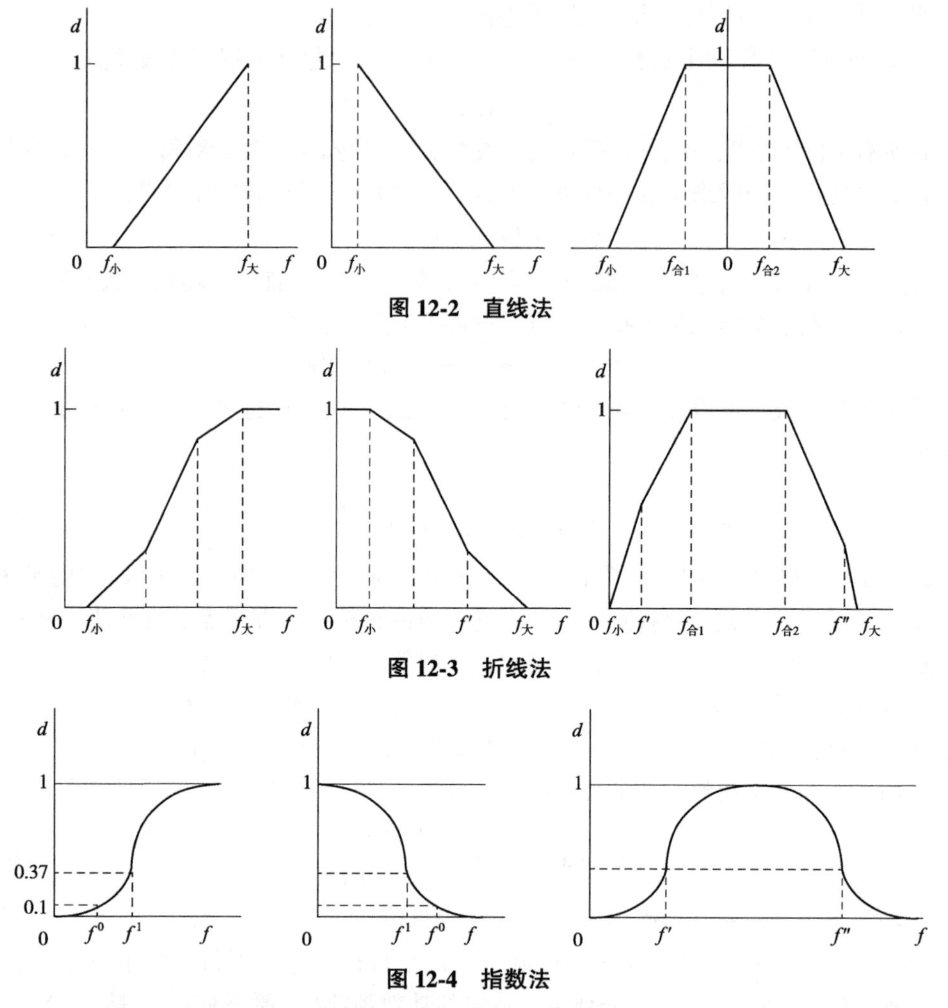

图 12-2　直线法

图 12-3　折线法

图 12-4　指数法

②分层序列法。分层序列法就是把目标按其重要性给出一个序列，分为最重要目标，次要目标等，假设给出的重要性序列为 $f_1(x)$，$f_2(x)$，…，$f_m(x)$，那么依次逐个最优化。

首先对第 1 个目标求最优，并找出所有最优解的集合记为 R_0，然后在 R_0 内求第 2 个目标的最优解，记这时的最优解集合为 R_1，如此等等，一直到求出第 m 个目标的最优解 x^0，其模型如下：

$$
\begin{aligned}
f_1(x^0) &= \max_{x \in R_0 \subset R} f_1(x) \\
f_2(x^0) &= \max_{x \in R_1 \subset R_0} f_2(x) \\
&\vdots \\
f_m(x^0) &= \max_{x \in R_{m-1} \subset R_{m-2}} f_m(x)
\end{aligned}
\tag{12-23}
$$

该方法有解的前提是 R_0，R_1，…，R_{m-2} 都不能只有一个元素，否则就很难进行下去。

当 R 是紧致集，函数 $f_1(x)$，…，$f_m(x)$ 都是上半连续，则按下式定义的集求解。

$$
R_{k-1}^{*} = \{x \mid f_k(x) = \sup_{u \in R_{k-2}^{*}} f_k(u)；\ x \in R_{k-2}^{*}\} \tag{12-24}
$$

$k=1, 2, \cdots m$，其中 $R_{k-1}^{*}=R$ 都非空，特别 R_{m-1}^{*} 是非空，故有最优解，而且是共同的最优解。

③直接求非劣解。上述种种方法的基本点是将多目标最优化问题转换为一个或一系列单目标最优化问题，把对后者求得的解作为多目标问题的解，这种解往往是非劣解，对经转换后的问题所求出的最优解往往只是原问题的一个(或部分)非劣解，至于其他非劣解的情况却不得而知。于是出现第三类直接求所有非劣解的方法，当这些非劣解都找到后，就可供决策者做最后的选择，选出的好解就称为选好解。非劣解求法很多，如线性加权和法、改变权系数的方法。

在化多为少法中已提到了线性加权和的方法，但那里是按一定想法如 α 法、β 法等确定权系数，然后组成线性加权和的函数，并从中求出最优解。可以证明当对目标函数做一定假设，例如，目标函数都是严格凹函数，则用线性加权和法求得的最优解是多目标最优化问题的一个非劣解。若再假设约束集合 R 为凸集，只要不断改变权系数 $\lambda_i(\lambda_i \geqslant 0)$，对其相应的加权和目标函数。

$$U_{(x)} = \sum_{i=1}^{m} \lambda_i f_i(x) \tag{12-25}$$

$$V\text{-}\max_{x \in R} f(x) \tag{12-26}$$

求出的最优解可以解决所有多目标问题的非劣解集，但这方法只是从原则上(而且要有一定假设)可以求出所有非劣解，而在实际处理上却有一定困难。如何依次变动权系数，而使其得出最优解，正好得到所有非劣解，下面举例说明。

④多目标线性规划的解法。当所有目标函数是线性函数，约束条件也都是线性时，可有些特殊的解法，以下介绍两种方法。

a. 逐步法。逐步法是一种迭代法。在求解过程中，每进行一步，分析者把计算结果告诉决策者，决策者对计算结果做出评价。若认为已满意了，则迭代停止；否则分析者再根据决策者的意见进行修改和再计算，如此直到求得决策者认为满意的解为止，故称此法为逐步进行法。

设 k 个目标的线性规划问题。

$$V\text{-}\max_{x \in R} c_x \tag{12-27}$$

式中　$R=\{x \mid A_x \leqslant b,\ x \geqslant 0\}$；

A——$m \times n$ 矩阵；

c——$k \times n$ 矩阵。

c 也可表示为：

$$c=\begin{pmatrix} c^1 \\ \vdots \\ c^k \end{pmatrix}=\begin{pmatrix} c_1^1, & c_2^1 \cdots c_n^1 \\ \vdots & \vdots \quad \vdots \\ c_1^k, & c_2^k \cdots c_n^k \end{pmatrix} \tag{12-28}$$

求解的计算步骤为：

第 1 步：分别求 k 个单目标线性规划问题的解。

$$\max_{x \in R} c^j x \quad (j=1, 2, \cdots, k) \tag{12-29}$$

得到最优解 $x^{(j)}$，$j=1, 2, \cdots, k$，及相应的 $c^j x^{(j)}$。显然

$$c^j x^{(j)} \max_{x \in R} c^j x \tag{12-30}$$

并作表 $Z=(z_i^j)$，其中 $z_i^j=c^jx^{(j)}$，

$$z_i^j=\max_{z\in R}c^jx=c^jx^j=m_i \tag{12-31}$$

第 2 步：求权系数。

表 12-1 求权系数表

	z_1	z_2	z_i	z_k
x^1	z_1^1	z_2^1	$\cdots z_i^1\cdots$	z_k^1
⋮	⋮	⋮	⋮	⋮
x^i	z_1^i	z_2^i	$\cdots z_i^i\cdots$	z_k^i
⋮	⋮	⋮	⋮	⋮
x^k	z_1^k	z_2^k	$\cdots z_i^k\cdots$	z_k^k
m_i	z_1^1	z_2^2	z_i^i	z_k^k

从表 12-1 中得到：

$$M_j \text{ 及 } m_j=\min_{1\leqslant i\leqslant k}z_i^j \quad (j=1,\ 2,\ \cdots,\ k) \tag{12-32}$$

为了找出目标值的相对偏差以及消除不同目标值的量纲不同的问题，进行如下处理。

当 $M_j>0$ 时：

$$\alpha_i=\frac{M_j-m_j}{M_j}\times\frac{1}{\sqrt{\sum_{i=1}^{n}(c_i^j)^2}} \tag{12-33}$$

当 $M_j<0$ 时：

$$\alpha_j=\frac{m_j-M_j}{M_j}\times\frac{1}{\sqrt{\sum_{i=1}^{n}(c_i^j)^2}} \tag{12-34}$$

经归一化后，得权系数：

$$\pi_j=\frac{\alpha_i}{\sum_{i=1}^{k}\alpha_i},\ 0\leqslant\pi_j\leqslant 1,\ \sum\pi_j=1 \quad (j=1,\ 2,\ \cdots,\ k) \tag{12-35}$$

第 3 步：构造以下线性规划问题，并求解式(12-36)。

$$LP(1)\begin{cases}\min_\lambda \\ \lambda\geqslant(M_i-c^ix)\pi_i \quad (i=1,\ 2,\ \cdots,\ k) \\ x\in R;\ \lambda\geqslant 0\end{cases} \tag{12-36}$$

假定求得的解为 $x^{-(1)}$，相应的 k 个目标值为 $c^1x^{-(1)}$，$c^2x^{-(1)}$，…，$c^kx^{-(1)}$若 $x^{-(1)}$为决策者的理想解，其相应的 k 个目标值为 $c^1x^{-(1)}$，$c^2x^{-(1)}$，…，$c^kx^{-(1)}$。这时决策者将 $x^{-(1)}$的目标值进行比较后，认为满意了就可以停止计算。若认为相差太远，则考虑适当修正。如考虑对 j 个目标宽容一下，即让点步，减少或增加一个 Δc^j，并将约束集 R 改为式(12-37)。

$$R^L: \begin{cases} c^j x \geqslant c^j x^{-(1)} - \Delta c^j \\ c^j \geqslant c^j x^{-(1)} \qquad\qquad (i \neq j) \\ x \in R \end{cases} \tag{12-37}$$

并令 j 个目标的权系数 $\Pi_j=0$，这表示降低这个目标的要求。再求解以下线性规划问题。

$$LP(2): \begin{cases} \min_\lambda \\ \lambda \geqslant (M_i - c^i x)\pi_i \quad (i=1,\ 2,\ \cdots,\ k;\ i \neq j) \\ x \in R^1;\ \lambda \geqslant 0 \end{cases} \tag{12-38}$$

若求得的解为 $x^{-(2)}$，再与决策者对话，如此重复，直到决策者满意为止。

b. 妥协约束法。设有两个目标的情况，即 $k=2$。

$$V\text{-}\max_{x \in R} c_x \tag{12-39}$$

式中　$R=\{x \mid A_x \leqslant b,\ x \geqslant 0\}$；

A——$m \times n$ 行矩阵；

$x \in E^n$。

$$b \in E^m,\ c=\begin{pmatrix} c^1 \\ c^2 \end{pmatrix}=\begin{pmatrix} c_1^1 \cdots c_n^1 \\ c_1^2 \cdots c_n^2 \end{pmatrix} \tag{12-40}$$

妥协约束法的中心是引进一个新的超目标函数 $z=\omega_1 c^1 x+\omega_2 c^2 x$。$\omega_1$、$\omega_2$ 为权系数，$\omega_1+\omega_2=1$，$\omega_i \geqslant 0$，$i=1$，2；此外构造一个妥协约束：

$$R: \omega_1[c^1 x - z_1^1] - \omega_2[c^2 x - z_2^2]=0,\ x \in R \tag{12-41}$$

式中　z_1^1、z_2^2——(当 $x \in R$)$c^1 x$、$c^2 x$ 的最大值。

求解的具体步骤为：

第 1 步：解线性规划问题。

$$\max_{x \in R} c^1 x \tag{12-42}$$

得到最优解 $x^{(1)}$ 及相应的目标函数值 z_1^1。

第 2 步：解线性规划问题。

$$\max_{x \in R} c^2 x \tag{12-43}$$

在具体求解时可以先用 $x^{(1)}$ 试一试，判断是否为式(12-43)的最优解。若是，则这问题已找到完全最优解，停止求解；若不是，则求 $x^{(2)}$ 对及相应的 z_2^2。

第 3 步：解下面 3 个线性规划问题之一。

$$\max_{x \in R^1} z,\ \max_{x \in R^1} c^1 x,\ \max_{x \in R^1} c^2 x \tag{12-44}$$

得到的解为妥协解。

12.1.3　动态规划模型

动态规划是运筹学的一个分支，它是解决多阶段决策过程最优化的一种数学方法。1951 年美国数学家贝尔曼等，根据一类多阶段决策问题的特点，把多阶段决策问题变换为一系列互相联系的单阶段问题。然后逐个加以解决。与此同时，他提出了解决这里问题的“最优性原理”，研究了许多实际问题，从而创建了解决问题的一种新方法——动态规划。

动态规划在工农业生产、工程技术，经济及军事部门中引起了广泛的关注，许多问题利用动态规划处理取得了良好的效果。动态规划技术应用于林业始于1958年，日本学者 Arimizn 首先将它用来研究商品材林分的间伐问题，目的在于取得最大的收获量(王承义等，1996)。由于动态规划法应用起来相对来说较为灵活和方便，因此动态规划在林业上的应用范围不断地扩展。20世纪末期，我国诸多学者开展了这一领域的研究工作，取得了许多研究成果。如兴安落叶松人工林最优密度探讨(张其保等，1993)；用动态规划方法探讨油松人工林最适密度(张运锋，1986)；应用动态规划确定兴安落叶松幼中龄林合理密度(摆万奇，1991)。

最短路线问题通常用来介绍动态规划的基本思想，它是一个比较直观、全面的例子。通过下面这个例子来介绍一下动态规划的基本概念。实际上，我们也可以把最短路问题看成是森林经营规划的不同规划阶段，不同阶段之间的连线可看成是不同经营策略或经营方法所带来的效益或者林木蓄积量的增长量等。

【例 12-1】如图12-5所示，求从 A 到 G 的最短路径。

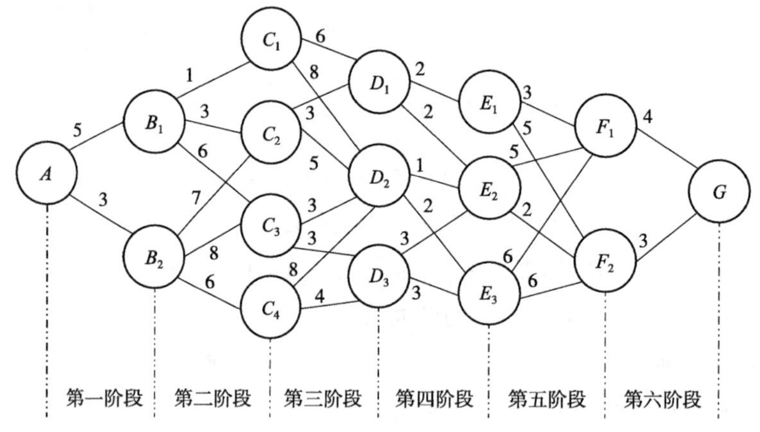

图 12-5　6阶段线路网络

(1)阶段

把所给问题的过程，恰当地分为若干个相互联系的阶段，描述阶段的变量称为阶段变量，常用 k 表示。阶段可以通过时间、空间或自然特征等因素来划分，关键是可以把问题转化为多阶段独立的决策过程。本例可划分为6个阶段来求解，k=1、2、3、4、5、6。

(2)状态

状态是每个阶段开始或结束所处的自然状况或客观条件，在 k 阶段的开始称为 k 阶段的初始状态，在 k 阶段的结束称为终止状态。一个阶段的终止状态也是下一个阶段的初始状态，通常一个阶段有若干个状态。状态常用 S_k 表示。通常一个阶段有若干个状态，在本例中，第1个阶段有一个初始状态是 A，和2个终止$\{B_1、B_2\}$，第2个阶段有2个初始状态$\{B_1、B_2\}$和4个终止状态$\{C_1、C_2、C_3、C_4\}$，可到达状态的点集合又称为可达状态集合。

这里的状态如果在某个阶段给定以后则在这个阶段以后的过程的发展不受这个阶段的以前各阶段的影响。也就是说过程的过去历史只能通过当前的状态去影响它未来的发展，当前的状态是以往历史的一个总结。这个性质称为无后效性。

(3) 决策

决策表示当过程处于某一阶段的某个状态时，可以做出不同的决定或选择，从而确定下一阶段的初始状态，这种决定称为决策。常用 $u_k(s_k)$。在现实工作中决策变量的取值往往限制在某一范围以内，这个范围称为允许决策集合。常用 $D_k(s_k)$ 表示。显然有 $u_k(s_k)\in D_k(s_k)$。本例第 1 个阶段决策变量有可以取到 B_1 距离 5，也可以取到 B_2 的距离 3。

(4) 策略

策略是一个按顺序排列的决策组成的集合。由第 k 阶段开始到终止状态为止的过程，称为问题的后部子过程。由每段的决策按顺序排列组成的决策函数序列称为子策略，记为 $p_{k,n}(s_k)=\{u_k,\ u_{k+1},\ u_{k+2},\ \cdots u_n\}$，当 $k=1$ 时这个策略称为全过程的一个策略，记为 $p_{1,n}(s_1)$。在所有的策略中获得最优效果的称为最优策略。

状态转移方程状态转移方程是确定过程由一个状态到另一个状态的演变过程，若给定第 k 阶段状态变量 s_k 的值，如果该段的决策变量 u_k 一经确定，第 $k+1$ 阶段的状态变量 s_{k+1} 的值也就完全确定。即 s_{k+1} 的值随 s_k 和 u_k 的值变化而变化，这种确定的对应关系记为 $s_{k+1}=T(s_k,\ u_k)$。这种变化关系就称为状态转移方程。本例如果从 A 点出发可以选择 3km 的路程。

指标函数和最优函数是用来衡量所实现过程优劣的一种数量指标，它是定义在全过程和所有后部子过程上确定的数量函数，常用 $V_{k,n}$ 表示，对于要构成动态规划模型的指标函数，应该具有可分离性，并满足递推关系，即

$$V_{k,n}(s_k,\ u_k,\ \cdots,\ s_{n+1})=\varphi[s_{k+1},\ V_{k+1,n}(s_{k+1},\ u_{k+1},\ \cdots,\ s_{n+1})] \tag{12-45}$$

但在现实的生活中最常见的指标函数的形式有以下两种：

①过程和它的任一子过程的指标是它所包含的各阶段的指标的和，即

$$V_{k,\ n}(s_k,\ u_k,\ \cdots\cdots,\ s_{n+1})=\sum_{j=k}^{n} v_j(s_j,\ u_j) \tag{12-46}$$

式中　$v_j(s_j,\ u_j)$——第 j 阶段的阶段指标。

②过程和它的任一子过程的指标是它所包含的各阶段的指标的乘积，即

$$V_{k,\ n}(s_k,\ u_k,\ \cdots,\ s_{n+1})=\prod_{j=k}^{n} v_j(s_j,\ u_j) \tag{12-47}$$

指标函数的最优值，称为最优值函数，记为 $f_k(s_k)$。它表示从第 k 阶段开始到第 n 阶段终止的过程，采取最优策略所得到的指标函数值。即

$$f_k(s_k)=\max(\min)V_{k,n}(s_k,\ u_k,\ \cdots,\ s_{n+1}) \tag{12-48}$$

在不同的题中指标函数的含义是不同的，它可能表示距离、利润、林木蓄积量等。

12.2 案例分析

12.2.1 人工林收获调整优化

本节主要以白灵海(2009)在中国林业科学研究院热带林业实验中心，利用线性规划模型对所辖大青山林区马尾松人工林进行收获调整应用。

(1)资料来源

根据热带林业实验中心 2004 年二类资源调查的数据资料，对所辖大青山马尾松人工林的资源状况进行统计，共有马尾松人工林面积 7425.6 hm^2，现有蓄积量881 566.2 m^3(表 12-2)。

表 12-2　马尾松人工林木材资源统计

指标	幼龄林	中龄林	近熟林	成熟林	过熟林
龄级	Ⅰ~Ⅱ	Ⅲ~Ⅳ	Ⅴ	Ⅵ~Ⅶ	Ⅷ
林龄(年)	≤10	11~20	21~25	26~35	≥36
面积(hm^2)	2078.8	2058.7	1002.1	2283.8	2.2
蓄积量(m^3/hm^2)	43.8	111.9	148.5	179.9	217.7

(2)材料分析方法

按照南云次秀郎提出的森林经理学理论(南云秀次郎，1981)，根据现存林区内各龄级的面积与蓄积量分布，利用线性规划的原理，可以在指定的分期内(一个分期为一个龄级)，将各龄级的面积分布调整到指定的龄级分布状态，并在指定的分期内使木材的总收获量最大。将各种收获模式转化为线性规划后，均可用单纯形法求出最优解。

(3)收获调整后目标面积分布模式的构建

根据热林中心林区马尾松人工林资源状况与木材生产状况，调整现存马尾松人工林的采伐面积，使马尾松龄组的面积分布状况达到法正林的理想状态，并且使调整期内木材总产量最高。根据马尾松生长状况，该中心林区马尾松主伐年龄定为 31 年，5 年为一个龄级，收获调整后不保留过熟林。目标龄组面积分布模式见表 12-3。

表 12-3　马尾松人工林收获调整后目标面积分布

指标	幼龄林	中龄林	近熟林	成熟林	过熟林
龄级	Ⅰ~Ⅱ	Ⅲ~Ⅳ	Ⅴ	Ⅵ~Ⅶ	Ⅷ
林龄(年)	≤10	11~20	21~25	26~35	≥36
面积(hm^2)	2475.2	1237.6	1237.6	2475.2	0

(4)收获调整图式的构建方法

要求在采伐调整过程中，下述条件成立：①采伐在指定的龄级[i_1+1，i_2-1]进行，其中 i_1+1 是采伐的初始龄级的上界，i_2 是全采伐龄级的下界，i_1 是不采伐龄级的上界；②调整期设为 n 个龄级，在调整期内采伐更新率为 100%，并且各龄级保留的林分在每个分期内均增长一个龄级；③采伐方式为皆伐，其各龄级单位面积收获量为现存林分每公顷蓄积量。

根据以上条件，对本次材料处理要求如下：①幼龄林与中龄林组不采伐；②过熟林须在 1 个分期内采完；③设调整分期为 4 个分期(4 个龄级)。

根据收获调整参数原龄组数、目标龄组数、调整分期数及采伐龄级要求，构建如下收获图式(表 12-4)。表中 $x_1 \sim x_{12}$ 为各调整分期在各龄组中的采伐面积。

表 12-4　马尾松人工林收获调整后目标面积分布

龄级	调整分期			
	1	2	3	4
幼龄林	0	0	0	0
中龄林	0	0	0	0
近熟林	$x1$	$x4$	$x7$	$x10$
成熟林	$x2$	$x5$	$x8$	$x11$
过熟林	$x3$	$x6$	$x9$	$x12$

(5)线性规划模型的构建

将上述问题归结为以下线性模型(唐守正，1986)。

①约束条件：

$$x_3 = 2.2$$

$$x_2 + x_6 = 2283.8$$

$$x_1 + x_5 + x_9 = 1002.1$$

$$x_4 + x_8 + x_{12} = 2058.7$$

$$x_7 + x_{11} = 2078.8$$

$$x_i \geqslant 0 \quad (i = 1, 2, \cdots, 12)$$

②目标函数：

$$Z = 148.5x_1 + 179.9x_2 + 217.7x_3 + 148.5x_4 + 179.9x_5 + 217.7x_6 + 148.5x_7 + 179.9x_8 + 217.7x_9 + 148.5x_{10} + 179.9x_{11} + 217.7x_{12}$$

(6)单纯形法求解

将上述线性模型标准化后求解(唐守正，1989)，结果如下：

目标函数值：

$$Z = 1\ 379\ 007.53$$

最优可行解：

$$x_1 = 1002.1,\ x_2 = 2283.8,\ x_3 = 2.2,\ x_4 = 1237.6,\ x_5 = 0,\ x_6 = 0,$$

$$x_7 = 1237.6,\ x_8 = 0,\ x_9 = 0,\ x_{10} = 812.9,\ x_{11} = 841.2,\ x_{12} = 821.1$$

从最优可行解可知，该中心马尾松人工林在 20 年的收获调整后，在保持现有马尾松人工林面积不变的情况下，可采伐木材蓄积量 1 379 007.53 m^3。

(7)讨论

通过线性规划理论，可以使经营单位在一定的林地面积与蓄积量下，根据木材限额采伐的原则进行科学合理的森林收获调整。中国林业科学研究院热带林业实验中心林区马尾松人工林经 20 年的收获调整后，在保持现有马尾松人工林面积不变的情况下，可采伐木材蓄积量 1 379 007.53 m^3。调整后的龄级(组)面积的目标状态，可以是法正的理想状态，也可以根据市场与用途的不同，使理想的龄级目标有所不同，达到经济与生态效益的统一，从而实现森林资源的可持续利用。

12.2.2　多功能森林经营目标规划

某林场经营一块森林，面积不足 7×10^4 hm^2，一部分区划为公益林，另一部分区划为商品林。无论是公益林还是商品林，区划面积都不超过 5×10^4 hm²，在森林经营过程中，需要考虑其两个经营目标，既要考虑生态效益最大，还要考虑经济效益最大，假定公益林每万公顷生态效益为 3 亿元、经济效益为 1 亿元，商品林每万公顷生态效益为 1 亿元、经济效益为 2 亿元，如何科学合理区划公益林和商品林使得该林场可以获得生态效益和经济效益双赢之目的？

为求解上诉问题首先设区划公益林面积为 $x_1\times10^4$ hm²、商品林面积为 $x_2\times10^4$ hm²。其次列出约束条件：

$$x_1+x_2\leqslant 7$$
$$x_1\leqslant 5$$
$$x_2\leqslant 5$$
$$x_1,\ x_2\geqslant 0$$

最后列出目标函数：

$$\max Z_1=3x_1+x_2$$
$$\max Z_2=x_1+2x_2$$

下面介绍利用妥协约束法求解该多目标规划问题。

(1) 求解线性规划问题

$$\max Z_1=3x_1+x_2$$
$$x_1+x_2\leqslant 7$$
$$x_1\leqslant 5$$
$$x_2\leqslant 5$$
$$x_1,\ x_2\geqslant 0$$

得到最优解 $x(1)=(5,\ 2)$ 及相应的目标函数值 $Z_1=17$。

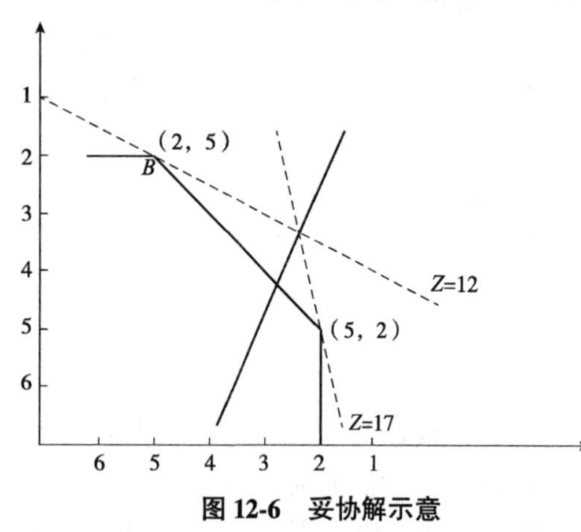

图 12-6　妥协解示意

(2) 求解线性规划问题

$$\max Z_2=x_1+2x_2$$
$$x_1+x_2\leqslant 7$$
$$x_1\leqslant 5$$
$$x_2\leqslant 5$$
$$x_1,\ x_2\geqslant 0$$

得到最优解 $x(2)=(2,\ 5)$ 及相应的目标函数值 $Z_2=12$。

得到最优解 $x(1)=(5,\ 2)$，$Z_1=17$，$x(2)=(2,\ 5)$，$Z_2=12$，如图 12-6 所示。

(3) 解下面 3 个线性规划问题之一

若取 $\omega_1=\omega_2=0.5$，则有超目标函数：

$$Z=0.5(3x_1+x_2)+0.5(x_1+2x_2)=2x_1+1.5x_2$$

妥协约束 R^1：

$$0.5(3x_1+x_2-17)+0.5(x_1+2x_2-12)=0$$

即

$$x_1+0.5x_2=2.5$$

$x \in R$，因此最终的约束条件为：

$$x_1+x_2 \leqslant 7$$
$$x_1 \leqslant 5$$
$$x_2 \leqslant 5$$
$$x_1-0.5x_2=2.5$$
$$x_1,\ x_2 \geqslant 0$$

最终目标函数为：

$$\max Z_1=3x_1+x_2$$
$$\max Z_2=x_1+2x_2$$
$$\max Z=2x_1+1.5x_2$$

于是可以求得妥协解 $\bar{x}=(4,\ 3)$，即科学合理区划公益林为 4×10^4 hm^2，商品林为 3×10^4 hm^2，使得该林场可以获得生态效益 15 亿元和经济效益 9 亿元的双赢目的。ω_1、ω_2 的取值可由决策者决定，这时可有不同的解，得到的解均为妥协解。

12.2.3　林分最优密度的优化决策

本节主要以王承义等(1996)为确定长白落叶松人工林最优密度为例，讲解动态规划算法在林业生产中的应用。

(1)资料来源

试验点选在黑龙江桦南县孟家岗林场、海林横道河子林场以及林口等地，试验点属长白山北部森林立地亚区，本亚区土壤有典型暗棕壤、草甸暗棕壤等。本亚区气候温和湿润，降水量 500～800 mm，年平均温度 2～3℃，≥10℃的积温平均 2400～2800℃，生长期平均为 140 d，普遍有季节性冻层。共调查、收集临时标准地 300 块，固定标准地 31 块，解析木 400 株。标准地面积 0.06～0.1 hm^2，分布在不同年龄、立地和密度的林分中，郁闭度在 0.6 以上，调查林分测树因子，并进行土壤剖面调查和记载。

(2)动态规划建模

在林分生长与培育中进行多次间伐最终主伐的这一过程，可视为一个多阶段决策过程。在保证满足木材总收入最高这一目标的前提下，求解间伐各阶段的采伐和保留的木材数量。称每次间伐数量为决策变量，保留(或初始)数量为状态变量，用动态规划求解所得各阶段决策变量为最优间伐量，所得状态变量即为最优密度，本文选定胸高断面积为密度指标。

据张其保等(1993)的推导，上述问题的数学模型如下：

目标函数：

$$\max \sum_{n-1}^{N} R_n \tag{12-49}$$

状态转移方程：

$$R_n=B_{n-1}-Y_n+G_n \tag{12-50}$$

逆推方程：

$$N-(n-1)(B_n-1)=\max[Y_n(B_n-1,\ Y_n)+(N-nB_n)] \tag{12-51}$$

式中　$0 \leqslant Y_n \leqslant B_{n-1}$，$n=1, 2, 3, \cdots$；

N——状态变量；

B_n——阶段期末单位面积的林分断面积，为状态变量；

Y_n——第 n 段期初采伐的林分断面积，为决策变量；

G_n——第 n 阶段断面积净生长量；

R_n——第 n 阶段期初的收益，以材积表示，其大小取决于 Y_n；

$N-(n-1)(B_n-1)$——用后向法求解到第 n 阶段期初，采取最优决策时 $N-(n-1)$ 个阶段的累积收益。

根据递推方程，通过后向递推法对上述动态规划求解，可得第 n 阶段最优密度 K_n 如下式：

$$K_n = \left(\frac{H_n - H_{n-1} + b_1 \times A^{b_2} \times H_n}{b_5 b_3 \times A^{b_4} \times S^{b_5} \times H_n} \right)^{\frac{1}{b_6 - 1}} \tag{12-52}$$

式中　H_{n-1}，H_n——前后两个阶段的林分平均高；

b_i——参数，$i=1, \cdots, 6$；

A——林分年龄；

S——地位指数。

第 n 阶段最优间伐量：

$$Y_n = B_{n-1} - K_n \tag{12-53}$$

对 n 阶段断面积生长量，按 Rose(1980、1981)的方法采用了修正理查德函数：

$$G_n = a(B_{n-1} - Y_n) - b\,(B_{n-1} - Y_n)^m \tag{12-54}$$

式中　a、b、m——参数。

引入林分年龄 A 与地位指数 S 对参数 a、b 以下式回归修匀：

$$a = b_1 \times A^{b_2}$$

$$b = b_3 \times A^{b_4} \times S^{b_5}$$

以上两式代入式(12-54)，m 改作 b_6 即为下式：

$$G_n = b_1 A^{b_2} (B_{n-1} - Y_n) - b_3 A^{b_4} \times S^{b_5} (B_{n-1} - Y_n)^{b_6} \tag{12-55}$$

式中　参数 $b_1 \sim b_6$ 与式(12-52)相应参数等值。

由式(12-52)可知，当参数 b_i 确定后，最优密度取决于林分年龄、树高和立地质量。

(3)长白落叶松最优密度求解

为了确定式(12-55)中参数 $b_1 \sim b_6$ 等数值，同时为了探讨不同间隔期的间伐结果，分别按 2 年、5 年及不等距间隔。并以相对误差 0.01，采用牛顿法拟合式(12-55)。

按两年间隔进行拟合，共 60 组数据，经计算机运算，结果如下：

$b_1 = 38$　　$b_2 = -1.140\,398$　　$b_3 = 47.182\,81$

$b_4 = -1.270\,884$　　$b_5 = -0.229\,368\,8$　　$b_6 = 1.245\,95$

V 方差 = 0.422 973　　剩余方差 = 0.111 253 2　　相关比 = 0.858 262 7

按 5 年间隔进行拟合，共 24 组数据，经计算机运算，结果如下：

$b_1 = 38$　　$b_2 = 1.123\,452$　　$b_3 = 52.216\,81$

$b_4=-1.428543$　　$b_5=-0.4343347$　　$b_6=1.547134$

V方差=2.451 71　　剩余方差=0.323 889 1　　相关比 R=0.931 607 5

按 2 年、3 年、4 年、5 年不等间隔进行拟合共 32 组数据，经计算，其相关比 R=0.484 639 1，由于相关比偏低，决定舍去这一组数据不予讨论。

在参数 $b_1 \sim b_6$已知的情况下，按两种间隔分别代入式(12-52)，求得各阶段最优密度 K_n(以公顷断面积形式表示)，由生长过程表已知各阶段期初的平均直径，可导出各阶段最优密度 K_n(以公顷株数形式表示)，结果见表 12-5。

表 12-5　最优密度表

林分年龄	地位指数							
	SI=15.76		SI=14.21		SI=13.34		SI=12.17	
	最优断面积	最优株数	最优断面积	最优株数	最优断面积	最优株数	最优断面积	最优株数
10	10.25	3905	9.3	4047	8.78	4148	8.05	4284
12	11.25	2629	10.22	2749	9.64	2816	8.85	2930
14	12.13	1972	11.03	2063	10.37	2116	9.52	2206
16	12.88	1561	11.69	1639	11.03	1688	10.15	1763
18	13.57	1288	12.32	1354	11.61	1395	10.66	1460
20	14.14	1089	12.83	1148	12.11	1185	11.10	1238
22	14.67	943	13.32	994	12.55	1025	11.54	1076
24	15.17	830	13.75	874	13.00	906	11.90	946
26	15.58	738	14.15	780	13.33	805	12.25	845
28	15.97	663	14.55	703	13.69	726	12.55	761
30	16.41	605	14.85	637	13.99	659	12.89	694
32	16.64	549	15.14	583	14.29	603	13.1	633
34	17.03	509	15.48	539	14.59	557	13.4	585
36	17.38	472	15.72	497	14.85	517	13.62	542
38	17.64	440	16.07	466	15.12	482	13.89	506
40	17.9	411	16.28	436	15.36	451	14.09	473
10	10.33	3938	9.52	4141	9.05	4278	8.41	4480
15	13.02	1813	11.99	1927	11.41	2000	10.61	2115
20	15.02	1158	13.83	1237	13.16	1289	12.23	1365
25	16.59	842	15.29	903	14.53	941	13.51	999
30	17.86	659	16.44	705	15.65	737	14.54	783
35	18.93	539	17.44	579	16.58	603	15.43	642
40	19.89	457	18.31	490	17.41	511	16.2	544

上面的试验按动态规划要求，将生长过程划为 2 年、5 年间隔期，并以林分 10 年为间伐开始期，这只是计算方法上的需要，具体应用时应灵活安排，但每次间伐必须保证将密度调整到最优状态。

在最优断面积已知的情况下，以期初的平均胸径换算出最优株数。由于期初的平均胸径未考虑间伐的影响，一般来说，间伐可促进胸径的生长，因此最优株数可能产生一定误差，密度指标的控制最好采用胸高断面积。

由状态转移方程的性质决定了本文无法给出一个通用的最优密度表，因各立地条件下各林分的初始条件不同，生长量方程就不同。同时，间伐间隔期和要求也不同，因此，欲对一现实林分确定其最优密度，必须由不同年龄间隔的数据拟合生长量方程开始，再以不同的参数分别计算预测。但针对不同的要求，也可建立模式林分。

12.2.4　林分择伐空间结构优化决策

本节主要以曹小玉等(2017)为确定于湖南省平江县福寿国有林场杉木生态公益林最优择伐木个数为例，讲解目标规划模型在林分择伐空间结构优化中的应用。

12.2.4.1　研究区的概况

福寿林场位于于湖南平江南部的福寿山上，地处 28°32′00″N～28°32′30″N，113°41′15″E～113°45′00″E。总面积为 1274.9 hm^2，处于中亚热带向北亚热带过渡的气候带，属湿润的大陆性季风气候。年平均气温 12.1 ℃，年日照 1500 h，无霜期 217 d，有效积温 4547 ℃，年相对湿度 87%。研究样地所属的杉木林均为在皆伐迹地上营造的杉木人工林，其中有少数林木是天然萌生而成，在 2004 年后均划为公益林经营，区划之前为用材林，林分结构简单，功能单一，存在土壤退化，生产力降低，病虫害增加和生物多样性低下等严重的生态问题。但由于是人工纯林，树种单一，再加上海拔高，不太适合杉木生长，所有杉木林分普遍生态功能低下。

12.2.4.2　数据来源与研究方法

(1)数据来源与调查方法

本研究的案例数据来自 2012 年在研究区福寿林场 13 年生的杉木生态林中设置的固定样地，样地的大小为 20 m×30 m，用相邻网格法将样地进一步分割成 6 个 10 m×10 m 个正方形小样方作为样木因子的调查单元，将小样方内胸径>2 cm 的林木逐株进行挂牌编号。以每个小样方的西南角为坐标原点，用皮尺测量每株林木在本小样方内的相对位置坐标(x，y)、然后将样地西南角设为样地坐标系的原点，根据 6 个小样方在样地中的分布位置，把每个小样方内林木的相对位置坐标转换为整个样地范围内同一坐标系内的坐标，从而确定每株林木在整个样地内的相对位置分布，同时测量每株林木的胸径、树高、东西冠幅、南北冠幅等基本因子。样地内 157 株林木的基本信息见表 12-6，其中杉木 137 株，平均胸径 9.1 cm，平均树高 5.8 m，东西平均冠幅 1.96 m，南北平均冠幅 2.08 m。

表 12-6　样地内林木基本信息

小样方号	林木编号	树种	胸径(cm)	树高(m)	平均冠幅(m)		林木坐标(m)	
					东西冠幅	南北冠幅	X 坐标	Y 坐标
1	1	杉木	8.8	7.5	1.2	1.1	0.5	1
1	2	杉木	13.8	8.5	2.1	2.2	0.5	2.5
1	3	杉木	8.8	6.7	1.3	1.4	0.8	3.5

（续）

小样方号	林木编号	树种	胸径(cm)	树高(m)	平均冠幅(m)		林木坐标(m)	
					东西冠幅	南北冠幅	X 坐标	Y 坐标
1	4	柳杉	6.5	5.7	1.5	1.6	1.9	2
1	5	柳杉	4.6	5.7	1.5	1.5	2	4
1	6	杉木	8.2	7.1	1.2	1.3	3.3	4.6
1	7	杉木	17.2	10.7	3.2	3.1	1.7	4.6
…								
6	157	杉木	2.1	6.5	2.3	2	9.8	5.1

(2)研究方法

①林分空间结构单元的确定和空间结构参数的计算。基于胸径加权 Voronoi 图确定林分空间结构单元，但为了保证计算角尺度时标准角的统一，计算角尺度时采用 4 株法确定林分空间结构单元。同时为消除处于样地边缘的边界木的邻近木可能受到样地外的影响，采用距离缓冲区法，在原样地四周设置 2 m 宽的带状缓冲区。在缓冲区以外的林木为边缘木只作为中心木的邻近木存在，而位于缓冲区内的林木均作为中心木参与计算，经边缘校正后，研究样地 157 株林木中，99 株林木确定为中心木，其中杉木 89 株，剩下的 58 株林木作为边缘木，其中杉木为 48 株(图 12-7)。

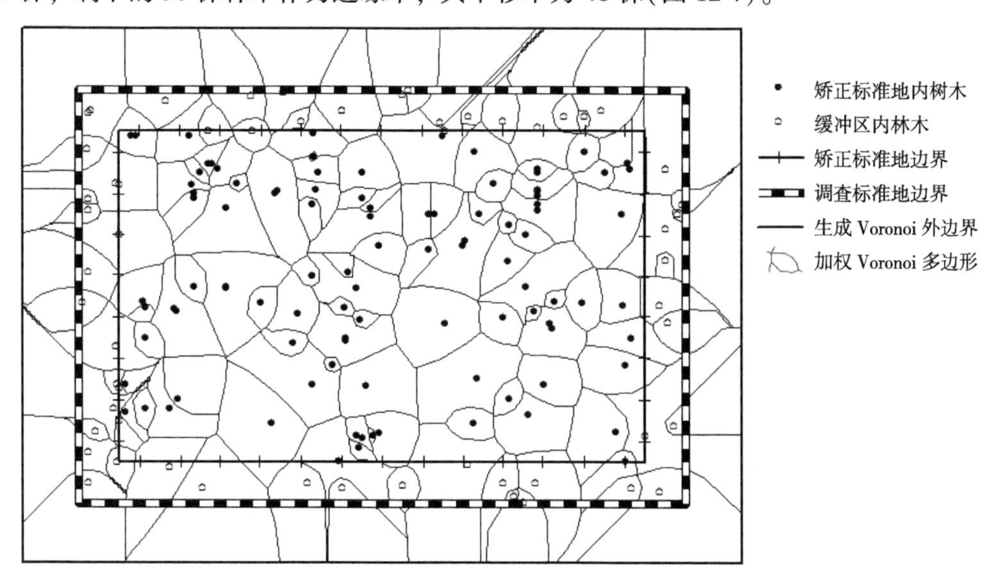

图 12-7　样地边缘矫正后的加权 Voronoi 图

选取的林分空间结构参数为林分的全混交度、W_V_Hegyi 竞争指数、角尺度、林层指数和开敞度。

②林分间伐空间结构优化模型目标函数的确定。采用乘除法对各个空间结构参数进行多目标规划，提出林分空间结构优化目标函数。乘除法的基本思想：x 是决策向量，当在 m 个目标 $f(x_1)$，…，$f(x_m)$ 中，有 k 个 $f(x_1)$，…，$f(x_k)$ 要求实现最大，其余 $f(x_{k+1})$，…，$f(x_m)$ 要求实现最小，同时有 $f(x_1)$，…，$f(x_m)>0$，采用评价函数 $Q(x)$ 作为目标函数进行多目标规划。

$$Q(x)=\frac{f(x_1)f(x_2)\cdots f(x_k)}{f(x_{k+1})f(x_k+2)\cdots f(x_m)} \tag{12-56}$$

③林分间伐空间结构优化模型建模方法。以多目标规划模型来构建林分间伐空间结构优化模型，多目标优化可以描述为：

目标条件：

$$\max[f_i(x)]$$

约束条件：

$$\text{s.t.}\quad g_i(x)\leqslant 0\quad (i=1,\ 2,\ 3,\ \cdots,\ m)$$

式中　$x=(x_1,\ x_2,\ \cdots,\ x_n)$——决策变量；

$f_i(x)$——第 i 个目标函数，$i=1,\ 2,\ 3,\ \cdots,\ m$；

$g_i(x)$——第 i 个约束条件。

④林分空间结构约束指标优先次序的确定。本研究采用综合灰色关联度法确定林分空间结构的约束条件的优先顺序。综合灰色关联度的计算公式为：

$$\rho_{0i}=\theta\varepsilon_{0i}+(1-\theta)r_{0i} \tag{12-57}$$

式中　ε_{0i}——绝对灰色关联度；

r_{0i}——相对灰色关联度；

$\theta\in[0,\ 1]$，一般取值 $\theta=0.5$。

绝对灰色关联度是分析两个长度相等数据序列 $X_0=[x_0(1),\ x_0(2),\ \wedge,\ x_0(n)]$ 和 $X_i=[x_i(1),\ x_i(2),\ \wedge,\ x_i(n)]$ 的绝对增量间的关系，X_0 和 X_i 几何相似程度越大，关联度 ε_{0i} 就越大，反之就越小。设序列 $\{X_0\}$ 和 $\{X_i\}$ 的始点零化序列为 $X_0^0=[x_0^0(1),\ x_0^0(2),\ \wedge,\ x_0^0(n)]$；$X_i^0=[x_i^0(1),\ x_i^0(2),\ \wedge,\ x_i^0(n)]$，其中 $X_i^0(k)=x_i^0(k)-x_i^0(1)$；$X_0^0(k)=x_0(k)-x_0(1)$；则 X_0 和 X_i 绝对灰色关联度的计算公式为：

$$\varepsilon_{0i}=\frac{1+|s_0|+|s_i|}{1+|s_0|+|s_i|+|s_i-s_0|} \tag{12-58}$$

式中　$|s_0|=\left|\sum_{k=2}^{n-1}x_0^0(k)+\frac{1}{2}x_0^0(n)\right|$；

$$|s_i|=\left|\sum_{k=2}^{n-1}x_i^0(k)+\frac{1}{2}x_i^0(n)\right|;$$

$$|s_i-s_0|=\left|\sum_{k=2}^{n-1}\left[x_i^0(k)-x_0^0(k)\right]+\frac{1}{2}\left[x_i^0(n)-x_0^0(n)\right]\right|。$$

相对灰色关联度是分析两个长度相等的数据序列 $X_0=(x_0(1),\ x_0(2),\ \wedge,\ x_0(n))$ 和 $X_i=(x_i(1),\ x_i(2),\ \wedge,\ x_i(n))$ 的增长速度之间的关系，X_0 和 X_i 之间的变化速度越接近，设初始值≠0，则初始化后的值分别为：

$$X_i'=\frac{X_i}{x_i(1)};\quad X_0'=\frac{X_0}{x_0(1)} \tag{12-59}$$

则数据序列初始化值后的序列为：

$$X_0'=\left[x'^0_0(1),\ x'^0_0(2),\wedge,\ x'^0_0(n)\right];\ X_i'=\left[x'^0_i(1),\ x'^0_i(2),\ \wedge,\ x'^0_i(n)\right] \tag{12-60}$$

则 X_0 和 X_i 的相对灰色关联度计算公式为：

$$r_{0i}=\frac{1+|s'_0|+|s'_i|}{1+|s'_0|+|s'_i|+|s'_i-s'_0|} \tag{12-61}$$

式中　$|s'_0|=\left|\sum_{k=2}^{n-1}x'_0(k)+\frac{1}{2}x'_0(n)\right|$；

$|s'_i|=\left|\sum_{k=2}^{n-1}x'_i(k)+\frac{1}{2}x'_i(n)\right|$；

$|s'_i-s'_0|=\left|\sum_{k=2}^{n-1}\left[x'_i(k)-x'_0(k)\right]+\frac{1}{2}\left[x'_i(n)-x'_0(n)\right]\right|$。

而综合灰色关联度既体现了母序列$\{X_0\}$和子序列$\{X_i\}$的折线相似程度，也体现了母序列$\{X_0\}$和子序列$\{X_i\}$的序列相对于始点折线变化速率的接近程度。因此本研究采用综合灰色关联度法分析空间结构指标与林分间伐空间结构优化目标函数值的关联度。

⑤林分间伐空间结构优化模型求解。由于模型中存在大量的整数变量，用穷举法难以求解，计算机软件如 SPSS、MatLab、Java 等可用于求解此类问题，本研究是运用 MatLab 软件处理数据的。

12.2.4.3　林分间伐空间结构优化模型的构建

(1)模型目标函数

杉木生态林林分间伐空间结构优化模型的目标函数是采用乘除法对各个空间结构参数进行多目标优化的综合函数，它强调最优的林分空间结构往往是整体目标达到最优。林分间伐空间优化目标函数值越大，说明林分空间结构整体水平越理想，因此，通过间伐优化林分空间结构时，以林分间伐空间优化目标函数最小值的林木作为备伐木。本研究中，林分间伐空间结构优化目标函数考虑了 5 个子目标，包括林分的混交程度、竞争状况、水平分布格局、垂直结构和林分的透光情况，对应的林分空间结构指标分别为林分的全混交度、W_V_Hegyi 竞争指数、角尺度、林层指数和开敞度。

$$Q(g)=\frac{\frac{1+M(g)}{\sigma_M}\times\frac{1+S(g)}{\sigma_S}\times\frac{1+K(g)}{\sigma_K}}{[1+CI(g)]\times\sigma_{CI}\times[1+|W(g)-0.5|]\times\sigma_{|W-0.5|}} \tag{12-62}$$

式中，$M(g)$、$S(g)$、$K(g)$、$CI(g)$、$W(g)$分别为单木全混交度、林层指数、开敞度、W_V_Hegyi 竞争指数、角尺度；σ_M、σ_S、σ_K、σ_{CI}、$\sigma_{|W-0.5|}$分别为全混交度、林层指数、开敞度、W_V_Hegyi 竞争指数、角尺度的标准差。

通过间伐后保持较高的混交度为林分空间结构优化的第 1 个子目标，林分混交度的取值越大越好。间伐后保持较低的竞争强度为林分空间结构优化的第 2 个子目标，要求林分竞争指数取值越小越好。基于 4 株木法计算的林分角尺度取值为[0.475, 0.417]时，林分空间分布格局为随机分布，为使间伐后林分平均角尺度更加接近于随机分布的取值范围，可以简化为林分平均角尺度取值更加接近于 0.5。因此，间伐后林分水平空间分布格局更接近于随机分布为林分空间结构优化的第 3 个子目标，要求林分角尺度取值越接近 0.5 越好。间伐后保持较为复杂的垂直分层为空间结构优化的第 4 个子目标，要求林层指数的取值越大越好。间伐后保持较高的林分开敞度是林分空间结构优化的第 5 个子目标，其值取大为优。

(2)模型约束条件

林分空间结构优化模型除目标函数外，还包括约束条件，约束条件主要为林分非空间结构指标约束和林分空间结构指标的约束。

①非空间结构约束指标。本研究中利用径级多样性来描述林木大小多样性，以间伐后林分径阶数不减少作为模型的第 1 个非空间结构约束条件。在进行采伐时应首先考虑物种多样性保护问题，保护森林的树种个数不减少作为模型的第 2 个非空间结构约束条件。林分的间伐强度控制在 15%以内，既维持了保留木的正常生长，又使得间伐后林分保持适当的林窗，以使补植树种能够正常生长。

②空间结构约束指标林分经过间伐后，应保持林分的混交度、林层指数和开敞度不降低，同时林分整体竞争强度降低，林分的水平分布格局趋向随机分布状态。这 5 个空间结构指标的约束都是为了让林分整体空间结构趋向理想状态。

③空间结构约束指标的优先次序根据综合灰色关联度的定义，将研究样地 99 株中心木空间结构优化目标函数值作为母序列 $\{X_0\}$，将其对应的关联空间结构参数全混交度、W_V_Hegyi 竞争指数、林层指数、角尺度和开敞度作为子序列 $\{X_1\}$，$\{X_2\}$，$\{X_3\}$，$\{X_4\}$，$\{X_5\}$，具体数据见表 12-7。

表 12-7　林分空间结构优化目标函数值及相关的空间结构参值

序号	空间结构优化目标函数值	全混交度	W_V_Hegyi 竞争指数	林层指数	角尺度	开敞度
1	534.2568	0.0360	1.6709	0.8571	0.5000	0.5709
2	517.7053	0.0482	1.7114	0.6667	0.5000	0.6043
3	500.6821	0.0000	2.0302	1.0000	0.2500	0.7132
4	490.5974	0.0000	1.3895	0.3333	0.5000	0.7554
5	480.3943	0.0360	1.5372	0.4286	0.5000	0.7443
			…			
98	36.2367	0.0678	18.2054	0.1333	0.5000	0.1859
99	16.0840	0.0678	48.0263	0.2667	0.7500	0.4312

根据式(12-65)~式(12-67)得到林分空间结构优化目标函数值和关联空间结构参数的综合关联度系数、绝对关联度系数和相对关联度系数(表 12-8)。

表 12-8　林分空间目标函数值与相关空间结构指数的灰色关联度

林分空间结构参数	灰色绝对关联度	灰色相对关联度	灰色综合关联度	灰色综合关联度排序
全混交度	0.5004	0.9027	0.7016	1
W_V_Hegyi 竞争指数	0.5038	0.6532	0.5785	5
林层指数	0.5002	0.9013	0.7008	2
角尺度	0.5003	0.8153	0.6578	3
开敞度	0.5001	0.6918	0.5960	4

从结果看，混交度与林层指数这两个空间结构指数与林分空间结构优化目标函数值的关联度最高，这完全符合研究对象杉木生态林空间结构调优化整优先考虑因素的实际，作为起源于人工林的杉木生态林，树种单一，林分的物种多样性低，抵御自然灾害的能力差，生态功能低下，对于水土保持、水源涵养和保护生物多样性具有特殊意义的山地和丘陵，生态效益差的人工针叶林无法充分发挥公益林的生态保护功能，因此，为了提高杉木生态林人工林的物种多样性和生态保护功能，最有效的经营措施就是通过补植乡土阔叶树种，将人工林改造为针阔混交林，因此，增加林分的混交度是杉木生态林人工林必须优先考虑的因素，其次人工林林层单一，容易损害地力，也容易发生冻害、虫害等，而复层林枯落物数量多，其成分复杂，营养含量高，利于土壤肥力的增加，也有利于抵抗灾害，所以人工林亟须通过间伐补植或者人工促进林下更新等方式来将单层林诱导为复层林。

(3)模型的建立

在目标函数分析与约束条件设置基础上，建立杉木生态林林分间伐空间优化模型如下。

目标函数：

$$\max Z = Q(g) \tag{12-63}$$

约束条件为：

$$\begin{gathered} N(g) = N_0 \\ D(g) = D_0 \\ M(g) \geqslant M_0 \\ S(g) \geqslant S_0 \\ |W(g) - 0.5| \leqslant |W_0 - 0.5| \\ K(g) \geqslant K_0 \\ CI(g) \leqslant CI_0 \\ Y(g) \leqslant 15\% \end{gathered}$$

式中　$N(g)$——林分间伐后树种个数；

N_0——林分间伐前树种个数；

$D(g)$——林分间伐后径阶个数；

D_0——林分间伐前径阶个数；

$M(g)$——间伐后林分全混交度；

M_0——间伐前林分全混交度；

$S(g)$——间伐后林层指数；

S_0——间伐前林层指数；

$K(g)$——间伐后开敞度；

K_0——间伐前开敞度；

$CI(g)$——间伐后 W_V_Hegyi 竞争指数；

CI_0——间伐前 W_V_Hegyi 竞争指数；

$W(g)$——间伐后角尺度；

W_0——间伐前角尺度；

$Y(g)$——林分间伐强度。

(4) 模型求解

本研究是运用 Matlab 软件处理数据的，数据处理过程如下：

①录入数据。将包含目的样地林木基本信息(包括树木 ID、树种、树高、胸径、全混交度、林层指数、开敞度、角尺度、W_V_Hegyi 竞争指数等)的数据录入 MatLab，并更名为 TreeData，以便 MatLab 读取。

②定义参数。根据各参数指标的定义和公式，通过算法编程定义到计算程序中，并定义好约束条件。

③算法编程核心思路选择。$Q(g)$值最小的林木，假定其为备选采伐木从林分中删除，此时林分的各项指标都会发生变化，即需要按以上所列约束条件的顺序来判定假设是否成立。若条件都被满足则表明假设成立，此时，假设林木作为间伐木输出，并以新的林分各类参数(伐后林分参数)返回到开始；若至少有一条不满足则表明假设不成立，被假设林木不能作为采伐木输出，此时，保持林分各项参数不变，选择新的最小 $Q(g)$值进入候选木行列，重复上述循环，达到林分间伐强度时结束程序。

12.2.4.4 模型应用实例

(1) 模型控制参数的设置

①径阶大小多样性。根据约束条件间伐后林分的径阶数不减少的约束条件，对杉木生态林研究样地的 99 株中心木径阶数目进行了统计，一共有 8 个径阶，分别为 2 cm、4 cm、6 cm、8 cm、10 cm、12 cm、14 cm 和 16 cm，其中 4～14 cm 径阶的林木占总林木数的 92%，平均胸径 12 cm。

②树种多样性。以树种个数来作为树种多样性的约束条件，杉木生态林研究样地 99 株中心木共有 4 个树种，分别为杉木、柳杉、野山椒和野山桃，其中杉木在株数上处于绝对优势，占样地总株数的 91%，其他 3 种树种之和仅占 9%。

③伐前空间结构参数。研究样地间伐前林分的林木平均混交度为 $M_0=0.0553$，林层指数为 $S_0=0.4245$，W_V_Hegyi 竞争指数为 $CI_0=6.7080$，|角尺度-0.5| = $|W_0-0.5|=0.0659$，开敞度 $K_0=0.4298$。

(2) 间伐木的确定结果

最终确定的间伐木共 14 株，间伐强度为 14.1%(表 12-9)。

表 12-9 间伐木信息

树木编号	树种	X 坐标 (m)	Y 坐标 (m)	胸径 (cm)	株高 (m)	东西冠幅 (m)	南北冠幅 (m)
10	杉木	2.3	5.8	6.2	6.9	1.6	1.7
14	杉木	27	2.1	5.2	5.9	0.8	0.9
80	杉木	22.7	14.9	5.6	6.7	1	1.2
33	杉木	12.5	6.7	3.4	2.9	0.8	0.9
77	杉木	22.7	16	5.3	4.1	1.3	1.2
65	杉木	27	2.1	8.1	6.3	2.5	2.4
51	杉木	21.3	5.1	8.3	6.2	2.7	2.8

（续）

树木编号	树种	X 坐标（m）	Y 坐标（m）	胸径（cm）	株高（m）	东西冠幅（m）	南北冠幅（m）
100	杉木	11. 7	15. 2	10. 4	5. 8	2. 2	2. 5
20	杉木	4. 5	4. 6	12. 4	8. 5	3. 1	3. 2
88	杉木	27. 2	16. 2	13. 1	8. 2	2. 8	2. 4
52	杉木	22. 2	4. 3	12. 8	7. 5	3. 1	3. 2
18	杉木	4. 9	5. 1	10. 2	7. 5	2. 3	2. 1
84	杉木	22. 1	10. 5	16. 1	8. 2	2. 7	3
45	杉木	18. 1	8. 7	12. 9	7. 9	1. 8	1. 9

研究样地间伐前后各参数的变化见表 12-10，从表中可以看出，本次间伐强度为 14. 1%，间伐后描述非空间结构的径阶数和树种数均未减少，保持原有的径阶个数和树种个数。间伐后林分混交度提高 2. 71%，表明林分树种空间隔离程度得到提高；间伐后林分林层指数提高 10. 91%，表明林分垂直分层结构有较大幅度的改善；间伐后林分 W_V_Hegyi 竞争指数降低 8. 25%，表明林分中林木所受的竞争压力在减小；间伐后林分｜角尺度-0. 5｜降低 8. 64%，表明林分空间分布格局更加趋向于随机分布；开敞度增加了 11. 98%，表明林分的透光条件有一定程度的改善，林分空间结构优化模型目标函数 $Q(g)$ 值提高了 12. 18%，表明林分空间结构有了大幅度的提升。该间伐方案在限定的间伐强度内，满足非空间结构约束条件的情况下，最大限度地改善了林分空间结构，为林分单株间伐木的确定提供了一种科学的方法。

表 12-10　样地间伐前后森林结构指数变化

参数	伐前	伐后	变化趋势	变化幅度（%）
径阶数	8	8	不变	0
树种数	4	4	不变	0
混交度	0. 0553	0. 0568	增加	2. 71
林层指数	0. 4245	0. 4708	增加	10. 91
开敞度	0. 4298	0. 4813	增加	11. 98
｜角尺度-0. 5｜	0. 0659	0. 0602	降低	-8. 64
W_V_Hegyi 竞争指数	6. 7080	6. 1549	降低	-8. 25
目标函数值	194. 1948	217. 8477	增加	12. 18

总之，森林经营决策常涉及自然、地理、经济、生态环境等多种因素，具有多变量和多目标的特点，是一项复杂的系统工程，系统优化模型为解决这类复杂的系统决策问题提供了有效的方法。

本章小结

为满足经济社会对林业多效益需求结构变化，自 20 世纪 90 年代以来，我国林业以建设比较完备的林业生态体系和比较发达的林业产业体系，以实现森林多资源及多功能可持续发展为目标。在森林经营中存在很多问题，采用以组织森林经营类型为核心的龄级法森林经营体系，优化森林经营决策能有效地解决森林经营中存在的问题，合理配置林地资源，发挥森林资源三大效益。本章主要介绍了森林经营决策优化的相关理论知识和模型。

思考题

1. 森林经营决策优化可采用哪些模型？
2. 多目标规划需考虑哪些关键问题？

第 13 章

不同森林类型的典型经营模式

我国地域辽阔，自然地理分异突出，森林类型多样，在森林经营过程中逐步发展和形成了效果良好和独具特色的森林经营模式。本章结合案例形式，重点介绍我国不同森林类型的典型经营模式，介绍了我国不同历史阶段森林经营理论、思想和实践的发展，并结合国外典型森林经营理论、思想和实践，深入阐述森林经营技术体系的内容。

13.1 同龄林永续经营

13.1.1 经营思想和目标

同龄林永续经营思想是最早的森林经营思想，具以实现森林永续利用为目标，早期的目标更局限于如何通过收获调整，形成理想森林资源林龄结构，保证木材收获量的持续和稳定，直到在理论上形成完整的法正林模型。在此之后，不断充实和补充完善其内含，方法也不断改进，逐渐考虑有利于天然更新、有利于提高作业效率、有利于森林稳定等要求，追求森林经营类型在时间和空间上形成合理的结构，实现永续收获和永续作业。

同龄林永续经营的思想和收获调整(经营规划)方法是从欧洲起源并得到早期发展，经日本引进应用发展出广义法正林，适应于小龄组组合，在美国发展为灵活度更高的完全调整林模型，引入我国后，在林场(局)森林经营方案编制实践中实际应用了龄级法，在我南方集体林区尝试建立广义法正林的中国模式。

森林永续经营技术体系(模式)具体包括：

①以同龄林林分为基本组成单位，以立地条件、目的树种、林分起源、培育目标为依据的组织森林经营类型(作业级)的方法。

②以森林成熟龄确定为依据的森林经营周期(轮伐期)和龄级期确定方法。

③以不同龄级森林生长发育特点为基础，以龄级法为核心的全经营周期经营技术措施确定方法。

④以皆伐收获为主体，结合森林生长发育、更新特点和需求，合理营林作业法的确定方法。

⑤包括上述内容的规划(方案)编制技术体系。

但是，以法正林模型为基础，在其发展的不同时期，经历了不断实践、研究和完善的过程，表现出不同特点，了解其历史脉络有助于把握森林经营模式适应性改变的方向，不断推动其完善和革新。

13.1.2　早期单纯收获调整方法

13.1.2.1　区划轮伐法

区划轮伐法是最早出现的森林经理方法，也称简单面积轮伐法。德国从 14 世纪、法国从 16 世纪就开始实行这一方法。

该方法根据皆伐作业的轮伐期或择伐作业的回归年，把森林划分为相应数量的伐区，每年确定一个伐区作为预定采伐地点。调整对象只包括主伐收获，收获调整计算单位是面积，有固定的采伐顺序和采伐地点，沿着预定的伐区顺序进行采伐收获。

该方法简单易行，但调整期长达一个轮伐期(择伐林为一个回归年)，除用于短伐期粗放经营的薪炭林和竹林外实用价值有限。

13.1.2.2　材积配分法

18 世纪后半叶，从区划轮伐法进一步发展出材积配分法，其中有代表性的有贝克曼(Beckmann)法和胡夫纳格尔(Hufnagl)法。

(1)贝克曼法

贝克曼法把全部林分按直径大小划分为成材林和未成材林两部分。然后，把推算未成材木达到成材木所需要的时间作为一个调整期。再根据生长状况把成材林分按生长率等级分为几类，分别按相应的生长率计算经理期内的生长量。合计全部未成材林分的生长量再加上成材林的现有蓄积量作为经理期的预定收获量，以其年平均值为标准年伐量。

贝克曼法是针对择伐和中林作业提出来的，但也适用于皆伐和渐伐作业。其收获调整单位是材积，首先确定近期采伐蓄积量。由于生长量测定困难，实际应用时十分复杂，而且收获量不稳定，已没有实用价值。

(2)胡夫纳格尔法

胡夫纳格尔法把全部林分划分为两部分：林龄在 1/2 轮伐期以上的林分和林龄在 1/2 轮伐期以下的林分。以 1/2 轮伐期为调整期，将第一部分林分的现实蓄积量及其在 1/2 轮伐期的生长量作为调整期的预定采伐量，以其年平均值为标准年伐量。该法适用于龄级分配较均匀、实行皆伐作业的森林。

13.1.2.3　平分法

18 世纪末，从区划轮伐法中发展演变出平分法，其特点是把轮伐期划分为一定的分期，并要求各分期内收获均衡。其中亨纳特(Hennert)、克瑞斯汀(Kregting)等发表的方法是以初期的材积配分法为基础，哈蒂格(G. L. Hartig)于 1795 年发表了材积平分法，科塔(H. Cotta)于 1804 年又把材积平分法和区划轮伐法加以折中，提出面积平分法，其后又进一步把面积平分法和材积平分法折中，发展成折中平分法。洪德斯哈根把它们都称为平分法。

(1)材积平分法

哈蒂格 1795 年公布的材积平分法收获调整步骤如下：

①把全林划分为作业级，分别作业级确定轮伐期，龄级期 20~30 年，按龄级期把轮伐期划分为若干分期。

②以龄级为基础将森林区划为 50 hm^2 左右的分区，若分区内林相不同，可再划分为小班。

③确定分区或小班适合进行采伐的分期。

④以各分区或小班蓄积量及半个分期的生长量作为分区(或小班)收获量。

⑤分析各分期预定收获量，按各分期收获量相等的要求加以调节。

⑥把分期收获预定量按分期年数分配作为各分期标准年伐量。

材积平分法要求在一个轮伐期内各分期的收获量均等，所以必须查定全林分的蓄积量和生长量，调整对象包括主伐和间伐，调整计划烦琐，且无法避免采伐未成熟林分或积压过熟林分，可能造成经济损失。

(2) 面积平分法

面积平分法收获调整的基本步骤如下：

①分别作业级确定轮伐期，再把轮伐期划分为若干分期。

②把森林区划成适当形状和大小(15 hm^2 左右)的林班。

③根据林班年龄和林木状态，同时考虑将来的林分配置，确定各林班采伐分期；

④合计各分期面积并按各分期面积等于法正分期面积的要求，对部分林分的采伐分期进行调节。

⑤核定第一分期林班现有蓄积量和半个分期的生长量作为林班的收获量，合计各林班收获量作为分期收获预定量，按分期年数分配的标准年伐量。

⑥不计算第二分期以后林班的材积收获量，每隔一定期间再预定下一分期的采伐面积，并计算采伐蓄积量。

面积平分法通过简单可靠的面积对各分期进行收获调整，而且仅限于确定第一分期的蓄积收获量。为了使各分期的面积均等，可能出现采伐未成熟林分或保留过熟林分的情况，也会带来经济上的损失。但是，由于计划技术比较简单，在一个轮伐期之后龄级分配达到正常。所以，19 世纪时在德国得到广泛采用，此后也曾在其他国家得到广泛应用。

(3) 折中平分法

折中平分法是 19 世纪初由库塔提出来的，在其后的一个世纪，不断有人对该方法进行补充和修改。其主要步骤如下：

①作业级、轮伐期、龄级期和分期等的设置与面积平分法相同。

②将森林区划成林班和小班。

③把林班、小班分配到各分期，并对照法正分期面积对各分期采伐面积进行调节。

④按照材积收获均衡的要求对前 2~3 个分期的采伐面积进行调节，并以林班、小班为单位确定各分期的采伐地点。

⑤将经过调整的面积采伐量和蓄积收获量，作为一个轮伐期各分期的采伐预定量。

折中平分法吸取了材积平分法和面积平分法的优点，要求在实现材积永续收获的同时，也谋求在将来实现法正状态。因此，19 世纪曾在德国广泛应用。

该方法属于平分法的各种收获调整法，一般以一个轮伐期作为经理期，并划分成若干分期，按各分期收获量均衡的要求调整分期收获量；材积平分法要求材积收获的永续；面积平分法期望通过收获面积的均衡永续和规整的林分配置，谋求将来实现法正状态；折中平分法要求两者同时实现。各种平分法都要求确定分期内的采伐地点，计算预定收获量和标准年伐量。

由于平分法适用于单纯同龄林伐区式作业法，很容易把森林当作生产机器。因此，瓦格纳(C. Wagner)认为平分法在德国的普遍应用是引起林况恶化的重要原因。

13.1.3 经典法正林模型

法正林是在作业级水平上针对同龄林皆伐作业法提出的一个旨在保证实现森林永续利用的最为古典、影响也最为深远的理想同龄林结构模型。长期以来，法正林理论与永续利用原则一起作为森林经营的理论基础发挥着重要作用，并成为现代可持续发展理论、森林可持续经营思想产生和发展的重要思想源泉。现代森林经营理论和技术体系的产生和发展过程正是伴随着法正林理论的产生和发展逐步建立起来的。

13.1.3.1 法正林的概念

法正林理论产生于奥地利皇家规定(Normale，1738)，后由洪德斯哈根加以补充之后，使法正林理论逐步开始得到完善和发展。海耶尔(Heyer，1841)等许多林学家都对法正林理论模型的完善和发展做出了贡献，并使法正林从一种森林经营的理想森林结构模型，发展成为一种经营思想，长期作为森林经理学的核心概念和理论。

法正林是作业级水平上针对同龄林经营提出的理想森林结构模型，其德语(normal wald)原义是“标准森林”。日本在从德国引进现代林学理论和概念时将译为“法正林”，译为“方正”“端正”“法制”等，我国从日语翻译引进时直接采用了日语中的汉字“法正林”并一直沿用至今。

根据美国1971年发行的《林学、森林工艺和林产品术语》中的定义，“所谓法正林就是理想的森林(ideal forest)，这种森林是在各个部分都达到和保持着完美的状态，能完全和持续地满足经营目的。”法正林是一个规范，用来与现实林做比较，以便发现现实林的缺陷，特别是关于立木蓄积量的永续利用、林龄或龄级分配以及生长量方面的缺陷。

日本著名森林经理学家井上由扶教授认为，法正林是完全具备能实现严格永续利用条件的森林，即可以完全实行永续的森林生产，按经营目的采伐，即使很少的损失也不会发生。

总之，法正林是为实行伐区式同龄林作业法的森林经营单位实现永续利用而提出的一个理想森林模式，它要求在一定的轮伐期前提下满足法正龄级分配(normal age-class distribution)、法正林分排列(normal distribution of stand)、法正蓄积量(normal growing stock)和法正生长量(normal increment)4项法正条件。当森林经营类型或作业级的森林结构满足4项法正条件时，即达到法正状态，相应的森林即为法正林。

13.1.3.2 法正林的法正条件

法正林的4项法正条件如下：

(1) 法正龄级分配

法正龄级分配实际就是作业级和森林经营类型所有林分的林龄结构，它要求在组成作业级或森林经营类型的全部林分中，具备从第 1 年(或 Ⅰ 龄级)到伐期龄第 u 年(或轮伐期所在龄级)所有各年龄(或龄级)的林分，且各年龄(或龄级)林分的面积均等。

(2) 法正林分配置

法正林分配置是指伐区和不同林龄林分的空间位置关系要符合防止风倒、有利于更新、保护幼树和提高林分稳定性的要求。

(3) 法正蓄积量

法正蓄积量要求经营类型各龄级林分要有与其立地条件和林龄相应的单位面积蓄积量，即要有相应的完满疏密度或立木度。当各林龄或龄级林分都达到单位面积标准蓄积量时，各林龄或龄级林分蓄积量之和即为法正蓄积量。

(4) 法正生长量

法正生长量要求森林经营类型内各年龄或龄级的林分都具有符合其年龄和立地条件的最充分的生长量。为此，也要求林分保持完满的疏密度，并得到合理的经营。

13.1.3.3　法正林模型

符合法正条件的森林形成以下结构关系：

(1) 法正龄级分配

理想的林分年龄结构。要求在经营单位内具备 1 年生至主伐年龄各个年龄的林分，各年龄林分的面积也要相等，以保证后继有林，实现永续利用。法正龄级分配是法正林诸条件中首要的条件，合理的林龄结构仍然是森林调整的主要目标。如图 13-1 所示，若设经营类型的轮伐期为 u，1～u 年的林分面积分别为 A_1，A_2，A_3，…，A_{u-1}，A_u，则有 $A_i = A_j = a$，$a = \frac{\sum A_i}{u}$ 为常数。

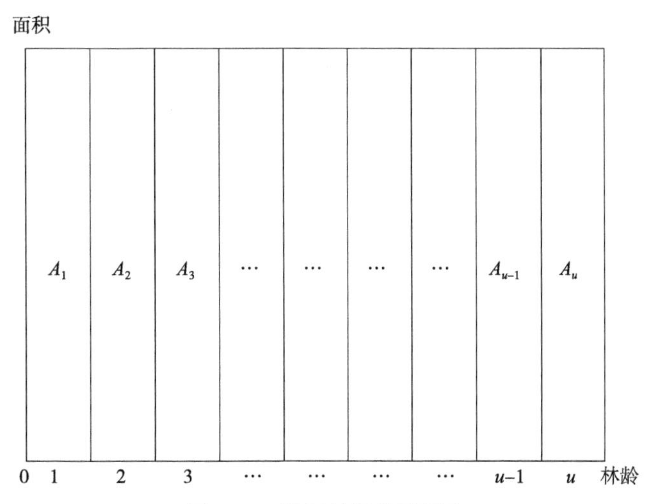

图 13-1　法正龄级分配示意

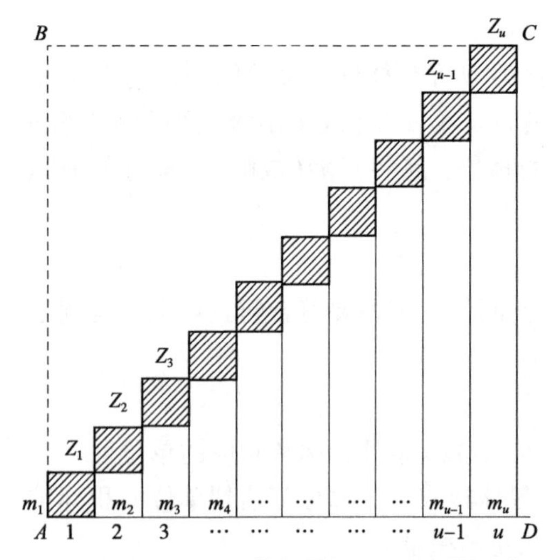

图 13-2 法正蓄积量和法正生长量示意

(2)法正蓄积量

如图 13-2 所示，法正蓄积量 V_n 即为法正林各龄级蓄积量之和，其夏季法正蓄积量可用图 13-2 中△*ACD* 的面积表示。

用 m_1，m_2，m_3，…，m_{u-1}，m_u，分别表示从第 1 年到伐期龄第 *u* 年各林分的单位面积蓄积量，则经营类型的法正蓄积量即为△*ACD* 的面积，即

$$V_n = \frac{u \times m_u}{2} \tag{13-1}$$

式中 V_n——法正蓄积量，是 *u* 个面积单位的蓄积量；

u——轮伐期；

m_u——伐期林分单位面积蓄积量。

上式计算结果实际是夏季法正蓄积量，相应的春季和秋季法正蓄积量分别为：

$$V_{春} = \frac{u \times m_u}{2} - \frac{m_u}{2} \tag{13-2}$$

$$V_{秋} = \frac{u \times m_u}{2} + \frac{m_u}{2} \tag{13-3}$$

若设各年龄(龄级)林分单位面积生长量相等，即 $Z_i = z$，则有：

$$m_u = u \times z$$

可根据经营类型的伐期单位面积平均生长量计算其法正蓄积量。夏季法正蓄积量为：

$$V_n = \frac{u \times z \times u}{2} \tag{13-4}$$

相应的春季和秋季法正蓄积量为：

$$V_{春} = \frac{u \times z \times u}{2} - \frac{u \times z}{2} \tag{13-5}$$

$$V_{秋} = \frac{u \times z \times u}{2} + \frac{u \times z}{2} \tag{13-6}$$

实际上，由于在林分的蓄积生长过程中生长量是随着年龄增长而变化的，各年龄林分单位面积蓄积量与年龄并非呈正比，而多数呈“S”形曲线，如图 13-3 所示。用上述各公式计算法正蓄积量的误差比较大。据此，用各龄级林分单位面积蓄积量计算法正蓄积效果更好。

若以 m_n，m_{2n}，m_{3n}，…，m_{u-n}，m_u 分别表示第 1 龄级到成熟龄级的单位面积蓄积量，则夏季法正蓄积量为：

$$V_{夏} = n\left(m_n + m_{2n} + m_{3n} + \cdots + m_{u-n} + \frac{m_u}{2}\right) \tag{13-7}$$

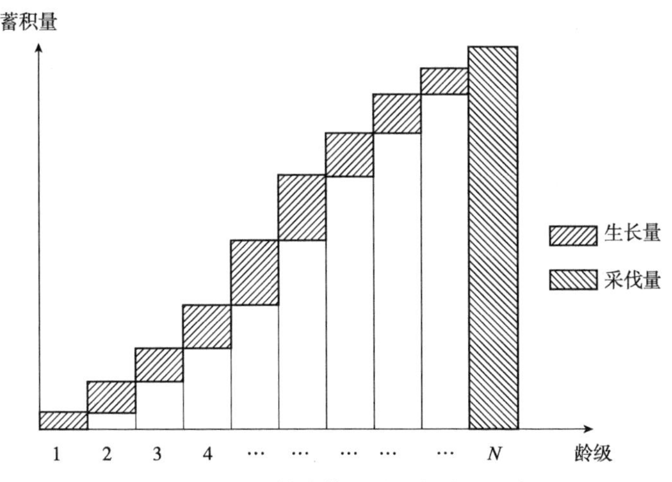

图 13-3　实际林分蓄积量生长过程示意

相应的春季和秋季法正蓄积量为：

$$V_{春}=n\left(m_n+m_{2n}+m_{3n}+\cdots+m_{u-n}+\frac{m_u}{2}\right)-\frac{m_u}{2} \tag{13-8}$$

$$V_{秋}=n\left(m_n+m_{2n}+m_{3n}+\cdots+m_{u-n}+\frac{m_u}{2}\right)+\frac{m_u}{2} \tag{13-9}$$

由式(13-1)至式(13-9)可见，当已知森林经营类型的轮伐期 u、伐期单位面积蓄积量 m_u、伐期单位面积生长量 z 或各龄级单位面积蓄积量 m_i(正常收获表或生长过程表中，各龄级单位面积蓄积量)时，可分别用上述 3 式计算夏季法正蓄积量。

法正蓄积量可以作为一个标准或尺度，用来与现实森林进行对照和比较，分析经营单位的现实森林是否符合法正要求，是低于还是高于法正蓄积量，从而决定采取不同的经营措施。在进行用材林基地规划时也可用来进行蓄积量和收获量的预估。

(3)法正生长量

由图 13-2 结合图 13-3 可见，若以 Z_1，Z_2，Z_3，$\cdots Z_{u-1}$，Z_u 表示各龄级林分生长量，经营单位的法正生长量 Z_n 即为法正林各林分生长量之和，若设 $Z_i=z$ 成立，则有：

$$Z_n=\sum_{i=1}^{n}Z_i=m_1+(m_2-m_1)+(m_3-m_2)+\cdots+(m_u-m_{u-1})=m_u=u\times z \tag{13-10}$$

可见法正作业级的法正生长量就等于法正最老林分的蓄积量，也等于法正林的伐期平均单位面积蓄积量乘以轮伐期。

(4)法正年伐量

法正林模型要求经营单位的法正年伐量(E_n)即法正利用量(normal yield)要等于该经营单位的法正生长量(Z_n)，结合式(13-10)则有：

$$E_n=Z_n=m_u=u\times z \tag{13-11}$$

法正林理论认为，在符合法正条件的森林经营单位，如果按照法正年伐量进行收获利用，每年采伐法正最老林分并保证及时更新，可以保持森林经营单位的法正状态，即可保证经营单位实现永续利用。

由式(13-4)和式(13-11)可以推论，法正经营单位的法正利用率 P 可用下式求得：

$$P=\frac{E_n}{V_n}=\frac{200}{u}\% \tag{13-12}$$

可见在法正状态下，对于一定的轮伐期来说，法正利用率 P 是仅与轮伐期 u 成反比的一个常数。法正利用率通常可用于粗略计算一个经营类型的年伐量，但必须在龄级结构接近均匀(即法正状态)的条件下才能适用。

(5)法正林分配置

实际上风倒是欧洲早期山地林区形成多种采伐方式的主要刺激因素(金明仕，1992)，如图13-4所示，采伐方向(皆伐带前进方向)应与经营地区的主风方向相反，这样可以利用风力促进林墙天然下种扩大种子撒播范围，利用林墙保护幼树，利用倾斜的林冠避免风吹入林内造成风倒，同时也便于采伐、集材和运输。这一原理不断发展成各种伐区配置模式。

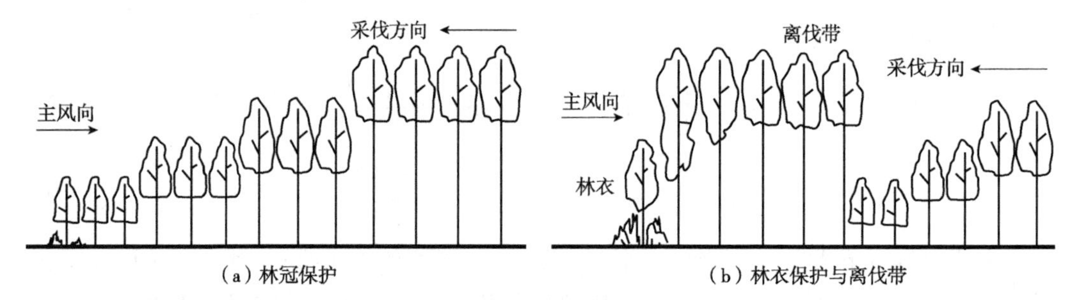

图13-4　经典法正林林分配置模式示意

因为不可能预测何时何地会发生此类风害或其他灾害，而目前唯一有力减缓对森林影响的方法是提高林分年龄和林分高度的多样性，以减少面临风险的森林面积的比例，这是创建法正林一个重要的依据。在法正林的营林作业法发展过程中，欧洲各国甚至针对各地主风向差异及不同坡面可能受害差异等提出了适应于各地的“采伐密钥”，这在欧洲各地针叶纯林的皆伐作业法中发挥了重要的作用。

(6)法正条件的相互关系

法正龄级分配是法正林各条件中的首要条件，也是基本条件。作业级水平上的理想森林结构最重要的是理想林龄结构，在过去相当长的森林经营历史中，人们关心的森林结构调整问题，也主要是森林的林龄结构。

经营单位的蓄积量和生长量都首先受该经营单位的林龄结构的影响，同时也在很大程度上受森林经营水平的影响。对于用材林来说，如果蓄积量和生长量都很低，要想实施森林可持续经营是十分困难的。相反，如果经营单位的蓄积量和生长量都较高，则森林经营的灵活性和回旋余地就比较大，当然更容易组织持续的森林经营活动。对于其他类型的森林来说，高的蓄积量和生长量也往往意味着森林的健康状况良好，具有较强的抗干扰能力和良好的生态服务功能。凡是森林经营水平较高的国家，其用材林的林龄结构从基层经营单位到整个国家都比较均衡，幼龄林、中龄林、近熟林和成过熟林各占适当的比例，能做到后继有林，青山常在永续利用。

法正蓄积量和法正生长量这两个条件是密切联系的。蓄积量是生长量的积累，而生长量又是蓄积量的增值。在森林经营中一方面要保持基本蓄积量，同时要保持最大生长量。

法正林分配置与其他 3 个条件的关系并不十分密切，其出发点是合理的，在具体应用时可以从维护森林生态系统稳定性、生态过程连续性和生态系统健康的要求出发，根据地形地貌、立地条件和树种特性等方面的因素在最大尺度上进行全面考虑。

13. 1. 3. 4　法正林的实例

美国亚拉巴马州某土地所有者拥有火炬松林 1000 英亩，立地指数为 65 英尺(基准年龄 25 年)，确定经营周期(轮伐期)为 50 年，龄级期 5 年，经营类型全部林分包含 10 个龄级(0~5 年，6~10 年，…，46~50 年)，且各龄级面积相等，每个龄级的林分面积为 100 英亩，符合法正林条件。根据美国的《林务局手册》，各龄级中值的每英亩蓄积量见表 13-1。

表 13-1　火炬松林分每英亩蓄积量

龄级	蓄积量(考德/英亩)	龄级	蓄积量(考德/英亩)
0~5	0	26~30	34
6~10	4	31~35	39
11~15	12	36~40	43
16~20	20	41~45	46
21~5	28	46~50	48

土地所有者计划今后 5 年采伐最大龄级(46~50 龄级)的林分，预计可收获 4800 考德的蓄积量[48 考德/(英亩 · 100 年)]，该法正林在今后 5 年收获期的定期生长量为各龄级蓄积生长量之和，则定期生长量为 4800 考德，等于 5 年收获量，也等于期末最大龄级(5 年后的 46~50 龄级)的蓄积量，见表 13-2。

表 13-2　火炬松各龄级林分 5 年收获期的龄级变化和定期生长量

期初龄级	每英亩蓄积量(考德/英亩)	期末龄级	每英亩蓄积量(考德/英亩)	每英亩 5 年蓄积生长量[考德/(英亩 · 5 年)]	龄级 5 年蓄积生长量[考德/(英亩 · 5 年)]
0~5	0	6~10	4	4	400
6~10	4	11~15	12	8	800
11~15	12	16~20	20	8	800
16~20	20	21~25	28	8	800
21~25	28	26~30	34	6	600
26~30	34	31~35	39	5	500
31~35	39	36~40	43	4	400
36~40	43	41~45	46	3	300
41~45	46	46~50	48	2	200
46~50	48	0~5	0	—	0
总计					4800

13.1.3.5　法正林理论的地位和作用

用历史和发展的观点客观认识法正林理论的地位和作用，主要把握以下几点：

(1)法正林理论的历史地位和现实意义应当得到充分肯定

法正林作为实现永续利用的一种理想状态，不仅在欧洲和日本，在我国古代都有类似做法。当法正林理论逐步成为一种森林经营思想以后，长期以来一直在森林经营实践中发挥作用，并被林学家作为理解森林长期经营的宏观模型。历代林学家把法正林(理想森林结构)作为调节和控制森林结构的一种规范一直延续至今。法正林的历史地位和现实意义应当得到充分认识和肯定，只有这样才能不断推陈出新推动学科发展，推动森林经营理论和思想的完善和发展。具体地说，至少应当明确法正林理论在以下几方面的现实意义：

①法正林为实现森林永续利用提出了一个简化的理想森林结构模型，特别是森林合理林龄结构的思想，不仅对于一个森林经营单位，而且对于一个区域乃至整个国家的用材林森林结构调整都具有重要的指导意义。

②用生长量控制采伐量并使两者之间保持相对稳定的平衡是法正林理论的核心概念之一。无论发达国家或发展中国家，所有负责任的森林经营活动无不遵循这一原则，各国提出或采用过的所有采伐量计算和分析的模型或公式，都直接或间接地来源于法正林理论，生长量始终是确定采伐量或控制采伐速度的一个重要的尺度和参数。

③法正林理论关于组织森林经营的许多技术要素也是无法抛弃的，如森林区划、组织经营单位、轮伐期等，将长期作为组织森林经营的基础。

④法正林模型中关于法正林分配置的思想，尽管在其最初由法伊尔提出时仅仅考虑了有利于天然更新及采运、保护等方面，但它已经说明即使早期的林学家已经注意到了森林景观中相邻斑块之间的相互影响，这对理解森林景观空间结构的生态意义和生产意义，理解森林景观的整体性、异质性和系统性，都具有重要的启发意义和促进作用。

⑤法正林的优点主要是定期收获的面积大小是恒定的，定期收获的蓄积量也是恒定的，理论上，这可以促进依赖林产品生产的地方经济的稳定性，或促进依赖于原材料流量稳定的加工企业的稳定性。此外，法正林范式下的管理能够有助于平稳地预算和规划过程，因为从这一年到下一年需要处理的土地面积相同或差异很小，生产均匀流量木材的愿望仍是许多大型综合机构的目标。

(2)历史的经验和教训值得汲取

林业发展历史上对法正林理论的批评主要集中在两个方面：一是法正林仅维持简单再生产，不符合扩大再生产的要求。无论早期资本主义的瓦格纳(C. Wagner)还是20世纪50年代的苏联和中国，都把这一点作为法正林理论和永续利用原则的致命弱点进行批判。二是法正林不是理想状态而是难以实现的“空想状态”。回顾世界林业发展史不难发现，每一次对法正林理论的批判和实际森林经营中对法正林学说的抛弃，都招致了自然的无情报复。欧洲大陆在尝尽了森林资源枯竭带来的经济、社会、生态痛楚之后，能在其雄厚的经典森林经营理论基础上，迅速回到法正林理论以及与此相联系的永续利用轨道上来，并在许多方面对法正林理论和永续利用原则进行补充、完善和提高，形成了欧洲大陆独特的林业经营模式，特别是北欧国家，更保持了良好的整体森林结构，并成为森林经营实践的楷模。而苏联虽然地域辽阔，森林资源丰富，但由于对法正林理论和永续利用原则的批判，也使其欧洲部分的大面积森林遭到砍伐和破坏，导致木材供应困难。在 20 世纪 70 年代后期苏联恢复了法正林理论和永续利用原则在森林经营中的地位。

20 世纪 50 年代初，我国在开发东北天然林区时正值法正林和永续利用原则在苏联被批判的时期，社会主义扩大再生产的原则高于一切，认为天然林枯损率已大于林分生长率，不顾森林生长量、森林更新能力、林区建设能力和林区生态环境承受能力等方面的限制，主张大砍大造，年年过伐，加上营林投入不足，更新欠账不断增加。而实际上人工林到目前仍根本无法取代天然林在木材和其他许多林产品供应中的地位，终于导致了 80 年代后期开始出现并越来越严重的国有林区资源危机、经济危困的局面。由于林区基础设施建设的原有基础极其薄弱，林区经济结构极不合理，独“木”支撑的局面始终难以从根本上得到扭转。在计划经济向市场经济转变过程中，林区经济发展处于更加不利的地位。这种局面更加重了对已经极为有限的天然林的压力，虽然自 80 年代后期开始实施限额采伐制度，但由于森林资源永续利用的基础遭到了严重损害，这项制度在执行过程中遇到的困难和阻力可想而知，落实的程度更差，并没有彻底解决资源过量消耗的问题。在资源危机、经济危困、环境恶化的三重压力下，到 90 年代后期，已经不是单纯的资源问题、木材供应问题、环境问题或国有企业经营状况不良的问题了，而是林区社会稳定、当地人民生活出路的问题。在 1998 年长江和嫩江流域大面积洪涝灾害的触动下，虽然国家下决心加快实施天然林资源保护工程，但显然已经属于“亡羊补牢”之策，由于林区基本问题积累日久，企业转产、下岗人员分流、国家木材供应等一系列问题，都需要放在一个大系统内加以解决，逐步停止砍伐天然林的难度之大，已不是“导向法正林、实现永续利用”可比拟的了。这都是不重视永续利用原则，对法正林理论心存抵触，在森林经营实践中违背自然规律，长期不合理经营积累起来导致区域尺度上社会-经济-环境-资源系统衰退的结果。

无情的现实已经证明，抛弃法正林思想，不遵循永续利用原则，连简单再生产都无法维持，更不要奢谈扩大再生产了。林业再生产的基础是保持森林资源系统的持续再生性，不考虑资源的有限再生性，就谈不到林业的再生产。工业生产在经济合理的情况下甚至可以将工厂、设备等都卖掉重新建立一个全新的企业，但林业经营如果在短期内将森林全部砍光，也许可以得到短期的发展，暂时地扩大生产规模，但失去的是恢复森林的环境基础，也就是维持再生产过程的基础。

(3) 林业扩大再生产的基础

在强调可持续发展思想的今天，扩大再生产问题似乎已经是过时的话题了，但是由于林业扩大再生产问题的历史争论，对林业发展历史的影响如此显著，不容我们不做专门阐述；就林业生产的角度看，扩大再生产确实也是持续发展的一个重要方面，也有必要做专门分析。

林业扩大再生产的基本途径有两条：一是内涵的扩大再生产，二是外延的扩大再生产。内涵的扩大再生产是指通过提高森林经营的科学技术水平，提高森林经营的科技含量，通过林木遗传改良、林地改良和森林结构改良等技术措施，科学规划、合理布局、统筹管理，提高森林资源管理水平，加速森林生长，提高森林资源的可再生性，提高单位面积森林产品和服务的有效供应能力。在此基础上扩大森林利用规模，才是真正有效地和可持续地扩大再生产。外延的扩大再生产是指通过扩大森林面积，增加森林资源，从而增加森林资源系统产品和服务的有效供应能力。在此基础上扩大森林利用规模，也是林业扩大再生产的有效途径。

可见，无论内涵扩大再生产还是外延扩大再生产，都以保持森林生态系统的持续再生性为基本前提。其基础都可以归结为增加森林产品和服务的供应能力，法正蓄积量就是森林生产的基本蓄积量，也是生产"产品"的基本"设备"，经营者只能将生长量作为"产品"加以收获利用，而不能损害作为生产"设备"的基本蓄积量，单纯森林产品利用规模的扩大缺乏森林持续经营的基础，也必然导致严重的经济、生态环境和社会后果。

(4)法正林不是死板的教条

现代学者更倾向于认为法正林是一种理论模型，是现实用材林经营中一种仍充满活力的范式，是一个可供比较的参考系或尺度，但不是唯一的或排他的理论终结。导向法正林是实现永续利用的手段之一，而不是森林经营的最终目的。

模型是现实客观事物的一种抽象表示或简化结构，它必须反映现实且高于现实。既然是一种抽象或简化模式，就必然只是在一定的条件或外部约束下才能成立。当森林经营的外部条件和内部条件都发生了巨大变化后，特别是在人们对森林生态系统产品、服务和文化价值的认识越来越广泛，对森林的服务功能和文化价值越来越重视的今天，就更要求对森林经营模型做必要的调整、补充或完善。在理解和应用过程中，既需要原则性，也需要灵活性，但绝不是抛弃或全盘否定，否则森林经营实践就可以简化为教条和模式的生搬硬套了，当然也无须负责任地和审慎地进行科学决策了。

因此，法正林不是死板的教条，也不是一成不变的"圣经"，但既然北欧国家能够实现，湖南江华和会同的部分地区能够在相当程度上实现(于政中 1993)，就不能认为是空想。不过应当指出的是，将现实森林导向法正状态显然不是森林经营的最终目的，而是实现森林永续利用(可持续利用)的一条途径。森林调整过程缓慢也显然不能作为批判法正林的依据，因为这种缓慢性本质上是由森林生态系统再生过程的速率所决定的，而不是法正林理论和模型所决定的，正视森林再生过程的缓慢性和长期性，是正确对待森林，采取科学合理和可持续的措施经营森林的思想基础。

(5)法正林的明显不足

法正林理论也有一些不足，主要表现在法正林主要着眼于现有林的合理经营与利用，而对如何建立新的森林，进一步扩大森林资源面积，没有给予应有的反映；法正林是根据木材永续利用的原则提出来的一个理想森林结构模型，不适用于其他林种，也无法满足当代森林经营实践中多功能、多目标经营规划的要求。只有对这些不足应有清醒的认识，才能保证在指导森林经营实践中发挥其应有的作用。

法正林的缺点还表现在以下方面：

①法正林是从生产均匀流量木材的永续利用角度发展起来的，由于以生产为导

向，而并不考虑其他生态和社会目标，如法正林并未考虑生物多样性保护的自然保护区经营模式，法正林只支持土地所有者的木材永续利用法正林决策，而并未考虑社区林业等方面的影响，法正林模式中可能缺乏天然林中通常可见的结构和生物多样性。因此，以法正林范式管理的森林，从多用途和生态系统过程观点看是不可持续的。

②从生产观点看，法正林也存在一些问题，例如，每一分期首先砍伐最老林分的要求在生产上是不可行的。此外，偏离收获计划可能与天气状况或道路管理问题有关，特别是在为需要修建道路提供方便的地方，因此，在需要最老龄级收获优先原则在生产上是否可执行时，龄级分配的空间安排是重要的。年预算的波动可能妨碍对法正林土地采用一致的经营措施(如施肥或使用除草剂)。在另一种情况下，当经营技术有了新发展(如整地、遗传学)，这些新技术可能越来越多地用于部分法正林，这会影响这些土地上的林木生长率，有效提高立地指数和与之相关的生产力水平。

③许多其他外部因素可能妨碍土地所有者维持其林分具有完全均等的龄级分配，以及各龄级密度和立木度的水平一致，例如，飓风、火灾、有害生物爆发等自然干扰以及纵火等有害的人为干扰可能影响龄级分配，这可能导致在自然界中很难看到法正林。

13.1.4　广义法正林模型

广义法正林(generalized normal forest)是日本名古屋大学铃木太七教授于 1961 年针对日本民有林森林经营的实际提出的概念，是在计算机技术和数学模型技术日益发展的现实条件下，应用数学手段对森林经营理论进行完善和发展的有益尝试，特别对于森林以个人所有为主体的地区，类似于我国南方集体林区的森林资源管理和规划，具有重要的借鉴价值。

13.1.4.1　广义法正林的概念及其产生背景

(1)广义法正林的概念

广义法正林又可称为一般法正林或扩展的法正林。广义法正林模型认为，当一定地区的森林在不同龄级被采伐或被保留可以被看作是一种概率事件，而且被采伐的概率不变时，经过足够次数的采伐及相应的更新，无论森林的初始林龄结构如何，总能使森林的林龄结构趋于某一稳定状态，这个稳定状态的各龄级面积并不均等，但它是一定采伐策略下的稳定结构，称为广义法正林。因此广义法正林可以理解为针对特定地区提出的，由某一稳定的各龄级林分采伐概率所决定的森林龄级结构稳定状态，是一个理论上稳定的林龄结构不动点。

(2)广义法正林概念的产生背景

广义法正林最初的研究对象是日本的民有用材林，包括私有林和地方公有林，主要是人工林，树种以日本柳杉为主，幼中龄林占优势，而近熟林、成熟林和过熟林占少数。用经典法正林观点来看，是典型不法正的森林，但民有林经过长期的自主采伐，仍能保持林龄结构基本稳定，经铃木太七教授等的研究，认为是一种法正状态。在此基础上提出了广义法正林的概念，并经过了严格的数学证明，建立了数学模型，提出了减反率的计算和确定方法，形成了一套较为完整的理论和技术体系。广义法正林理论是对经典法正林理论的有益补充。

13.1.4.2　广义法正林模型

广义法正林模型的实质是由林龄向量和林龄转移概率矩阵构成的马尔柯夫链及其在林龄空间中的收敛过程。

(1)林龄向量和林龄空间

如果将用各龄级面积反映的森林龄级结构表示为一个 n 维有限向量，则经营单位的森林资源状态可以用不同的林龄向量(age-class vector)表示，资源状态的变化就可以表示为一系列顺序变化的林龄向量。相应地由 n 维向量各分量的值域所定义的，包括了林龄向量所有可能取值的 n 维空间就是林龄空间(age-class space)。如果将森林经营活动简单地看作持续的森林采伐与更新过程，则经营单位内所有森林经营活动引起的森林年龄结构动态变化，都可用不同时期林龄向量在林龄空间中的移动过程来反映。

设某经营单位或地区的森林中，0 龄级，Ⅰ龄级，Ⅱ龄级，Ⅲ龄级，……的林分面积分别为 a_0，a_1，a_2，a_3，…。对于实际的森林资源来说，龄级数总是有限的，其最大龄级设为 n，且设所有林地都能及时更新造林，没有 0 龄级，则该经营单位的森林龄级结构可以用 n 维林龄向量表示为 $a=(a_1, a_2, a_3, \cdots, a_n)$。

若某森林经营单位或地区的森林年龄结构现状见表 13-3，经营分期年数与龄级期年数一致均为 10 年，第一分期采伐最老龄级林分面积 30 hm^2；第二分期采伐最老龄级林分面积 30 hm^2，次老龄级林分面积 20 hm^2，第三分期采伐最老龄级林分 20 hm^2。

表 13-3　经营单位林龄结构现状及采伐规划表

龄级	Ⅰ龄级	Ⅱ龄级	Ⅲ龄级	Ⅳ龄级	Ⅴ龄级	Ⅵ龄级
现状	60	80	20	40	80	
第一分期	50	60	80	20	40	30
第二分期	40	50	60	80	20	30
第三分期	30	40	50	60	80	20

若用林龄向量，可将各分期末的林龄结构状况分别表示为：

现状：$a^{(0)}=(60, 80, 20, 40, 80, 0)$

第一分期末：$a^{(1)}=(50, 60, 80, 20, 40, 30)$

第二分期末：$a^{(2)}=(40, 50, 60, 80, 20, 30)$

第三分期末：$a^{(3)}=(30, 40, 50, 60, 80, 20)$

(2)林龄转移概率矩阵

同样设龄级期年数与分期年数一致，对于现实林中任意 j 龄级的林分，在经过 1 个经营分期后，最多只能有 3 种结果：一是未被采伐林分年龄上升 1 个龄级；二是被采伐后未得到及时更新变成无林地，即 0 龄级；三是被采伐后及时更新变成 1 龄级林分。

对于一个充分大的地域中的森林或足够多的林主的森林来说，如果对森林的采伐年龄没有严格的统一规定或限制，森林的采伐活动由各林主自主决定，则一定年龄的林分是否被采伐，可以被看作是随机的概率事件，可用概率模型加以描述。用 $p_{j,j+1}$、$p_{j,0}$、$p_{j,1}$分别表示 j 龄级林分未被采伐并生长到上一龄级的概率、被采伐后得不到及时更新而变成无林地的概率和被采伐并及时更新变成 j 龄级林分的概率。若设所有的采伐迹地都能得到及时更新，就可以不考虑第 2 种情况，则可一般地将任意 j 龄级林分向任意 k 龄级林分转移的概率记为 $p_{j,k}$，且令 $\boldsymbol{P}=[p_{j,k}]$，则对于任意有限龄级数 n，都有：

$$\boldsymbol{P}=[P_1,\ P_2,\ P_3,\ \cdots,\ P_n]=\begin{bmatrix} p_{1,1} & p_{1,2} & p_{1,3}\cdots p_{1,n} \\ p_{2,1} & p_{2,2} & p_{2,3}\cdots p_{2,n} \\ \vdots & \vdots & \vdots \quad \vdots \\ p_{n,1} & p_{n,2} & p_{n,3}\cdots p_{n,n} \end{bmatrix} \tag{13-13}$$

即为林龄转移概率矩阵。其中除 $P_{j,1}$、$P_{j,j}$ 和 $P_{j,j+1}$外，其他各元素都为 0。

(3) 林龄向量的转移与广义法正林

由于森林采伐、更新和林分的生长，使林龄结构相应地发生变化，即林龄向量在林龄空间内发生转移。当转移概率已知或可求时，这种转移过程可以用转移矩阵模型表示。

例如，从林龄向量 $a^{(0)}$ 到林龄向量 $a^{(1)}$ 的转移即可表示为：

$$a^{(0)}\boldsymbol{P}=a^{(1)} \tag{13-14}$$

即

$$[a_1^{(0)},\ a_2^{(0)},\ \cdots,\ a_n^{(0)}]\times\begin{bmatrix} p_{1,1} & p_{1,2} & p_{1,3}\cdots p_{1,n} \\ p_{2,1} & p_{2,2} & p_{2,3}\cdots p_{2,n} \\ \vdots & \vdots & \vdots \quad \vdots \\ p_{n,1} & p_{n,2} & p_{n,3}\cdots p_{n,n} \end{bmatrix}=[a_1^{(1)},\ a_2^{(1)},\ \cdots,\ a_n^{(1)}] \tag{13-15}$$

若第二分期的林龄转移概率矩阵为 $\boldsymbol{Q}$，则有：

$$a^{(2)}=a^{(1)}Q=a^{(0)}QP \tag{13-16}$$

同理，若以后各分期的转移概率矩阵分别为 $\boldsymbol{R}$、$\boldsymbol{S}$、$\boldsymbol{T}\cdots$时，任意分期末的林龄向量都可以通过与转移概率矩阵相乘求出。

若林龄转移概率矩阵保持不变，即 $\boldsymbol{P}=\boldsymbol{Q}=\boldsymbol{R}=\boldsymbol{S}=\boldsymbol{T}\cdots$，则任意 L 分期末的林龄向量可用下式求出。

$$a^{(L)}=a^{(0)}\boldsymbol{P}^L \tag{13-17}$$

这时，林龄向量在由森林经营单位林地总面积 F 定义的林龄空间内转移的过程，就是一个马尔柯夫过程，转移的轨迹就是一个马尔柯夫链，而且可以证明，当 L 足够大时，$a^{(L)}$趋向于某一个稳定的不动点 a'，这一点的森林结构状态即为广义法正状态，这时的森林年龄结构和森林采伐量趋于稳定，采伐量与生长量保持均衡，如图 13-5 所示。

13.1.5　完全调整林模型

由于古典法正林确实存在一些缺陷，历代林学家根据林业生产实际不断地对法正林学说进行补充、修正和完善。如 1973 年，苏联的阿努钦(А. Л. Анучин)教授以法正林为基础，对法正林的条件进行了修改，提出了 6 项更为灵活的法正林条件。

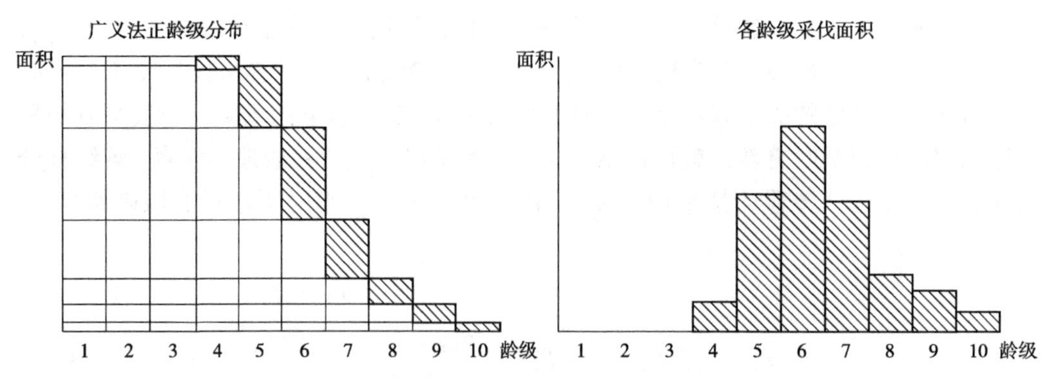

图 13-5 广义法正林模型示意

1977 年，苏联立陶宛农业科学院的安塔纳季克(Аитанатис)教授提出了应具备自然经济区域最适森林覆盖率、林分稳定性、森林龄级分配和合理结构、森林利用永续性和充分性、最优蓄积量和材种结构 5 个基本条件的目标林概念。而美国著名林学家戴维斯(Davis，1954、1966)、克拉特(Clutter et al.，1983)、鲁易斯纳(Leuschner，1984)则同样在法正林理论基础上提出用完全调整林(fully-regulatedforest)取代古典法正林。

(1)完全调整林的概念

完全调整林是对法正林学说的发展和修正，也是为实现永续利用而提出的一种理想森林结构调整模型，并且将同龄林和异龄林的理想森林结构都纳入完全调整林的范畴。鲁易斯纳指出，完全调整林的定义是每年或定期收获蓄积量、大小和质量上大体相等的林木。这个定义是对林木而言，如果预期收获目标是野生狩猎动物、游憩、美学价值或其他产品或服务，也可对相应的收获量给出适当的定义，并且对预期收获物的种类、数量、规格、质量等指标制定出具体的目标。戴维斯和克拉特等则认为，完全调整林仍应当要求各直径级或龄级的林木保持适当的比例，能够每年或定期取得数量大致相等、达到期望大小的收获量。这就要求具有各个径级和龄级的林木，并保证有大致相等数量的蓄积量可供每年或定期采伐。克拉特认为，在一定的采伐水平上，能保持森林龄级或径级结构稳定的森林，就是完全调整林。

完全调整林的上述概念既适用于同龄林经营也适用于异龄林经营，它完全继承了法正林理论的基本思想和基本技术指标，但对森林结构的规定更加灵活也更加现实。因此，完全调整林可以概括为，根据实现森林永续利用的要求，针对现实森林资源的特点，通过对森林的不断经营与利用，调整其结构，使之达到满足永续利用要求的秩序，并且在预定的相对稳定的采伐水平上保持森林结构的稳定性，这样的森林便可称为完全调整林。

(2)完全调整林模型

虽然一些林学家倾向于为完全调整林规定一个更为灵活和宽泛的概念，但包括戴维斯、克拉特等在内的许多林学家仍然认为，应当对完全调整林的结构特点做出一些具体规定。

①林分和经营单位的林木径级分布应当符合林学和森林生态学的要求，并使其具备高森林稳定性、高森林生长量和高产品质量的要求。为此，在林分水平和经营单位

水平上分别提出了林木径级结构模型，如图 13-6 所示。

②就同龄林而言，经营单位应当具有各林龄面积分配相对均衡的龄级结构。

③各龄级林分都应当具有与其林龄和立地条件相符合的单位面积蓄积量和生长量。

(3) 完全调整林的特点

与法正林相比，完全调整林主要具有以下特点：

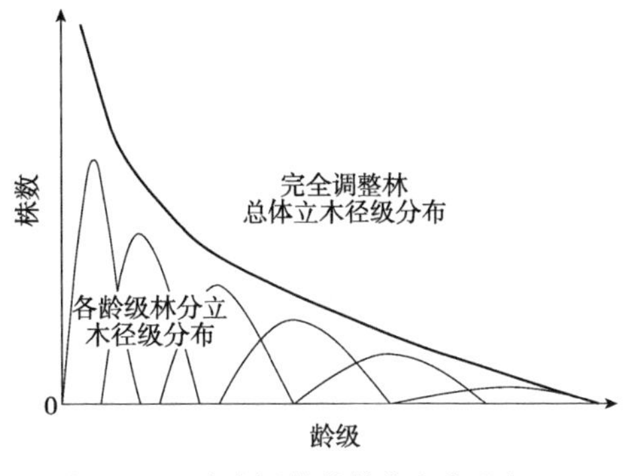

图 13-6　完全调整林林分和作业级立木径级结构示意

①要求林分及经营单位内的林木株数按径级分布要符合林学和生态学要求。其实质是要求对森林进行积极经营，及时采取合理的经营措施，使林分保持良好的稳定状态，促进林木生长，保持林分生产力，并取得中间利用。

②要求经营单位的各龄级面积分配均衡，但并不要求严格的空间配置，可根据实际进行合理安排，并强调生产单位的整体合理性。

③没有规定法正蓄积量和法正生长量，但强调林分蓄积量和生长量应与其立地条件和林龄保持相应的一致性。

④完全调整林的森林采伐量不仅包括主伐量，也包括间伐量，但仍以生长量控制采伐量，如图 13-7 所示。

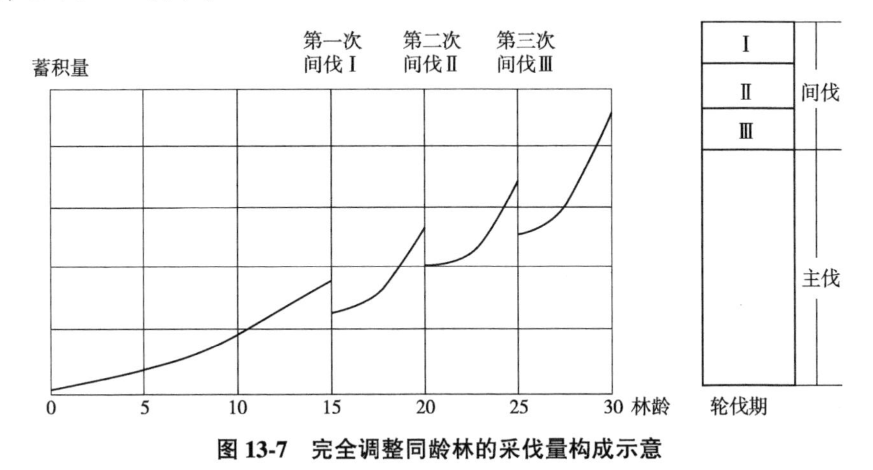

图 13-7　完全调整同龄林的采伐量构成示意

法正林与完全调整林的联系十分密切，但两者是不同的概念。所有的法正林都是完全调整林，但并非所有的调整林都是法正林。

(4) 对完全调整林的评价

完全调整林与法正林的相同点：

①与法正林的经营目标类似，都立足于生产可预测且可持续的木材。

②与法正林一样，需要为经营单位确定理想的轮伐龄。

③作为经营模型仍然维持与法正林一样的 3 个作业假设，即没有林龄高于期望轮伐龄的林分；主伐(皆伐)决策首先选择最老林分；经营单位的所有林分使用同一套相作业方案；这些假设在生物和作业上的限定说明仍然起作用。

完全调整林与法正林的不同点：

①调整林模式在实际森林经营规划相关的假定较为宽松，如森林的可持续收获水平(及其采用的轮伐龄)可以有微调，并可用不同经营强度来维持。

②完全调整林的目标是趋近法正林，但并不设想在每个土地单位都始终保持完满立木度，而木材产量和质量可能在保持大致相同的情况下有所波动，但森林现存量、收获量和生长量之间保持一种稳定关系。

③调整林允许整个景观的立地指数有一定差异，不必像法正林一样假定其完全一致。

④调整林也假定整个景观的树种存在一些多样性，或存在不同的树种混交比，承认在立木度、密度和结构状况等方面潜在的差异，而同一龄级的林分在达到下一个龄级时，林分可能之间彼此不同。

(5)调整林的实例和实用性

土地所有者或机构将不满足调整林假设的森林转变为调整林的主要的理由通常是期望在未来获得更确定的预期森林结构、木材收获等森林经营结果。它也倾向于否定或接受许多与经营不相关，但必定随时间变化的环境、社会和经济方面的不确定性(如火灾、市场的变化)。尽管如此，美国在20世纪80年代和90年代早期制定的许多国有林计划中，形成完全调整林还是经营重点，并成为制定森林经营计划决策的指导。例如，美国俄勒冈州昂普夸(Umpqua)国有林森林计划就拟定了经营区(计划的木材收获区域)的森林将成为大小不同、年龄各异的林分镶嵌体，理想状态是供商品林收获利用的调整林，不同龄级和径级的林分各占一定比例，保持良好的生长状态并能维持高水平的木材收获。比特(Beuter)认为它可能更适宜于作为森林经营决策指导而非实际的森林经营理想目标，例如，依据净现值最大化目标制定森林经营计划，不一定能导向完全调整林状况(取决于森林的最初龄级分配)，但通过增加森林计划的政策约束，对定期木材流量、现金流量和采取措施的面积进行控制，能够制定一个导向调整林计划。

用现在的观点看待完全调整林的适用性则表现出以下几点：

①考虑森林的多功能和森林经营的多目标性不够充分，影响其在森林经营决策中的应用。完全调整林与法正林类似，调整林是森林经营的未来理想状况，与商品材收获为目标的部分国有林有关，而许多国有林计划还包括与许多其他资源相关的经营目标(如野生动物、娱乐、渔业等)，这可能进一步限制了其在实际林业决策中的应用。

②不利于鼓励森林所有者重视森林的公益性价值。虽然后期的调整林与强调森林经营的生态和社会价值的趋势取得一致，但坚持调整林观念的管理者还是将森林主要局限于提供森林商品，忽视了森林的其他内在价值(如老龄林、荒野区和生态系统的存在价值)。

③在复杂的外部经济社会环境下，实际也无法保持森林经营的稳定性。在完全调整林应用中用来预测森林经营稳定性指标(如收入、就业等)，可能受地方和区域外其他因素的影响如市场的全球化、木材工业的经济多样化、利率的变化等，可能比预定木材收获量的影响更大。

13.1.6 龄级法森林结构调整措施

13.1.6.1 龄级法的概念

龄级法(age-class method，alters klassen methode)是在法正林理论基础上为落实收获

调整措施而建立的规划设计方法。在折中平分法基础上演变而成，在整个经营单位编制龄级表，着重就现实森林整个经营单位内的各龄级分配情况与法正龄级分配相比较，在既定的轮伐期前提下，选定近期(10~20 年)应采伐龄级的林分，考虑各龄级所占的面积均匀情况做出采伐计划及合理采伐顺序。

在法正林的框架下，龄级法逐步发展完善，逐步成为同龄林经营模式的实际操作方法。龄级法是按森林经营类型(即作业级)确定经营要素，按龄级提出经营利用措施，根据所属经营类型和龄级，将各小班对号入座到森林经营措施类型中，方便组织森林经营。森林经营类型是地域上一般不相连接，但目的树种、经营周期、作业法相同，可以进行统一施业的小班组成的集合体。它是实行法正林定向培育和营林技术设计标准化的森林经理单位，也是组织森林经营的基本单位。所以，应用龄级法一定要认真组织森林经营类型。换而言之，龄级法就是在林种区内将经营目的相同，可以采取相同的经营措施，而且有相同的经营技术要素的许多不同林龄的小班组织起来，形成一个经营整体——经营类型，在经营类型内按龄级设计各种经营利用措施并分别以小班为单位实施。这种在经营类型内按龄级设计经营措施，并按龄级分小班实施的经理方法称为龄级法。

龄级法的实质是分别经营类型设计各类型中不同年龄阶段(龄级)的经营利用措施，在经营周期内，按各经营类型内各小班的林龄，以小班为单位实施为该林龄林分所设计的经营措施，以达到经营措施科学化、系统化和规范化。

13.1.6.2　经典龄级法

龄级法是尤德希(Judeich)于 1871 年正式命名的，斯托泽(Stotzer)称之为限制平分法，古滕伯格(Guttenberg)认为，虽然把纯粹龄级法称为限制平分法，把林分经济法作为另一种收获调整法，但两者都属于龄级法的范畴。经典龄级法适用于皆伐作业法的收获调整，把森林面积的龄级分配均匀作为永续收获的基础，在一定期间内进行施业案修订，确定第一施业期 10~20 年的材积收获量，并且都要指定采伐对象。

(1)纯粹龄级法

纯粹龄级法是 19 世纪初在德国撒克逊州实施折中平分法过程中逐渐形成和发展起来的，库塔曾极力提倡过这种方法。该方法不重视采伐方案的编制，而把重点放在收获量预定上。该方法曾广泛应用于各种皆伐和渐伐作业法。19 世纪 60 年代在德国撒克逊州的实践中利用该方法计算标准年伐量的步骤如下：

①调查现实林的各龄级面积，按一定轮伐期计算法正各龄级面积，比较现实龄级面积分配与法正龄级面积分配之间的差异，编成龄级分配比较表，核定经理期的标准采伐面积。

②按下列原则选定本经理期的采伐对象：

a. 尽量选择高龄级的林分。

b. 按照法正林分配置的要求选定采伐对象，必要时采用离伐法。

c. 使合计采伐面积尽可能接近法正面积。

③将经理期采伐对象的伐期蓄积量作为经理期的收获预定量，并计算标准年伐量。

纯粹龄级法致力于使森林达到法正龄级分配和法正林分配置的要求，把龄级作为收获的基础，并从老龄林分开始采伐，按照上述步骤安排今后 10~20 年(经理期)的作业计划，每隔一定期间编制施业案，并对过去的更新、抚育和收获等方面的效果进行分析，在此基础上确定适当的收获量。

(2) 林分经济法

林分经济法是尤德希于 1871 年以旧龄级法作为基础提出的一种改进方法，最初在德国撒克逊州国有林中采用。其关键步骤如下：

①在作业级内编制采伐列区计划，设计 2～3 个林班组成的不完全采伐列区，分别各采伐列区确定采伐顺序，必要时设计离伐带，把采伐列区分隔开来。

②计算土地期望价，确定土地期望价最大的轮伐期，可因经济情况变动而有 10～20 年的变动幅度。

③按下列顺序选定本经理期的采伐对象，合计为经理期的采伐对象：

a. 从施业要求上需要采伐的林分，如离伐带的林分。

b. 明显达到成熟期的林分。

c. 为整顿采伐顺序不得不进行牺牲伐的林分。

d. 根据指率计算结果，成熟与否不明确的林分。

④对上述收获方案进行必要的调节，依据龄级分配关系或法正定期采伐面积调节并确定最终采伐对象。

⑤将预定采伐对象的现实蓄积量加上其半个经理期的生长量作为本经理期收获量，按经理期平均分配作为标准年伐量。

纯粹龄级法是把全林作为施业对象，更重视将来能实现法正状态，而林分经济法以林分为施业单位，认为只要对各林分的措施经济合理，那么对全林的施业也经济合理，重点偏向当前的经济合理性，导致过分追求收益性，反复进行短伐期皆伐作业，容易造成地力衰退，因而受到了一定的批评。

(3) 等面积法

为了克服纯粹龄级法和林分经济法的缺点，根据米克利茨(Micklitz)的提议，古德(Güde)于 1931 年发表了等面积龄级法，简称等面积法。

等面积法也要求通过对现实林各龄级面积和法正龄级面积进行比较，核定标准采伐面积，然后决定第一施业期的预定采伐对象，不同点主要表现在以下方面：

①根据伐期平均生长量，结合地位级和立木度，将不同树种和不同林分的面积换算为具有同等收获能力的面积，即等面积或称改位面积。如现实面积为 A_w，伐期生长量为 Z_d，标准伐期生长量为 Z_n，则改位等面积 A_g 为：

$$A_g = A_w \times \frac{Z_d}{Z_n} \tag{13-18}$$

②编制改位面积龄级分配比较表，按改位面积计算出标准采伐面积。

③以标准采伐面积乘以施业期应采伐老龄级林分的面积加权平均林龄和每公顷平均伐期生长量，求算标准采伐材积。

一般情况下，伐期前后的林分平均生长量相差不大，如果应采伐老龄级平均林龄与轮伐期相差不大，上述计算的标准采伐蓄积量与按轮伐期计算的结果相差也很小。

总之，其中，纯粹龄级法把重点放在材积的永续收获，林分经济法把重点放在经济性上，两者同样遭到不少批判。特别是林分经济法，容易出现营造短伐期针叶纯林的倾向，引起林地生产条件恶化、生长量减退、森林健康和稳定性下降等问题，而面积法就是进入 20 世纪以后发展出的各种折中法之一。

13.1.6.3　龄级法的应用

(1)龄级法的应用要点

①把经理对象组织成若干作业级(森林经营类型)。把所有小班分别纳入不同的作业级，以作业级为组织经营的基本单位，目的树种、经营周期(轮伐期)、作业法落实到作业级。

②按优势树种的生长发育规律确定龄级期，并根据轮伐期划分龄组。

③编制龄级表。把小班分别编入相应龄级表中，通过龄级表对作业级的龄级结构与法正龄级结构进行对照，收获调整力求作业级形成有利于森林永续利用的龄级结构。

④以伐区式作业为主要作业法。在作业级内设置采伐列区，采伐列区边缘有林衣保护，列区内按一定空间秩序排列伐区，把采伐列区的设置作为调整林分空间秩序的手段。

⑤以龄级(或龄组)为确定收获调整对象的基础。率先采伐高龄级林分，采用若干个适当的公式计算年伐量，以各龄级年平均生长量作为预定年伐量调节的依据。

⑥分别作业级设计各龄级的营林措施，并将本经理期内的营林措施落实到小班。

龄级法的关键是，以经营类型为单位为不同林龄(龄级)的林分设计经营利用措施，并且在经理期内根据经营类型内各小班的林龄确定经营措施，分别以小班为单位实施。其中，合理组织森林经营类型是龄级法应用的前提，编制森林经营类型设计表是龄级法应用的核心内容，正确划定小班的森林经营类型归属、确定小班经营利用措施和进行森林调整规划是龄级法实施的具体步骤，3 个环节紧密相扣、缺一不可。

对于一个林场来说，在进行规划之前就应当根据林场的现有经营条件、技术水平、资源结构和当地国民经济对林场林业生产的要求，通过全面分析论证，结合过去林场经营状况，提出本场应当组织哪些经营类型，细致程度如何，大体规模如何。在此原则指导下，结合过去的经验和教训，在充分调查研究的基础上，编制“森林经营类型设计表”。编制森林经营类型设计表要充分反映林业技术最新成果和成功经验，使设计表中的技术具有先进性、可行性和合理性，满足森林经营目标的要求。森林经营类型设计表的内容一般应包括：森林经营类型的名称；森林经营类型代码；森林经营类型所要求的立地条件(立地类型、地位级、地位指数、林型)；森林经营类型确定的目的树种(指优势树种)；森林经营类型的培育目标或材种规格；森林经营类型的主伐年龄；森林经营类型的龄级期年数；森林经营类型各龄级的最低生长指标；森林经营类型的采伐剩余物处理方法和整地方法；森林经营类型的更新促进方法和造林方法；森林经营类型的幼林抚育措施、密度控制和树种控制措施；森林经营类型的成林抚育措施；森林经营类型的作业法。

编制森林经营类型设计表时，除了上述根据林场总体情况确定编制哪些经营类型的设计表外，对某一个经营类型就要根据树种、立地条件、林分类型，分析其生长发育规律，确定诸如主伐年龄(轮伐期)、龄级期、生长量指标等技术要素，结合总结过去的经营教训，遵循既科学合理，又切实可行的原则，制定经营类型各林龄阶段的经营措施。

对于经过合理经营的小班，其近期应采取的经营措施可以直接从表中对照小班的林龄相应找到不同林龄林分的经营利用措施。对于未经经营活动或者是一些过去采用了不合理经营措施的小班，要以森林经营类型设计表为依据，结合小班实际情况，针对性地灵活确定合理经营措施。在确定了各小班经营措施的基础上编制森林经营措施类型表，统计各种工作量，为合理安排前半期的年度工作量创造条件。

(2)龄级法的优点

龄级法自形成100多年来仍在不少国家不同程度地应用于森林经营实践中，其优点表现在以下方面：

①龄级法适用于同龄林经营。同龄林经营的更新期短，更新可靠迅速，易于更换树种，主伐和间伐的作业技术简便易行，特别适用于培育速生丰产林。

②把小班组织成作业级，有利于减少设计工作量。按作业级设计营林措施有利于实现设计的规范化，并能把典型设计落实到小班。

③把龄级作为收获调整和营林措施设计的基础，符合林木生长发育规律，便于作业人员施工。

(3)龄级法的局限性

在森林经理实践中龄级法的应用也存在一些局限性，具体表现在以下方面：

①在面积较小，不能构成完整龄级系列的作业级中，单个作业级不易形成永续经营单位。日本曾用施业团取代作业级。施业团是在地域施业计划区内统一组织的营林设计标准化施业单位，不是永续单位。我国的森林经营类型主要作用也是营林设计标准化的施业单位。

②龄级法要求安排本经理期的采伐列区，在地形复杂、林分分散的林区难以实现。我国南方集体林区习惯采用小面积皆伐，只要安排好采伐顺序，实行人工更新，不必安排采伐列区及林衣，同样能达到调整龄级结构的目的。

③龄级法仅适用于单纯同龄商品用材林经营，不能应用于混交异龄林经营或其他林种。

(4)龄级法在我国森林经营实践中的应用

在我国森林经营实践中(森林经营方案编制和总体设计)，一般认为采用的是龄级法，早期也组织了森林经营类型，在20世纪50年代进行经理调查时都要求编制立木龄级表(又称大龄级表)，在《森林资源调查主要技术规定》中列为必须完成的统计表格之一，是反映各经营类型的龄级结构和平均调查因子的统计分析表格。但由于当时存在“重采轻育”的情况，体现在森林经营方案编制上，营林工作部分重视不够，大多数森林经营方案并没有按龄级法的要求进行规划设计，即没有按经营类型设计作业法及相应的龄级的营林措施，后期连龄级表也被忽视，习惯于编制森林经营类型表和造林类型设计表作为森林经营设计的主体。

需要指出的是，森林经营类型表中森林经营类型本经理期，甚至是近期(前半期)预计需要采取相同经营措施的林分或小班的临时组合，实际应该称为经营措施类型，如经营利用型、抚育间伐型、林分改造型等。设计这种森林经营类型表和组织这种类型只是为了便于措施设计的归类及方案编制中营林工作量的统计，实际上并没有真正组织起森林经营类型，也没有按龄级设计营林措施。

20 世纪 90 年代，一些学者提出恢复改进龄级表，编制森林经营类型设计表，在改进的基础上落实龄级法的建议，规定各经营类型在不同年龄阶段应采取的经营利用措施，按经营类型提供一套森林作业法技术体系，以经营类型设计表为主要依据，确定本经营期内具体小班的经营措施，但没有受到重视，没有列入相关技术规程和规范中。

在现代森林经理学中，龄级法作为一种重要的森林经理方法仍处于重要地位。由于这种方法的适用性较强，与永续利用的要求较为符合，已超出森林收获预订的范围，成为目前世界林业生产和森林经理中普遍采用的森林经营规划设计方法。

立地分类表、造林类型表、森林经营类型表是使用龄级法的 3 个重要表格，在森林经营中，注重这 3 个表格的使用有助于在森林经营单位范围内确立龄级结构的合理收获调整方法，同时为林分全周期经营奠定基础，是森林多功能经营的基础和实现途径。

13.1.7 同龄林经营的皆伐方法

选择和确定森林作业法是森林经营的核心内容。选择和确定森林作业法的总体目的是，在森林经营约束条件下，最大限度地实现森林经营目标。这些约束条件包括自然条件、森林生物学特性、社会经济条件和经营技术条件等。

根据森林作业法的目的，选择确定森林作业法主要受 4 方面因素的限制：森林采伐量、保障森林的有效更新、提高作业效率、调整林分结构和森林景观结构。选择和确定森林作业法是森林永续利用的前提，更是森林结构未来调整的关键环节。

常见的森林作业法分类如图 13-8 所示。

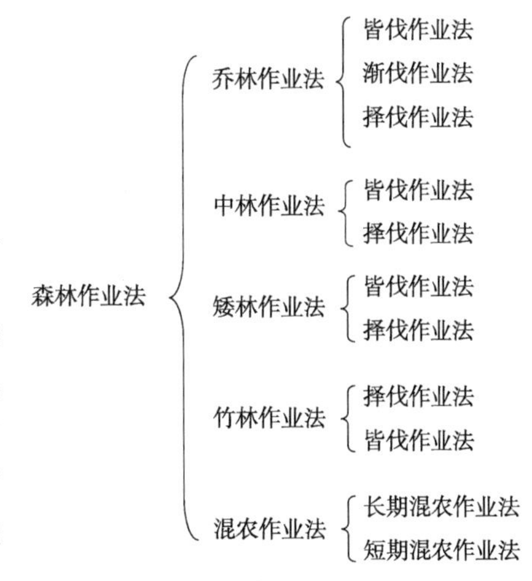

图 13-8 常见森林作业法分类

(1)乔林作业法

乔林是指通过实生更新形成的林分，一般有较长的寿命，林分高大、干形通直、材质优良，适于培养优质大径材。这种林分可采取皆伐作业法、渐伐作业法和择伐作业法 3 种。

皆伐作业林分适应于单层同龄林，能保持森林生产的连续性和经济性，以便于相对集中、规模较大的方式组织种植更新和采伐收获，避免间歇式、发作式的生产。皆伐作业法在 18 世纪就广为采用，至今仍然是当今世界运用最为广泛的森林作业法。

渐伐作业法适用于多树种混交的相对同龄林，是有效促进森林更新的一种森林作业法。

择伐作业法适用于异龄林，通过择伐创造有利于更新的森林条件，是促使森林不断实现局部更新，地面始终保持森林覆被的森林作业法。

(2)中林作业法

中林是指同时有乔林林木和矮林林木的林分。中林作业法是在同一地段上用无性更新方法培育小径材或薪炭材，又用实生林生产大径材的森林作业方法，是在同一林分实现不同规格材种的用材林重要森林作业法。

(3)矮林作业法

矮林或称克隆林(colonel forest)一般是指由萌芽、根蘖或插条等无性繁殖方式更新形成的林分，矮林的前期生长快，但林分生长发育期短，树高达不到实生林分的高度，干形和材质较差，在较小径级就容易出现心腐，只适于培养中小径材和薪炭材。矮林作业法是一种古老的森林作业法，2000 年前，农学家 Cato 记录了当时流行的柳树矮林经营技术，矮林作业法主要用于生产篮筐编织、篱笆栏、粗杂材、纸浆材、纤维板材、薪炭材等所需要的原材料，它又可分为适用于同龄林的皆伐作业法和适用于异龄林的择伐作业法。

所谓伐区式作业法是与择伐作业法相对而言的，具有不同的采伐方式及相应更新特点。伐区式作业法的特点是采伐后形成明显缺乏林木覆盖的伐区，经更新一般形成同龄林。与此对应的择伐作业法与伐区式作业法相比，伐区不明显，伐后经过更新一般形成异龄林。

同龄林森林经营作业法主要包括皆伐作业法和渐伐作业法两种，其中以皆伐作业法使用最为广泛。

永续利用思想、法正林模式和森林收获调整方法是传统森林经理学的基础，它以同龄林森林培育体系为主要培育体系，以木材生产为主要经营目标，以皆伐后植苗更新为主要造林方式，以多次抚育间伐为副林木主要经营过程，以皆伐作为主林木收获的主要途径，以皆伐作业法为主要营林作业法。

13.1.8 温带落叶阔叶混交林同龄林渐伐作业法

乔林渐伐作业法(high forest shelter-wood cutting system)属于乔林皆伐作业法的一种变型。所谓渐伐就是在成熟林伐区内分 2~4 次逐渐将全部林木伐尽。其目的在于防止林地突然裸露，通过数次采伐，逐渐稀疏林木，使伐区保持一定的森林环境，以促进林木结实、下种萌芽成苗和保护幼树，达到促进更新的目的。

渐伐作业法是属于前更作业(advance reproduction system)性质的作业法，即在林木全部被采伐前完成更新过程，采伐分次进行，采伐的过程也是更新的过程，这个过程一般不超过 1~2 个龄级期。由于渐伐能在较大范围内调整林分的密度，在林地上造成不同程度的庇荫条件，可以为一个乃至几个不同树种创造适合更新所需的环境条件。同时，由于其种子来源丰富、下种较均匀，更新后能保证充足的幼苗，在同龄林作业法中具有较大的灵活性，因而备受重视。我国大兴安岭林区的兴安落叶松林曾采用二次渐伐法，间隔期不超过 20 年。

典型的渐伐作业法包括 4 次渐伐，即预备伐、下种伐、受光伐和后伐。但实际应用时多数不分 4 次，而是根据树种特性和立地条件，以 3 次渐伐居多，即下种伐、受光伐和后伐，甚至采用 2 次渐伐法。如果采伐过快，幼苗在短期内暴露在急剧变化的环境下，容易造成幼苗大量死亡，同时也有可能使林下灌木和杂草过快生长，对幼苗生长不利。保持一定程度的庇荫，有利于控制地被物的生长，为更新创造较好的条件。但采用几次渐伐应根据树种特性、森林类型及经济技术条件综合确定。

根据伐区配置形式和伐区形状的不同，渐伐作业法还可分为多种形式，如全面渐伐、带状渐伐和孔状渐伐等。全面渐伐是每次采伐都在整个林地上均匀地进行全面采伐，全面渐伐能更好地保证形成均匀一致的同龄林。带状渐伐是首先将林地划分成一定宽度的采伐带，分带分期采用渐伐作业法。这种作业法具有保持林地稳定性和延长采伐期限的作用，在一个带上进行受光伐时，利用相邻的下种伐采伐带进行集材，可以减少对幼苗幼树的损伤。楔形渐伐作业法是带状渐伐的进一步修正和完善。孔状渐伐作业法曾被称为孔状伞伐作业法，是渐伐作业法的另一种类型，其伐区不规则地分散在整个采伐林地上。其具体做法是：先进行预备伐开辟一个林窗，过几年后再进行下种伐，同时在此林窗周围10~20 m宽的范围内进行预备伐，再过几年在林窗内进行后伐，并对第1个扩充带进行下种伐，同时再进一步开辟第2个扩充带进行预备伐，当第1个扩充带进行后伐时，第2个扩充带就可进行下种伐。以此类推，使采伐更新区逐渐扩大，直至全林采伐更新完毕。

渐伐作业法特别适用于混交相对同龄林经营中保证天然更新并保持其混交结构。欧洲温带针阔叶混交林主要采用这一营林作业方法。其混交林由欧洲冷杉(极耐阴)、欧洲山毛榉(耐阴)、挪威云杉(耐阴)和欧洲落叶松(强喜光)组成。采用带状渐伐作业法要求保证继续经营混交同龄林，其通过间伐作业体系的4次采伐确保各树种的有效更新，然后通过疏伐把树种组成控制在挪威云杉65%~75%、欧洲山毛榉15%~20%，欧洲冷杉5%~10%和欧洲落叶松5%的水平上，实现混交相对同龄林可持续经营。间伐作业法示意如图13-9所示。

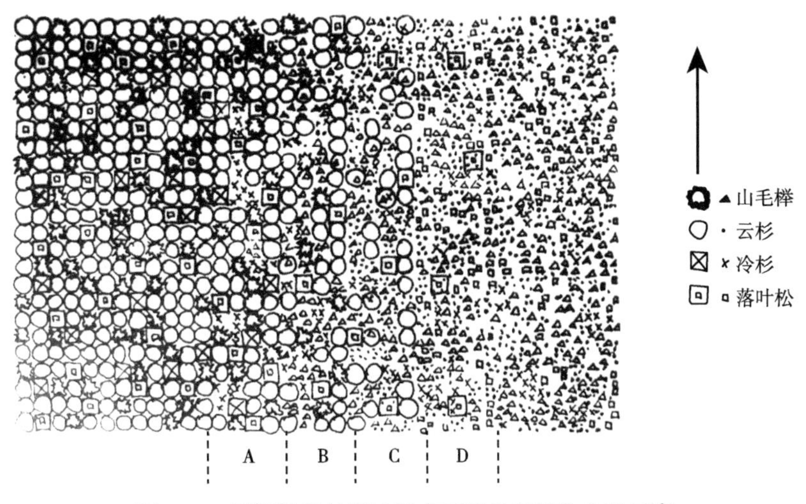

图13-9　欧洲温带针阔叶混交同龄林渐伐作业法示意

应当指出，上述作业法操作复杂，生产效率低，因而渐伐作业法在我国应用并不十分普遍，仅适用于珍贵用材树种，培养珍贵大径材或者其他有特殊要求的森林等。

13.2　异龄林择伐作业法

择伐作业的先驱德国林学家盖耶尔主张耐阴树种适宜异龄复层混交林，后来Moller、Engler、Balsiger、Ammon等也都积极主张择伐。法国林学家顾尔诺主张集约择伐，他的工作方法称为检查法，就是以一定的林班为检查的单位，进行时间和空间的定期清查并回到同一起点，用两次清查的结果(生长量)作为采伐量，用这种检查的结果来改进异龄林的结构，一切都是实验性的，所以是归纳性的方法。继林学家顾尔诺之后，受林学家顾尔诺检查法的启发，把经营和利用结合起来，不断进行检查。他所用的周期不等于择伐周期(回归年)，而是上升一个直径阶所需要的年数。我国的异龄林择伐作业法大体经历了粗放径级择伐—采育兼顾伐(采育择伐)—检查法 3 个发展阶段。

13. 2. 1 径级择伐法

林业生产过程中，径级择伐是简单、科学、可操作性很强的一种择伐技术方法，一般情况下，根据林分生长状况与择伐周期确定伐除林木的径级。因此，径级择伐也称粗放择伐，在我国东北地区森林经营中曾称为“拔大毛”。它根据工艺成熟的要求规定了采伐起始径级，因而往往造成采伐强度过大，郁闭度减小，影响森林的迅速恢复，水土流失比较严重。此外，由于不分别树种，凡不达径级标准的不进行采伐，较多地保留了非目的树种，影响了伐后的林分质量，因而普遍造成径级择伐林分的衰退。在径级择伐中，我国普遍采用“三砍三留”原则(砍劣留优，砍密留稀，砍小留大)和“四个一起”原则(主干材和枝杈材一起造材、一起集材、一起装车、采伐清场一起进行)搞好中幼龄林抚育间伐问题，避免出现“拔大毛”的现象，减小采伐对林地破坏和未来更新造成的影响。由于径级择伐作业法存在容易造成林分破坏、难以保证更新、采伐后的林相残破等多方面不利因素，已逐渐被淘汰。

在径级择伐中一般采用按择伐径级数确定择伐周期的方法，在该方法中确定的采伐径级数和保留木的生长率是主要参数。现举例说明其计算步骤。

【例 13-1】一个异龄林经营类型，经调查取得现有立木生长到各径级所需要的平均年数见表 13-4。

表 13-4 异龄林立木生长到各径级时所需要的时间

径级	26	28	30	32	34	36
平均年龄(年)	80	83	87	91	96	102

对于上述异龄林经营类型，如果确定采伐径级为 30 以上，则择伐周期为 102-87=15(年)；如果确定采伐径级为 28 以上，则择伐周期为 102-83=19(年)；如果确定采伐径级为 26 以上，则择伐周期为 102-80=22(年)。

显然，上述确定的择伐周期是否合理可行，首先取决于调查数据的代表性；同时，由于在不同立木度和径级结构的异龄林中，立木直径生长过程有很大差异，择伐以后很难保证按期恢复到伐前的立木度的林分基本结构，其技术可靠性较差。

13. 2. 2 小班经营法

13. 2. 2. 1 小班经营法经营技术体系

(1) 小班经营法的概念

小班经营法是将地域上相邻，并且在立地质量、树种组成、林龄、林况相近的一个或几个调查小班组织起来，形成一个具有相同经营目的、采用相同经营措施的经营单位——经营小班。在经营小班中根据小班的经营目的、立地条件和林分状况，设计相应地从现阶段直到采伐的经营措施，每个经营小班都设计一套与其经营目标和小班条件相适应的森林作业法。这种按经营小班设计一套经营措施，并按小班实施经营措施的经营方式(经理方法)称为小班经营法。

小班经营法的核心是按经营小班进行设计和施工作业。经营小班内的立地、林况等方面的差异要比经营类型小，而且林龄基本一致，结合林分实际情况，更能充分发挥林地生产力，实现集约经营科学管理。因此，小班经营法是比龄级法更为集约的经理方法。

(2) 小班经营法的特点

概括起来小班经营法有以下 4 方面的特点：

①小班经营法要求区划成固定的经营小班。

②小班经营法的作业法以集约择伐作业法为主，但并不绝对。

③小班经营法要求对经营小班的林地质量、林分现状及其生长量进行详细调查，并单独计算采伐量。

④采用小班经营法时，经营技术要素的确定、各项经营措施设计和实施都要落实到具体的经营小班。

(3) 龄级法和小班经营法的比较

龄级法和小班经营法各有其特点和适用范围。在森林经理工作中，可以根据实际情况分别不同对象应用不同方法，特别对于多种森林类型和多个经营目标的单位，应综合应用两种方法，而不应只接受一种方法而排斥另一种方法。

对于龄级法和小班经营法，可以从以下几个方面理解其差异和不同的适用性(表 13-5)，以便在实际工作中灵活应用。

表 13-5　龄级法和小班经营法比较

项目	龄级法	小班经营法
森林经营措施规划设计单位	经营类型(作业级)	经营小班
采伐量计算依据	经营类型总平均生长量	经营小班连年生长量
作业法	以各种伐区式作业法为主	以集约择伐作业法为主
产品类型	各种林产品	珍贵和优质大径材
管理成本	略低	略高
规划设计成本	低	高
技术要求	较低	较高
土地利用程度	不完全	较完全
其他服务功能	较差	较好
适用对象	商品林	特种商品林或特殊公益林

(4) 小班经营法的应用

小班经营法适用于经济条件较好，经营水平高，技术力量较强的林区，或者是林场内的个别林种区或个别林分，必须有详细的森林资源调查、立地条件调查成果作为基础，调查很粗放就无法组织经营小班，也无法分析林分生长发育特点和规律，就不可能设计出有针对性的切合实际的经营措施来。

在实际工作中，可以在野外结合小班调查，直接把部分林分划出来，划成固定的经营小班。也可以在二类调查的基础上，通过二类调查成果内业分析把相邻的一些小班合并或把一个调查小班划定为经营小班，必要时进行一些补充调查和区划。对经营小班的区划要有明显界标，在图上也要单独区划出来。

在我国的森林经营中，小班经营法作为重点林区的森林经营模式，曾得到广泛应用，在主要林区的经营中发挥了重要作用。根据其发展阶段，我国小班经营法可分为东北地区森林经营的“栽针补阔”和“采育择伐”、采育林作业的逐步完善、中国次生林作业法和甘肃小陇山天然次生林综合培育途径等4个阶段。

13.2.2.2 东北地区森林经营的“栽针补阔”和“采育择伐”

(1)“栽针补阔”的提出

栽针保阔的含义是：人工栽植针叶树(主要指红松)，保留天然更新的多种阔叶树，形成针阔混交林。该理论是基于阔叶红松林的东北东部山区地带性顶极群落及其稳定性而提出，而且是在尊重、强调自然规律的同时，充分利用天然生产潜力，最大限度发挥系统中的生物潜能。

徐振邦等(2001)通过对长白山红松阔叶混交林森林天然更新的变化规律的研究得出，在大部分的阔叶红松林中，除了林冠比较郁闭的地方外，针叶林包括红松林在内的天然更新通常稀少，仅有幼苗幼树1000株/hm^2，其中大部分是阔叶树，择伐迹地由于林下植被茂密，常常缺乏更新。所以在天然次生林内人工补植红松幼苗，有利于促进森林更新，恢复顶极群落的生活性结构，形成人为调整的针阔混交林，对于林内的阔叶树种，由萌生起源阶段转变为实生起源，使其天然更新能力逐步加强。经“栽针保阔”形成的复层结构的林分，有利于光线进入林内，提高了天然次生林内的物种多样性，不仅加快了演替速度，还提高了天然次生林的稳定性，有利于更好地维持林内的生态平衡，提高其自身的抗干扰能力，充分发挥其生态效益作用。“栽针保阔”可以解决天然次生林内红松等针叶树种缺乏或更新状况不良的问题。在宏观结构上，原始红松林经过强烈的人为干扰后形成的天然次生林大部分地区失去红松优势；但在生活型谱上，它既不同于暖温带落叶阔叶林，也不是该地区的基带，仍属温带针阔混交林。

栽针保阔作为天然次生林实行全面综合经营的总途径是科学的、正确的，但“栽针保阔”并不是次生林改造的一种经营措施，而是对本区域的天然次生林实行全面综合经营的总途径，该理论的某些方面还需时间的检验并不断完善，例如，在保留阔叶树方面还有待进一步研究。根据对东北地区以栽针保阔为恢复途径的红松林的调查来看，应该保留极少量珍贵的或质量好的阔叶树即可，如果没有好的阔叶树，甚至不要“留阔”。因为在以后的生长进程中，阔叶树会多次侵入并“赶超”红松，在此期间还需要不断地“砍阔”，直至阔叶树和红松能够同步生长，称之为“揭盖”，即不能让阔叶树长期把红松盖住。因此应把“保阔”作为一个目标去理解，目的是加速恢复东北东部山区的地带性顶极群落——阔叶红松林，而阔叶红松林是针叶树和阔叶树的混交林。

(2)“采育择伐”的提出

“采育林”经营管理最初起源于黑龙江伊春乌马河林业局的“采育兼顾伐”，之后在吉林汪清林业局经过30年的实践(1959—1989年)，取得了积极的成效。采育林的标准及采育林的原型，是以鱼鳞云杉、红皮云杉、臭冷杉为主体的暗针叶林和红松为主体的阔叶红松林，两者均系本地区的地带性森林植被。1958 年，黑龙江伊春乌马河林业局在安全林场进行了限制采伐径级、控制采伐强度的试点作业，采伐径级限定为：红松、鱼鳞松、水曲柳、黄波罗、核桃楸 30 cm 以上，臭松和其他阔叶树 20 cm 以上，病腐站杆、弯曲木、被压木和其他无培育前途的树木不受径级限制一律采伐，对过密的幼树进行间伐。为促进天然更新，在每公顷林地保留 40 株胸径 30~40 cm 有结籽能力、生长健壮的林木作为母树，并把这一采伐方式命名为“采育兼顾伐”。该采伐的基本原则是：采坏留好，采大留小、间密留稀，采非目的树种留珍贵树种，无培育前途的立木一律采伐。1973 年，“采育兼顾伐”被正式纳入国家森林采伐更新规程，命名为“采育择伐”。至此，该方法成为我国东北国有林区“采育林”经营管理模式的主要方法。

采育择伐在我国热带天然林的应用实践表明，该方法较皆伐和径级择伐有显著的效果。在采育择伐前首先伐除病腐、空心、风折、枯立木和“霸王树”，然后在 60%的强度内渐次采伐。采育择伐之所以效果显著，在理论上是符合热带天然林客观生长规律的。因为此种方式能够较好地利用混交林种间竞争和种内竞争、互助的关系。因此，即使生产了一定数量的木材，但因林况得到改善，促进了有利条件的迅速恢复和发展，使林木生长量超过了人工更新的 1 m 以上，因而可以迅速达到和超过伐前水平，保证青山常在，永续利用。

采育择伐作为一种择伐方式，对同一地区的同一森林类型并非都适用。吉林汪清林业局实践证明培育采育林不能搞“一刀切”。该局金苍、杜荒子、大西南岔 3 个林场，林相同属复层异龄针阔混交林，实施采育择伐后，连年发生大片风倒现象，分析研究认为，该地海拔 1000 m 以上地区的土壤较薄，加之受日本海季风影响，造成这一择伐方式产生负效果。

吉林汪清林业局在百万亩“采育林”实践中逐渐摸索了采育择伐的经营活动，并在采育择伐的实践中，进一步完善了采伐木选留标准上的“五采五留”，即采坏留好(伐除病腐木、弯曲木和机械损伤木)、采老留壮(采上层，解放被压木)、采劣留优(采次要树种，留珍贵树种)、采密留稀(使保留木分布均匀)，在混交林中，针叶树比重大的采针留阔，阔叶比重大的采阔留针，形成合理混交，避免风倒、风折，提高林分生产力。

13.2.2.3　采育林作业的逐步完善

采用集约经营采伐模式，关键在于科学合理地确定采伐方式。因为任何一种采伐方式，均应注意“采”和“育”也就是采伐与更新的辩证关系。既要考虑采伐这一工序的成本，又要考虑尽量缩短森林更新期；既要考虑改善森林质量，提高林木生长量，又要考虑采伐与更新全过程的经济效益；既要考虑国力、财力的可能性，又要考虑迹地更新的速率；既要考虑林业生产、森林采运的自身效益，又要考虑生态效益和社会效益。

从 1959 年开始，吉林汪清林业局在针阔叶混交复层异龄林中实行采育兼顾伐的经营方式，并明确坚持“严格控制采伐强度，保持良好的林地卫生状况和森林环境，保护幼苗、幼树，适时进行间伐抚育”四项采育经营原则。具体的作业技术涉及以下方面。

(1) 适用对象

中小径木多，天然更新好的复层异龄林。

(2) 控制采伐强度

采育伐以林班为单位进行设计、采伐。在设计和采伐过程中坚持贯彻采老留壮、采劣留优、间密留稀、控制强度、为保护母幼树，木材全尖下山、提高木材利用率、保护地表、促进更新等八条原则。采伐设计时采伐木要进行每木打号、检尺，按不同林分状况和森林生长发育的生物学特性、以不破坏其森林环境。伐后尽快恢复成林，以及保留充足蓄积量来决定采育林的采育择伐强度，不大于伐前立木蓄积量的60%，保证伐后郁闭度保留0.4以上，每公顷均匀保留8 cm以上健壮目的树种至少300株，一般伐后蓄积量不得低于100 m^3/hm^2。

(3) 伐区调查设计

①网道设计。网道距离为树高的1.7~1.8倍，若在坡度大的斜山坡设道时，树向一面倒，带宽一般设计为25~35 m。

②采伐工艺设计。应伐木的设计应先病腐后优良，先阔叶后针叶；采伐径级在规定经济范围内，先最高限，伐后保留每公顷不低于300株或天然更新幼苗幼树达4000株时，采伐木按采伐规定的最低限。

(4) 采伐操作

坚持采坏留好、密间稀留、保护幼树、控制强度的采育择伐原则。采伐时掌握树倒方向，保护幼树，斧锯并用，抽片加楔，留弦挂耳，支杆定向，保证树倒成“人”字形，降低伐根高度，以利于集材。有人将这一套采伐技术编成歌谣：“保优壮，除病枯，密间稀留要适度，砍倒‘霸王树’，解放被压木，保质又保量，采育双兼顾”，使作业工人很容易掌握。

(5) 集材

集材道要合理区划，因林设道，控制道宽。集材主支道宽3~5 m，网道宽2~3 m，靠沟边下坡处道旁留挡木，防止集材损伤保留木和幼苗幼树。集材实行拖拉机不下道、单根轴，直线拽，多根集和甲乙两号循环作业的集材方式。机械化集材作业幼树幼苗保存率一般不低于70%，人工集材幼苗幼树保存率不低于80%。

(6) 清林和利用

实行清理、利用、截流相结合，随采随清，集前清和集后清相结合。在清理林场的同时，把有利用价值的小规格材、可为造纸原料或综合利用原料的采伐剩余物单独堆放；把无利用价值的枝杈原地堆放，注意避开保留树及幼苗幼树；在石塘地内，则将枝杈散铺地面。对妨碍幼树生长的灌木一律割除(经济植物如五味子、山葡萄等保留)。实行严格伐区拨交制度，做到采一号、清一号、净一号。

(7) 更新和抚育

在清林过程中，对有冲刷危险的集材道，集后分段截沟堵流，防止水土流失，对林间空地进行人工更新补植。集材作业后，对幼林、过密林地进行人工抚育。

(8) 管理

设置监测样地，建立采育林监测体系、伐区作业经常检查制、林政领导小组负责制和工人技术人员参与制，采伐作业体系严格管理，采伐轻度严格控制，坚决杜绝不合理采伐。

13.2.2.4　中国次生林作业法

被称为“中国次生林作业法”的“栽针保阔-动态经营体系”是我国次生林经营中的重要理论和经营实践。由于先后采取“拔大毛”和粗放的径级择伐，使原始的阔叶红松林及以云冷杉为主的暗针叶林变成了过伐林，即林相残破、卫生条件不良、以云冷杉为主的针阔叶混交林或阔叶林。陈大珂、周晓峰于 1961 年发表了《对东北红松林更新的初步意见》一文，提出应该尊重自然演替规律，次生林一扫光的不合理的作业法，同时对次生林和原始林采伐迹地提出了“栽针保阔-动态经营”的科学方法。其含义是在东北东部山地次生林区栽植以红松为主的针叶树，保留天然更新的阔叶树，尤其是珍贵阔叶树，把人工更新和天然更新密切结合起来，以符合于地带性顶极群落——红松阔叶林的发生发展规律。他们称这种途径为“栽针保阔-动态经营体系”。其主要论点和措施可概括如下：遵循森林自然规律经营次生林；森林自然规律中蕴藏着巨大的天然潜力(包括生物生产力、种类、结构的合理配置及相互协调关系)；阔叶红松林是东北东部山地的地带性顶极群落，是与该地域的环境条件相适应且稳定的森林类型；深入揭示这些自然规律是经营次生林的主要依据；大面积原始红松林在强烈的人为破坏作用(采伐、火烧、开垦、樵采等)下，在次生林裸地上植被重组是有规律可循的；在恢复和提高次生林质量过程中促进进展演替，缩短自然演替的时间是使次生林趋于稳定和提高林分质量及生产力的重大途径；该地域顶极群落类型具有很强的稳定性和很高弹性极限，具有顽强恢复其原有地位的趋势；当前一些次生林开始明显进入“硬阔叶林阶段”，并呈现水曲柳更新优势，这对提高林分质量及效益是极为有利的；在次生林恢复过程中，体系是根据不同演替阶段，施以栽针留阔、引阔和选阔，最终形成结构合理、稳定高产的针阔混交林；既把无价的(无需社会投入)阔叶树天然更新和有价的(需社会投入)针叶树密切结合起来；这在科学上是合理的，在经济上是合算的。

根据目前的实践，我国的次生林作业法大致可以分为 3 种：栽针保阔形成针阔混交林、留针栽阔形成针阔混交林和留针栽阔形成阔叶混交林。但以栽针保阔为主，分布广、面积大，最终诱导成择伐林相的红松阔叶林。

13.2.2.5　甘肃小陇山天然次生林综合培育途径

甘肃小陇山林区位于甘肃天水，渭河、嘉陵江、西汉水上游。锐齿栎和辽东栎是甘肃天水小陇山次生林区分布最广、面积最大的建群树种，也是我国温带、暖温带落叶阔叶林的代表树种之一。栎类次生林属于次生演替形成的森林。

目前，甘肃小陇山次生林中幼林占优势，主要是通过封山育林等措施在进展性演替条件下形成的，但与原生林相比，仍处在逆行性演替阶段，特别是随着萌生代数的增加，生境逐渐旱化，林地肥力减退，生长潜力和生产力逐次降低，有的甚至演变为灌丛，像这类次生林在自然条件下的生态恢复速度就将变得非常慢。目前，实生栎类林仅在偏远地区有分布。

“一山一沟，育、改、采、封、造综合作业，吃透一沟，再搞一沟”的综合培育法，是符合小陇山次生林林区的特点的，并可集中力量搞好调查设计，便于施工管理，提高作业质量，实现以林养林。

(1)综合培育途径的含义

综合培育途径是根据次生林生长发育规律，演替动态和群落结构复杂、镶嵌性大等特点，把经营部署、生产组织和培育技术相结合的生态途径。小陇山天然次生林的综合培育途径是从研究次生林演替动态和生长发育规律着手，根据次生林的特点，划分作业类型，确定培育技术，以沟系为单位，因林因地制宜地采用抚育、改造、造林、封育、封禁等综合经营措施，并采取以营林区定居，以营林区轮伐的经营部署，一山一沟，集中连片，一次设计，连续施工，综合作业。在林分水平上，针对现有的植被状况，按地带性植被演替方向进行过程控制，并以地带性植被的顶极群落为目标，实施林分水平的可持续管理。

(2)综合培育途径的方法

以营林区为单位全面规划、合理布局；各演替阶段栎类次生林状态及功能目标的确定栎类次生林各演替阶段生长潜力分析。随着萌生代数的不同，栎类林的各演替阶段，虽然在同一地段作为栎类林的建群种没有变化，但栎类林木的生长潜力、生境条件和其他层片的植被条件已发生显著变化，了解这些变化对生产实践而言有重要意义。

Ⅰ阶段：实生起源，生境条件较好，正常生长且生长潜力最大。

Ⅱ阶段：实生和少代萌生起源，约为1~2代，在轻度干扰下并经过进展性演替形成，生境条件变化不大，基本能维持正常生长，生长潜力较大，但低于Ⅰ阶段。

Ⅲ阶段：起源于较多代萌生，为3~5代，受多次干扰形成，生境条件变化较大，幼龄期为丛状萌生，前期生长快，以后生长逐渐下降，生长潜力比Ⅰ、Ⅱ阶段小，但比Ⅳ、Ⅴ阶段大。

Ⅳ阶段：多代萌生起源，为5~10代，主要是在人为长期干扰破坏后经封育形成的，幼龄期为丛状萌生，生境条件变化很大，腐殖质层薄，趋向干旱化，生长潜力明显减弱，低于Ⅰ、Ⅱ、Ⅲ阶段。

Ⅴ阶段：极多代萌生起源，约10代以上，由Ⅳ阶段演替而来，主要在长期人为干扰破坏下形成，幼龄期丛状萌生，每丛在10株以上，生境条件变化更大，更趋向于干旱化，生长潜力更加减弱，多为樵采区。

13.2.3　检查法

检查法是顾尔诺和毕奥莱等在法国和瑞士等地区创建的天然异龄林集约经营方法，在许多欧洲国家都有研究和应用，在亚洲研究和应用主要是我国和日本。检查法的经营思想是，在天然异龄混交林中，根据森林的结构、生长、功能和经营目标，在经营中边采伐、边检查、边调整，森林的结构逐步达到优化，使森林生态系统健康，并产生高效益。目前，该方法在我国的应用仅限于北京林业大学在吉林汪清林业局金沟岭林场的云冷杉过伐林中自1987年实施检查法经营方式。

13.2.3.1　检查法概述

检查法是一种适用于异龄复层林集约择伐的采伐方式，其经营特点是，在采育林的基础上，以导向近原始林的模式林分为目标，通过对林分生长情况的连续监测，以5年为一个回归期，定量控制其采伐量使之不超过生长量，通过定期择伐或抚育，持续、不间断地调整森林结构(优化径级株数比例，树种组成比例及林分密度等)，不断提高林地生产力和林木质量，不断改善林地卫生条件和森林生态环境，充分发挥森林的多种效益。

检查法的目标是调整森林结构以形成永续秩序。选择采伐木的方法是：比较现实及标准的径级株数曲线(一般复层异龄混交林的径级-株数曲线呈反“J”形)，优先伐除老龄、病腐及没有培育前途的林木，采密留稀，保护红松、水曲柳、紫杉等珍贵树种，并充分考虑更新情况，使之逐步达到近原始林的结构。其中，将森林结构调整到最适合的定期生长量是实现可持续性的关键。

检查法的实践研究标志着常规采育择伐正在向更高水平的集约经营方向发展：

①采育择伐按规程规定的采伐强度开展经营，不同的森林类型及林分小班采伐强度无差异，检查法的采伐强度则因小班而异，属于真正的小班经营法，其根据监测所得的定期林分生长量控制采伐量，并保证采伐量不超过生长量，从而避免因采伐量过大损害林木资本的存量，影响未来的林分生长量，同时也避免采伐量过小带来的冗余，导致经营损失。

②采育择伐对于回归期没有明确的规定，而由人的主观思想决定，检查法则有合理的回归期，避免人们在小班内任意多次轮伐作业。

显然，基于生产经验的采育择伐难以实现可持续森林的目标，结合检查法这一森林经理方法，通过定量监测对采育择伐技术进行修正，并进一步对复层异龄林进行优化调控，有利于导向可持续经营。需要指出的是，检查法要求较高的集约经营水平和高素质的生产者和管理者。

13.2.3.2　检查法确定森林采伐量的方法

顾名思义，检查法是指通过定期检查森林的生长量来确定采伐量，检查法的核心思想是采伐量不超过生长量，此约束有利于长期维持林地生产力，以便持续获得木材，检查法计算生长量的公式如下：

$$Z=\frac{M_2-M_1+C+D}{a}=\frac{\Delta}{a} \tag{13-19}$$

式中　Z——林分定期平均生长量；

M_2——本次调查全林蓄积量；

M_1——上次调查全林蓄积量；

C——调查间隔期内的采伐量；

D——调查间隔期内的枯损量；

Δ——林分定期总生长量；

a——调查间隔期。

本模型采伐量的控制方法是：当根据采伐强度确定的采伐量不超过生长量时，按采伐强度控制采伐量；当由采伐强度确定的采伐量超过生长量时，按生长量控制采伐量。所以生长量是采伐量的最高限额，在最高限额内，在满足其他约束条件下尽可能多地获取木材收获。

13.2.3.3　检查法的特点

恒续林思想的提出对森林经营管理理论产生了多方面影响，但它没有相应的作业法和实例。与此同时，瑞士的毕奥莱较全面地提出了检查法，检查法在很多方面与恒续林思想相似，但它是在长期实践基础上总结出来的具体的森林经营方法，检查法的特点包括：

①定期进行森林调查来把握森林结构、生长量和蓄积量，根据调查结果来确定采伐量，注重实际调查，而不是根据预想生长量或事前规划。

②林班是永久性的区划和检查单位，不存在小班区划。

③为简化森林调查，不测定树高，对达到一定胸径的林木进行每木调查。

④使用独特的一元材积表计算立木材积。

⑤生长量调查的主要对象是主林木(>15 cm)，按 5 cm 整化划分径级，利用材积表计算期初和期末蓄积量。

⑥计算林分径级分布、各径级生长量、株数和林分生长量及生长率。

⑦根据各径级生长量与生长率、蓄积量和株数确定采伐计划，采伐木由有经验的现场技术员定期确定，检查法中没有主伐和间伐的区别。

⑧检查法有一个理想的林分各径级蓄积比例，根据瑞士云冷杉择伐林的实践研究，提出理想的各径级蓄积比为 2 : 3 : 5，即小径级(20~30 cm)蓄积比为 20%，中径级(30~50 cm)为 30%，大径级(>50 cm)为 50%。

⑨不同的林分应有不同的指标。

区划特点：林班是永久性的区划和检查单位，不存在小班区划。

调查特点：每木调查 *DBH*，不测定树高 *H*，5 cm 径阶整化，调查对象主林木。材积计算立木采集计算采用一元材积表，伐倒木材积采用实测，利用经理表计算立木材积和林分蓄积量，用 Sylve 表示，简写为 *Sv*。同时编制检查法定期生长量表分别径阶计算各径级定期生长量和生长率，同时统计计算全林分的蓄积定期生长量和生长率。调查为定期调查，间隔期取决于森林生长速度与经营措施，在瑞士依据经验确定每隔6 年调查一次，即把经营对象划分成 6 部分，每年调查其中一部分。

采伐特点：森林经营者根据调查和计算结果，即各径级蓄积量、生长量和生长率，以保持高林分生产力为目的，确定采伐木和保留木，预估收获量，制定采伐计划，把现有林调整到理想的结构。采伐木由有经验的现场技术员定期确定，检查法中没有主伐和间伐的区别，只有择伐。检查法有一个理想的林分各径级蓄积比例。

13.2.3.4 检查法的优缺点

检查法是采育择伐的最优形式。过去林业部门曾推行过采育兼顾伐(后来改为采育择伐)，而这种方法强度太大，往往得不到好的结果。检查法试验证明，只要择伐强度不超过 20%，最好在 15%，完全可以实现越采越多，越采越好，青山常在，永续利用。

检查法可缩短林木的被压期。一般异龄林内特别是原始的异龄林内都存在着林木被压状态，特别是在林下，尚未长入林冠上层的中、下层林木，一般都有被压时期，这个时期长达百余年，少则 30~50 年，而经过检查法的择伐(不分主伐和间伐)，首先清除了病腐木、弯曲木、分杈木等，保持林内的卫生整洁，减小了枯损率，为天然更新创造了条件，为缩短培育期提供了可能，可以最大限度地利用自然生长力。

检查法是一整套异龄林择伐的收获调整法，当时把林分调整为复层异龄林的优点是：维持林地生产力；有效利用太阳能和种间关系；提高森林产量；较好地发挥森林公益效能，增加森林景观；增加生物多样性；有利于防止病虫害等自然灾害，减少造林抚育费用等。

在实际的森林经营中，检查法也表现出一定的弊端。检查法经营典范——瑞士

Covet 森林当前受两个因子困扰：一是有蹄动物密度过高；二是森林的活力衰退，即大气污染导致森林健康恶性问题。显然这两个问题反映了检查法以林分作为核心层次进行管理的局限性，不能解决较大尺度的资源环境问题。

13. 2. 3. 5　检查法的采伐作业

检查法是动态适应性的经营方法，采取较短的经理期或经营周期，及时了解林分状况和生长动态趋势，并适时采取合理的调整措施．初始的经理期一般设定为 5 年，第 2 经理期则根据资源的结构和生长状况逐步调整、优化，目标是找到最佳经营周期。鉴于现实林分情况，采伐强度一般设计在 8%~20%。

径级结构不合理是指根据异龄林径级株数分布呈反“J”形的规律，而分布在反“J”形曲线之外(大于或小于)的分布株数，而不论其径级大小，这一部分林木是否列入采伐视每木调查后，根据绘制反“J”形株数分布图确定。采伐木的选择遵循以下原则：首先伐除老、病、残、径级结构不合理的林木和成熟的林木；保留价值增长快和珍贵树种，如红松、水曲柳等；保持适当的针阔树种比例；保持林木空间分布均匀合理，避免出现林窗，调整森林的径级结构，使之径级分布趋于合理，有利于各径级林木向更大径级转移。

采伐后在山场造材，原木集材，集材方式采用牛马套子或地势平坦时用小四轮拖拉机，集材道利用原有道路，并在冰雪封山后进行，以保护林地土壤、环境和更新幼树少受破坏。

13. 2. 3. 6　检查法在我国的实践

检查法是一种适合于异龄林的集约经营方法。于政中等(1996)对我国在吉林汪清林业局首次开展的检查法的第 1 经理期(1987—1992 年)的结果进行了报道，通过对择伐林分的径级分布、混交比例、蓄积量结构、生长量、择伐强度等方面进行了系统分析，并比较了这些林分的蓄积生长量、经济效益等，结果表明：检查法是采育择伐的最优形式。过去林业部曾推行过采育兼顾伐(后来改为采育择伐)，而这种方法强度太大往往得不到好的结果。检查法试验证明，只要择伐强度不超过 20%，最好在 15%左右。每个经理期(5 年)内在 200 m^3/hm^2的林地上采伐约 30 m^3/hm^2(原木 15~20 m^3)是有把握的。完全可以越采越多，越采越好，青山常在，永续利用，与同样条件下的落叶松人工林皆伐方式相比具有一定的优越性。亢新刚等(2003)以金沟岭林场的云冷杉针阔混交林为研究对象，分析了该林场始于 1987 年的检查法经营下连续 14 年的森林资源调查数据．利用 Weibull 分布和负指数分布拟合该类型林分的直径结构，并计算了该森林类型的 q 值，分析了连续 14 年来检查法经营针阔混交林林分的蓄积量结构。研究结果表明：①Weibull 分布与负指数分布均能较好描述过伐林区针阔混交林的直径结构；②该森林类型直径的 q 值，分布范围在 1. 20~1. 50，平均值为 1. 30；③经过 14 年的检查法经营，小径级、中径级林木的蓄积比重总趋势在下降，大径级林木的比重在上升，蓄积量结构比实验前更加合理。

13. 3　近自然森林经营

13. 3. 1　同龄林转化过渡为异龄林的恒续林经营模式

有学者按材积随时间的变化，将森林可持续经营系统简单分为两种：一种称为轮伐森林经营系统，特征是周期性的皆伐(clear felling)与人工更新(planting)；另外一种称为连续覆盖林业系统，特征是择伐(selective harvesting)和天然更新(natural regeneration)，表现为异龄林结构和多树种森林。最古老和最完美的连续覆盖林业系统的例子是在法国、瑞士、斯洛文尼亚和德国被称为“择伐林”的森林(plenterselection forest)，已经有很长的历史。德国现在正在做的工作是，实现由轮伐森林经营系统向连续覆盖林业系统的转变，这种转变模式成为近自然森林经营模式。

连续覆盖林业(恒续林业)的优点可概括为：与皆伐相比，直观影响小得多；增加内部结构与物种的多样性；更大的结构多样性，更有利于野生动植物；对森林生态系统的干扰减少、为更新幼树提供更好的庇护；减少蓄积增长的费用(假定能成功进行天然更新)；生产大口径、高质量的锯材原木；结构多样性提供抗风的弹性(在林分水平)。连续覆盖林业的缺点可概括为：林分经营更为复杂，需要熟练的技术人员；收获和调整更为困难；由于采伐地块小且分散，增加了采伐费用；由于减少覆盖地表的采伐剩余物，增大对采伐点土壤的损害；取决于天然更新是否划算，不适用于更肥沃的立地(杂草竞争)和巨大放牧压力地区；通常林分转型时(特别在不稳定的立地上)要冒风灾的风险，需要时间决定是否成功。

13.3.1.1　近自然森林经营的概念

随着我国林业发展战略从“以木材生产为中心”到“以生态环境建设为中心”的转变，森林经理学需要从原有的木材永续利用为目标的体系向以森林生态系统多功能可持续经营目标的体系改革和发展，同时也面临着调整发展目标、更新指导理论和创新计划方法的挑战。森林多功能可持续经营是当代林业的基本要求，实现这个目标的基本问题是“什么样的森林是多功能可持续的？如何实现？可以在多大的空间上实现？”第1个问题是关于目标的，第2个问题是关于技术的，第3个问题是关于经营尺度的。

近自然的森林是多功能的和可持续的，可持续林业的基本目标就是实现经营条件下承载着人类收益目标和希望但又接近自然状态的“近自然森林”。接近自然状态的“近自然森林”是指，主要由乡土树种组成，且具有混交、复层和异龄等结构特征的森林。“近自然森林经营”是以森林生态系统的稳定性、生物多样性和系统多功能和缓冲能力分析为基础，以整个森林的生命周期为时间设计单元，充分利用与森林相关的各种自然力，以目标树标记和择伐及天然更新为主要技术手段，不断优化森林结构和经营过程，以永久性林分覆盖和多功能经营为目标的、结合经济需求与生态可能的森林经营模式。

13.3.1.2　近自然森林经营问题的基本原则

通过研究并尊重生物合理性原则，以保持森林经营目标的长期稳定；尽可能利用自然自动力原则，以减少可能的人为干扰和经营投入；经营措施旨在促进森林的反应能力原则，以实现用尽可能小的经营投入来获得尽可能大的经营回报。

13.3.2　近自然森林经理计划技术要素

13.3.2.1　群落生境调查与制图

群落生境调查与制图是近自然森林经理中理解和表达一个具体的森林经营区域内自然生态条件的基本技术工具，是制定近自然森林经理计划的必备技术文件之一。群落生境是指森林和树木赖以生长的具体地形地貌、土壤母岩、气候水文、自然植被和其他干扰因素的空间综合表达，由这些客观要素表达的群落生境决定了一个具体地域可能生长和培育的林分类型、产品种类和生产能力，是从森林经营的需要出发对立地环境的一种抽象表达。近自然经营的群落生境图是从传统的作为森林经营计划工具的立地条件分类图演化而来的，但它与原有森林经理学和森林生态学中的森林立地概念基本一致而侧重点不同，前者注重原生植物群落与综合立地因子的关系，后者注重立地因子的生产力估计和评价。群落生境类型是基于生境要素分类并以建立近自然林分为目标而对群落生境划分的基本分类单元，所以，同一个群落生境类型是在空间上不一定相连但其自然性质和经营目标基本一致的森林地段。对于一个具体的地域根据不同的经营目标可对要素做出不同尺度的划分而产生不同详细程度的分类结果，并构成一个服务于不同目标的群落生境分类体系。

群落生境制图所需的野外调查基本内容包括：在 GIS 技术支持下准备基本的野外工作手图；在现地完成林况踏查和对坡勾绘；各群落生境类型立地因子调查、植被构成调查和土壤调查等基本信息采集工作。

13.3.2.2　森林发展类型设计

森林发展类型是基于群落生境类型、潜在天然森林植被及其演替进程、森林培育经济需求和技术可能等多因子而综合制定的一种目标森林培育导向模式。森林发展类型作为长期理想的森林经营目标，空间尺度上与传统森林经营方案中的“作业级”类似，是介于具体林分和经营单位之间的一个自然性质、动态特征和经营目标基本一致的森林经营计划单元；具体设计时包括了森林概观、森林发展目标、树种比例、混交类型、近期经营措施等 5 个方面合乎逻辑的概念性规定。设计的信息需求包括所有群落生境调查和分析的数据和成果、树种特性及生长收获的参数、森林生态保护、景观游憩和产品生产的目标等方面的要求和限定。森林发展类型作为近自然森林经营的主要技术工具，是为表达在特定的群落生境、目的树种特征及森林发展进程等自然特征理解的基础上，结合自身的利益需要而设计的一种介于人工纯林和天然林之间的森林模式，核心思想是希望把自然的可能和人类的需要最优地结合在一起。

13.3.2.3　目标树林分作业体系设计

目标树林分作业体系是规定本次经理期内对当前林分执行具体作业的技术模式，主要包括目标树导向的林木分类、抚育采伐设计和促进更新设计 3 个方面。设计的基本原则是在发展类型的框架内，在理解和尊重自然，充分利用林地自身更新生长的潜力，生态和经济目标兼顾的要求下做出保留木、采伐木和林下更新幼树的标记和描述；实现在保持生态系统稳定的基础上，最大限度地降低森林经营投入，并生产尽可能多的森林产品。设计的基本依据是林木间对光、水、养分等生长要素的竞争或互补关系。

目标树抚育作业体系首先把所有林木分为用材目标树、生态目标树、干扰树和一般林木 4 种类型。目标树是指近自然森林中代表着主要的生态、经济和文化价值的少数优势单株林木。森林经营过程中主要以目标树为核心进行，定期确定并伐除与其形成竞争的林木个体，直到其达到目标直径后采伐利用。林木分类工作在现场进行，单株目标树要做出永久性标记；通过不断伐除干扰树来保持林分的最佳混交状态，实现目标树的最大生长量，保持或促进天然更新，使林分质量不断提高。这种目标树抚育作业的过程使得林分内的每株林木都有自己的功能和成熟利用的时间点，产生不同的生态、社会和经济效益。

13.3.2.4 生命周期经营计划

传统的用材林经营中，针对作业级的森林经理计划是采用基于数量成熟的轮伐期为明确的经营周期指标，实现对森林生长动态进程的整体控制和经济生产计划。但是，森林在数量成熟时点的大部分质量指标并没有成熟，所以轮伐期仅仅表达了森林生态系统中人们希望的木材数量的单向发展进程，而森林经营的历史已经说明，森林作为复杂的生态系统在这个数量指标上是难于重复实现的，这也是轮伐期林业难于实现可持续发展目标的一个根源。为此，需要重新选择有效的参考体系和技术指标。生命周期经营计划就是同时考虑森林的数量和质量指标在整个森林生长周期内的发展变化情况，以林分优势高所代表的垂直结构为依据而做出的阶段划分和相应的经营作业或收获的整体框架设计。把森林从人工造林或自然更新建群到生长发育末期这个森林生命周期划分为 6 个林分垂直层次结构类型，针对各个层次制定相应的抚育作业技术要点，从而保证抚育作业针对每一株林木、每一个阶段的生态关系和生长需要。这种淡化了林分年龄并回避了轮伐期等固定时间规定而突出结构特征的经营作业计划具有提高抚育的林学效果、减少不必要的操作和提高作业经济效益的优势。

森林经营类型确定：多功能森林经营方向确立。

目标结构：混交异龄复层恒续林结构。

目标林相和目标产品：混交异龄复层恒续林结构，大径材。

全周期森林经营模式：分为林分建群阶段、竞争生长阶段、质量选择阶段、近自然森林阶段(生长抚育阶段)和恒续林阶段 5 个阶段(图 13-10)。

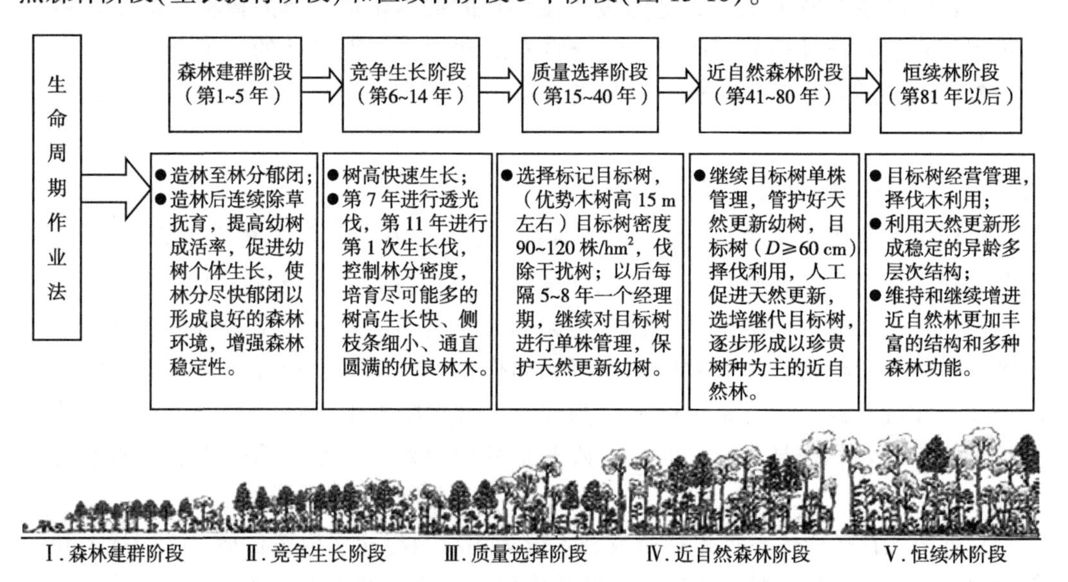

图 13-10 珍贵树种大径材经营类型

营林作业法：目标树作业体系。

①森林建群阶段。即人工林造林到郁闭或天然林先锋群落发生和更新的阶段。

②竞争生长阶段。即所有林木个体在互利互助的竞争关系下开始高生长而导致主林层高度快速增长的阶段。

③质量选择阶段。林木个体竞争关系转化为相互排斥为主，林木出现显著分化，优势木和被压木可以明显地被识别出来，典型的耐阴(顶极)群落树种出现大量天然更新。

④近自然森林阶段。树高差异变化表现出停止趋势，部分天然更新起源的耐阴树种个体进入主林层，林分表现出先锋树种和顶极群落树种交替(混交)的特征，直到部分林木达到目标直径的状态，这一阶段正是近自然经营的目标森林状态。

⑤恒续林阶段。当森林中的优势木满足成熟标准时(出现达到目标直径的林木)这个阶段就开始了，是主要由耐阴树种组成的顶极群落阶段，主林层树种结构相对稳定，达到目标直径的林木生长量开始下降，部分林木死亡产生随机的林隙下天然更新大量出现。

各个阶段的树种构成和以优势木平均高表达林分垂直结构是整体生命周期经营计划中可描述、观测和可控制的变量，通过模仿自然干扰机制的干扰树采伐和林下补植更新是实现从林分现状到森林发展类型目标的可操作的技术指标，并根据演替参考体系和林分树种构成、层次结构和径级分布等 3 个控制指标来制定以林分垂直结构为标志的整体经营计划表。

13.3.2.5　近自然森林经理计划体系技术应用示范

陆元昌等(2010)以北京市西山林场魏家村分场试点区的人工油松林为例，进行了近自然森林经理计划体系技术应用示范研究，介绍如下：

(1)群落生境分析制图

森林经理计划的模式设计工作从群落生境开始，因为群落生境分析制图是确定经营目标和方向的基础性工作。群落生境调查与制图方案中采用海拔高度、地形地貌、土壤厚度及有机质情况等 3 类森林环境因子进行立地条件因子分类，比较明确的 4 类群落生境图包括立地条件、植被及演替类型、近自然度分析和经营措施设计图。

(2)经营目标分析与森林发展类型设计

根据群落生境调查分析结果，现有油松纯林分布的立地条件主要有两类：第 1 类是土层深厚、水分较好的平缓坡面或山麓地带；第 2 类是土层中等到瘠薄的半阳(东南)坡或阳坡、地势较陡的坡面或山丘突起部位等较干燥的立地条件。第 1 类立地条件下设计了 01 号发展类型，进行景观林与用材兼顾的经营模式，目标是通过持续的目标树培育出林木品质优秀、森林景观感人的高品质近自然森林。第 2 类立地条件下设计了 02 号发展类型，以充分利用油松耐贫瘠的特征，经抚育改造实现并保持先锋群落树种与中生和顶极树种混交的稳定森林结构，以创造尽可能丰富的物种多样性基础，使植被和立地长期保持物质和能量交互的正向演化发展，从而不断提高生态系统的整体质量。

(3)目标森林发展类型(01 栓皮栎-油松混交林)

①森林概观。群状栓皮栎主林层，其中不均匀地分布着零散的单株或群状油松，

还有群状或散生槲栎和枫树。林隙中少数比例的油松天然更新和比例不定的演替伴生树种，大面积栓皮栎下木和更新幼树。

林分演替观点和近自然性分析是，接近大部分近天然的森林群落，但由于油松的混交有可能发生一些变化。在演替发展进程中，栓皮栎处于演替的第3个时期，其他尚未遭遇被压的伴生树种也接近演替后期。同时，由于天然更新的持续发展，栓皮栎和油松之间的镶嵌结构和发展阶段可能变化。

②森林发展目标。在土层深厚而平缓坡面或山麓地带较好的立地条件下，进行景观林与用材兼顾的经营模式，通过持续的目标树培育塑造出林木品质优秀、森林景观感人的高品质近自然森林。

a. 木材生产。栓皮栎干材：主伐木胸径45~60 cm，主伐龄80~120年，视市场需求的产品类型而定。油松干材：主伐木胸径35~45 cm，主伐龄约70年，视市场需求的产品类型而定。

b. 自然保护和提供游憩。优先保护天然更新的栓皮栎，保护天然更新的其他物种资源、洞穴木、老朽木；四季森林均呈现出多变的色调和美丽的景观。

③树种比例。

a. 主林层林分目标。栓皮栎：60%~70%；油松：20%~30%；其他伴生树种(槲栎、枫树、榆树等)各占10%以下；整个林地均分布有栓皮栎的下木和层间木。

b. 更新目标。栓皮栎：60%~80%；油松：20%~40%；伴生树种：10%~20%。

④混交类型。群状混交格局为主，在无庇荫林隙中分布着群状择伐林结构的栓皮栎和群状不同年龄的油松。

⑤近期经营措施。主林层内的目标树选择和干扰树伐除；保护所有的林下更新的幼树，在林下和干扰树伐除处群团状直播栓皮栎种子以加快改造进程；在约5年后再进行第2次目标树作业和干扰树伐。

⑥目标树作业体系设计。基于群落生境分析和发展类型设计的结果，可以总结出把人工油松林改造为结构丰富稳定的近自然森林而实现以景观和游憩为主兼顾木材生产的经营目标，需要克服3个限制因子：减缓当前林木生长退化的趋势；尽快促进后续林木生长，调整径级结构到可持续的倒"J"形分布状态；增加阔叶树种的比例以促进土壤腐殖质形成进程，改善自然立地环境条件。

根据目标树作业体系设计，选取目标树，对全部林木进行标号，得到人工油松林近自然森林经营林木分类间的主要技术参数(表13-6)。

表13-6　人工油松林近自然森林经营林木分类间的主要技术参数

林木类型	林分密度(株/hm^2)	平均胸径(cm)	平均树高(m)	活立木蓄积量(m^3/hm^2)
目标树	110	20.9	10.5	12.24
干扰树	70	16.0	9.1	5.93
特殊目标树	10	14.4	7.2	0.81
一般林木	960	15.3	9.6	67.12
全部林木	1150	14.8	9.5	81.53

采伐后的更新设计是进行以树种比例调整为目标的栓皮栎直播补植。补植方法分为两种：采伐林隙处补植和林下群团状补植。群团补植的视主林层条件定每群 5~10 穴，每穴 8~10 粒，穴间距 1 m×1 m。

垂直结构导向的生命周期经营计划见表 13-7。

表 13-7　垂直结构导向的同龄油松纯林近自然化改造生命周期抚育经营计划

编号	林分特征	优势高范围(m)	主要经营措施
1	造林/幼林形成或林分建群阶段	<2.5 2.5~5	造林/幼林形成阶段，避免人畜干扰和破坏，一般情况下不作任何抚育，但需要严格保护只在结构单一且过密情况下才对优势木进行抚育伐； 进行割灌为主的侧方抚育； 保留足够比例的混交树种
2	幼林至杆材林的郁闭林分，质量形成阶段	5~10	通过伐除部分树木而完成林间集材道的准备； 第 1 代目标树选择，密度为 200 株/hm^2； 第 1 次干扰树伐除，在优势木层的强度抚育伐，促进目标树和混交树种生长； 抚育生态伴生林木，林下补植乡土树种；保留优秀群体时以群状为抚育单位
3	干材林(含少数小径乔木)生长抚育阶段，先锋树种为主，顶极树种出现	10~16	目标树和目标树群的再次检验和淘汰，密度 150 株/hm^{2}左右； 为每株目标树除伐 1~2 株干扰树的上层疏伐，以有利于阔叶树种的生长，保持下木—层间木
4	乔木林(小径—中径)目标树生长阶段	16~24	目标树密度控制在 100 株/hm^{2}左右；延长抚育疏伐的间隔期到 10 年以上； 每株目标树选择和伐除 1 株干扰树的上层疏伐，保持下木和中间木层生长条件； 形成和保持较大的林木径级差异； 选择第 2 代目标树
5	大径乔木林林分蓄积生长阶段	>24	目标树密度可在 50~80 株/hm^2；目标树蓄积生长抚育； 达到目标直径的油松可以单株形式进行主伐，但要保持 10 株/hm^{2}左右的目标树任其自然发展为林内古树； 针对第 2 代目标树伐除干扰树；保护古树和其他的优良个体林木

13.3.3　结构化森林经营方法

传统的森林经营以用材林经营为核心，围绕森林更新、森林培育、森林采伐、森林结构调整等相关技术，进行了长期研究与探索，形成了一些理论、技术与实践经验储备，但已不能适应现代森林多功能经营的需求。现代森林经营在森林可持续经营的原则指导下，以培育健康稳定优质高效的森林为目标，更加强调创建或维护最佳的森林空间结构。国际上无论是德国的近自然森林经营，还是美国的生态系统管理，其实质都是为了维护森林生态系统健康，发挥森林的多种功能和自我调控能力。众所周知，森林经营是林业发展的永恒主题，其原理就是道法自然，遵从自然规律，按照生态理论进行森林空间结构优化。惠刚盈等(2007、2016)紧紧抓住“结构”这一控制系统功能发挥的“中枢”，汲取林业发达国家成功经验，紧密结合我国森林经营的历史与现状，系统提出了创新性的森林经营理论与技术——结构化森林经营。结构化森林经营是针对目的树单木经营的高度集成技术，有望成为解决人工林近自然化转变的有效途径。

13.3.3.1 结构化森林经营的经营理念

实现森林可持续经营的基础是拥有健康稳定的森林，因此，现代森林经营的首要经营目的是培育健康稳定的森林，发挥森林在维持生物多样性和保护生态环境方面的价值。在森林培育中要求遵循生态优先的原则，保证森林处于一种合理的状态之中。这个合理状态表现在合理的结构、功能和其他特征及其持续性上。基于4株最近相邻木空间关系的森林结构优化经营技术简称为结构化森林经营。结构化森林经营遵循结构决定功能的系统法则，量化和发展了德国近自然森林经营，坚持“以树为本、培育为主、生态优先”的理念，以培育健康稳定、优质高效的森林为目标，以优化调整森林结构为手段，用结构参数指导森林结构调整，用森林状态变化实时评价经营效果。该经营体系最突出的特点在于既能科学、准确地量化描述森林结构，揭示森林结构与林木竞争、树种空间多样性的关系，又能够制定有针对性的经营措施，指导经营者对森林结构进行量化调整。森林结构优化经营技术在我国已得到广泛的推广和应用，产生了显著的生态、经济和社会效益。结构化森林经营技术是以森林可持续经营理论为原则，以未经人为干扰或经过轻微干扰而已得到恢复的天然林的结构为模式，以培育健康稳定的森林为目标，以优化林分空间结构为手段，坚持以树为本的经营理念，注重改善林分空间结构状况，道法自然，充分利用森林生态系统内部的自然生长发育规律，计划和设计各项经营活动。视经营中获得的林产品作为中间产物而不是经营目标，认为唯有创建或维护最佳的森林空间结构，才能获得健康稳定的森林。在采伐过程的控制方面，结构化森林经营只需技术人员按预定的经营原则和措施，事先对拟采伐林木进行标记，然后采取灵活多样的方式进行检查，从而变全程跟踪式控制为以事先控制为主，使林业部门及其技术人员能够更加自如地控制采伐的过程。

13.3.3.2 结构化森林经营的经营目标

结构化森林经营的目标是培育健康稳定的森林，手段是创建最佳的森林空间结构。传统的森林经营基本上是以法正林为理论核心，以“木材永续利用”原则为指导，以收获调整和森林资源蓄积量的管理为技术保障体系，以木材和林产品的永续，均衡收获为经营目标，这种经营模式被称为周期林模式。而结构化森林经营符合可持续森林经营的目标，是连续覆盖森林的重要经营模式，通过有效调节多树种竞争的经营方法和理论，为森林采伐收获提供了理论和实践指导。

13.3.3.3 结构化森林经营的经营原则

任何经营模式都有自身的经营原则，如人工林经营中的适地适树原则、可持续木材生产中的采伐量低于生长量原则、近自然森林经营中的目标树单株利用原则、生态系统经营中的景观配置原则等。结构化森林经营的原则是在众多森林可持续经营原则基础上形成的，主要内容包括以下方面：以原始林为参照的原则；连续覆盖的原则；生态有益性的原则；针对顶极树种和主要伴生树种的中、大径木进行竞争调节的经营原则。

13.3.3.4 结构化森林经营的结构指标体系

结构化森林经营构筑了完整的林分空间结构参数体系。由最初的3个林分空间结构参数发展到基于最佳空间结构单元的混交度、大小比数、角尺度和密集度 4 个结构参数。这 4 个结构参数精准定位了每株林木在群落内的自然状态，确切回答了周围的相邻木比其大或小、在周围如何分布、有多少与其同种、是否受到挤压的问题。在结构化森林经营中，为增加林木随机性而采用角尺度来调整林分空间分布格局；为增加树种多样性，以混交度调整林木隔离程度；为增强目的树种的竞争能力，以大小比数调整树种竞争关系，为增加目的树种的营养空间，以密集度来调整林木拥挤度，体现了森林经营中进行密度调整的重要性，进一步丰富了林分空间结构参数指导林分结构调整的方法。

13.3.3.5　结构化森林经营的调查作业体系

结构化森林经营的数据调查，可采用全站仪每木定位大样地法(2500 m^2以上)或借助判角器或激光判角仪的样方法和无样地的点抽样法。在样方法研究中给出了样方大小和对应的数量，并指出样方法中调查 4 个大小为 30 m×30 m 是最经济和科学的；点抽样法中 49 个抽样点及调查方法，以距抽样点最近 4 株林木为调查对象调查林分结构，并测抽样点到第 4 相邻木的距离，可以实现结构参数的精确估计与林分密度(蓄积量、断面积)的无偏估计。

林分状态合理与否关系森林经营的必要性和紧迫性，对其评价的质量直接影响经营决策的质量。只有明确了最优林分状态，才有可能对现实林分状态做出合理的评价，也才有可能对其进行有的放矢的经营调节。林分状态可从林分年龄结构、林分空间结构(林分垂直结构和林分水平结构)、林分密度、林分组成(树种多样性和树种组成)、林分长势、顶极树种(组)或目的树种竞争、林分更新、林木健康等 8 个方面加以描述，这 8 个方面能够表征林分主要的自然属性，而对应的每一个指标值都容易测得。

林分经营迫切性反映了现实林分与健康林分状态的符合程度，通过经营迫切性评价可以确定森林经营方向。健康稳定森林的特征应该是异龄、混交、复层和优质，并从这些特征出发，充分考虑林分的结构特点和经营措施的可操作性，从林分空间特征和非空间特征两个方面来分析判定林分是否需要经营，为什么要经营，调整哪些不合理的林分指标能使林分向健康稳定的方向发展，并对原有的指标评价标准进行完善。

结构化森林经营是精准提升森林质量的有效途径，是针对目的树单木经营的高度集成技术，符合现代森林经营发展方向，其有望成为解决人工林近自然化转变的有效途径。

13.3.3.6　结构化森林经营的实施

结构化森林经营以其扎实的理论基础、简单的应用操作，在我国东北、西北、西南、华北等林区得以大面积示范与推广，建立了 100 余块定位监测样地，330 余公顷试验示范林，推广总面积达 6 万多公顷，培训基层技术人员 700 人次。科学研究和经营实践证明，结构化森林经营理论与技术不仅适用于多种森林类型，而且可实现多种经营目标。在甘肃小陇山林区松栎混交林中建立的试验示范区监测发现，经营后的森林目的树种的优势度得到明显提高，森林空间结构和树种组成更加合理，生物多样性得以保持，与对照相比每公顷年生长量增加 1.4 m^3以上，年生长率提高了 58%。在中国林业科学研究院华北林业实验中心的示范区监测表明，短短 3 年时间里，示范林与毗邻的农民林地形成了鲜明的对比，经营后的森林健康状况得到了明显改善，森林结构得到了有效调整，森林的质量和生产力得到了很大的提升。目前甘肃小陇山森林可持续经营的作业设计规定必须采用结构化森林经营，《北京市国有林场发展规划(2018—2025年)》积极鼓励各林场推广应用结构化森林经营培育健康稳定森林。结构化森林经营技术及其数据调查两个行业标准已经通过专家审定，从而使结构化森林经营的推广应用有章可循、有规可依，为进一步大力推广提供了基础和可能。如此显著的成效，更加坚定了林业人的信心，推广应用面积逐步加大，并在生产实践中，总结出了一套易懂、易操作的“五字一句话”口诀——“观、测、筛、选、定，五观五优一审轻”，极大地方便了林业科技人员对该技术的理解与应用。西北林区的基层林业工作者在应用结构化森林经营技术后总结到：结构化森林经营技术调查内容科学严谨、使用设备经济常规、获取数据便捷准确、分析结果直观可靠、制定方案清晰可行、操作方法简单易学，经济成本低，能够以最快捷的方式得到最理想的结果，是一项为创新型国家真正添绿的实用新技术、新成果，具有广阔应用前景。

13.4　森林生态系统经营

20世纪60年代，美国国有林森林经营范式的转变也同样经历了从商品材的永续收获到多用途永续收获的转变，以及从多用途永续经营到生态系统经营转变的第二次转变，这一转变是由于一种食肉猛禽——美国北部斑点猫头鹰的保护事件引起的。从某种角度可以说，美国森林生态系统经营提出的主要目标是协调木材采伐利用与生物多样性保护之间的矛盾，但要求在多规模的空间尺度和较长的时间尺度进行合理规划实施。美国在森林经营中就曾普遍采用所谓“允许采伐量模型”确定木材采伐量，但随着经营范式的变化，这种基于木材采伐收获的模型有关伐区规划和景观配置的森林经营理论和实践意义逐渐被新的有关模式接纳，成为新模式中有关景观尺度经营的重要基础和多功能森林协调经营的重要思路。

1993年，美国政府组建了一个由政府官员、科学家和管理人员等100多位专家组成的森林生态系统评估组(FEMAT)，为西北太平洋沿岸区域内的天然林以及其他各类森林制定新的经营管理计划，其中之一便是“西北部森林计划”。

新林业理论是由美国林学家富兰克林于1985年创立的，新林业理论的主要框架由林分和景观2个层次组成。林分层次总的经营目标是保护或再建不仅能够永续生产各种林产品，而且也能够持续经营生态系统多种生态效益的组成、结构和功能多样性的森林。景观层次较林分层次的时空尺度更大，其总的经营目标是创造森林镶嵌体数量多、分布合理并能永续提供多种林产品和其他各种价值的森林景观。新林业最显著的特点是把森林资源视为不可分割的整体，反对“分而治之”的森林经营方针，不但强调木材生产，而且极为重视森林的生态和社会效益。因此，在林业实践中，主张把采伐林木和保护环境融为一体，以真正满足社会对木材等林产品的需要，而且满足其对改善生态环境和保护生物多样性的要求。

美国俄勒冈州“西北部森林计划”把该区域国有森林中所有未保护的地区和斑点猫头鹰栖息地范围内属土地管理局的土地分为5种管理类型：国会和政府独立区(如作为

森林公园、荒地等)；近原始林保护区(包括有老龄林特征的小径级的单层林分，中大径级的单层林分以及中大径级的复层林分)；河岸保护区(确定了 164 个关键流域)；适应性管理区；基质。它以生态系统原理为基础，在景观水平上考虑：近原始林保护区的建立；保护区之间的功能性的联系，即通过维持良好的基质状况，而不是传统的廊道方式，如考虑把林分结构作为生境和过程的一个指标，认为结构的维持有利于生物多样性目标的实现。在所有管理类型中，包括近原始林保护区和河岸保护区，允许进行抢救性的采伐和疏伐。在适应性管理的地区，鼓励试验性的营林技术、较长的循环周期和创新性的采伐技术。在基质区，允许进行经营性采伐，但有生态方面的限制，要维持所期望的森林状况。每一管理类型在采伐、道路建设和旅游上都有不同的管理规定，不同的强度和不同的设计。这一空间系统途径是以景观生态学和保护生态学为基础的，更强调大规模的空间规划与设计。

“西北部森林计划”尽管主要由同龄林经营原理指导，经营计划中应用的景观管理概念和制定的战略使用了一条基于结构的管理途径，这一途径在概念上类似于自然范围变异性范式，只不过是以这样一种方式设计营林技术：发展和维持多种能最佳地满足这些土地的社会、径级和生态目标的林分结构。森林计划包括与发展和维持高水平的可持续木材蓄积量、野生动物生境多样性、各种各样的娱乐设施及其他等相关的目标。为了实现这些目标，应通过管理使森林结合体具有以下结构，见表 13-8。

表 13-8　森林结合体结构

更新区域	景观的 5%~15%
郁闭、单层林冠森林	景观的 10%~20%
单层林冠内下层更新	景观的 15%~35%
分层森林	景观的 20%~30%
较老森林结构	景观的 20%~30%

美国俄勒冈州最近的生态系统经营实践特别强调关于采伐和景观格局的设计。1998 年，制定了俄勒冈州森林经营的新规定。其中指出，经营森林要区分景观水平和林分水平，要既能提供野生动物和生物多样性，也能持续地生产木材和收益。这个计划是以结构为基础的经营，它通过定期的疏伐和部分采伐来管理林分密度，以加速森林的发育。一些规定造成的结果是形成速生的、蓄积量高的、下木很少的林分，一些林分实行择伐形成复杂的林分结构，其中可以使阳光到达地表和下层植被，同时形成复杂的林冠层。疏伐和部分采伐可以创造和维持枯立木和倒木，林中空隙和多层林冠。另一些规定包括更新采伐、斑块采伐、群状择伐，如果条件适宜，也可以应用母树采伐。其中，重要的内容是划分 5 种林分类型，以保持林地木材采伐和环境的动态平衡。这 5 类林分类型如下：

①更新林分。立地主要被幼苗幼树、灌木和草本占据，一直到乔木层郁闭以前。一旦林冠层郁闭，下层植被的生活力立即显著降低，并进而逐步死亡。

②郁闭单层林分。乔木层充分占据立地，形成一个主林层，而下层植被很少。

③有下层植被的林分。下层开始发育灌木草本，树木林冠可以由一个树种构成，也可以由多个树种构成。

④多层林分。植被的层次进一步发展，无论乔木层、灌木层，还是草本层，都可以进一步分化为若干亚层。

⑤老龄林分。比上一类更复杂，是发育最为成熟的林分类型。在计划中的基本目标是要使上述各类林分的面积比例基本处于平衡状态，更新林分在全州森林景观中占5%~15%，郁闭单层林占10%~20%，有下层植被的林分占15%~35%，多层林分和老龄林分各占20%~30%。

13.4.1 绿树保持法和可变绿树保持法

13.4.1.1 绿树保持法和可变绿树保持法的提出

美国的森林生态系统经营旨在增加林分和景观层次上异质性和复杂性，有效提升森林生态系统的韧性和适应性，有效保持生态系统多样性和提供生态服务功能，是一种将异质性和复杂性融入森林经营过程的一种森林经营新范式。当前的主要森林经营范式有绿树保持法和可变绿树保持法两种模式，它在林分和景观两个水平上模拟自然干扰创建的异质性和残留结构的复杂性，源于对这两个特性在森林结构发育(尤其是更新促进和森林镶嵌结构保持)和功能维持与协调方面的独特作用，它试验不同的主伐方式，以寻求维持生态系统持续发展的合理途径。

13.4.1.2 绿树保持法和可变绿树保持法的作业措施

绿树保持法和可变绿树保持法的作业在林分和景观两个水平上模拟自然干扰结果，提高林分结构复杂性，并在景观上协调多种功能的同时产出，创造模拟自然的生态系统过程和格局，提高林分和景观层次的生态系统持续稳定性和生态健康性。林分水平的措施包括主伐方式、采伐剩余物处理以及倒木和枯立木的保持等这几个方面。北美黄杉林区过去实行的主伐方式是交互块状皆伐，富兰克林等认为，过去采取的办法主要是从木材生产和用材林培育的观点出发的，而对于野生动物、特别是对于内部种的保存不利，同时也容易造成留存林分的不稳定，如容易发生风倒等。新的做法是主张采用一种称之为绿树保持法(green tree retention)的作业方式。在采伐中要求保留一定量的达到成熟年龄的大径木、枯立木和病腐木。在林木的采伐强度上，一般在20%~50%。在采伐剩余物处理采取就地腐烂的方法来处理。绿树保持法的宗旨在于通过采伐，创造类似于老龄林的结构，也就是使留存林分具有异龄、多层、多种(不仅指植物种，并且指土壤动物和昆虫等。)、水平方面也是异质的林分结构。

采伐在景观水平上主要表现为伐区的空间配置。在美国的北美黄杉林区，过去采用的交互块状的方式来配置伐区(每一个伐区的大小为10~20 hm^2)的结果是使原来连续的原始林景观变为棋盘式的森林景观。这样做的原意是，邻近的未被采伐的林分，可为采伐迹地提供种源或者一定程度的环境保护。此外，这种作业方法也便于修筑公路，能够创造对有蹄动物有利的林缘环境，也能降低局部的侵蚀，但是，这种景观配置也带来一些不良的后果，如林缘木容易风倒和死亡，有的地区，还造成一些边缘种(指动物)种群的过度发展。鉴于此，目前生态系统经营在景观水平的策略正由传统的“尽量提高景观中边缘比例”方向，向着“尽量减少景观中边缘比例”的方向发展。

可变的保留采伐体系是由上述绿树保留体系发展而来，力图使采伐的林分将它的结构成分保留到下一个轮伐期，但是强调具体的保留结构在数量、种类和格局上要有一定的变化。通过一定的结构性保留，如保留大径木、枯立木、倒木以及保留各个植被层的结构，均有利于各种生物的生存，其中甚至包括土壤生物和菌根菌等。在过去的采伐方式下，幼年林分一般具有简单和同质化的特点，现在注意保存比较大的、老的和死的成分可以解决这个问题。为了便于动物的移动，要保持采伐迹地的连通性，在比较空旷的迹地上要有走廊相连。

在设计可变保留采伐体系中，需要解决 3 个技术要点：在采伐地区保留何种结构要素；每一种结构要素保留多少；保留何种空间格局，即是分散的、还是集聚的。可变保留采伐体系的基本目的是力求把利用木材和保持生态系统的整体性和持续性结合起来(如保留的数量最低可以达到 15%)，在措施上的要点是，在一个伐区内的不同部分在保留林分结构、成分和结构上有所不同。

13.4.1.3　绿树保持法和可变绿树保持法的试验研究

图 13-11 和图 13-12 说明了美国的可变绿树保持法试验在美国的实施案例，这种森林经营方法的实质是模拟自然干扰过程，将自然干扰过程的复杂性和异质性融入森林适应性经营，减少了过去森林经营的同质性带来的森林采伐与生物多样性之间的矛盾，同时在林分和景观等多个空间尺度上实现了森林的自然生态过程，维持了多规模空间尺度的森林格局和森林功能实现，同时解决了林分层面森林可持续经营(包括天然更新)和景观层面环境影响的问题。目前的试验结果表明：该方法可有效促进生物多样性的维持，促进了森林生态系统结构、功能和过程的协调性，在多个森林经营单位尺度上实现了森林生态系统的既定目标。

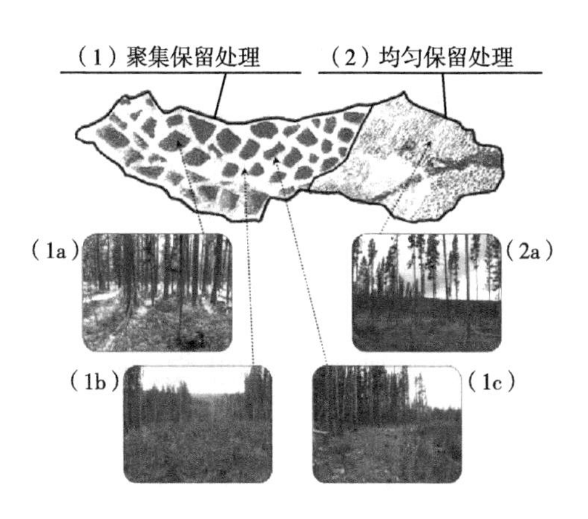

图 13-11　美国 Tenderfoot Creek 试验林的试验保留收获示意

航片图表明每个试验处理的重复，(1a)表示聚集保留处理的斑块内部林分断面，(1b)表示聚集处理的非保留斑块(即采伐斑块)的林分空面，(1c)表示聚集保留处理的斑块边界；(2a)表示均匀保留处理的斑块内部林分断面。

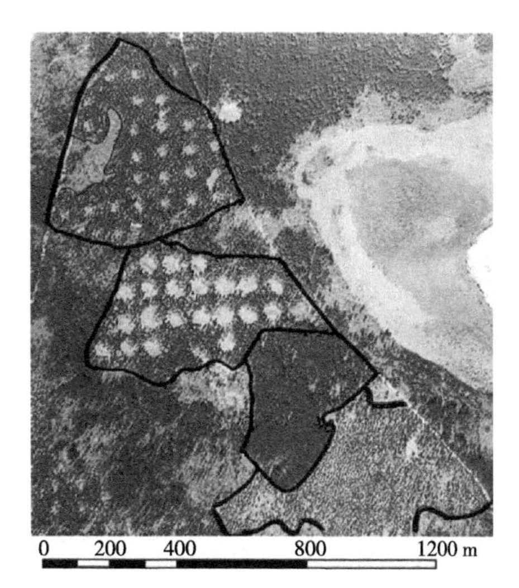

图 13-12　美国 Chippewa 红松林研究区试验区组航片图

从上至下的林冠层收获处理(多边形为分界线)为聚集保留小林隙、聚集保留大林隙，对照(无处理)和均匀保留处理。

13.4.2 森林生态采伐与更新体系

13.4.2.1 生态采伐的定义

生态采伐的定义为：依照森林生态理论指导森林采伐作业，使采伐和更新达到既高效利用森林又促进森林生态系统的健康与稳定，达到森林可持续利用目的，这种森林作业简称生态性采伐或生态采伐。这个定义包括 2 层核心内容：森林采伐和更新以森林生态理论为指导，在获取木材产品的同时还必须考虑对森林生态系统的健康与稳定；在维持生态系统平衡的前提下，充分利用森林资源，提高森林资源的经济效益。

13.4.2.2 森林生态采伐的原则

长期以来，人们一直沿用传统的“自下而上”(bottom-up)的以林分为中心的经营措施，即注重木材本身的经营利用和保护，而忽视了其生存环境的保护。这是一种试图通过较低层次上的局部经营调整，来实现高层次(生态系统和景观)上森林整体稳定的经营方法。实践证明，只注重森林本身的经营而忽视了其生存环境的作用，这种单一的经营保护措施并不能达到很好的效果。于是人们开始转向“自上而下”(top-down)的景观途径的森林经营保护，即在生态系统和景观层次上进行整体保护和调控，以实现局部和整体的森林类型多样化和稳定。为了可持续经营森林，不仅要考虑目标森林的本身，还要考虑它所在的生态系统以及有关的生态过程，更要重视其背景和基质等，即问题的发生和研究在种群和群落层次上，但问题的解决需要在整个景观的层次上。特别值得注意的是，由于人类干扰的加入，生境破碎化日益严重，迫切需要通过保护景观生境来实现森林整体的保护。基于以上的分析，结合森林生态系统原理，森林生态采伐的原则定应为：采伐不影响或尽可能不影响森林生态系统，不造成森林生态系统结构、功能的损伤。其采伐设计不仅考虑木材收获，而且要考虑维持森林固有的生物多样性、树种组成和搭配、林相和森林景观及其功能等因素。这也正是这种理念与传统采伐方式的根本区别。

13.4.2.3 生态采伐理论的内涵

根据森林生态采伐的原则，生态采伐理论的内涵应涉及 3 个层次：林分、景观和模仿自然干扰。

在林分水平上，要系统地考虑林木及其产量、树种、树种组成和搭配、树木径级、生物多样性的最佳组合、林地生产力、养分、水分及物质和能量交换过程，使采伐后仍能维持森林生态系统的结构和功能，确保生态系统的稳定性和可持续性，充分反映自然-社会-环境的和谐及人类经济社会的发展需要。

在景观水平上，要考虑原生植被和顶极群落，进行景观规划设计，实现不同的森林景观类型的合理配置在采伐设计时要考虑采伐后的林地对人感观的影响，即美观的效果等，不应该造成千疮百孔般的破碎景观。依据森林群落的演替规律和群落之间的相互关系，通过林分级的采伐与更新加速群落的演替，林分水平的采伐应在景观规划的指导下进行，以维持森林景观的整体性。

模仿自然干扰则是模拟自然选择采伐木、培养木和其他保留木，在采伐作业过程中保留一定的枯立木、倒木和枯枝落叶等，以满足动物觅食和求偶等活动的需要。模仿森林在自然生长过程中会自然燃烧或遭遇风倒等现象，通过外力干扰帮助森林成长。如有计划地人工助燃，可以消灭森林中的病虫害，烧死一些过密的林下植物。风倒可以形成林窗、林隙，大小不同的林窗、林隙，其实就是多种生物的乐园。

生态采伐与更新体系在景观层面上遵循了美国生态系统经营的原则，目前正处于试验阶段。

13.4.2.4　森林生态采伐与更新体系的实践

森林生态采伐更新技术体系在我国东北汪清林业局的实践表明，森林生态采伐更新技术体系在景观和林分层次上实现了森林采伐和促进更新的技术目标。在景观水平上，它是在传统森林立地和森林景观分类的基础上实现了区域森林景观演替和森林动态发育的预测，并借助景观分类评价和动态模拟演替的工具为森林景观类型经营提出了若干建议，按照森林类型多样性最大覆盖模型计算森林经营单位的自然保护区区域和面积，科学合理设置森林景观生态采伐原则和评价指标体系，按照既定森林发展类型森林景观类型的规划调整目标，同时做好脆弱区和重要生态区的景观保护策略，在景观水平上实现以小班为单位的伐区时空合理配置，为采伐时空安排提供理论和实践基础，为森林生态采伐面积落实到具体的小班中提供实践可操作性指导。生态采伐通过群落生境类型就可以建立起景观与林分(小班)经营关系，从而实现自上而下的森林经营调控。在林分水平上，它结合了林分空间结构指标和非空间结构指标，改变了传统林分择伐优化模型的以系统功能优化为目标的现状，将林分空间结构引入林分择伐规划，建立以系统结构为目标的林分择伐空间优化模型，以便在确定是否采伐某一空间位置上的林木时有充分的理由。为林分空间优化择伐提供决策依据。该林分择伐优化模型首先确立了理想林分空间结构的优化目标函数，同时实现了对林分空间结构的混交、竞争和林木空间分布格局 3 个子目标优化，设置林木大小多样性、树种多样性、生态系统进展演替、采伐量不超过生长量以及伐前伐后林分空间结构指标约束条件，在目标函数分析和约束条件设置基础上，建立了林分择伐空间优化模型，并针对已调查样地单木调查因子进行模型求解，做出下一经理期内采伐木的安排。在林分层次上的择伐优化决策模型采用面向对象程序设计思想设计了林分空间结构分析系统(stand spatial structure analysis system)软件 SSSAS，可以实现林分数据的结构化分析，包括混交度、竞争指数、林木空间格局、精确最近邻体分析和 Ripley's $K(d)$ 函数分析，并通过择伐参数设置和最优择伐方案 Monte Carlo 求解 2 个步骤确定了最优采伐方案。由于该模型的大多数约束是针对生态系统结构多样性和稳定性设置的，更适合于生态公益林。但对于天然林的抚育间伐也具有很强的指导作用。但正如于政中(1993)所指出，在一次采伐中一般不能获得完全调整好的由 q 值确定的最佳曲线，林分空间结构也必须通过多次调整才能区域理想状态。在每次调整中，该模型重视经营过程和经营措施对空间结构产生的影响，避免对森林结构的不良干扰，如减少径级数、降低树种多样性等。

13.5　森林可持续经营

随着可持续发展的提出，森林可持续经营在森林永续经营的基础上逐渐发展，区别于森林永续经营，森林可持续经营是森林永续经营思想的发展和继承，发展的是其关于森林产品和森林功能的概念，继承的是森林收获永续利用模式的精髓，实现了其森林多目标经营模式的可持续性，截至目前，森林可持续经营仍然是一种森林经营管理的主要理念思想，其具体模式因各地森林经营实践和森林类型的多种多样而不同。在我国，森林可持续经营作为一种新的模式，正在逐步发展壮大，产生了近自然林业、多功能经营、结构化森林经营和森林生态系统经营等多种模式和方法，并在我国广袤大地上开展了多种试验，也将不断得到优化，精炼出更符合我国国情的森林经营模式。

13. 5. 1 森林生态系统的可持续性原理

森林是一个生态系统，好的生态系统才能发挥完整的生态、经济和社会功能。一个稳定健康的森林生态系统能够自然更新，且具备合理的结构，其中包括树种组成、林分密度、直径和树高结构、下木和草本层结构、土壤结构等。一个现实林分很难达到这样的结构，需要辅以人为措施，促进森林尽快达到理想状态，这就是森林经营措施。

13. 5. 1. 1 森林生态系统的持续稳定性

保持森林生态系统的持续稳定是森林经营所遵循的最高准则。所谓持续稳定性是指森林生态系统的结构与功能、各林分的相互作用能持续稳定地得以发挥(亢新刚)，即维持森林生态系统结构、功能和过程的可持续性和稳定性。我国学者唐守正指出，现代森林经营的目的是培育稳定健康的森林生态系统。从这一意义上讲，现代森林经营应该注重和加强森林生态系统结构、功能和过程的持续再生性和平衡状态的维持，提升动态干扰模拟自然多样性的经营机制和体系的适应性，实现复杂森林结构、多样功能并存和自然过程维持的人与森林和谐共处的综合目标。而在实际的森林经营过程中，上述目标则转化为强化森林结构适应性调整、森林多功能多目标经营方向确立和仿效自然过程的森林经营机制、作业体系规划等 3 个方面的工作，建立符合区域生态、经济和社会目标的森林可持续经营活动。

系统的结构决定系统的功能。森林的等级结构特征和系统性决定了森林经营是对森林的多尺度综合经营管理。实现森林可持续经营必然要求森林在不同尺度上都具有良好的结构，才能保证森林系统的整体功能最佳。随着人们对森林结构、功能与过程的了解逐步深入，人们逐渐认识到，对于当代环境、资源、人口等困扰人类生存质量和未来发展可持续性的重大问题，只能在更大的时空尺度上加以研究和解决。通过强化生态学整体观和系统观，在小尺度上把握森林生态特性的同时，在更大尺度上理解和把握森林结构、功能和过程，从而对森林有一个完整而正确的认识，对于森林经营决策的科学化具有极其重要的意义。

森林是一个等级结构系统，在不同等级水平上都需要有合理的结构。同时，森林可持续经营利用是建立在森林生态系统的持续再生性基础上的人为活动，必然受森林再生过程的控制，森林再生过程的时间和空间尺度性很强。因此，可持续的森林结构也是一个多尺度的概念。一般地说，可持续的森林结构是指在不同时间与空间尺度上可以有效地保证实现森林可持续经营目标的森林结构。

13. 5. 1. 2 森林生态系统的有限再生性

可持续的森林结构还必须建立在森林资源的有限可再生性基础上。对森林资源的利用部分只能是在保持系统稳定基础上的增长部分，也就是生长量。森林生长量是由其基础蓄积量生产出来的，如果伤害了基础蓄积量，就损害了森林未来的生长量，森林的其他产品生产也具有类似的性质。可见，森林资源具有二重性，它既是森林利用的对象，即森林经营产品，又是森林经营的生产资料或“工作母机”，掌握好这两者之间的关系是实现森林资源持续利用的关键。

森林的再生性是有限的，其有限性主要表现为森林再生的时空尺度性和森林功能多样性。森林的再生性是一个时间性极强的问题。由于森林是等级系统(徐化成，1996)，低等级水平小尺度上可再生的系统，推广到高等级水平大尺度上不一定是可再生的。小尺度上不可再生的系统，在大尺度上可能并没有对景观或区域的整体可再生性带来严重危害。即小尺度系统的波动可能通过一系列生态过程在大尺度上得到放大，也可能在外推过程中衰减。因此，在不同的空间尺度上，森林的可再生性也是不同的，需要进行必要的验证。森林的再生性应该是森林多功能的再生性。由于森林多功能之间的矛盾性，森林某项功能的再生并不能保证其他功能的再生。由于许多较小尺度上发现的问题需要在更大尺度上加以研究和解决。协调森林多功能经营利用的矛盾，也需要分别在林分、景观乃至区域尺度上，通过合理规划，对森林多功能经营利用在时间和空间上进行跨尺度综合，在整体功能优化和维持森林景观整体再生性的前提下，缓和矛盾，减少冲突，最大限度地实现森林多功能的协调和统一。

13.5.1.3　森林资源的有限再生性与森林经营

永续利用的基本前提是森林资源的永续再生性(即可持续性)，而森林的再生性并不是必然的。按照我们前面对资源可再生性的定义和理解，特定地域的森林或不同种类组成的森林，既可能是可再生的也可能是非可再生的。许多森林景观是可再生和非可再生森林斑块的镶嵌体，而且可再生森林与非可再生森林之间是可变的，合理的经营技术和手段是实现其之间转变的重要途径和方法。

适地适树和合理的森林经营手段可维持森林资源的持续再生性，实现森林可持续经营。造林中首先要注意采用适地适树。很多地区造林失败就是因为没有做到这一点。例如，有一个时期，我国南方地区大面积发展杉木，结果把许多杉木扩大栽培到海拔较低的、原来并不适宜栽培杉木生长的丘陵地区。因为这里气候干热，不适合杉木对于气候的要求，所以很多杉木林最后生长得很不好，成为“小老头林”。北方在降水量少，土壤条件也不好的三北地区大面积栽植速生杨树，因为这些杨树对立地条件要求很高，而造林立地条件却很差，结果他们到一定年龄就生长得很不好，也变为“小老头林”。苏丹 Gezira 的灌溉人工林，提供了一个在困难立地成功实施矮林经营适应性调整的例子。Gezira 是个大面积种植棉花的地区，但受雇种植棉花者需要薪柴和干材，当地土壤是碱性黑黏土，在夏季严重干旱时会开裂，年降水量约 400 mm，属于半沙漠气候类型，但灌溉创造并保持了大面积的小套桉林，该树种耐重碱土，并能安然度过为期 3 个半月的无灌溉水源干旱期。在没有槲寄生和松心腐病的流行地带，美国西南部景观意义重要的美国黄松森林类型、北美黄松、洛基山北美黄杉森林类型、都采用了群团状择伐作业法。Sierra Nevanda 山区生长着北美黄杉和加州白云杉、糖松、海岸北美黄杉翠柏、加州黑栎的混交林，采用群团状择伐作业法也发挥了有益的作用。矮槲寄生和多年异担子菌多发区不宜使用该作业法，是因为该方法会保留这些破坏性的因素。

13.5.2 森林可持续经营的时空组织原理

13.5.2.1 森林可持续经营的理论

在森林经理学发展过程中曾存在过两个重要的森林经营模式即法正林模式和连续覆盖森林经营模式的争论和探讨，促进了森林经理学逐步由法正林理论与技术体系向恒续林理论与技术体系转变，助力林业基本原则逐步由“木材永续利用”发展转变为“森林可持续经营”。以德国为首的欧洲林业发展从法正林模式向近自然森林模式的转变，北美林业逐渐由木材经营向生物多样性保护和木材利用相结合的方向发展，体现了未来森林经营的重要方向、施业原则和营林体系的重大转变。

森林空间分布的诸多理论模式，例如，“自然在流动”“流动镶嵌体理论”“自然范围变异性范式理论”等森林镶嵌理论表明森林空间分布的尺度性和多样性是未来森林经营的方向和理念，在上述理论模式的指导下，诞生了诸如“德国的近自然林业和恒续林经营模式”“美国的自然范围变异性范式和绿树保留法、可变收获经营范式”等自然范式森林经营活动，并将持续指导森林经营和收获的时空作业安排，产生了多样的营林作业法和森林经营实践模式。

受森林空间分布的地域广阔性和森林经营的长周期性等特点制约，森林经营的时空尺度受到愈来愈多的重视，森林可持续经营应逐步完善森林自然过程的多尺度模拟经营，加强林业生产的全过程、全周期经营，重视森林经营计划(规划或方案)的作用，提升森林经营的多功能需求，实现森林多效益综合管理，营造“人与自然”和谐共处的森林景观。

(1)森林空间镶嵌理论

森林镶嵌(mosaic)是指不同种类(异质)的多个小面积林分在空间上的斑块分布。这里的林分种类主要指森林的起源(天然林、人工林)、树种组成和林龄等特点的差异。细分的话，还包括林分密度、立地条件。经营目标和经营体系等。传统划分林分的主要条件是从经营管理的角度考虑，要求同一林分的特点是相同或相近的，如小班(subcompartment)区划，小班可视为类似于景观生态学的单元。森林镶嵌理论是以区域森林为研究对象，研究林分结构(空间结构)、功能和变化(空间动态)的理论，为区域森林经营提供理论依据。

多个异质的小面积林分在平面空间上的分布集合可描述为森林镶嵌，森林镶嵌分布主要有以下 3 个特点：

①空间上的多样性(diversity)。每个林分可能是均值单纯的，但在区域尺度上的集合则构成森林(林分)多样性，作为整体的区域森林能期望发挥森林的多种功能(效益)。

②时间上的持续性(sustainability)。就成熟林分而言，在某一时刻被采伐更新成为幼龄林，而更多的林分随时间而趋于成熟，即林分的动态变化不削弱区域整体功能。

③有益于提高森林经营管理的效率或生产性。

(2)森林时间连续理论

森林经营是林业活动的全过程，主要包括更新、抚育(田间管理)、利用等多个环节，具体包括育种和育苗、林地整理、造林和更新，森林抚育、保护等田间管理，直到森林收获。

美国《威斯康星森林经营指南》定义：一个森林经营体系是一个植被经营计划在一个林分整个生命过程中的实施。所有森林经营体系包括3个基本成分：收获、更新、田间管理。这些是为了模拟林分的自然过程，森林的健康条件和林分树木的活力。因此，在国外，特别注重森林经营的全周期规划设计。

在木材时代经营的背景下，永续利用林业和森林可持续经营理论一个最基本的要求是在相同的时间段内获得相同的木材产出和经济收入，这就要求二者在时间尺度上保持连续性，如永续利用的法正林模式要求更新期为0，即是对森林生长和收获在作业级经营单位上的时间连续性的必然要求。前者有明确的起点和终点，后者没有明确的起点和终点，但仍然对林木径级分布格局（即林分中林木在时间上的连续性）做出了规定。

(3)森林等级结构理论

等级结构系统理论（hierarchical system theory）是现代生态学发展中提出的新概念。等级结构系统理论认为，生命系统具有等级结构特征，每一级系统都由下一级子系统组成，同时它也是上一级系统的结构成分，每一个等级的系统都具有相应的结构、功能和变化特征。

森林是一个等级系统，在对林业经营有意义的时间和空间尺度上，森林等级结构系统至少由以下5级子系统组成：区域（forested region）—景观（forested landscape）—群落（forest community）（生态系统 ecosystem、林分 stand、生态单元 ecotope、立地 site、生境 habitat）—种群（population）—个体（individual）。

等级结构理论的意义在于，明确提出了在等级结构系统中，不同等级的系统都具有相应的不同结构、功能和过程，需要重点研究解决的问题也不相同。特定的问题既需要在一定的时间和空间尺度上，也就是在一定的生态系统等级水平上加以研究，还需要在其相邻的上下不同等级水平和尺度上考察其效应和控制机制。

为提高林地生产力，研究合理林分结构问题只能在群落和种群水平上才能找到应有的解决方法和途径。相反，研究流域水文效应与高地森林经营方式之间的关系，只能在景观水平上寻找答案。为了研究森林抚育、采伐方式、林种和树种的空间配置对流域水文状况的影响，确定森林经营活动的理想方式，在群落尺度上只能为这些研究提供依据和支持，但不能作为整体规划和决策的最佳尺度。对个别群落的研究只能说明森林采伐对流域水文效应的局部影响，并不能说明当景观内其余部分的森林也同样进行采伐时，对流域水文效应会有什么样影响，也不能说明在景观整体水平上以某种空间配置格局进行采伐时，是否会给流域水文状况带来不可接受的损失。这都是传统森林经理工作中常常被忽视的问题，通过对森林等级结构的理解，在景观尺度上的相关研究可以为森林经理提供有力的支持。

13.5.2.2　森林结构要素和可持续经营实现途径

(1)林分结构单元与森林经营方法

生态系统经营对于林分结构的基本要求是保持和增强林分结构的复杂性，即保持林分结构要素的多样性，满足不同目的或功能的森林经营，而这一点主要表现在垂直结构、大小结构、树种结构和林分中枯立木、倒木的存在与否等方面。林分活立木结构要素主要包括树种、径阶、树高、密度，因其发育阶段不同，林分结构也不同，需要根据发育阶段调整，确定相应的经营措施和指标，使林分保持群体的健康和活力，站杆和倒木(粗木质残体和细木质残体等)也是维持林分结构多样性的重要因素之一。美国在实施绿树保持法的过程中，保留适当的结构要素将可能提高森林生物多样性和森林健康状况。在营林作业法的设计中，主伐方式、采伐剩余物处理、母树保留、采伐强度、更新采伐、灾害预防等也是木材经营区的重要考虑内容之一。美国在设计可变保留采伐体系中，需要解决 3 个技术要点：在采伐地区保留何种结构要素；每一种结构要素保留多少；保留何种空间格局，即是分散的、还是集聚的。

在开发利用天然林时，主伐(harvesting cutting)或称更新采伐(regeneration cutting)是关键的育林措施。对于主伐年龄，生态系统经营要求大大延长主伐年龄。在一定的景观范围内，将它的面积除以主伐年龄，则可得出每年应采伐的面积，这样就可以使景观成为林分年龄构成处于近乎平衡状态的流动镶嵌体。传统的主伐方式基本上是分为皆伐、渐伐和择伐 3 类，生态系统经营的理论要求按照当地的自然干扰状况来决定是选择上述哪一种方式。一般来说，一个地区各种森林类型的干扰类型和干扰特点，时常是不一致的，并非单一的，这就要求一个地区的主伐方式应当多样化，而不应当仅限于一种方式。一个地区实行多种主伐方式的另一种理由是，这样可以维持物种的多样性。

除了仍然按照原来的主伐分类方式来考虑采伐设置的问题以外，在生态系统经营的指导思想下一个重要的考虑是在主伐中如何保留枯立木、大径木和濒死木的问题，其中心目的是给动物和鸟类创造和维持适宜的生存条件。

(2)森林景观结构与森林经营方法

森林经理的目的是通过合理组织森林经营，实现森林可持续经营，达到森林资源多效益可持续利用。因此，森林经理应当在景观水平上根据景观生态学原理和生态经济原理，通过对景观结构的调整、控制和管理，保障景观生态系统的健康，维护景观生态功能的稳定，为区域社会经济可持续发展提供支持和保障。可见，从某种角度将，森林经理工作的主要对象是森林景观，也就是说森林经理主要是景观尺度上的经营规划和实践活动，要想解决景观尺度上的结构调整和景观管理问题，必须从森林生态系统水平入手，通过在景观水平上的总体决策，控制生态系统水平上应当采取的技术措施和手段，同时在总体决策中充分考虑满足区域尺度上对森林产品功能、服务功能和文化价值的要求。由此可见，森林经理是以景观尺度为中心的、跨尺度的森林多资源经营管理决策活动，决策的生物学基础就是对森林等级结构系统的结构、功能及其变化过程和调控机制的全面理解和把握。在黄土高原上开展的“全流域经营，全过程管理”的森林经营思想就是景观经营理念与水土保持具体技术相结合产生的森林经营模式。美国当前开展的可变绿树保持法在某种程度上就是采伐结构要素与保留结构要素在空间上分布的景观格局。棋盘状结构是指景观由相互交错的棋盘状格子组成，如林区中近乎随机分布的伐区与保留林分错落镶嵌构成的景观。在不同景观结构类型中，景观要素对景观中物质、能量和信息流动和交换过程的作用不同，使景观表现为不同的整体功能。如集中-分散模型(aggregated-scattered model)就是美国林学家富兰克林在考虑棋盘格式模型(check-board model)对森林内部物种的不利影响后提出的一种改进的森林采伐空间配置模型。

森林景观是以森林生态系统为主体，与相互联系的其他景观要素一起构成的一类景观。包括各种类型的天然林和人工林、灌木林、疏林、草地、湿地、河流、农田、道路、居民点、矿区等景观要素类型。在森林景观中，由不同的立地条件、森林起源、干扰状况、经营方式和生长发育阶段决定着的森林类型、林分年龄和斑块大小的林分斑块是森林景观的主要结构成分。因此，森林景观的林分类型结构、年龄结构和粒级结构是森林景观的重要结构特征，而这种结构是决定其森林景观功能和森林资源多目标管理的重要基础。除此之外，为满足多功能经营的目标，协调各目标之间的矛盾，还需针对采伐造成的森林破碎化景观和森林边缘进行规划管理，以及一些特殊目的或意义的生态地带的规划管理，如自然保护区、国家公园、文化景观林等。

①林分类型结构。林分类型结构的多样性和异质性对于维护森林景观的稳定性、维持森林景观的生物学多样性、保持森林生态系统的持续健康和生产力、确定森林生产收获秩序以及决策区域森林多功能或多目标经营等具有重要意义。

②林分年龄结构。法正林的龄级空间排列和广义法正林龄级结构的递减分布模式就体现了林分斑块年龄结构对于林业生产的意义和作用。经典法正林模型要求经营单位具有法正龄级分配，即必须具备从小到大各龄级的林分，并且各龄级林分面积相等。而广义法正林模型中，各龄级林分面积取决于由各龄级林分面积采伐概率所决定的林龄转移概率矩阵，整个地区的森林年龄结构表现为一定的递减率分布模式，即幼龄林多，中龄林次之，成熟林再次之。因此，无论从木材生产还是从保护环境和生物多样性出发，持续的森林经营总是要求一定范围的森林景观内林分斑块年龄结构能够保持某种程度的动态平衡，而这种动态平衡状态的实现和决策在森林可持续经营的背景下将变得更加复杂。

③森林景观粒级结构。森林景观的粒级结构就是森林景观中森林斑块大小的结构。在原始天然林中，环境资源的异质性、自然干扰类型和景观的自然植被演替阶段共同决定着森林景观的粒级结构。在温带或北方针叶林中，如我国东北大兴安岭林区，火烧干扰是主要的自然干扰类型，干扰后更新形成的林分斑块大小和形状都强烈地依赖于森林火干扰状况，一般容易形成粗粒结构的景观。而在热带雨林、亚热带常绿阔叶林和温带落叶阔叶林景观中，林冠干扰常常是主要的自然干扰类型，由树倒形成的林冠空隙就是森林更新的基本单元，每一个更新单元都经历不同的生长发育阶段，使整个森林景观成为由不同树种和年龄的斑块构成的镶嵌体，容易形成细粒结构景观(藏润国，1999)。在华北石质山和土石山林区，由于地形破碎、坡度和坡向变化大，环境资源空间分布的高度异质性决定了该地区森林景观的细粒结构特征(郭晋平，2000)。在人为经营的森林景观中，森林采伐方式是对景观粒级结构影响最大也最直接的森林经营活动。择伐总是形成细粒结构景观，而皆伐因不同的伐区面积使景观形成不同粒级的粗粒结构。采用什么样的采伐方式对森林景观斑块规模大小的结构特征具有关键性影响。以模拟自然干扰为原则制定森林采伐方式和其他森林经营措施应当受到鼓励和提倡。

④森林破碎化和边缘规划管理。林经营活动中往往是造成原始林破碎化最直接的原因。富兰克林曾在生态学基础上开展了棋盘格式模型和集中-分散模型等两种合理森林采伐方式的研究(Franklin et al.，1987)。世界各国的许多林学家和生态学家，

为协调人们对森林的经济要求和自然保护要求之间的矛盾，也进行了不懈的努力，并提出了一些森林景观经营利用模型。如哈里斯(Harris，1984)提出的核心区-内缓冲区-外缓冲区多用途模式(MUM)、诺斯等(Noss et al.，1986)的景观群岛模型、福尔曼(Forman，1995)提出的通过土地规划协调保护与开发利用的空间途径(spatial solution)、俞孔坚提出的景观生态安全格局(ecological security pattern of landscape)，以及通过建立过渡斑块(step stone)或生物运动廊道(green way)提高破碎生境斑块之间连接度等空间规划与管理途径等。

⑤特殊的生态地带的规划和管理。鉴于特殊的生态地带在整体森林景观或陆地景观中的重要性或者对于人类社会具有特殊的生态、社会文化价值或意义的特殊的生态地带，需要加强该特殊地带的规划和管理，同时采取特殊的营林技术体系开展保护、恢复或创建活动，多数情况下认为该类地带包括河岸带、森林湿地、水土保持林、水源涵养林及文化景观林。

在森林景观规划、建设与管理中，河岸带植被(riparian vegetation)的作用应当受到更多的重视。由于河岸植被带的生产力和物种多样性也高，对进入河流的物质和物种等有显著的过滤作用，对于维持河流的良好水文状态、温度状态以及作为水生生物所需要的能量来源都具有重要意义。在森林景观管理中，特别是在流域上游森林景观规划、建设与管理中，应当充分考虑河岸林带的生态作用，沿河流保留一定宽度的缓冲林带，不进行采伐，或者采用特殊的或适当的采伐方式和采伐强度进行采伐(Malanson，1995)。

美国国有林科学家委员会在有关自然范围变异性内管理国有林和草地景观的重要建议中提到，自然范围变异性可能最适于景观的概略特征，包括河流的状况、不同森林类型演替系列阶段间的分布，大的死木的数量及分布，干扰的大小、频率和强度等景观要素和特征指标，并在自然范围变异性原则指导下开展国有林景观恢复和重建计划。

美国俄勒冈州西北部森林的经营计划，使用了一条基于结构的管理途径来设计营林技术，并发展和维持多种能最佳地满足这些土地的社会、经济和生态目标的林分结构，将森林景观划分为5种林分类型，包括更新林分、郁闭单层林分、有下层植被的林分、多层林分和老龄林分，特别强调关于采伐和景观格局的设计，并将计划的基本目标设置了各类林分的面积比例，并为其设置了景观的基本平衡状态。

(3)森林经营计划的时空安排

长期的森林经营不仅要从空间上加以组织，即建立合理的空间秩序，还要从时间上加以组织，通过时间、空间秩序的配合以实现理想的森林结构和状况。从森林经营管理角度而言，林分和景观是两个关键的尺度。

森林经营计划的空间途径的实现可通过多用途空间规划(协调多功能经营目标问题)和层次等级结构方法(解决空间配置问题)两个途径得以解决，主要包括景观层次上的功能分区、非木材经营单元的特殊意义规划(非木质产品生产、河岸区、放牧区、游憩区、生物多样性保护区、破碎化规划区)和伐区经营单元层次上的收获布局，按照合理的景观单元空间约束条件(如空间相邻约束、总体面积约束、野生动物最小生境、功能指导分区约束、最大收获面积约束等)建立空间规划模型，求解得到森林经营功能分区空间明确模型和收获营林作业布局时空秩序安排。森林经营中迫切需要以景观生态学原理为指导，把每个森林斑块的功能及其在空间上与其他森林斑块及生态系统其他组分之间的关系结合起来，以导向期望的森林景观状况，实现森林生态、经济和社会的可持续性。

营林作业法的实质就是森林经营的周期性与森林收获实施作业的时空秩序的安排，表现为同龄林的轮伐期和异龄林的择伐周期，采伐收获单元或伐区的空间配置和时间布局。过去的龄级法就是以龄级为基础的基于作业级森林单位进行森林调整收获的时间分布序列的布局办法。同龄林和异龄林(规则林和不规则林、均一林和非均一林)的经营模式分别基于森林经营类型和森林经营小班，对应了轮伐期和择伐周期两个不同的时间尺度，二者森林经营的集约程度不同，对应树种特性和营林作业法也存在显著的差异。前者以法正林皆伐作业法和同龄林采伐作业法为基础，后者则以择伐作业法作为基础。

13.5.3　森林可持续经营的基本原则

根据可持续发展理论和森林的特点，森林可持续经营必须遵从以下 8 条原则：等级尺度原则、师法自然的原则、系统整体性和综合优化决策原则、生态可持续性原则、社会公益性与参与性经营原则、可持续利用原则、经济合理性原则、谨慎性原则与适应性经营原则。

(1) 等级尺度原则

森林是一个等级结构系统，不同等级尺度上都有特定的整体结构、功能和过程，有其自身动态变化的规律，不同等级尺度之间既有密切联系，有相对独立，不同等级尺度上的研究成果和结论不能简单外推。森林不同等级层次的结构、功能和过程的可持续性和协调性特征指标也存在较大的差异，不同森林同一等级层次的特性也随环境森林类型不同而有较大的差异，因此不同森林等级层次和时空尺度上的森林可持续性特征因子不同，森林可持续经营追求的目标也有差异，必须在遵循等级尺度原则的基础上开展森林可持续经营活动，评价森林经营活动的可持续性。鉴于森林的等级结构原理，森林的可持续经营应该基于多规模、多世代的时空尺度下进行科学决策，并对多样的功能需求在相应尺度上进行科学协调管理，同时通过开展连续的计划、监测、评价和调节等适应性管理策略，逐步调整森林经营决策。

(2) 师法自然原则

由于森林类型的多样性，林分处于不同发育阶段，不可能有全国的统一标准。但是应该遵守共同的原则——模拟地带性顶极群落的发展过程。天然林为人们提供了一个保持森林生态系统整体性、完整性和健康特征的标准“数据库”，是森林生态系统可持续性的典范，是评价施业林的质量和自然特征、测度生态系统可持续性的良好参照物。天然林(原始林)是人类师法自然、评价人类活动可持续性的重要标准。鉴于森林生态系统的复杂自组织性特性，其在应对各种自然环境干扰和人为干扰等方面的能力可能超越人类的预期结果，但同时期施业林和原始林的比对可明显看出森林经营活动的影响，并与人类的预期对比分析，不断调整森林经营决策，开展师法自然的适应性经营。美国国有林计划的制定过程中，有人提议对更为广泛的生态系统过程应用自然范围变异性理念，以指导维持、保护或(在有些情况下)恢复各种森林景观的目标，其中这些目标包含了一种代表在那里将发生或曾经发生的自然范围变异性的结构。

(3) 系统整体性和综合优化决策原则

随着人们对森林结构、功能与过程的了解逐步深入，人们逐渐认识到，对于当代环境、资源、人口等困扰人类生存质量和未来发展可持续性的重大问题，只能在更大的时空尺度上加以研究和解决。通过强化生态学整体观和系统观，在小尺度上把握森林生态特性的同时，在更大尺度上理解和把握森林结构、功能和过程，从而对森林有一个完整而正确的认识，对于森林经营决策的科学化具有极其重要的意义。将森林生态系统本身看作地球、国家和经营单位的组分来开展森林可持续经营的研究活动，强调上位系统的可持续性和协调性、森林结构、功能和过程的连续再生特性和整体协调特性、森林组分的可持续性和系统协调性，基于人类认知水平不断调整和优化森林可持续经营决策，不断完善和建立森林生态系统可持续经营的评价和认知活动。

(4) 生态可持续性原则

生态可持续性原则是指，在森林经营管理工作中所制订的经营目标和相应的经营措施，必须保证生态系统在区域、景观和林分水平上具有可持续性，不能对生态系统的持续再生性带来不可接受的损害，而且这种可持续性不仅是作为物质资源的可持续性，更重要的是生态系统整体自身结构、功能和过程的可持续性。所谓森林生态系统经营，就是把森林作为生物有机体和非生物环境组成的等级组织和复杂系统来看待，是一种用开放的复杂的大系统来经营森林资源，是以人为主体的、由人类参与经营活动的、由“人类社会—森林生物群落—自然环境”组成的复合生态系统。森林生态系统的性质或状况是由这个系统的层次、结构以及若干子系统在特定环境中相互联系、相互影响、相互作用的过程所决定。

(5) 社会公益性与参与性经营原则

社会公益性与参与性经营原则是指，在森林经营管理工作中，充分认识森林经营的公益性特点，考虑社会需求，使森林经营规划目标和经营措施符合当地社会整体利益和长远利益，鼓励社会参与管理和决策，使自己的森林经营活动更多地得到社区的支持。

(6) 可持续利用原则

可持续利用原则就是要求在森林经营管理工作中，要坚持森林产品收获利用与该产品的再生速率保持适当的均衡，当然包括木质林产品和非木质林产品，包括可见的物质产品和不可见的无形服务功能及价值。可持续利用原则是从木材永续利用的角度发展而来的，是对森林永续利用原则的极大补充和发展。它与经典永续利用原则的不同体现在两个方面：一是利用的对象从木材扩展到各种林产品；二是从经济效益的生产利用扩展到生态、经济和社会效益的综合利用。

(7) 经济合理性原则

经济合理性原则是指，在森林经营管理中，任何森林经营活动项目都需要进行经济可行性论证，避免因缺乏必要的经济分析给经营者带来经济损失。经济合理性原则是对经营主体企业或单位的基本要求，同时也是其开展森林经营活动的动机和需求。森林经营单位往往会在满足维持生态可持续性的基础上，在符合公众决策和社会参与决策的前提下，适当地维持和增加森林经营活动的经济收益，通过各种技术途径和方法开展森林的可持续经营活动。现代森林可持续经营的技术途径和方法主要有森林分类经营、生态系统经营、近自然森林经营、结构化经营、森林生态采伐与更新体系和检查法等 6 类。

(8) 谨慎性原则与适应性经营原则

谨慎性原则是指，在森林经营管理工作中，对森林经营决策采取谨慎的态度，即在不能明确该如何处置时，先行搁置或保护起来。

前已述及，森林可持续经营要求森林经营建立在充分的生态学合理性、社会满意性和经济可行性基础之上，对具体的森林经营活动，应当对它可能带来的各种有效的和有害的影响有全面的了解，在此基础上做出最佳决策。但实际工作中，往往会由于先验信息不足，知识背景所限、预测能力有限等原因，给森林生态系统带来深远的影响。因此，需要在经营效果偏离预测路径时，在社会或市场发生较大变动时，在系统某些组分遭受严重破坏时，重新论证当前经营管理决策的正确性和执行性，对森林生态系统的反馈信息加以梳理，重新修订或制订新的森林经营计划，在充分论证的基础上，开展适应性经营，或在局部区域试验性经营的基础上调整经营活动。

13. 5. 4　我国森林可持续经营的探索

13. 5. 4. 1　天然林森林经营

(1) 天然林森林分类

我国森林经营中按照森林的起源、演替的阶段、群落特征和所受干扰程度的不同，对我国天然林资源分为原始林、过伐林、派生林(次生林)和退化林 4 类，见表 13-9。

原始森林通常被认为是特定地区和环境相对稳定的“顶极森林类型”，次生林是指原始森林被砍伐后形成的演替林，当次生林再次发展为顶极群落或原始森林时，演替

表 13-9　我国天然林资源分类体系

类　型	定　义	林相特征
原始林	在不同系列的原始裸地上，通过自然趋同、自然演替而形成的地域性森林植被	复层异龄，存在老的大径级活立木和枯立木、腐倒木
过伐林	原始林经过不合理的采伐之后残留的林分，是介于原始林和次生天然林之间的一种类型	复层异龄，上层较稀疏，多为原生群落中过熟阔叶树及干形不良的针叶树，林下多具明显的更新层、演替层，生境及林下植被基本与原始林相同，原生群落中的主要树种有明显的恢复趋势
派生林	原始林区内，原生群落受人为和自然灾害干扰，使其受小面积破坏(如小面积的采伐、开垦或火烧)后退化到次生裸地，短期内经过次生演替而复生的次生群落	组成树种多为喜光、速生的先锋树种，林分稳定性差，经过一代后将被原生群落的优势树种所更替又形成顶极群落
次生林	原始林经受大面积地反复破坏(如樵采、火灾、垦殖、放牧)后，在次生裸地上次生演替形成的次生群落	树种组成丰富，种类繁多，生长速度快，种间竞争激烈，林分稳定性差，这种林分在我国天然林中所占比例最大

完成。随着对演替非平衡过程认识的深入，干扰及其响应机理成为森林生态系统动态的重要过程。原始林和次生林概念逐步与干扰频度、强度和尺度相联系，除非定义阈值或者关键识别指标，否则很难清晰地认清二者之间的区别。根据我国天然林的实际，我国原始林概念可适当扩展至老龄林，即长期未进行人为经营干预，森林自然演替进程发展顺利，林木年龄大于或远超过数量成熟或工艺成熟确定的森林成熟龄，森林衰老现象明显，林下更新自然过程发展顺利，逐步由单层林向双层林或复层林过渡，或具有这种发展趋势。目前，我国森林调查数据很难反映天然林的上述状况，需要增加某些调查指标或确定合理的阈值体系，确定森林的自然程度或称为自然度，根据区域森林干扰的主要形式分析确定森林的干扰度，逐步优化天然林资源的分类方法，确定不同类型森林的恢复和经营目标。

另外，在上述分类体系中，有时还需要从森林林地状况(如肥力和生产力指标)确定森林的潜在生产力，从区域森林植被发展状况确定区域潜在植被类型，根据实际森林状况与潜在植被状态爰和潜在生产力相比，确定森林退化的程度，如果退化严重，且在短期内很难通过经营恢复的，我们还可以确定天然林的退化类型即退化林，甚至退化林地。

原始林和次生林的科学和生物学价值具体体现在：①森林营林经营的对照；②林木基因多样性保护；③气候变化情景下的生态适应性；④原始林具体特性。从这个方面考虑，我们更应加强对原始林的保护，加快对次生林的恢复，实现景观层次特定区域的兼用林森林可持续经营，特殊林分还需加强林分层次收获管理及其科学预估。

(2)天然林自然干扰拟态经营

原始林作为基准和保护区用于科研，同时可作为森林可持续经营的标准模式，原始林同时也是比较采伐效应和自然干扰效应的基准。

在欧洲多数国家，近自然营林法已经成为标准模式。通过模拟自然干扰的方式对森林进行收获，且要求干扰尺度和空间采伐单元尺度相对应，从景观上营造近似自然干扰下森林景观镶嵌体已成为当前森林经营的重要思路。如皆伐依然是加拿大温带海岸森林类型的主要收获方式，这类林分属于灾变干扰林分更替下的永存森林类型。

Kimmins 在其所著《森林生态学》一书中，提到采用自然干扰模拟(emulation of natural forest disturbance ENFD)经营范式，并提出从自然变化范围(natural range of variation, NRV)和历史变化范围(historical range of variation, HRV)两个层面来认知森林干扰范式。这也是对原始林和次生林认知的两个重要途径。许多经营者采用生态林业(ecological forestry, Franklin, 2007)、恒续林(continuous cover forestry,)、自然基础营林(nature-based silviculture, Larsen, 1995)等原则模拟自然干扰对森林进行经营(Laarmann, 2009)。

很多国家提出所谓的收获替代自然干扰的森林经营方法(substitution of harvesting for natural disturbance)就是对天然林经营的重新认知。如美国开展的可变绿树保持法(variable greentree retention harvest)就是从不同尺度上营造原始自然森林景观的营林作业法，目前来说尚处于试验阶段。

原始林的具体特性可能包括稀有物种、未发现物种、食药用物种、古树、大树、基因资源等结构要素，还包括干扰恢复、养分循环、邻体交互作用或邻接效应等生态过程。如邻接效应的实例：糖槭在其成年树下更新成功，而在铁杉下失败，反之亦然，这个结论表明形成和保持糖槭和铁杉优势树种组合斑块(斑块大小 2~20 hm^2)交替的景观结构的重要生态过程。这些具体特性绝非人类在简单的模拟自然干扰经营体系中能维系的，且原始林的很多具体特性还远没有被发掘出来。在此情况下，森林经营中应保持谨慎性原则和不动性原则，原始林面积充足的地区因采取适应性经营原则，及时对森林收获经营的效果做出评价，并及时调整森林经营决策(郭晋平，2000)。

多数研究表明，基于原始林自然干扰模式的收获安排对于木本植物、野生动物等生物多样性的维持具有一定的作用，但对于某些生物类群如苔藓地衣、昆虫等的影响可能更为深远，对于生态过程的维持和发育动态的调控等方面的影响仍需要更多的试验案例。

13.5.4.2　人工林集约化经营

(1)人工林现状及其育林体系

据第九次国家森林资源连续清查结果，我国人工林面积居世界第一位，但平均蓄积量远低于国际平均水平，人工林集约化经营具有较大潜力。人工林育林体系的“五控制”包含：遗传控制，立地控制、密度控制、植被控制和地力控制。所谓遗传控制，就是营造人工林中要选择合适林地和培育目标要求的，生长量大，抗性强，经济性状好的种植材料，包括树种、种源、家系和无性系。立地控制是使人工林稳定生长并达到预期培育目标的前提，立地控制要求树木(人工林)种植在适应的范围内，如果是发展高产人工林，还要求种植在最适生的范围内，并要求从宏观(气候、土壤类型)、中观(地貌、岩性、土壤质地等)和立地类型(坡向、坡位、土壤厚度)3 个层面建立立地控制技术，即传统意义上的适地适树普遍定义需要从立地划分层次性上来重新认识。这就是人工林的立地控制。所谓密度控制，就是从人工林营建时的初值密度到培育周期结束，按照培育的目标，不断地对培育林分单位面积株数和保留林木生长空间进行的调整，人工林密度控制是森林间伐和森林抚育经营的重要内容，可以建立林分密度控制表和林分密度控制图对人工林进行合理调控，以期达到集约化和精准化经营收获。所谓人工林的植被控制，是为了提高人工林的稳定性，对人工林或人工林区域采取保护、利用、发展和清除植被的各种管理措施，其目标在林分水平上是使人工林群落结构得到改善，生物多样性和生产力得到提高，并达到人工林的健康和持续经营，在区域水平上使人工林区植被结构和布局趋于合理，森林类型多样性增加，环境获得改善。地力通常包含立地生产力和土壤肥力两个方面。人工林地力控制是指控制人工林的土壤肥力和林木生产力，是人工林可持续经营中一项关键技术。控制地力一是维持土壤肥力，防止土壤质量退化；二是保持人工林生长期生产力，地力控制技术就是指一般意义上的林地管理技术。

(2)短周期工业原料林经营管理

雷州林业局采取了以营造桉树无性系为主的短轮伐期纸浆用材林的经营策略。并采取了以种植桉树为主，适当种植相思、杂交松，引进珍贵阔叶树种的树种混交策略。在桉树林经营的过程中，形成了遗传增益、林分营造、科学经营、采收核算、收获管理的全过程森林经营管理，在小班、林场等经营单位水平上开展工业原料商品林经营管理，初步实现了适地适树、人工林营造和科学管理的可持续发展目标。在桉树短周期工业原料林经营中注重两项关键技术：一是丰产栽培技术，二是遗传增益。前者包含两项内容：即进行营林全过程管理(或称“全周期目标管理”)和最佳主伐年龄的确定。营林全过程管理(或称“全周期目标管理”)是指在一个轮伐期内从良种壮苗生产到木材采伐利用整个营林生产过程的技术、经济、行政和生态环境的目标管理。主要内容包括确定不同立地条件下营林资金投入标准和生长目标，在不同立地条件下的资源合理配置即树种种类、家系或无性系、密度等的最佳配置，考核资金的使用、技术措施(如施肥的种类、数量和时间等)到位的程度，以及林分目标产量实现情况等内容，主要目的是通过营林成本的核算，目标产量的管理实现林地平均收益的最大化。营林全过程管理的实施主体是林场，落实经营单位为小班。经营中主要依据“以工艺成熟为基限，重点考虑经济成熟，适当兼顾数量成熟”的原则确定适宜的主伐年龄。后者主要是指优良无性系的选育。

在我国南方集体林区，杉木林的经营已经成为我国人工林经营的典范，从遗传控制、立地控制等先期调控到造林密度管理、植被优化管理经营技术管理，逐步扩展到地力调控、收获优化、栽培模式优化等符合多目标、多功能生产、经济效益、生态效益、社会效益综合优化的经营模式。竹林作为我国的特色树种，传统经营技术已基本完善，但作为多功能、多目标、多效益决策背景下的竹林产品生产和加工体系正日臻完善，并且作为短周期工业原料林的重要树种的角色和地位不容撼动。

我国北方相比于南方而言，气候因素成为人工林短周期工业原料林生产的主要限制因素，但杨树、泡桐作为北方重点发展树种，也成为北方速生丰产用材林主要树种，在木材产品的替代生产经营中发挥了重要作用。

除此以外，我国目前发展的人工林主要树种还包括马尾松、落叶松、油松、湿地松、柏木、华山松、云南松、火炬松、红松、云杉以及刺槐等，这些都可能成为未来纸浆产业、木材产业和生物质能源产业的主要树种。

(3) 人工林近自然化改造

我国人工林经营在新时代面临着诸多问题，如地力生产力衰退、自然灾害频发、树种结构单一，林分稳定性差，针叶树种优势度偏高等，加之短轮伐期经营作业的影响，上述现象发展势头和趋势尤为明显。很多肥沃立地的人工林，受短轮伐期皆伐经营的影响，或者受树种结构单一化的影响，林地衰退现象严重，亟须开展人工林近自然化改造。人工林近自然化改造技术已在本书 13.3 小节中介绍，在此不再赘述。

本章小结

本章通过实例重点介绍了我国林业不同历史阶段的主要指导思想和森林经营模式实践，并通过国外相关实例介绍了当前国际森林经营的重要科研成果和实践，以引领我国森林可持续经营的发展，推进相关作业法和经营模式的发展。

思考题

1. 什么是森林作业法？设计森林作业法时应考虑哪些因素？
2. 简述龄级法和小班经营法的具体实践模式。

3. 简述德国现代近自然森林经营模式。
4. 简述美国的森林生态系统经营模式。
5. 简述美国的可变绿树保持法对于森林更新的意义和作用。
6. 分析区域森林水平镶嵌结构在森林经营中的指导意义。
7. 简述原始林的特性和在森林经营中的意义。
8. 试述天然林和人工林经营的殊途同归思想。
9. 简述森林可持续经营的基本原则。
10. 简述森林可持续经营的模式和具体思路。
11. 森林经营的微观模式和宏观模式有哪些区别？
12. 简述我国天然林和人工林经营中的主要经验模式。

第 14 章

森林经营效果监测与评价

监测是指对事物进行及时连续的追踪，以时间为单位收集数据，最终得到足够的信息以了解监测对象的状态，合理管理监测对象以控制其发展形势；评价是指运用科学的方法，对事物进行判断、分析之后得出结论。森林经营效果监测是指利用各种技术手段，对从宜林地上形成森林时起到采伐更新时止的更新造林、抚育间伐、采伐利用等整个生产经营活动进行调查和了解，以取得各项营林活动过程和环境、社会、经济效益等方面结果的数据；森林经营效果评价是指对森林经营状况以及对环境、社会、经济等各方面产生的影响和森林经营活动实施结果进行评价。

20 世纪 90 年代，国际林联(IUFRO)、联合国粮食及农业组织(FAO)、联合国环境规划署(UNEP)等相关国际机构，分别在德国、美国、巴西、奥地利、波兰、泰国等国召开了“森林资源调查监测的过去、现在与未来”专题研讨会、森林调查监测工作会议、世界森林监测研讨会等多次世界级森林监测会议。不同国家也构建了与本国国情和林情相适应的森林资源监测体系，如一些欧美国家构建了包括定期连续性的全国森林资源清查、地方性或区域性监测调查、跨国合作监测项目在内的森林监测体系；德国构建了包括全国森林资源清查、全国森林健康调查、全国森林土壤和树木营养调查在内的森林监测体系。森林经营效果监测的内容主要集中于森林资源状况、生物多样性、森林生态系统、水土保持、碳循环、社会和经济效益等诸多方面，具体监测内容依据监测目的、监测类型的不同而有所差异。

早在 20 世纪 80 年代末，我国就建立了全国森林资源监测体系，以全国森林资源连续清查体系为依托，以国家森林资源监测、地方森林资源监测、资源信息通信和管理系统为辅助，形成一个相对完整的国家层面的森林资源监测体系。到 21 世纪初期，我国又组建了包括国家级、省级和市县级综合监测机构在内的，囊括了以森林资源和生态状况为主要内容的综合监测体系。森林经营效果监测与评价工作不仅可以在国家层面、区域层面开展，也可以在经营单位(林场、林业局、采育场、林业企业等)层面开展。与以往森林资源监测不同，森林管理委员会(FSC)提出的森林认证体系，认证是在森林经营单位水平上开展的监测与评价，并将监测与评价的结果反馈到森林经营单位的森林经营方案中，进而有助于完善森林经营单位的森林经营体系和森林经营活动。

14.1　森林经营效果监测与评价的目的和对象

森林经营效果监测是现代森林经营管理的重要手段。为了掌握森林更新、森林抚育、森林采伐利用等森林经营措施的实施情况，森林经营效果监测与评价以森林经营效果动态变化为主要研究对象，具体包括森林经营活动和森林经营措施所引起的森林生态系统组成和森林结构的变化，以及对水源涵养、生物多样性保护、林地生产力、森林健康状况等产生的影响，对森林生长量、蓄积量、枯损量、森林结构、森林更新、森林健康、森林土壤、物种多样性、森林水土保持能力等指标分别调查取样，进行持续跟踪调查。许多研究表明，构建经营单位级的森林经营效果综合监测与评价指标体系、探索森林经营的具体实施方法并在经营单位进行运用，可为该经营单位掌握森林可持续经营状况提供一个重要的技术支撑体系。在构建森林经营效果综合监测评价指标体系时，整个框架体系应该尽量结合经营单位实际的森林经营管理状况和监测现状，部分指标实施方法可以灵活变通，以此为基础保证监测体系的适应性、经济性、合理性和可操作性。

总之，森林效果综合监测与评价体系对森林资源经营管理具有积极的促进作用，对于推动林区或林场的可持续经营管理具有重要的现实意义。

14.2　森林经营效果监测与评价的主要内容

森林经营效果监测与评价涉及的内容和项目比较多，需要从森林资源环境、社会及经济状况的现状，森林资源的发展动态、结构变化、分布特点及功能等方面进行长期、动态、持续地监测。但是，对所有内容进行监测与评价需要投入更多的时间、人力和物力，花费更多的成本，因而，应采用较为综合、能够全面反映监测结果的方法更加合理、科学、经济地进行森林经营效果监测与评价。

在同一空间中，森林资源自身特点与周边环境的不同组合使得森林资源具有多种功能，对森林资源经营效果进行监测与评价与森林资源功能类型的划分密切相关。美国等一些国家强调森林具有经济和生态两方面的功能，森林的生态功能又分为环境功能(净化大气、涵养水源、防止水土流失、森林游憩以及生物多样性保护等)和文化功能；日本通常将森林多功能种类划分为 8 类 36 子类；我国森林资源经营效果监测与评价的内容集中于经济产出(木材、燃料和实物生产)、生态服务(防风固沙功能、气候调节功能、土壤保持功能、涵养水分功能、固碳释氧功能、净化环境功能、营养物质循环功能)和文化多样性等方面。随着经济社会的不断发展，人们对森林生态服务的需求、木材的替代产品和替代技术、非物质林产品市场发展等情况的变化，森林资源多功能的划分和类型会不断发生变化，因而，森林经营效果监测与评价的内容也应该是动态的、变化的。

在确定森林经营效果监测与评价内容时，需要综合考虑现阶段森林经营可以达到的水平、评价指标可量化的程度、经营措施的可操作性和社会对森林资源不同功能的需求程度等因素。对于林场、林业局和更大范围内的区域而言，森林经营效果监测与评价的内容各有侧重、有所不同，但对于以下几项监测与评价内容具有一定程度的共性。

14. 2. 1　森林结构变化

森林结构大致可以分为组成结构、空间结构、年龄结构和营养结构等；森林结构变化则是指森林植被的构成及其状态的变化情况和变化趋势。

(1) 组成结构

森林资源组成结构狭义是指森林群落中森林植物种类的多少；广义还包括森林生态系统中的其他成分，除了植物之外，还包括动物、微生物及其环境因子。在天然林中，群落结构的复杂程度与组成群落的植物种类数量之间存在着密切联系，在单位面积林地上植物种类越丰富，表明对环境资源的利用程度越高，生物生产量越多，生物稳定性越强。

(2) 空间结构

森林资源空间结构包括水平结构和垂直结构。水平结构是指森林植物在林地上的分布状态和格局，具体表现为随机分布、聚集分布和均匀分布等不同类型，聚集分布是森林植物水平分布的主要格局，而人工林和沙漠中灌木的分布更近似于均匀分布。垂直结构是森林植物地面上同化器官(枝、叶等)在空中排列成层的现象，发育完整的森林一般可分为乔木、灌木、草本和苔藓地衣 4 个层次，每个层次又可按高度划分为几个亚层，乔木层是森林中最主要的层次。

(3) 年龄结构

森林资源时间结构是指不同林龄的树种所形成的比例关系，通常将不超过一个龄级的森林称为同龄林。按照其自身的发育过程又可分为幼龄林、中龄林、近熟林、成熟林和过熟林等阶段；而将超过一个龄级的森林称为异龄林。

(4) 营养结构

森林资源营养结构是指组成森林生态系统的各成分之间，通过取食过程而形成一种相互依赖、相互制约的营养级结构。一个完整的森林生态系统由初级生产者、消费者、分解者和非生物的环境所组成，绿色植物将其固定的太阳能以有机物净积累的形式，通过食物链由绿色植物、草食动物、肉食动物等依次由一个营养级向另一个营养级传递，有机体越接近食物链的开端可利用的能量就越大，并随着营养级依次减少，从而构成生态系统生物量金字塔或能量金字塔。

14. 2. 2　森林生长变化

林分生长量、林分蓄积量、林木单株材质和规格是森林经营效果监测与评价必须考虑的指标，这些林分生长因子的变化反映着林分内林木对空间与资源的有效利用情况。一个好的森林经营方式可以提高林木生长速率，进而提高林地利用率，不同森林经营方式会对林分生长因子产生不同的影响。

采用标准地法对林分生长因子进行调查，以此来监测森林生长的变化。在调查小班内建立 29 m×23 m 固定标准地，调查记录所有乔木(灌木)数量、胸径(或地径)、株数、树高、冠幅、林龄、天然更新等因子数据。为了更好地监测森林生长变化的过程和幅度，通常在作业前调查一次，抚育完成后进行复查，将两次调查数据进行整理，据此计算相关因子的变化量。

此外，还可以通过立地指数及生物标准量来监测森林生长的变化：通常在作业小班或类似立地林分中踏查，选定 3~5 株优势木，按照一定标准确定小班立地指数，再依据健康森林标准生物量模型计算相应的理论生物量，通过与现实生物量比较来间接监测森林生长的变化情况。

14.2.3　森林更新变化

森林进行主伐以后，为了保证木材不断供给和森林生态功能持续发挥，在砍伐迹地上借助自然力或人力迅速恢复森林植被，通常将这一过程称为森林更新。在实际作业中，更新活动不仅发生在伐后，在伐前和伐中都有可能出于不同的目的进行更新。更新方式有天然更新、人工更新、天然更新和人工更新相结合等多种方式可供选择。

对森林更新变化进行监测与评价时，可以采用样方调查法：在每个样地内设置 5 个样方，其中样地中心设 1 个，样地四角各设 1 个；样方大小通常设置为 25 m^2(5 m×5 m，距边界 5 m 处开始)；在各样方内调查幼树、幼苗的种类、数量、高度等，并据此监测森林覆盖率、林分公顷蓄积量、树种组成、林龄结构改善等情况。

14.2.4　森林生物多样性变化

生物多样性是指一定空间范围内多种有机体有规律地结合所构成稳定的生态综合体，不仅包括动物、植物、微生物的物种多样性，也包括物种的遗传与变异的多样性以及生态系统多样性。物种多样性、基因多样性(生物种群之内和种群之间遗传结构的变异)和生态系统多样性(存在于一个生态系统之内或多个生态系统之间)是构成生物多样性的 3 个基本层次。可以说，物种多样性是生物多样性最直观的体现，是生物多样性概念的中心；基因多样性是生物多样性的内在形式，每一个物种就是基因多样性的载体；生态系统多样性是生物多样性的外在形式，保护生物的多样性，最有效的形式是保护生态系统多样性。

监测与评价森林生物多样性的变化，包括乔木层生物量和林下植被生物量两个主要方面。物种多样性指数反映群落的物种多样性的空间分布和变化特征，群落中生物种类增多，代表群落的复杂程度增高，群落所含的信息量越大，即 H 值越大，物种多样性(Shannon-Wiener)指数为：

$$P_i = N_i / N \tag{14-1}$$

$$H = -\sum P_i \lg P_i \tag{14-2}$$

式中　P_i——第 i 个种的相对多度；

N_i——第 i 个种的个体数目；

N——群落中所有种的个体总数。

14.2.5　森林碳汇能力变化

森林碳汇是指森林生态系统吸收大气中 CO_2 并将其固定在植被和土壤中，从而减少

CO_2浓度的过程。只要森林系统存在，这一过程就会自然完成，因此是一种自然属性。大气、海洋及森林等陆地生态系统通常被称为地球的三大碳库。森林的碳储量虽然不及海洋，但是却比大气中的碳储量多1倍以上，因此说森林确实是一个巨大的碳储库。森林碳汇能力受森林面积、森林蓄积量、树种类型、林龄结构、森林覆盖率、林地质量等多种因素的影响，对森林碳汇能力进行监测要综合考虑土壤、树木等多重因素。

14.2.6 地力变化

地力主要指土壤的肥沃程度，即土壤中含有氮、磷、钾等营养元素的含量。土层厚度、土壤侵蚀度和腐殖质层厚度等都直接影响土壤的肥沃程度。土层厚度直接反映土壤的发育程度，与土壤肥力密切相关，是野外土壤肥力鉴别的重要指标。通常将土层厚度划分为3个等级：小于25 cm的称为薄土层，26~50 cm的称为中土层，大于50 cm的称为厚土层，土层越厚表明其能够促进林分的正向演替。土壤侵蚀度是指土壤在遭受侵蚀过程中所达到的不同阶段：轻度或无明显侵蚀、表土基本完整称为轻度侵蚀；表土面侵蚀较严重，沟壑密度<1 km/km^2，沟蚀面积<10%称为中度侵蚀；沟蚀、重度面蚀，沟壑密度1~3 km/km^2，沟蚀面积15%~20%称为强度侵蚀；崩山、深度沟蚀、侵蚀沟活动明显，沟壑密度>3 km/km^2，沟蚀面积>21%称为严重侵蚀。腐殖质层厚度也是影响土壤肥力的重要影响因素，通常将>5.0 cm称为厚腐殖质层；2.0~4.9 cm称为中腐殖质层；<2.0 cm称为薄腐殖质层。

森林土壤保育功能主要体现在固土和保肥两个方面，对地力变化的监测与评价也是森林经营效果的一个重要方面。对森林资源的固土量和保肥量可分别由式(14-3)和式(14-4)计算：

$$G_{固土}=A(X_2-X_1) \tag{14-3}$$

式中　$G_{固土}$——森林防止土壤流失量；

A——林分面积；

X_2——无林地土壤侵蚀模数；

X_1——林地土壤侵蚀模数。

$$G_{保肥}=A(X_2-X_1)(N/R_1+P/R_2+K/R_3+M) \tag{14-4}$$

式中　$G_{保肥}$——将土壤中的氮、磷、钾元素折算成尿素、过磷酸钙、氯化钾和有机质后的森林防止肥料流失量；

N、P、K、M——森林土壤中氮、磷、钾、有机质平均含量；

R_1——尿素化肥中氮的含量；

R_2——过磷酸钙化肥中磷的含量；

R_3——氯化钾化肥中钾的含量。

研究表明(表14-1)，从单位面积年均固土情况来看，阔叶混交林的固土功能最强，然后依次为其他阔叶纯林>米老排纯林>针阔混交林>灌木林>桉树纯林>杉木纯林>针叶混交林>马尾松纯林>其他针叶纯林，经济林的固土功能最弱；从单位面积年均保肥情况来看，以针叶混交林的保肥功能最强，然后依次为针阔混交林>灌木林>其他阔叶纯林>其他针叶纯林>桉树纯林>针叶混交林>马尾松纯林>经济林>桉树纯林，以杉木纯林的保肥功能最弱。

表 14-1　各森林类型单位面积年均固土保肥情况

森林类型	固土量[t/(hm²·年)]	保肥量[t/(hm²·年)]			
		氮肥	磷肥	钾肥	有机质
马尾松纯林	29.28	0.07	0.06	0.45	0.37
杉木纯林	29.86	0.08	0.12	0.09	0.33
桉树纯林	31.12	0.06	0.08	0.70	0.25
米老排纯林	36.58	0.08	0.10	0.38	0.41
其他针叶纯林	29.28	0.05	0.05	0.80	0.21
针叶混交林	29.57	0.07	0.06	0.80	0.50
其他阔叶纯林	36.60	0.09	0.08	0.33	0.63
阔叶混交林	36.61	0.10	0.09	0.33	0.44
针阔混交林	33.09	0.06	0.06	1.02	0.27
经济林	20.45	0.06	0.06	0.13	0.35
灌木林	32.35	0.08	0.10	0.65	0.32
平均	31.05	0.07	0.07	0.55	0.36

事实上，我国学者对林下土壤特性的研究从实践初期就开始了，王新宇等(2008)对于水曲柳落叶松人工林近自然经营的研究发现，近自然抚育后土壤容重、孔隙度、持水量物理性质方面没有显著差异；徐庆祥等(2013)在兴安落叶松天然林的研究中也得出了类似的结论；但贾忠奎等对于北京山区侧柏人工林的研究发现，抚育间伐可改善土壤物理性质：减小土壤容重、增加土壤孔隙度；刘延滨等(2012)对退化落叶松人工林近自然改造土壤微生物及养分的研究发现，改造后的林分内土壤微生物多样性显著增加，且小林隙高于大林隙，土壤养分(有效磷、有效钾)显著增加。森林土壤特性的变化已成为评价森林经营方式是否有利于森林可持续发展的重要标准。

14.2.7　投入产出分析

投入产出分析是从经济角度对森林经营活动的投入和产出进行分析，不仅包括投入林地、劳动力、机械、种苗等生产要素的数量和木材及非木制林产品的产出量，还应综合考虑土地租金、人员工资、机械和种苗单价、木材及木制林产品的单价等经济因素。

$$\pi = P\times Q - AVC\times Q - TFC \tag{14-5}$$

式中　π——森林经营活动产生的利润；

P——木材及非木制林产品单价；

Q——木材及非木制林产品销售量；

AVC——生产或供给单位数量木材及非木制林产品的变动成本；

TFC——生产或供给木材及非木制林产品总的固定成本。

对森林经营的投入产出进行监测与评价时，需要对造林、抚育、更新、采伐等环节，行政管理等方面的资金使用、人员工资、机械投入以及销售木材及非木制林产品的价格和数量等信息进行搜集和监测。考虑森林经营的长周期性，货币表现出较为明显的时间价值，对其进行投入产出分析可采用净现值法、内部收益率法和林地期望价值法等。

值得指出的是，基于森林经营的不同目的，对森林经营产出的考量不应仅仅考虑木材和非木制林产品的生产和销售，还应考虑森林生态产品的产出。

14.3 基于经营主体的森林经营效果监测与评价指标体系

森林经营效果监测与评价主体不同，其评价目的、评价范围、评价内容都会有所差异，针对林场、林业局和区域范围内进行森林经营效果评价的差异，分别构建森林经营效果监测与评价指标体系。

14.3.1 林场森林经营效果监测与评价指标体系

林场是从事林业生产经营的基本单位，经营边界相对清晰，同时也是进行森林经营效果监测与评价的基层单位。开展林场森林经营效果监测与评价，不仅对于改善林场自身经营管理具有很好的预警作用，同时对于摸清林业家底，实时掌握林业经营状况也具有非常重要的现实意义。

已有学者在通过对云南、贵州、甘肃、陕西、福建、山东等地的国有林场进行实地调研的基础上，构建了包括林分生长、林分结构、健康状况、林地植被、林下植被、森林土壤、森林碳汇量、社会生态经济效益等内容在内的森林经营成效监测指标体系。在借鉴前人研究成果的基础上，对其进行优化完善，形成基于林场层面的森林经营效果监测与评价指标体系，准则层包括森林质量、生长情况、森林培育、开发利用、森林保护、经济效益、生态效益和社会效益8个方面，指标层共包含42个具体评价指标，具体见表14-2。

表14-2 林场森林经营效果监测与评价指标体系

目标层	准则层	指标层	指标含义
林场森林经营效果监测评价	森林质量	单位面积蓄积量(m^3/hm^2)	蓄积量/面积
		平均胸径(cm)	活立木的平均胸径
		平均树高(m)	活立木的平均树高
		树种组成	由树种名称及相应的组成系数(某树种的蓄积量占林分总蓄积量的百分比，通常用十分法表示)写成组成式
		林龄结构	幼龄林、中龄林、近成熟林、成熟林、过熟林
		森林土壤	土壤容重和土壤养分
		林下植被	林下灌木、草本、下木数量
		公益林比重(%)	公益林面积/总面积
		郁闭度	单位面积上林冠覆盖林地面积与林地总面积之比

（续）

目标层	准则层	指标层	指标含义
林场森林经营效果监测评价	生长情况	单位面积林木生长量（m^3/hm^2）	期末单位面积蓄积量-期初单位面积蓄积量
		活立木蓄积生长量（m^3）	期末活立木蓄积量-期初活立木蓄积量
		平均胸径生长量（cm）	调查间隔期内所有连续调查的活立木的平均胸径生长量
		平均树高生长量（m）	调查间隔期内所有连续调查的活立木的平均树高生长量
	森林培育	造林面积完成率（%）	实际完成造林面积/计划造林面积×100%
		造林面积保存率（%）	成活株数/造林总株数×100%
		更新完成率（%）	实际完成更新面积/应更新面积×100%
		低产林改造完成率（%）	实际完成低产林改造面积/应改造面积×100%
		森林抚育完成率（%）	实际完成森林抚育面积/应抚育面积×100%
		森林管护完成率（%）	实际完成森林管护面积/应管护面积×100%
	开发利用	林地利用率（%）	有林地面积/林地面积×100%
		采伐量占比（%）	采伐量/生长量×100%
		林下资源开发比重（%）	林下资源开发面积/林地面积×100%
	森林管护	森林病虫害等级评定	无：受害立木株数 10%以下； 轻：受害立木株数 10%~29%； 中：受害立木株数 30%~59%； 重：受害立木株数 60%以上
		森林火灾等级评定	无：未成灾； 轻：受害立木株数 20%以下，仍能恢复生长； 中：受害立木株数 20%~49%，生长受到明显抑制； 重：受害立木株数 50%以上，以濒死木和死亡木为主
		气候灾害等级评定	无：未成灾； 轻：受害立木株数 20%以下； 中：受害立木株数 20%~59%； 重：受害立木株数 60%以上
	经济效益	营林收入（万元）	Σ（木材单价×销售数量）
		营林成本（万元）	造林、抚育、砍伐等成本之和
		其他收入（万元）	森林旅游、林下经济等成本之和
		林场职工平均收入水平[元/(人·年)]	总收入/职工人数
		林场职工平均收入水平增长率（%）	（期末平均收入水平/期初平均收入水平-1）×100%

（续）

目标层	准则层	指标层	指标含义
林场森林经营效果监测评价	生态效益	气候调节	温度、湿度、风速等方面
		固碳释氧	固碳、释氧
		保育土壤	固土、保肥
		涵养水源	调节水量、净化水质
		养分循环	植物体营养积累、土壤营养积累
		净化大气	提供负离子、吸收污染物质、降低噪声、阻滞尘土
		森林防护	森林防护
		生物多样性保护	物种多样性指数(Shannon-Wiener 指数)
	社会效益	提供就业机会	
		带动产业发展	
		示范带头作用	
		提供科教场所	

在对森林防火进行监测评价时，也可采用火险指数来进行衡量。火险指数受易燃度、郁闭度、坡向、坡度、海拔、灌草生物量、林龄 7 个因子共同影响，可根据调查样地及各小班情况，以小班为单位取得各火险分量的数据，然后可以根据式(14-6)计算各小班的火险指数。

$$R = \sum_{i=1}^{n} w_i x_i \tag{14-6}$$

式中 R——综合指标；

x_1——易燃度分量；

x_2——郁闭度分量；

x_3——坡向分量；

x_4——坡度分量；

x_5——海拔分量；

x_6——灌草生物量分量；

x_7——林龄分量；

w_i——权重。

用收获法测定森林群落生物量比较复杂，需要耗费大量的人力和时间，通常用蓄积量推算法来测定一个森林生态系统中乔木层的生物量；通过计算生物量与灌木和草本平均高度的相关函数来测定灌木和草本的生物量。

个别林场还会依据自身情况，增加自然保护区(地)、森林公园等相关内容。

14.3.2 林业局森林经营效果监测与评价指标体系

林业局开展的森林经营效果监测与评价与林场略有不同，需要剔除各林场独有的、特殊的评价指标，总结一般性、共同性的评价指标，更加侧重森林质量、森林管护、森林效益等关键环节，不必做到面面俱到。针对林业局设计的森林经营效果监测与评价指标体系准则层主要包括森林质量、造抚管护、营林保障、产出效益 4 个方面，指标层共包含 32 个具体评价指标，见表 14-3。

表 14-3　林业局森林经营效果监测与评价指标体系

目标层	准则层	指标层	指标含义
林业局森林经营效果监测与评价	森林质量	森林覆盖率(%)	森林面积/土地面积
		林地面积(hm^2)	
		有林地面积(hm^2)	
		活立木蓄积量(m^3)	
		林木蓄积量(m^3)	
		公益林比重(%)	公益林面积/总面积
		生长量(m^3)	
		砍伐量(m^3)	
	造抚管护	苗木检疫合格率(%)	合格苗木数量/苗木总量×100%
		造林完成率(%)	实际完成造林面积/计划造林面积×100%
		造林保存率(%)	成活株数/造林总株数×100%
		更新完成率(%)	实际完成更新面积/应更新面积×100%
		低产林改造完成率(%)	实际完成低产林改造面积/应改造面积×100%
		森林抚育完成率(%)	实际完成森林抚育面积/应抚育面积×100%
		森林管护完成率(%)	实际完成森林管护面积/应管护面积×100%
		病虫害防治	病虫害防治程度
		森林防火	火险指数
	营林保障	从业人数(人)	
		职称比例	高级职称人数：中级职称人数：初级职称人数
		培训完成率(%)	参与培训且合格人数/应参与培训人数×100%
		设备更新完成率(%)	设备完成更新数量/应更新设备总量×100%
		林道建设完成率(%)	林道建设完成数量/应建设林道总量×100%
		信息化平台建设程度	
		资金保障程度(%)	到位资金数量/所需资金总量×100%
	产出效益	林业产值增长率(%)	期末林业总产值/期初林业总产值×100%
		营林投入产出比(%)	营林产出/营林投入×100%
		职工平均工资水平[元/(人·年)]	总收入/职工人数
		就业增长率(%)	期末就业人数/期初就业人数-1
		土壤退化林地占比(%)	土壤退化林地面积/总面积×100%
		森林消长率(%)	期末森林面积/期初森林面积-1
		混交林面积占比(%)	混交林面积/总面积×100%
		生物多样性保护	生物多样性指数

14.3.3　区域森林经营效果监测与评价指标体系

从区域范围内对森林经营效果进行监测和评价，更侧重于宏观指标以及对社会产生更广泛影响的方面，故而会进一步弱化一些具体的、细节的、流程的指标，更加聚焦于整体的、宏观的、重要影响的监测与评价指标之上。针对区域设计的森林经营效果监测与评价指标体系准则层主要包括森林基本情况、森林发展环境、产生社会影响3个方面，指标层共包含18个具体评价指标，见表14-4。

表14-4　区域森林经营效果监测与评价指标体系

目标层	准则层	指标层
区域森林经营效果监测与评价	森林基本情况	森林覆盖率(%)
		林地面积(hm^2)
		有林地面积(hm^2)
		活立木蓄积量(m^3)
		林木蓄积量(m^3)
		生长量(m^3)
		采伐量(m^3)
	森林发展环境	森林土壤质量
		森林水质水量
		化学品用量
		森林有害生物防治
		森林防火
		非木质林产品资源
	产生社会影响	山林综合治理
		生态扶贫成效
		经济收益增加
		生物多样性保护
		提供科教、休闲、游憩场所

14.4　基于森林经营过程的森林经营效果监测与评价指标体系

基于流程的森林经营效果监测与评价主要涉及育苗、造林、抚育、采伐等关键关节，由于抚育采伐是其中最为关键的环节，本部分内容以介绍抚育采伐监测与评价为主。

14.4.1　育苗和造林监测与评价指标体系

在培育造林苗木时，苗圃地应选择距离居民点较近的，水电、交通、通信等基础设施有保障地势较为平坦的区域，土层厚度≥50 cm，以土质肥沃，病虫害少的沙壤土、壤土和轻壤土为佳；地下水位不超过 1.5 m，排水顺畅。不宜选择寒流汇集的洼地、风害严重的山口、干燥贫瘠的山顶、阳光不足的山谷作为苗圃地。造林依据苗木类型、立地条件、经营水平等的差异，选择合理的造林方式，确定适当的造林密度。

育苗和造林监测与评价涉及的环节较少，内容相对简单，主要涉及育苗流程和造林流程 2 个准则层内容，包含 10 个具体指标，见表 14-5。

表 14-5　育苗和造林监测与评价指标体系

目标层	准则层	指标层	指标含义
育苗造林监测与评价	育苗流程	苗木检疫合格率(%)	检疫合格苗木数量/苗木总数量×100%
		幼苗利用率(%)	利用幼苗数量/幼苗总数量×100%
		起苗株数损伤率(%)	损伤株数/总株数×100%
	造林流程	按作业设计施工率(%)	按作用设计施工面积/作用设计面积×100%
		混交树种个数(个)	混交树种数量
		造林完成率(%)	实际完成造林面积/计划造林面积×100%
		造林保存率(%)	造林成活株数/造林总株数×100%
		防护材料使用完成率(%)	实际完成防护材料使用/计划防护材料使用×100%
		四旁植树完成率(%)	四旁植树株数/计划四旁植树总株数×100%
		四旁植树成活率(%)	四旁植树成活株数/四旁植树总株数×100%

14.4.2　抚育采伐监测与评价指标体系

抚育采伐又称抚育间伐，是指在未成熟林分中根据林分发育状况及培育目标，按照自然稀疏与生态演替规律适时伐除部分林木、调整树种组成和林分密度、优化林分结构并改善环境条件、促进保留木生长和林分正向演替的一种营林措施。抚育采伐包括疏伐、透光伐、生长伐和卫生伐几种典型类型，通过采伐部分林木，为保留木的生长创造良好条件，达到抚育保留木、利用采伐木的双重目的。总而言之，通过抚育采伐可以实现以下目的：扩大保留木生长空间，促进林木生长；调节树种组成，改善林分结构；改善林内环境，提高健康水平；提高林木质量与经济价值，培养大径材，提高出材量。

抚育采伐是一项重要的森林经营措施，也是促进林木生长、调整林分结构的重要手段。抚育采伐对森林的影响是多方面的，既包括单木尺度，也包括林分尺度；既有短期的影响，也有长期的影响；既有对森林植被的影响，也有对森林土壤的影响。由于抚育采伐的目的与林分条件的差异，所选用的监测内容与指标各异，并且难以用一个综合指标来反映整体的抚育采伐效果，现有对抚育采伐效果的研究多关注于某一项或几项监测内容，具体林分的抚育采伐效果可根据情况灵活选择。森林抚育采伐效果监测的主要内容包括：林分生长、林分结构、森林更新、植物多样性、森林健康、森林保水固土能力和土壤养分 7 个准则层内容，包含 33 个具体指标，具体见表 14-6。

表 14-6 抚育采伐监测与评价指标体系

目标层	准则层	指标层	指标含义
抚育采伐监测与评价	林分生长	平均胸径生长量	用调查间隔期内所有连续调查的活立木的平均胸径生长量来表示
		平均树高生长量	用调查间隔期内所有连续调查的活立木的平均树高生长量来表示；如不能调查每株树的树高，可通过树高曲线来计算期初与期末的平均木的树高，通过求差值得到林分的平均单木树高生长量
		蓄积生长量	分别调查期初与期末，通过各树种各径阶的株数与树高，采用本地经验证的该树种的材积表(一元或二元材积表)得到各树种的材积，各树种材积之和即为样地材积，期初与期末的样地材积之差即为样地的材积生长量；根据样地面积计算林分的单位面积蓄积生长量
		枯损量	在调查期间内，因各种原因而死亡的林木材积
		进界生长量	期初调查时未达到起测径阶的幼树，在期末调查时已长大进入检尺范围之内，这部分林木的材积为进界生长量
	林分结构	树种组成	由树种名称及相应的组成系数写成组成式；树种组成系数为某树种的蓄积量占林分总蓄积量的比重，通常用“十分法”表示
		径级结构	根据样地内的每木检尺数据统计各径阶的林木株数；同龄林与异龄林的径级结构不同，可选择相应的概率分布函数进行拟合，如 Weibull 分布、β 分布等
		株数密度	通过样地面积与样地内林木株数计算单位面积上的林木株数，单位为株/hm^2
		郁闭度	采用抬头望法测定；在样地对角线上每 2 m 设置一样点，在每个样点垂直仰望树冠，将所有被树冠遮蔽的样点数除以样点总数，就得到了郁闭度；通常用小数表示，数据保留至小数点后 2 位
		层次结构	森林层次结构与经营目标与效果密切相关，层次结构划分为完整结构、较完整结构、简单结构 3 种：完整结构，即具有乔木层、下木层和地被物层(含草本、苔藓、地衣)3 个层次的林分；较完整结构，即具有乔木层和其他 1 个植被层的林分；简单结构，即只有乔木 1 个植被层的林分
	森林更新	平均苗高	各样方所有目的树种更新苗的平均高即为更新苗的平均苗高
		平均地径	各样方所有目的树种更新苗的平均地径即为更新苗的平均地径
		株数密度	分别高度级调查，用以反映林木更新能力；高度级一般划分为≤30 cm、31~50 cm、≥51 cm 3 个级别；调查样方内的目的树种更新苗株数，通过样方面积计算单位面积的更新苗株数密度，单位为株/hm^2；多株丛生的以 1 株计算
	植物多样性	丰富度	以样方内调查的所有植物种类数表示，计算 Shannon-Wiener 指数
		盖度	反映灌木与草本的整体覆盖情况，以投影面积占样地面积的比例表示

（续）

目标层	准则层	指标层	指标含义
抚育采伐监测与评价	森林健康	森林病虫害等级评定	无：受害立木株数 10%以下； 轻：受害立木株数 10%~29%； 中：受害立木株数 30%~59%； 重：受害立木株数 60%以上
		森林火灾等级评定	无：未成灾； 轻：受害立木株数 20%以下，仍能恢复生长； 中：受害立木株数 20%~49%，生长受到明显抑制； 重：受害立木株数 50%以上，以濒死木和死亡木为主
		气候灾害等级评定	无：未成灾； 轻：受害立木株数 20%以下； 中：受害立木株数 20%~59%； 重：受害立木株数 60%以上
		土壤侵蚀程度评定	无：A、B、C 三层剖面保持完整； 轻：A 层保留厚度大于 1/2，B、C 层完整； 中：A 层保留厚度大于 1/3，B、C 层完整； 重：A 层无保留，B 层开始裸露，受到剥蚀
	森林保水固土能力	枯落物层厚度	用钢尺测量枯落物层厚度，反映了林分内枯落物积累的直观状况
		枯落物贮量	枯落层储存的干物质量，以 t/hm^2 表示
		枯落物最大持水量	反映枯落物层的持水能力，与枯落物的储量与性质有关，一般半分解层的持水能力较强
		最大持水量	森林土壤全部孔隙充满水时所保持的水量，反映土壤所能容纳的最大持水量
		毛管持水量	指当土壤毛管上升水达到最大量时的土壤含水量，反映土壤保水能力，毛管孔隙中所保存的水分，可以完全被植物根系利用
		最小持水量	又称田间持水量，即土壤中所能保持的毛管悬着水的最大量
		土壤容重	在自然状态下单位容积土壤的烘干重量，单位为 g/m^3； 土壤容重与土壤质地类型、土壤结构及有机质含量有关
		非毛管孔隙度	非毛管孔隙所占土壤体积的百分比； 非毛管孔隙度在 20%~40%时，对植被生长较为有利
		毛管孔隙度	毛管孔隙占土壤体积的百分比； 毛管孔隙越小，毛管力越大，吸水力也越强
	土壤养分	土壤有机质	采用重铬酸钾容量法进行测定
		土壤 pH 值	采用酸度计法
		土壤碱解氮	采用碱解扩散法测定
		土壤速效磷	用钼锑抗比色法测定
		土壤速效钾	采用 NH_4OAc 浸提-火焰光度法测定

14.5　森林经营效果监测与评价样地设置

为了获得上述评价指标中的数据，应进行实地踏查进行采集。为减少野外样地调查工作量和控制森林经营效果监测与评价成本，一般通过调查设置的样地来估算调查总体的真实值。样地设置包括确定样地的数量、形状、面积、布设方式等。通过对森林经营效果监测与评价内容的介绍，可以知道诸多监测活动和行为都是在样地中开展的，因而，科学、合理、经济地设置和选择样地是进行森林经营效果监测与评价的关键环节。

14.5.1　样地设置和选择的基本原则

在监测与评价森林经营效果时应采用固定样地，并将抚育样地和对照样地成组同时设置，且将抚育样地与对照样地设置在同一作业地块，选择立地条件与林况相同、等高线平行的地块。抚育样地需在抚育前和抚育后分别进行调查，以后每 2 年复测 1 次；对照样地只需在抚育作业前调查，以后每 2 年复测 1 次；抚育样地应与对照样地同时进行调查。通常情况下，北方地区的森林更新、森林健康、物种多样性等内容在每年的 7~8 月进行调查，其他调查内容需在 10 月底前完成。

设置和选择样地时，要遵循代表性、典型性和性原则，林分特征和立地条件应一致，不能跨越河流、道路，且应远离林缘。

14.5.2　经营样地设计

样地可分为固定样地和临时样地，设置固定样地或标准低的目的是获取各类林分生长量数据以及土壤、植被等相关数据；设置临时样地可以一次性获得有关森林或林木的相关数据，如林木直径生长量、树高生长量等。

固定样地的设置需要根据主要森林类型、主要立地条件、抚育措施类型等进行系统性布置。主要森林类型可按林种、树种、起源、树种组成进行划分；主要立地条件需考虑土壤类型、土层厚度、坡向、坡位等因素。抚育措施类型包括定株、生态疏伐、透光伐、生长伐、卫生伐等不同形式。常用样地的形式有正方形、长方形、带状和圆形等。样地规模可设置为 20 m×30 m 的长方形，也可设置为 30 m×30 m 的正方形，也可以根据样地设置目的、具体立地条件、林分状况等实际情况设置不同规模的样地。样地设计需标记样地的中心及四周边界。对于圆形样地而言，需标记圆心点，同时也对样地边界林木做标记以便于样地调查。对于矩形样地而言，需标记矩形的四个角。设置的样地如果位于坡度>10%的斜坡上，就需要进行斜坡校正，一般先记录坡度，内业工作时再计算样地实际水平面积；如果设置的固定样地 50%以上都落在坡度>10%的斜坡上，就应移动样地中心，以使得整个样地都落在斜坡上；如果固定样地的 50%以上是落在坡度≤10%的斜坡上，就要移动样地中心，使得整个样地落在平面上。在这种特殊情况下，真正的水平半径可以通过下列公式计算：

$$L = L_s \times \cos S \tag{14-7}$$

式中　L——样地的真正水平半径；

L_s——在野外沿着坡面测量的标准半径；

S——坡度。

在做内业工作时通过对坡度校正得出样地面积，不同形状的样地其面积计算公式也有所差异。

圆形样地：

$$面积=标准半径(L_s)\times坡面样地半径(L) \quad (14\text{-}8)$$

矩形样地：

$$面积=样地宽度\times计算的真正的样地长度(L) \quad (14\text{-}9)$$

14.5.3 样地数量与样地面积确定

抽取的样地数量越多，调查结果误差就会越小，监测结果的精度也就越高，但调查的样地数量越多，其调查工作量越大、用时更长、成本更高、工作效率越低。因此，应在满足相应精度指标的要求，保障调查样地能够充分代表监测区的平均状态和林分总体特征水平的前提下，确定最少的样地数量。林分分布特征和林木个体差异是影响抽样精度的重要因素，对于林分分布较为均匀、林木个体差异较小的林分来说，抽样精度相对容易达到；而对于林分分布不太均匀，林木个体之间差异较大的林分来说，抽样精度相对难以达到。魏士忠等(2013)的研究结果表明，抽样精度与样地数量成正相关，但与抽样面积不存在正相关关系。

样地面积与监测评价的目的、树种类型、植被条件、地理位置、气候条件、林分状况等因素密切相关。如在植物群落研究中，将高山草甸的最小样地面积设定为 1 m^2，温带森林最小样地面积为 400 m^2，北温带针阔混交林最小样地面积为 400~600 m^2，亚热带常绿阔叶林最小样地面积为 1200~1600 m^2。实际上，样地面积直接影响林分密度和林分空间结构参数角尺度的测算，当样地面积太小时，估计林分密度正确的可能性较小，并且角尺度的变化幅度也较大；当样地面积增大，调查树木数量增加，所估计的林分密度和平均角尺度将会逐渐趋于稳定。

14.5.4 样地调查方法

在对样地进行调查时，着重对位置(GPS 坐标)、海拔、坡度(平坡、缓坡、斜坡、陡坡、急坡、险坡 6 个级别)、坡向(东、南、西、北、东北、东南、西北、西南及中 9 个方位)、坡位(分脊、上、中、下、谷、平地、全坡 7 个坡位)等关键指标进行调查，综合考虑样地调查的内容、期限、频率等因素，可采取不同的样地调查方法。

①向导法。向导法是指直接由参与前期调查的向导带到样点或样地进行调查，在到达样点或是样地之后，调查人员根据实地物标核对地形图、卫星图的物标，据此确定图纸上的样点或样地位置，并予以标注、勾绘或修正。

②GPS 导航法。在使用 GPS 之前需先对其进行调试，确定选择使用北京 54 坐标系或西安 80 坐标系，并据此对相应的长半轴、扁率、投影坐标类型、中央子午线、纬度原点、尺度因子等参数进行设置，以保证 GPS 的精准度。样地可先在图纸中调查小班，在调查的小班内去一个坐标输入 GPS 进行导航。

③地形图、卫星图法。调查前在 ArcMap 软件中加载乡镇名、村名等，地形图和卫

星图一般调查采用的比例为 1 ∶ 10 000，也可使用 1 ∶ 2000 的 CAD 图纸，并标有等高线、地类线、乔木林、灌木林、农田、旱地、路、桥、电线、房屋、池塘等样点或样地的参照物。找到一个地方后，运用指南针、罗盘等工具以及太阳投影等找到正北方向，然后利用大的参照物(如湾子、池塘、公路等)确定调查人员所处的位置，再根据地形、方位、等高线等确定样点或样地的具体位置。

④卫星定位软件法。可运用“奥维”互动地图、高德地图、百度地图等卫星定位软件，同时打开手机或平板电脑上的 GPS，输入目的地，参照地形图、卫星图勾绘样点或样地的位置，根据导航寻找目标样地或样点，但该方法受到网络因素的制约。当样地位于比较偏僻的地方，信号较弱或不能覆盖，在这种情况下，本方法不能正常使用。

在一些情况下，也可以对上述方法进行不同的组合，综合运用不同的方法。

14.6 森林经营效果综合评价方法

研究表明，对森林进行综合监测需要评价不同的监测指标，由于不同监测指标具有不同的特点，往往应根据各指标的特点选择不同的监测方法，确定与监测指标相适应的监测周期。例如，对林木(林地)资源、生物多样性、火灾、病虫害、水源、水质、水量、土壤等指标可采用样地调查法；对非木制林产品资源、化学药品和化肥使用情况、经营活动对社会的影响等指标可采用资料搜集和利益相关方访谈法；对森林经营活动对环境造成的影响可以采用林地巡视法；产销监管链可通过建立木材追踪体系进行监测；森林经营成本和利润可以采用成本效益分析法。对火灾、病虫害、水源、水质、水量，土壤、化学药品和化肥使用情况、经营活动对社会的影响、产销监管链、森林经营成本和利润等指标应每年监测 1 次；非木制林产品资源和生物多样性可以每 1~5 年监测 1 次；林木和林地资源每 5~10 年监测 1 次；森林经营活动对环境的影响应在每次有重大经营互动时进行监测。运用不同方法获取单个监测指标的数据后，更重要的是选择合理的综合评价方法，对森林经营效果进行综合性的监测与评价。

14.6.1 森林经营效果综合评价指数法

指数是一种特定的相对数，按所反映的总体范围不同可分为个体指数和总体指数，反映某一事物或现象动态变化的指数称为个体指数；综合反映多种事物或现象的动态平均变化程度的指数称为总指数，它说明多种不同的事物或现象在不同时间上的总变动，实际上是反映多种事物平均变动方向和程度的相对数，是一种多因素的指数。综合指数是编制总指数的基本计算形式，一方面，可利用综合指数的方法来进行因素分析，当把某个问题指标分解为两个或多个因素指标时，如果固定其中的一个或几个指标，便可观察到其中某个指标的变动程度；另一方面，也可以综合观察多个指标同时变动时某一现象或对结果影响的程度和方向，进而评价其优劣。

森林经营的方式方法是影响森林经营效果的关键，经营方式直接决定经营的性质和经营的成败；经营方法则是既定经营方式下具体的操作技术，直接影响经营结果的优劣程度。经营效果显然是经营方式和方法的综合体现。林分郁闭度、干扰强度和林分成层性是对森林经营方式的具体表达，而林分平均拥挤度、分布格局、物种多样性指数、树种隔离程度、竞争压力、优势度、健康林木比例以及胸径分布则是森林经营方法直接反映。森林经营效果是各项林分状态指标调整的综合体现，为此，结构化森林经营给出一个新的林分经营效果综合评价指数，它被定义为考察林分状态因子中满足健康经营标准的程度，其表达式为：

$$M_e = \prod_{j=1}^{m} b_j \sum_{i=1}^{n} \lambda_i \delta_i \tag{14-10}$$

式中 $b_j = \begin{cases} 1, & \text{当第} j \text{个表达经营方式的指标符合取值标准} \\ 0, & \text{否则} \end{cases}$；

$\delta_i = \begin{cases} 1, & \text{当第} i \text{个表达经营方法的指标符合取值标准} \\ 0, & \text{否则} \end{cases}$；

λ_i——第 i 个表达经营方法指标的权重；

m——经营方式的指标个数；

n——经营方法的指标个数。

$\prod_{j=1}^{m} b_j$ 描述的是经营方式，取值为0或1。0表示经营方式的指标若有一个不符合可持续经营的规范则同视为经营失败，效果值为0，即经营方式发生错误，经营后林分状态发生重大变化，如皆伐作业、强度择伐等，此时经营效果为0；1表示经营方式满足可持续经营的标准。$\sum_{i=1}^{n} \lambda_i \delta_i$ 描述的是经营方法，取值在[0，1]之间，值越大说明方法越正确，反之越差。M_e为经营效果综合评价指数，即林分状态改善程度，其取值在[0，1]之间，越接近于1，经营效果越好，反之越差。

森林经营效果综合评价指数量化了特定经营方式下一次性经营效果的优良程度，主要包括选择适当的指标、确定权重、根据实测数据及其规定标准综合考察各评价指标、探求综合指数的计算模式、合理划分评价等级、检验评价模式的可靠性等关键步骤，结合具体经营过程可将经营效果划分为好($0.85<M_e<1$)、中($0.70<M_e<0.85$)、差($M_e \leq 0.7$)3个等级。

14.6.2 层次分析法

层次分析法(AHP)是通过对多系统多个因素的分析，划分出各因素间相互联系的有序层次，再请专家对每一层次的各因素进行比较客观的判断后，给出相对重要性的定量表示，据此建立数学模型，计算每一层次全部因素相对重要性的权重。该方法是将定量分析与定性分析有机结合起来的一种系统分析方法。

将森林经营效果监测指标划分为不同的层级，并对同一层级内的各项指标通过专家打分的方式赋予不同的权重，据此进行计算，如将第1层次监测指标确定为森林资源、森林环境、社会影响、森林经营环境和产销监管链；将第2层次监测指标确定为林木和林地资源、非木制林产品资源、生物多样性资源、森林火灾、森林病虫害、水源、水质和水量、森林土壤、化学品使用、环境影响、经营活动的社会影响、经营的成本和利润、产销监管链；将第3层次监测指标确定为林木的胸径、树高、单株材积、密度、成活率、死亡率、单位面积蓄积量、林木蓄积量、非木制林产品的种类和产量、野生动植物的种类、数量和保护等级，还包括森林火灾的发生地点、面积、起因和处理方式，森林病虫害发生的原因、种类和防治措施，经营区内水源的数量、分布及水质情况，以及土壤肥力、土壤污染程度、土层结构、农药和化肥使用范围和数量、化肥和农药使用种类和数量、废弃物处理方式、木材生产和经济活动对环境的影响、企业内职工权益、提供的就业数量、森林资源的所有权和使用权、木材产品的产量和成本、管理费用、木材销售收入、木材的采伐、木材的运输、木材存储等。

14.6.3 其他方法

除此之外，还可以采用模糊综合评价法、灰色关联度分析法和人工神经网络法等，模糊综合评价法根据给出的评价指标和实测值，经过模糊变换后做出综合评价，使得难以量化的定性问题能够转化成定量分析。在森林经营效果评价中应用 FCE 法，通过建立模糊综合加权平均模型评价森林经营效果，可以较好地解决评价标准边界模糊和检测误差对评价结果的影响。灰色关联度分析法(GRA)是一种多因素统计分析方法，它以各因素的样本数据为依据，用灰色关联度来描述因素间关系的强弱、大小和次序，其基本思想是根据曲线几何形状的相似程度来判断关联度程度。该方法定量考虑多个因子的作用，得出具有可比性的综合性指标，从而提高综合评估的准确性和有效性，避免了人为评判的主观性。人工神经网络(ANN)方法具有自学习性、自组织性、自适应性和很强的非线性映射能力，特别适合于因果关系复杂的非确定性推理、判断、识别和分类等问题，被广泛用于森林评价。例如，北京八达岭林场通过构建一个 BP 神经网络，将林分层次结构、病虫害程度和土壤厚度 3 个评价因子作为森林健康快速评价(RAFH)指标，所得的结果与精准评价结果基本一致，训练样本值与目标输出项非线性相关程度高，收敛性较好，避免了主观赋权带来的影响。

14.7 监测评价结果应用

确定合理的森林经营模式，选择合理的森林经营方案能够实现以相对较小的环境成本提供相对较大的经济、社会和生态效益的目标；而选择不合理的森林经营方案和森林经营模式，在森林中不合理地开发林间道路、过度的木材生产、林分结构退化、地力水平下降、景观遭到破坏、畜牧养殖等导致水质污染等问题则会对生态系统造成负面影响。国家、区域或森林经营单位组织技术力量对采种、育苗、造林、抚育、采伐等诸多关键环节的监测数据进行处理和分析，通过对不同时期监测数据进行对比分析，并将监测评价结果及时进行反馈，以促进森林经营效果监测评价在森林经营中发挥更重要的作用。

(1)为相关决策提供参考

森林监测和评价的成果是通过实践调查、分析研究和综合考量得出的，具有一定的客观性、真实性、针对性，依托对森林经营效果监测数据的长期积累，通过建立数学模型研究各种监测内容的变化规律及发展趋势，为预测预报和影响评价提供基础数据，从而为政府部门、各级林业管理机构制定有关森林经营政策提供科学依据，为森林经营者(如林业生产、经营部门、林业企业等)从事林业生产经营活动提供决策依据。

(2) 为编制森林经营方案提供支撑

通过开展森林经营效果监测与评价，对森林经营的结果和效果进行定期的记录、监测，并辅助以森林经理的其他调查活动获得大量的一手调查数据和资料，这些丰富的资料为森林经营方案的编制、修订、执行提供了重要的支撑。基于此编制的森林经营方案更加契合实际情况、更加具有可操作性、更加符合时代的要求。

(3) 为监督森林经营活动提供依据

森林经营效果监测和评价是一种对森林经营工作的检查，通过调查研究、核查、检查、测定等一系列监测活动定期对森林经营实施情况进行了解，帮助评价森林经营活动是否会对环境、社会和经济等方面造成负面影响，评价各项森林经营活动的实施是否达到了预期目标，若存在偏差，提出相应的改正措施和纠偏办法，以期实现森林可持续经营的最终目标。

(4) 为森林经营全过程管理提供技术指导

森林经营效果监测和评价具有较强的技术性和专业性，从事森林经营效果监测和评价的人员多是业务素质较高的专业人员和技术人员，在监测活动的各个环节能够及时发现问题或偏差，并能够据此提出相应的修正和完善的意见和建议，帮助森林经营单位更加科学、合理地组织林业生产经营，对森林经理的各个环节起到技术指导作用；同时，在此过程中也发现、搜集诸多林业生产和经营、管理方面的科研问题，通过进一步深入研究转化为新的科技推动力。

综上所述，对森林经营效果开展监测与评价是森林经营和管理的重要组成部分，是不可或缺的关键环节，能够帮助检验森林经营方案的科学性、合理性和适用性，并能够促进及时发现问题、及时纠偏，对促进森林可持续经营有着十分积极的意义。

本章小结

本章主要介绍了森林经营效果监测与评价的相关内容，主要包括监测评价的目的、对象、评价指标体系等，同时从不同角度介绍了监测评价结果的几方面应用。

思考题

1. 森林经营效果监测与评价的目的和对象分别是什么？
2. 林场森林经营效果监测与评价指标体系包括哪些内容？
3. 监测与评价样地设置和选择的基本原则是什么？
4. 什么是层次分析法？

参考文献

白灵海. 线性规划在人工林收获调整工作中的应用[J]. 林业实用技术，2009，(11)：20-21.

摆万奇. 兴安落叶松天然幼中龄林最优密度的动态规划研究[J]. 河南农业大学学报，1991，(2)：218-226.

鲍文风. 森林资源监测与评价对森林资源经营管理的作用[EB/OL]. [2015-10-09]. https：//wenku. baidu. com/view/7172cd8b4431b90d6d85c706. html.

北京林学院. 森林经理学[M]. 北京：中国林业出版社，1984.

蔡晓达，高忠宝. 透光抚育对“栽针保阔”红松林群落树种组成结构影响的研究[J]. 林业勘察设计，2009，(3)：58-60.

曹小玉，李际平，胡园杰，等. 杉木生态林林分间伐空间结构优化模型[J]. 生态学杂志，2017，36(4)：1134-1141.

曹元帅，孙玉军. 基于广义代数差分法的杉木人工林地位指数模型[J]. 南京林业大学学报(自然科学版)，2017，41(5)：79-84.

陈昌雄，曹祖宁，魏铖敢，等. 天然常绿阔叶林数量化地位指数表的编制[J]. 林业勘察设计，2009，(2)：1-4.

陈大珂，周晓峰，丁宝永，等. 黑龙江省天然次生林研究(Ⅱ)：动态经营体系[J]. 东北林学院学报，1985，13(1)：1-18.

陈大珂，祝宁，周晓峰，等. 黑龙江省天然次生林研究(Ⅰ)：栽针保阔的经营途径[J]. 东北林学院学报，1984，12(4)：1-12.

陈健，朱德海，徐泽鸿，等. 全国森林碳汇监测和计量体系的初步研究[J]. 生态经济，2010，(8)：128-130.

陈平留. 森林经营方案编制应重视龄级法的应用[J]. 林业资源管理，1990，(1)：65.

陈平留. 森林经营单位设置的探讨[J]. 林业资源管理，1992，(3)：16-19.

陈世清. 森林经理主要思想简介[EB/OL]. [2012-12-18]. http：//www. docin. com/p-556868723. html.

陈永富，杨彦臣，张怀清，等. 海南岛热带天然山地雨林立地质量评价研究[J]. 林业科学研究，2000，(2)：134-140.

陈云芳. 多功能林业的协同发展指标体系与评价模型研究[D]. 北京：中国林业科学研究院，2012.

代力民，赵伟，于大炮，等. 三区式森林经营管理模式对天然林资源保护工程的启示[J]. 世界林业研究，2012，25(6)：8-12.

邓成. 经营单位级的森林多功能监测与评价[D]. 北京：中国林业科学研究院，2015.

邓成，张守攻，陆元昌，等. 森林多功能检测现状及发展建议[J]. 世界林业研究，2015，28(4)：39-44.

邓华峰. 中国森林可持续经营管理研究[M]. 北京：科学出版社，2008.

邓华锋. 森林生态系统经营综述[J]. 世界林业研究，1998，(4)：9-16.

邓华锋，杨华，程琳，等. 森林经营规划[M]. 北京：科学出版社，2012.

董泽生，孙长军. 辽宁省森林资源生态监测与生态功能评价研究[J]. 辽宁林业科技，2010，(4)：41-42.

董智勇，司洪生. 德国森林经营历史经验的借鉴[J]. 世界林业研究，1996，(4)：36-40.

樊晴，温继文，王武魁，等. 基于流程的我国东北地区森林经营绩效评价指标体系研究[J]. 林业经济，2018(2)：29-35.

范金顺，高兆蔚，蔡元晃，等. 福建省森林立地分类与质量评价[J]. 林业勘察设计，2012，(1)：1-5.

方精云，陈安平，赵淑清，等. 中国森林生物量的估算：对 Fang 等 Science 一文(Science，2001，292：2320-2322)的若干说明[J]. 植物生态学报，2002，26(2)：243-249.

冯海霞，侯元兆，冯仲科. 山东省森林调节温度的生态服务功能[J]. 林业科学，2010，46(5)：20-26.

高幸，吴铁雄，张昕. 浅析我国森林地租制度[J]. 辽宁林业科技，2010，(2)：46-49.

郭晋平，马大华. 森林经理学原理[M]. 北京：科学出版社，2000.

郭晋平，张浩宇，张芸香. 森林立地质量评价的可变生长截距模型与应用[J]. 林业科学，2007，43(10)：8-13.

郭仁鉴. 龄级法在集体林区森林经理中的应用[J]. 浙江农林大学学报，1992，(1)：4-8.

郭如意，韦新良，刘姗姗. 天目山区针阔混交林立地质量评价研究[J]. 西北林学院学报，2016，31(4)：233-240.

国家林业和草原局. 森林生态系统服务功能评估规范：GB/T 38582—2020[S]. 北京：中国标准出版社，2020.

国家林业局. 森林生态系统服务功能评估规范：LY/T1721—2008[S]. 北京：中国标准出版社，2008.

国家林业局. 全国森林经营规划(2016—2050)[EB/OL]. [2012-07-28]. http：//www. gov. cn/xinwen/2016-07/28/content_5095504. htm.

郝占庆，张旭东. 著名林学家、生态学家王战教授谈我国天然林保护工程[J]. 生态学杂志，1999，(1)：1-2.

贺志龙，张芸香，郭晋平. 我国近自然森林经营技术与效果评价研究进展[J]. 山西农业科学，2017，45(9)：1566-1570，1582.

侯元兆，曾祥谓. 论多功能森林[J]. 世界林业研究，2010，23(3)：7-12.

黄清麟. 景观生态学与森林经理学[J]. 林业资源管理，1997，(4)：22-27.

惠刚盈. 角尺度——一个描述林木个体分布格局的结构参数[J]. 林业科学，1999，35(1)：37-42.

惠刚盈，von Klaus G，胡艳波，等. 结构化森林经营[M]. 北京：中国林业出版社，2007.

惠刚盈，von Klaus G，赵中华，等. 结构化森林经营原理[M]. 北京：中国林业出版社，2016.

惠刚盈，胡艳波. 混交林树种空间隔离程度表达方式的研究[J]. 林业科学研究，2001，14(1)：23-27.

惠刚盈，胡艳波，赵中华. 再论“结构化森林经营”[J]. 世界林业研究，2009，22(1)：14-19.

惠刚盈，胡艳波，赵中华. 结构化森林经营研究进展[J]. 林业科学研究，2018，31(1)：90-98.

惠刚盈，赵中华，胡艳波. 结构化森林经营技术指南[M]. 北京：中国林业出版社，2010.

江泽慧. 中国现代林业[M]. 北京：中国林业出版社，2000.

姜俊. 热带山地人工针阔混交林结构动态及作业法应用研究[D]. 北京：中国林业科学研究院，2015.

金大刚. 面向现代林业的森林经理理论与实践[J]. 中南林业调查规划，2001，20(z1)：48-54.

亢新刚. 森林经理学[M]. 4 版. 北京：中国林业出版社，2011.

亢新刚，胡文力，董景林，等. 过伐林区检查法经营针阔混交林林分结构动态[J]. 北京林业大学学报，2003，(6)：4-8.

亢新刚，李法胜，周运起，等. 检查法第一经理期研究[J]. 林业科学，1996，32(1)：24-34.

雷相东，符利勇，李海奎，等. 基于林分潜在生长量的立地质量评价方法与应用[J]. 林业科学，2018，54(12)：116-126.

雷相东，李希菲. 混交林生长模型研究进展[J]. 北京林业大学学报，2003，25(3)：105-110.

李法胜，于政中，亢新刚. 检查法林分生长预测及择伐模拟研究[J]. 林业科学，1994，30(6)：531-539.

李婷婷，陆元昌，庞丽峰，等. 杉木人工林近自然经营的初步效果 [J]. 林业科学，2014，50(5)：90-100.

李振林，张立军，崔丽贤. 森林健康监测与效果评价经营研究[J]. 中国林业，2012，(6)：49.

李忠魁，侯元兆，罗惠. 森林社会效益价值评估方法研究——以山东省为例[J]. 山东林业科技，2010，(5)：98-103.

林昌庚，周春国，林俊钦，等. 关于地位级表[J]. 林业资源管理，1997，(5)：30-33.

林松，宋绪忠，蒋仲龙，等. 浙江省国有林场森林资源与经营绩效的关联分析[J]. 华东森林经理，2016，(3)：1-4，9.

刘进社. 森林经营技术[M]. 2 版. 北京：中国林业出版社，2014.

刘敏，刘羽霞，任可心，等. 种-面积曲线三种扩大样地面积的方法比较[J]. 首都师范大学学报(自然科学版)，2014，35(5)：60-63.

刘世荣，马姜明，缪宁. 中国天然林保护、生态恢复与可持续经营的理论与技术[J]. 生态学报，2015，35(1)：212-218

刘宪钊. 热带海岸木麻黄人工林近自然经营模式研究[D]. 北京：中国林业科学研究院，2011.

刘小丽. 东北林区经营单位级森林可持续经营监测评价[D]. 北京：中国林业科学研究院，2013.

刘小丽，张守攻，徐斌，等. 森林经营综合监测评价探讨[J]. 林业资源管理，2012，12(6)：7-11.

刘燕，支玲，刘佳，等. 国有林场森林资源管理绩效评价——以福建省将乐国有林场为例[J]. 林业经济，2018，(2)：29-35.

娄明华. 吉林天然栎类阔叶混交林的立地生产力基础模型研究[D]. 北京：中国林业科学研究院，2016.

陆元昌. 近自然森林经营的理论与实践[M]. 北京：科学出版社，2006.

陆元昌. 黄土高原油松林近自然抚育经营技术指南[M]. 北京：中国林业出版社，2009.

陆元昌，Schindele W，刘宪钊，等. 多功能目标下的近自然森林经营作业法研究[J]. 西南林业大学学报，2011，31(4)：1-6，11.

陆元昌，雷相东，洪玲霞，等. 近自然森林经理计划技术体系研究[J]. 西南林学院学报，2010，30(1)：1-5.

陆元昌，刘宪钊，王宏，等. 多功能人工林经营技术指南[M]. 北京：中国林业出版社，2014.

陆元昌，张守攻，雷相东，等. 人工林近自然化改造的理论基础和实施技术[J]. 世界林业研究，2009，22(1)：20-27.

骆期邦. 南岭山地森林立地分类评价研究[R]. 长沙：林业部中南林业调查规划设计院，1990.

吕勇，朱光玉，易烜，等. 基于对偶回归的杉木与马尾松地位指数互导模型[J]. 林业资源管理，2007，(1)：72-74，28.

马建路，宣立峰，刘德君. 用优势树全高和胸径的关系评价红松林的立地质量[J]. 东北林业大学学报，1995，23(2)：20-27.

马世骏，王如松. 社会-经济-自然复合生态系统[J]. 生态学报，1984，4(1)：1-8.

马万章，方旭东，宋文友，等. 最佳效益择伐径级确定方法的研究[J]. 林业勘察设计，1998，

(1)：28-31.

孟宪宇. 测树学[M]. 3版. 北京：中国林业出版社，2006.

孟宪宇，葛宏立. 云杉异龄林立地质量评价的数量指标探讨[J]. 北京林业大学学报，1995，17(1)：1-9.

南方十四省杉木栽培科研协作组. 杉木立地条件的系统研究及应用[J]. 林业科学，1983，19(3)：246-253.

南云秀次郎，于政中. 利用线性规划分析收获调整[Z]. 林业调查规划译丛，1981，(1)：1-35.

牛亦龙，董利虎，李凤日. 基于广义代数差分法的长白落叶松人工林地位指数模型[J]. 北京林业大学学报，2020，42(2)：9-18.

潘存德，师瑞峰. 森林可持续经营：从木材到生物多样性[J]. 北京林业大学学报，2006，28(2)：133-138.

潘存德，师瑞峰，刘翠玲. 森林经理学：继承与发展[J]. 西北林学院学报，2007，22(5)：172-177.

潘存德，师瑞峰，马兰菊. 现代生态科学与森林经理学：寻求森林经营的生态合理性[J]. 西北林学院学报，2007，22(1)：161-167.

皮特·贝廷格. 森林经营规划[M]. 邓华峰，杨华，程琳，译. 北京：科学出版社，2012.

屈红军，牟长城. 东北地区阔叶红松林恢复的相关问题研究[J]. 森林工程，2008，24(3)：17-20.

邵青还. 第二次林业革命——接近自然的林业在中欧兴起[J]. 世界林业研究，1991，4(4)：1-4.

邵青还. 德国异龄混交林恒续经营的经验和技术[J]. 世界林业研究，1994，7(3)：8-l4.

沈剑波，雷相东，雷渊才，等. 长白落叶松人工林地位指数及立地形的比较研究[J]. 北京林业大学学报，2018，40(6)：1-8.

盛炜彤. 中国人工林及其育林体系[M]. 北京：中国林业出版社，2013.

盛炜彤，惠刚盈，张守攻，等. 杉木人工林优化栽培模式[M]. 北京：中国科学技术出版社，2004.

施昆山. 世界森林经营思想的演变及其对我们的启示[J]. 世界林业研究，2004，(5)：1-3.

舒清态，唐守正. 国际森林资源监测的现状与发展趋势[J]. 世界林业研究，2005，18(3)：33-38.

宋广均，Wang J X，王立海. 伊春林区森林可持续经营效果评价[J]. 东北林业大学学报，2017，45(6)：36-41.

苏立娟，张谱，何友均. 森林经营综合效益评价方法与发展趋势[J]. 世界林业研究，2015，28(6)：6-11.

孙宝林，孙福生. 浅析黑龙江省林口林业局"十二五"期间森林经营效果及今后发展措施[J]. 林业勘察设计，2011，(1)：5-6.

汤孟平，陈永刚，施拥军，等. 基于Voronoi图的群落优势树种种内种间竞争[J]. 生态学报，2007，27(11)：4707-4716.

汤孟平，娄明华，陈永刚，等. 不同混交度指数的比较分析[J]. 林业科学，2012，48(8)：46-53.

汤孟平，唐守正，李希，等. 树种组成指数及其应用[J]. 林业资源管理，2003，(2)：33-36.

唐守正. 多元统计分析方法[M]. 北京：中国林业出版社，1986.

唐守正. IBM-PC系列程序集[M]. 北京：中国林业出版社，1989.

唐守正. 利用对偶回归和结构关系建立林分优势高和平均高模型[J]. 林业科学研究，1991a，4(增)：57-62.

唐守正. 广西大青山马尾松全林整体生长模型及其应用[J]. 林业科学研究，1991b，4(增)：8-13.

唐守正. 中国林科院森林经理学发展 50 年回顾[N/OL]. 中国绿色时报, (2008-05-28)[2008-10-17]. http://www.greentimes.com/greentimepaper/html/2008-10/17/content_100327.htm.

唐守正. 正确认识现代森林经营[J]. 国土绿化, 2016, (10): 11-15.

汪应洛. 系统工程理论、方法与应用[M]. 北京: 高等教育出版社, 1998.

王兵. 森林生态连清技术体系构建与应用[J]. 北京林业大学学报, 2015, 37(1): 1-8.

王兵, 李少宁, 白秀兰, 等. 森林生态系统管理的发展回顾与展望[J]. 世界林业研究, 2002, 15(4): 1-6.

王承义, 李晶, 姜树鹏. 运用动态规划法确定长白落叶松人工林最优密度的初步研究[J]. 林业科技, 1996, (1): 20-22.

王广海. 森林经营效果监测探讨[J]. 现代园艺, 2018, (7): 183-184.

王红春, 崔武社, 杨建州. 森林经理思想演变的一些启示[J]. 林业资源管理, 2000, (6): 3-7.

王军, 傅伯杰, 陈利顶. 景观生态规划的原理和方法[J]. 资源科学, 1999, 21(2): 71-76.

王梅桐. 生态林业[M]. 南昌: 江西科学技术出版社, 1989.

王千雪, 刘灵, 张吉利, 等. 沙地樟子松天然林长期定位监测样地的最小面积界定[J]. 东北林业大学学报, 2017, 44(7): 19-24.

王森林, 王家福, 张伟, 等. 山东省森林经营成效分析报告[J]. 山东林业科技, 2018, (5): 14-22.

王懿祥. 人工马尾松和杉木林目标树经营理论与实践[D]. 北京: 中国林业科学研究院, 2012.

王颖, 沈莉. 大石头林业局森林资源动态监测与森林经营思考[J]. 林业勘察设计, 2020, (4): 42-45.

王长富. 试论中国次生林作业法[J]. 东北林业大学学报, 1998, 26(6): 57-59.

魏士忠, 窦宏海, 刘学东, 等. 立木调查中样地的面积、数量与抽样精度的关系[J]. 河北林果研究, 2013, 28(1): 41-43.

邬建国. 景观生态学——格局、过程、尺度与等级[M]. 北京: 高等教育出版社, 2000.

吴恒, 党坤良, 田相林, 等. 秦岭林区天然次生林与人工林立地质量评价[J]. 林业科学, 2015, 51(4): 78-88.

夏天凤. 甘肃省森林资源生态足迹研究[D]. 咸阳: 西北农林科技大学, 2011.

肖玲. 中国林业发展的阶段划分和现阶段特征研究[D]. 北京: 北京林业大学, 2003.

谢剑斌, 查轩. 试论森林可持续经营单元的时空尺度[J]. 林业科学, 2005, 41(3): 164-170.

谢阳生. 多功能森林经营方案编制技术及案例[M]. 北京: 中国林业出版社, 2018.

谢阳生, 陆元昌, 刘宪钊, 等, 2019. 多功能森林经营方案编制技术及案例[M]. 北京: 中国林业出版社.

徐化成. 森林生态与生态系统经营[M]. 北京: 化学工业出版社, 2004.

尹杰, 任晓旭, 侯庚. 天然次生林生态经营思想——栽针保阔[J]. 防护林科技, 2011, (2): 52-54.

尹科, 王如松, 姚亮, 2012. 生态足迹核算方法及其应用研究进展[J]. 生态环境学报, 21(3): 584-589.

于政中. 世界森林经理的现状及发展趋势[J]. 世界林业研究, 1989, (1): 33-40.

于政中. 森林永续利用与持续林业经营[J]. 北京林业大学学报, 1994, (S1): 95-100.

于政中. 森林经理学[M]. 北京: 中国林业出版社, 1996.

于政中, 亢新刚, 李法胜, 等. 检查法第一经理期研究[J]. 林业科学, 1996, 32(1): 24-34.

袁士云. 甘肃省小陇山现有林分经营模式评价研究[D]. 北京: 中国林业科学研究院, 2010.

运筹学教材编写组. 运筹学[M]. 4 版. 北京: 清华大学出版社, 2012.

翟明普，沈国舫. 森林培育学[M]. 北京：中国林业出版社，2016.

张德全，牛继宗，陈志敏. 生态演替螺旋式上升理论的研究[J]. 防护林科技，2002，(1)：14-16.

张会儒. 森林经理学研究方法与实践[M]. 北京：中国林业出版社，2018.

张会儒. 当前森林经营需要注意的几个问题[J]. 中国林业产业，2019，(6)：61-66.

张会儒，雷相东. 典型森林类型健康经营技术研究[M]. 北京：中国林业出版社，2014.

张会儒，雷相东. 森林经理与森林质量精准提升[J]. 国土绿化，2017，(8)：13-15.

张会儒，唐守正. 森林生态采伐研究简述[J]. 林业科学，2007，43(9)：83-87.

张会儒，唐守正. 森林生态采伐更新技术体系研究[M]. 北京：中国林业出版社，2008.

张会儒，唐守正. 森林生态采伐理论[J]. 林业科学，2008，44(10)：127-131.

张会儒，唐守正. 东北天然林可持续经营技术研究[M]. 北京：中国林业出版社，2016.

张会儒，唐守正，孙玉军，等. 我国森林经理学科发展的战略思考[C]//中国林学会森林经理分会，森林可持续经营研究. 北京：中国林业出版社，2008.

张其保，摆万奇. 兴安落叶松人工林最优密度探讨[J]. 北京林业大学学报，1993，(3)：34-41.

张守攻，朱春全，肖文发. 森林可持续经营导论[M]. 北京：中国林业出版社，2001.

张万儒. 中国森林立地[M]. 北京：科学出版社，1997.

张颖. 绿色核算[M]. 北京：中国环境科学出版社，2001.

张玉环，张青，亢新刚，等. 异龄针阔混交择伐林均衡曲线的确定方法——以金沟岭林场样地数据为例[J]. 北京林业大学学报，2015，(6)：57-64.

张运锋. 用动态规划方法探讨油松人工林最适密度[J]. 北京林业大学学报，1986，(2)：20-29.

章寺艺. 国有林场森林资源管理绩效评价[J]. 农业科技与信息，2016，(13)：149.

赵秀海，吴榜华，史济彦. 世界森林生态采伐理论的研究进展[J]. 吉林林学院学报，1994，10(3)：204-210.

赵中华，惠刚盈. 21世纪以来我国首创的森林经营方法[J]. 北京林业大学学报，2019，41(12)：1-8.

中国林业科学研究院“多功能林业”编写组. 中国多功能林业发展道路探索[M]. 北京：中国林业出版社，2010.

钟万全. 次生林综合经营技术的研究[J]. 林业科学，1983，19(4)：416-421.

周德平，佟维华，温日红，等. 闾山国家级森林公园负氧离子观测及其空气质量分析[J]. 干旱区资源与环境，2015，(3)：181-187.

祝列克，智信. 森林可持续经营[M]. 北京：中国林业出版社，2001.

Aertsen W，Kint V，van Orshoven J，et al. Comparison and ranking of different modelling techniques for prediction of site index in Mediterranean mountain forests[J]. Ecological Modelling，2010，221(8)：1119-1130.

Alexander D D，Bailey W H，Perez V，et al. Airions and respiratory function outcomes：acomprehensive review[J]. Journal of Negative Results in Biomedicine，2013，12(1)：14.

Bailey R L，Clutter J L. Base-age invariant polymorphic site curves[J]. Forest Science，1974，20(2)：155-159.

Berrill J P，O'Hara K L. Estimating site productivity in irregular stand structures by indexing the basal area or volume increment of the dominant species[J]. Canadian Journal of Forest Research，2013，44(1)：92-100.

Bontemps J D，Bouriaud O. Predictive approaches to forest site productivity：recent trends，challenges and future perspectives[J]. Forestry，2014，87(1)：109-128.

Bowling C, Zelazny V. Forest site classification in New Brunswick[J]. The Forestry Chronicle, 1992, 68(1): 34-41.

Buchanan J M, Stubblebine W C. Externality[J]. Economica, 1962, 29: 371-384.

Buongiorno J, GillessJ K. Decision methods for forest resource management[M]. Pittsburgh: Academic Press, 2003.

Burkhart H E, Tomé M. Modeling forest trees and stands[M]. New York: Springer, 2012.

Cantiani P, de Meo I, Ferretti F, et al. Forest function sevaluation to support forest landscape management planning[J]. Forestry Ideas, 2010, 16(1): 44-51.

Charnes A, Cooper W W. Management models and industrial applications of linear programming[J]. Management Science, 1957, 4(1): 38-91.

Charnes A, Cooper W W, Rhodes E. Measuring the efficiency of decision making units[J]. European Journal of Operational Research, 1978, (2): 429-444.

Cieszewski C J. Comparing fixed-and variable-base-age site equations having single versus multiple asymptotes[J]. Forest Science, 2002, 48(1): 7-23.

Cieszewski C J, Bailey R L. Generalized algebraic difference approach: theory based derivation of dynamic site equations with polymorphism and variable asymptotes[J]. Forestry Science, 2000, 46(1): 116-126.

Cieszewski C J, Strub M. Generalized algebraic difference approach derivation of dynamic site equations with polymorphism and variable asymptotes from exponential and logarithmic functions[J]. Forest Science, 2008, 54(3): 303-315.

Clark P J, Evans F C. Distance to nearest neighbor as a measure of spatial relationships in population [J]. Ecology, 1954, 35(4): 445-453.

Coase R H. The problem of social cost[J]. The Journal of Law and Economics, 1960, (1): 1-44.

Craig A, Macdonald S E. Threshold effects of variable retention harvesting on understory plant communities in the boreal mixedwood forest[J]. Forest Ecology & Management, 2009, 258(12): 2619-2627.

Dănescu A, Albrecht A T, Bauhus J, et al. Geocentric alternatives to site index for modeling tree increment in uneven-aged mixed stands[J]. Forest Ecology and Management, 2017, 392: 1-12.

Daniels R F, Burkhart H E, Clason T R. A comparison of competition measures for predicting growth of loblolly pine trees[J]. Canadian Journal of Forest Research, 1986, 16: 1230-1237.

Díaz-Balteiro L, Romero C. Forest management optimisation models when carbon capture disconsidered: a goal programming approach[J]. Forest Ecology and Management, 2003, 174 (1-3): 447-457.

Economou A. Growth intercept as an indicator of site quality for planted and natural stands of Pinus nigra var. pallasiana in Greece[J]. Forest Ecology and Management, 1990, 32: 103-115.

Farrell M J. The measurement of productive efficiency[J]. Journal of the Royal Statistical Society: Series A (General), 1957, 120(3): 253-290.

Field D B. Goal programming for forest management[J]. Forest Science, 1973, 19(2): 125-135.

Fu L, Lei X, Sharma R P, et al. Comparing height-age and height-diameter modelling approaches for estimating site productivity of natural uneven-aged forests[J]. Forestry: An International Journal of Forest Research, 2018, 91(4): 419-433.

García O, Batho A. Top height estimation in lodgepole pine sample plots[J]. Western Journal of Applied Forestry, 2005, 20(1): 64-68.

Gomez J A, Giraldez J V, Fereres E. Rainfall interception by olive tree sin relation to leaf area[J]. Agricultural Water Management, 2001, 49(1): 65-76.

Hanewinkel M. The role of economic models in forest management[J]. CAB Reviews: Perspectives in Agriculture, Veterinary Science, Nutrition and Natural Resources, 2009, 4(31): 1-10.

Hegyi F. A simulation model for managing jack-pine stands[M]//Fries J. Growth Models for Tree and Stand Simulation. Stockholm: Royal College of Forestry, 1974.

Hennigar C, Weiskittel A, Allen H L, et al. Development and evaluation of a biomass increment based index for site productivity[J]. Canadian Journal of Forest Research, 2016, 47(3): 400-410.

Huang S, Titus S J. An index of site productivity for uneven-aged or mixed-species stands[J]. Canadian Journal of Forest Research, 1993, 23(3): 558-562.

Jerabkova L, Prescott C, Titus B, et al. A meta-analysis of the effects of clearcut and variable-retention harvesting on soil nitrogen fluxes in boreal and temperate forests[J]. Canadian Journal of Forest Research, 2011, 41(9): 1852-1870.

Jiang H, Radtke P J, Weiskittel A R, et al. Climate-and soil-based models of site productivity in eastern US tree species[J]. Canadian Journal of Forest Research, 2014, 45(3): 325-342.

Jovani B R, Jovani S B. The effect of high concentration of negativeions in the air on the chlorophyll content in plant leaves[J]. Water Air Soil Poll, 2001, 129: 259-265.

Kant S, Berry R A. Economics, sustainability, and natural resources: economics of sustainable forest management[M]. Dordrecht: Springer, 2005.

Keith B, Aubry, Charles B, et al. Variable-retention harvests in the Pacific Northwest: a review of short-term findings from the DEMO study[J]. Forest Ecology & Management, 2009, 258(4): 398-408.

Kimberley M, West G, Dean M, et al. The 300 index-a volume productivity index for radiata pine[J]. New Zealand Journal of Forestry, 2005, 50(2): 13-18.

Kint V, Meirvenne M V, Nachtergale L, et al. Spatial methods for quantifying forest stand structure development: a comparison between nearest-neighbor indices and variogram analysis[J]. Forest Science, 2003, 49(1): 36-49.

Lauren S U, Charles B H, Paul D A. Twelve-year responses of planted and naturally regenerating conifers to variable-retention harvest in the Pacific Northwest, USA[J]. Canadian Journal of Forest Research, 2013, 43(1): 46-55.

Lopez-Senespleda E, Bravo-Oviedo A, Ponce R A, et al. Modeling dominant height growth including site attributes in the GADA approach for *Quercus faginea* Lam. in Spain[J]. Forest Systems, 2014, 23(3): 494-499.

María V L, Guillermo M P, Gallo E, et al. Alternative silvicultural practices with variable retention to improve understory plant diversity conservation in southern Patagonian forests[J]. Forest Ecology and Management, 2009, 258(4): 472-480.

Martin G L, Ek A R. A comparison of competition measures and growth models for predicting plantation red pine diameter and height growth[J]. Forest Science, 1984, 30(3): 731-743.

Matthews J D. 营林作业法[M]. 王宏，娄瑞娟，译. 北京：中国林业出版社，2018.

Mendoza G A. Goal programming for mulations and extensions: a nover view and analysis[J]. Canadian Journal of Forest Research, 1987, 17(7): 575-581.

Messier C, Tittler R, Kneeshaw D, et al. TRIAD zoning in Quebec: experiences and results after five years[J]. The Forestry Chronicle, 2009, 85(6): 885-896.

Meyer H A. Structure, growth, and drain in balanced uneven-aged forests[J]. Journal of Forestry, 1952, 50(2): 85-92.

Nigh G D. Growth intercept models for species without distinct annual branch whorls: western hemlock

[J]. Canadian Journal of Forest Research, 1996, 26(8): 1407–1415.

Nigh G, Aravanopoulos F A. Engelmann spruce site index models: a comparison of model functions and parameterizations[J]. PlosOne, 2015, 10(4): e0124079.

Ocha W, Socha J, Pierzchalski M, et al. The effect of the calculation method, plot size, and stand density on the accuracy of top height estimation in Norway spruce stands[J]. iForest-Biogeosciences and Forestry, 2017, 10(2): 498–505.

Ollikainen M. Forest management, public goods, and optimal policies[J]. Annual Review of Resource Economics, 2016, (8): 207–226.

Park J. Land rent theory revisited[J]. Science & Society, 2014, 78(1): 88–109.

Pukkala T, Lähde E, Laiho O, et al. A multi-functional comparison of even-aged and uneven-aged forest management in a boreal region[J]. Canadian Journal of Forest Research, 2011, 41(4): 851–862.

Ray D. Ecological site classification: a Pc-based decision system for British forests[M]. Edinburgh: Forestry Commission, 2001.

Ribe R G. In-stand scenic beauty of variable retention harvests and mature forests in the U. S. Pacific Northwest: the effects of basal area, density, retention pattern and down wood[J]. Journal of Environmental Management, 2010, 91(1): 245–260.

Ripley B D. Modelling spatial patterns(with discussion)[J]. Journal of the Royal Statistical Society, Series B, 1977, 39(2): 172–212.

Ritchie M, Zhang J, Hamilton T. Effects of stand density on top height estimation for ponderosa pine [J]. Western Journal of Applied Forestry, 2012, 27(1): 18–24.

Schmoldt D L, Martin G L, Bockheim J G. Yield-based measures of northern hardwood site quality and their correlation with soil-site factors[J]. Forest Science, 1985, 31: 209–219.

Scolforo H F, de Castro Neto F, Scolforo J R S, et al. Modeling dominant height growth of eucalyptus plantations with parameters conditioned to climatic variations[J]. Forest Ecology and Management, 2016, 380: 182–195.

Sharma M, Amateis R L, Burkhart H E. Top height definition and its effect on site index determination in thinned and unthinned loblolly pine plantations[J]. Forest Ecology and Management, 2002, 168: 163–175.

Stefanie RE, Grootea D, Vanhellemonta M, et al. Competition, tree age and size drive the productivity of mixed forests of pedunculate oak, beech and red oak[J]. Forest Ecology and Management, 2018, 43: 609–617.

Stehman S V. Sampling strategies for forest monitoring from global to national levels[J]. Global Forest Monitoring from Earth Observation, 2012, (5): 79–106.

Sullivan T P, Sullivan D S. Influence of variable retention harvests on forest ecosystems. Ⅱ. Diversity and population dynamics of small mammals[J]. Journal of Applied Ecology, 2001, 38(6): 1234–1252.

Sullivan T P, Sullivan D S. Influence of variable retention harvests on forest ecosystems. Ⅰ. Diversity of stand structure[J]. Journal of Applied Ecology, 2002, 38(6): 1221–1233.

Urgenson L S, Halpern C B, Anderson P D, et al. Twelve-year responses of planted and naturally regenerating conifers to variable-retention harvest in the Pacific Northwest, USA[J]. Canadian Journal of Forest Research, 2013, 43(1): 46–55.

Vanclay J K. Assessing site productivity in tropical moist forests: a review[J]. Forest Ecology and Management, 1992, 54(1–4): 257–287.

Vanclay J K, Henry N B. Assessing site productivity of indigenous cypress pine forest in southern

Queensland[J]. Common Wealth Forestry Review, 1988, 67: 53-64.

Vanclay J P S, Vanclay J K K. Forest site productivity: a review of the evolution of dendrometric concepts for even-aged stands[J]. Forestry, 2008, 81(1): 13-31.

Wang M, Borders B E, Zhao D. An empirical comparison of two subject-specific approached to dominantheight modeling: the dummy variable method and the mixed model method[J]. Forest Ecology & Management, 2008, 255: 2659-2669.

Westfall J A, Hatfield M A, Sowers P A, et al. Site index models for tree species in the northeastern United States[J]. Forest Science, 2017, 63(3): 283-290.